JN156610

最近の化学工学 65

物性推算とその応用

化学工学会編
化学工学会基礎物性部会著

出版にあたって

分離・材料・環境・エネルギー分野などからなる最先端化学工学の発展には、物性研究が不可欠である。対象系はより複雑化し，その範囲も拡大しており，かつ，信頼性の高い測定値の蓄積や高精度な推算・シミュレーション技術への要求がますます大きくなっている。そこで、最近の化学工学 65 では、「物性推算とその応用」と題して、プロセス産業における基盤である「物性」に着目し、「導入編」から始まり，「基礎編」に加えて，「産業応用編」まで物性研究の専門家に執筆していただいている．具体的には，その基礎から、物性推算を活用してプロセス産業の経済的な価値を高める方法について紹介する。

まず、第 1 章「導入編」では、プロセス産業における物性値・物性推算の機器設計への応用、物性推算の経済的価値やその進歩がもたらす設計高度化について概説されている。

次に、第 2 章「基礎編」では、物性推算法の進歩、相平衡・熱力学物性・輸送物性といった物性の測定法の基礎や進歩、物性データ集積、シミュレータによる物性推算法について解説されている。

最後に、第 3 章「産業応用編」では、エネルギー産業・石油化学・セメント・医薬などの各分野に携わる著者により、シミュレータで物性推算を行うことによって得られるプロセスの優位性や経済効果などについて紹介する。また、シミュレータのベンダ側の著者より、最新のプロセスシミュレータの物性推算システムを紹介する。

本書が各種プロセス産業に携わる方や物性研究に取り組まれている化学工学系の大学院生などにとって課題解決や問題提起への一助になれば幸いである。

公益社団法人化学工学会関東支部　支部長　朝隈　純俊
公益社団法人化学工学会基礎物性部会　部会長　栗原　清文

物性推算とその応用
目次

出版にあたって・・・・・・・・・・・・・・・・・・・・・・・・・・・・・・・・・・iii

第 1 章　導入編・・・・・・・・・・・・・・・・・・・・・・・・・・・・・・・・1

1　物性値・物性推算と機器設計への応用について・・・・・・・・・・・・・・・2

第 2 章　基礎編・・・・・・・・・・・・・・・・・・・・・・・・・・・・・・・29

2.1　数学的表現（モデル）と物性パラメータ・・・・・・・・・・・・・・・・30

2.1.1　グループ寄与法・・・・・・・・・・・・・・・・・・・・・・・・・・・30

2.1.2　量子化学計算を利用した相平衡の推算・・・・・・・・・・・・・・・・47

2.1.3　SAFT 型状態式・・・・・・・・・・・・・・・・・・・・・・・・・・・58

2.1.4　Helmholtz 型状態方程式・・・・・・・・・・・・・・・・・・・・・・71

2.2　測定法と測定精度・・・・・・・・・・・・・・・・・・・・・・・・・・・83

2.2.1　平衡物性・・・・・・・・・・・・・・・・・・・・・・・・・・・・・・83

2.2.2　高圧気液平衡・・・・・・・・・・・・・・・・・・・・・・・・・・・・95

2.2.3a 熱力学物性（P-V-T 関係）・・・・・・・・・・・・・・・・・・・・106

2.2.3b 測定法と測定精度（熱力学物性―音速）・・・・・・・・・・・・・・113

2.2.4　輸送物性・・・・・・・・・・・・・・・・・・・・・・・・・・・・・120

2.3　オンラインデータベースの活用例・・・・・・・・・・・・・・・・・・130

2.4　シミュレータによる物性推算法・シミュレータ未登録成分の推算方法・・・142

第 3 章　産業応用編・・・・・・・・・・・・・・・・・・・・・・・・・・・・161

3.1　エネルギー産業・・・・・・・・・・・・・・・・・・・・・・・・・・・162

3.1.1　液化天然ガス・・・・・・・・・・・・・・・・・・・・・・・・・・・162

3.1.2　CO_2吸収・・・・・・・・・・・・・・・・・・・・・・・・・・・・・・173

3.1.3　ハイドレート・・・・・・・・・・・・・・・・・・・・・・・・・・・186

3.1.4　冷媒を含む作動流体の利用動向・・・・・・・・・・・・・・・・・・196

3.2　プロセス合成手法を用いた抽出蒸留用抽剤の選定・・・・・・・・・・・203

3.3　セメント製造プロセスシミュレーションと熱力学物性・・・・・・・・・210

3.4　医薬品の物性 結晶多形の熱力学的安定性評価・・・・・・・・・・・・・220

3.5　シミュレーションのベンダ・・・・・・・・・・・・・・・・・・・・・・231

3.5.1　アスペンテック社プロセスシミュレータの物性推算システム・・・・231

3.5.2　プロセスシミュレーションにおける次世代物性推算法の活用状況・・241

執筆者（化学工学会基礎物性部会）

1	大場　茂夫（応用物性研究所）
2.1.1	栃木　勝己（日本大学）
2.1.2	下山　裕介（東京工業大学）
2.1.3	佐藤　善之・平賀　佑也（東北大学）
2.1.4	赤坂　亮（九州産業大学）
2.2.1	栗原　清文・松田　弘幸（日本大学）
	辻　智也（マレーシアエ科大学）
2.2.2	辻　智也（マレーシアエ科大学）
2.2.3a	辻　智也（マレーシアエ科大学）
	高木　利治（京都工芸繊維大学）
2.2.3b	高木　利治（京都工芸繊維大学）
	辻　智也（マレーシアエ科大学）
2.2.4	船造　俊孝（中央大学）
2.3	松田　弘幸（日本大学）
2.4	佐々木　正和（東洋エンジニアリング株式会社）
3.1.1	田口　智将、汐崎　徹（千代田化工建設株式会社）
3.1.2	佐々木　正和（東洋エンジニアリング株式会社）
3.1.3	清野　文雄（産業技術総合研究所）
3.1.4	田中　勝之（日本大学）
3.2	岡本　悦郎（三井化学株式会社）
3.3	横田　守久（宇部興産株式会社）
3.4	南園　拓真（エーザイ株式会社）
3.5.1	鈴木　照彦（株式会社アスペンテックジャパン）
3.5.2	広浜　誠也（Schneider Electric）

第1章
導入編

1　物性値・物性推算と機器設計への応用について

大場　茂夫
（応用物性研究所）

はじめに

ガス、石油、電力等のエネルギー産業や石油化学、化学などのプロセス産業は、多くの製造関連産業やサービス産業に素材、エネルギー等を供給することで、経済活動を支える基盤を構成しています。

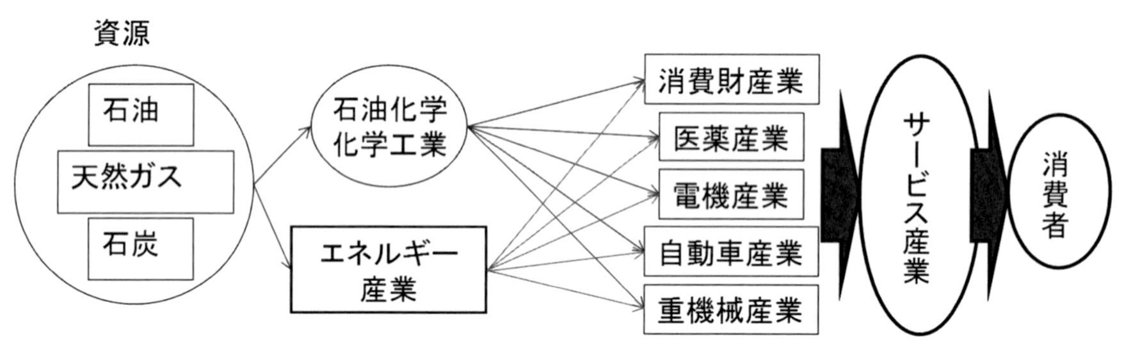

図-1　プロセス産業の産業構造における位置づけ

プロセス産業では、設備建設などの設備費とその設備を運転中に消費する原材料やエネルギー等に関連する運転費が経済性を支配しています。　経済性の改善の為に、プロセス設計、プロセス機器設計などのプロセスエンジニアリングの分野では、プロセス機器の性能向上による原材料やエネルギー利用効率向上を計るだけで無く、プロセス機器の最適設計による設備費削減も重要なポイントとして注力されています。

プロセスエンジニアリングでは、プロセス構想、概念設計から具体的なプラント建設などの大規模プロジェクト、既存設備の性能解析、能力増強などの検討に至るエンジニアリングの各段階で、プロセスシミュレーションと共に様々な種類の物性推算法が物性値を得る為に使用されています。

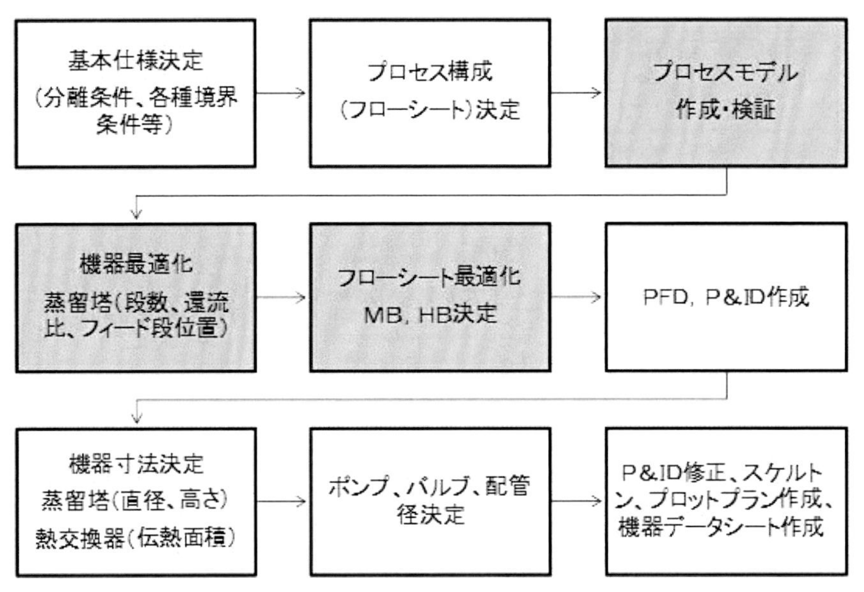

図-2　プラント設計におけるプロセスエンジニアリングの作業工程 [1) 2)]

また、この十数年でプロセスエンジニアリングに使用されるプロセスシミュレータに代表されるコンピュータ利用も更に進歩、拡大、深化しています。

例えば、今まではプラント設計のエンジニアリングにおける作業工程の中で、コンピュータを使用したシミュレーションを行う工程は図-2の「プロセスモデル作成・検証」から「フローシート最適化」迄でした。

近年では、これまでコンピュータ利用が行われていなかった「フローシート決定」工程で、プロセス合成技術という新しい考え方でフローシートを決定する方法の利用が始まっています。

プロセス合成技術[3)]とは、例えば山を登る際に地図が必要なように、残渣曲線図と呼ばれる言わばフローシートを構築するための地図を作成し、超えられない谷（蒸留境界線と言います）を避けながら分離可能な蒸留プロセスを見つけ出す技術です。

この残渣曲線図は、山に安全に登るために不可欠な地図のような存在ですが、この作成のために気液平衡、液々平衡、気液々平衡等の推算、共沸点探索等の物性計算を中心としたコンピュータ利用が広く多用されるようになっています。

プロセスで使用される個々の「機器寸法決定」工程でも、従来はプロセスシミュレータとは独立して構築され作業に使用されていた個々の設計ソフトウェアがプロセスシミュレータに統合され、「フローシート最適化」工程と「機器寸法決定」工程が統合されてきました。

その結果、「フローシート最適化」工程のなかで、プロセス条件変化に伴う物性値の変化を反映させた必要機器寸法への影響も評価できるため、行程全体の短縮化やフローシート最適化の際の意志決定の精度向上が計れる様になっています。

ここでは、プロセス産業を取り巻く様々な変化の中で、プロセスエンジニアリング、そしてその基礎となる物性測定や物性推算の進歩を俯瞰し、本書の基礎編、産業応用編の各論への導入とさせて頂きます。

1．プロセス設計に必要な物性値

化学プロセスにおける分離操作として、大規模な連続プロセスでは、依然として蒸留分離を代表とする気液分離を利用した分離技術が多用されています。

この様な大規模な連続プロセスでは、装置の大型化に伴う経済性向上効果が大きく、経済の成長と共に装置の大型化が計られてきました。

この様な大型の装置では、装置設計最適化による分離性能向上、消費エネルギー削減、設備費削減などの効果が大きいため、エンジニアリングでは装置設計最適化に大きな努力が払われてきました。

一方で、医薬品や精密化学品製造などでは、生産量が少なく、製品単価の高い特性があり、小規模なバッチ製造プロセスが使用されています。

製品として粉体や結晶等の固体として生産されることが多いため、分離技術としても、バッチの蒸留や晶析分離などが使用されています。

これらの産業分野では、製品設計が完成し生産プロセス開発から製品化までの時間短縮による先行利益が極めて大きいのに対し、生産装置設計最適化による生産コスト削減は小さいため、装置設計最適化は大規模設備ほど重視されません。

ここでは大規模プロセスで多用される蒸留塔を例とし、段数、還流比、塔直径や塔高さを決める基本設計段階で必要な物性を議論します。

蒸留の分離の原理は、混合液体の蒸発の際の成分毎の蒸発のしやすさの違いを利用することに有りますが、蒸留塔設計のためには混合物中の分離したい二つの成分間（蒸留塔設計では、分離したい低沸点成分を light key 成分(LK)、高沸点成分を heavy key 成分(HK)と呼びます[4)]）の気液平衡関係が重要です。

その為、２成分系で気相組成と液相組成の関係を表すＸＹ関係図（図-3）は、最もよく知られた気液平衡関係図です。　通常、安定に運転している蒸留塔内部は、ほぼ圧力が一定に保たれているため、蒸留塔設計に使用される気液平衡関係も、等圧条件での気液平衡関係が使用されます。

実際に使用される蒸留塔では、棚段塔と呼ばれるトレイを使用する蒸留塔と、充填物を使用する充填塔の二種類がありますが、蒸留塔の設計では、いずれの場合でも分離性能を規定する尺度として理論段数という考えを使用します。

理論段数は、完全に気液平衡が達成されている蒸留塔１段あたりの分離性能[5)]として定義されます。

蒸留塔内部では、任意の段の上段から液が流下し下段からは蒸気が上昇して、段上で混合し気液平衡により蒸発した蒸気は上段へ、分離液は下段へ流下します。

そのため、任意の段とその上下の段の液組成の変化（つまり１理論段あたりの液組成変化量）は、気液平衡関係と流下する液量、蒸発する蒸気量の流量比（即ち蒸留塔還流比）による物質収支で決定します。

この理論段の考え方を分かり易く説明しているのが図-4 に示す McCabe-Thiele 階段作図法[4)]です。

McCabe-Thiele 階段作図法では、XY 関係図で示される気液平衡線と塔内部気液流量比（還流比等で決まる）との間隔で理論段が階段状に示されます。この階段（＝段数）を数えることで段数を求める方法です。

実際の設計作業では、階段作図法は Key 成分以外の成分の存在による気液平衡関係の変化や気液流量比が液組成変化による蒸発潜熱変化により各段で変化することを反映できないため使用されません。[4)5)]

しかしながら、McCabe-Thiele 階段図は、操作線と気液平衡線の間隔が狭くなる領域は理論段数が多く必要なことを示すために使用されることがあります。

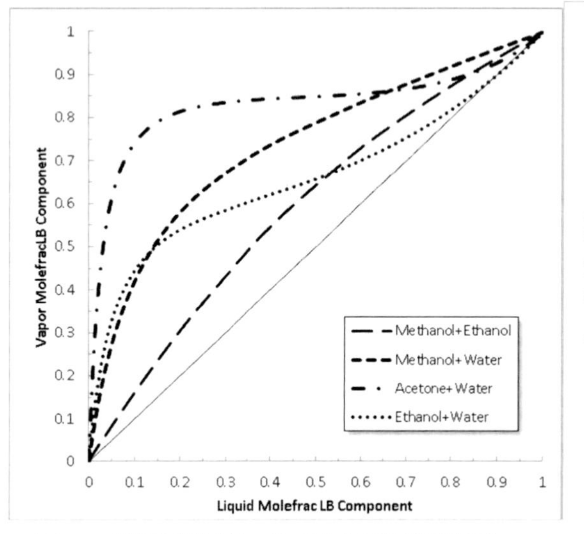

図-3　蒸留塔設計に必要な気液平衡関係

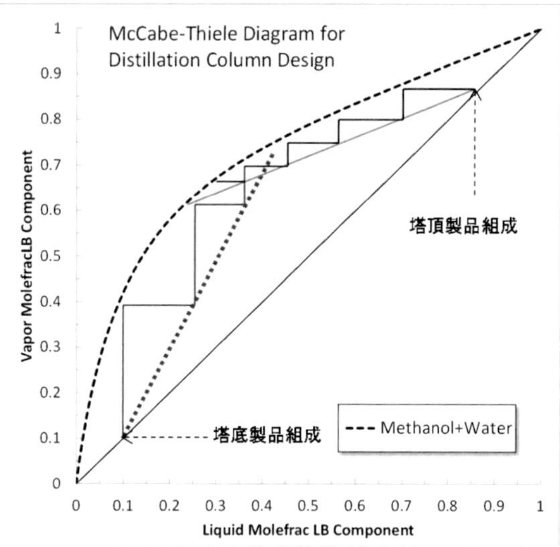

図-4　気液平衡関係と蒸留塔理論段数

気液平衡関係は成分の組み合わせにより挙動が大きく異なりますが、その挙動を表現する重要な因子を成分の蒸発しやすさ、即ちある成分(i)の気相組成と液相組成の比率を表す気液平衡比Kvl(i)　(= Y(i) / X (i))と定義します。[4),5)]

$$k_i^{VL} = y_i / x_i \quad (1)$$

ところで蒸留分離では分離対象の二つの成分(LK 成分と HK 成分)の蒸発しやすさ、即ち気液平衡比に違いがあることが必要です。

この違いを表現するのが相対揮発度(Relative Volatility,　α)と呼ばれる指標で、蒸発しやすい低沸点側の Key 成分(LK)の気液平衡比を高沸点側の Key 成分 (HK)の気液平衡比で割った値として定義されます。[4)、5)]

$$\alpha^{lk,hk} = \frac{k_{lk}^{VL}}{k_{hk}^{VL}} \quad (2)$$

相対揮発度は、2 成分系ＸＹ関係図では、気液平衡線の対角線からの垂直方向の距離で表現され、対角線からの距離が大きいほど相対揮発度は大きくなり、対角線と一致する場合、分離対象成分はいずれも気液の組成が一致するため、相対揮発度＝１と定義されます。

気液平衡関係を考える際に、異なる分子間の相互作用が同種分子間相互作用と等しく、混合物の物性値が、モル組成平均値で表現される場合、理想系と呼びます。

理想系の気液平衡では、蒸留塔内部の Key 成分同士の相対揮発度はほぼ一定です。

図-3 中のメタノール＋エタノール系はほぼ理想系といえる例です。

一方でメタノール＋水系、アセトン＋水系、エタノール＋水系では、低沸点成分が低濃度側（図中の左側）では、気液平衡線の対角線からの距離が大きく相対揮発度は大きくなります。

反対に高濃度側（図中右側）では、気液平衡線と対角線が接近し相対揮発度が小さくなっています。

この様に気液平衡線と対角線が接近すると、McCabe-Thiele 階段作図でも明らかなように蒸留分離に必要な理論段数が急激に増加します。

さらにアセトン＋水系のように気液平衡線と対角線が接する場合（タンジェント共沸とよびます）や、エタノール＋水系のように交差する場合（共沸とよびます）は、蒸留分離は理論段数が無限大になる為、不可能です。

従って、蒸留プロセスを設計する場合、気液平衡関係の把握を行うことは重要なのですが、特に共沸点の存在は、蒸留による分離の可否を決定してしまうため、正確に把握することは極めて重要です。

また蒸留塔設計の観点からは、共沸点が無い場合でも相対揮発度が小さい気液平衡関係の成分を分離する場合には、分離に必要な理論段数が大きくなります。

その為、気液平衡関係も相対揮発度が小さい領域は蒸留塔設計に大きな影響を与えるが、相対揮発度が大きい領域は蒸留塔設計に対する影響が少ないと言えます。

それでは、蒸留塔設計に重要な気液平衡関係は、具体的にはどのような方法で計算され、その為にはどのような物性値が必要であるかを説明します。

以下の表-1 には、蒸留塔設計に必要な物性と蒸留塔設計のどの部分でそれらの物性が必要であるかを分類して示しています。

表-1　蒸留塔設計に必要な物性 [6]

蒸留塔設計に必要な物性		
計算目的	分離性能 理論段数、還流比	ハイドロリクス 塔直径、塔効率
計算式	気液平衡 物質収支 熱収支	圧力損失 フラッディング 物質移動速度 熱移動速度
物性値	気液平衡比 エンタルピ	気液密度、 液粘度 表面張力
物性計算法	活量係数式法 状態式法	

表-2　物性計算法の構成 [6]

物性計算法	活量係数式	状態式
気液平衡比	蒸気圧 活量係数 気相フガシティ係数	液相フガシティ係数 気相フガシティ係数
エンタルピ	理想ガスエンタルピ エンタルピ圧力偏倚 蒸発潜熱 混合熱	理想ガスエンタルピ エンタルピ圧力偏倚
密度	気相状態式 液密度式	状態式 状態式
粘度	気相粘度式 液相粘度式	気相粘度式 液相粘度式
表面張力	液表面張力式	液表面張力式

蒸留塔の分離性能を計算する為には、気液平衡、物質収支と熱収支計算が必要となります。

気液平衡を計算する為には､活量係数式と呼ばれる式を使用する方法と状態式と呼ばれる式を使用する場合の二つに大別できます。[7), 8)]

活量係数による気液平衡関係式

$$\phi_i^V P y_i = \gamma_i x_i \phi_i^{SV} P_i^{0L} \exp \int_{p_i^L}^{P} \frac{v_i^L}{RT} dP \qquad (3)$$

状態式による気液平衡関係式

$$\phi_i^V P y_i = \phi_i^L P x_i \qquad (4)$$

活量係数式法では気液平衡に関係する任意の成分(i)に対して純物質蒸気圧 P^{0L}、活量係数 γ、気相フガシティ係数 ϕ 及び液モル容積積分項（ポインティング補正項と呼ばれます）が必要になり、それぞれ蒸気圧式、活量係数式、また気相フガシティ係数は状態方程式で計算します。[7) 8)]

一方、状態式法で気液平衡を計算する場合、平衡状態の温度 T,　圧力 P における気相と液相のそれぞれの任意の成分(i)の組成、及びフガシティ係数 ϕ を使用して気液平衡が計算されます。[7) 8)]

これらの計算が適切に行われることで気液平衡関係が計算され､製品純度などの仕様を与えた場合の限界蒸留塔分離性能、例えば還流比無限大（全還流と呼びます）での最小理論段数を求めることが出来ます。[4)]

また、熱収支を適切に計算することで、蒸留塔全体の熱収支だけで無く、一つの段周りでの熱収支から、各段を出入りする気液の流量（＝気液流量比）が求まります。

熱収支を計算するためには、気相及び液相の混合物エンタルピと呼ばれる物性値を計算することが必要ですが、その為には理想ガス比熱、蒸発潜熱、エンタルピ圧力補正項、液相混合熱等を計算することが必要になります。[7)8)]

実際の設計作業では、プロセスシミュレーションにより、与えられたフィードなどのプロセス制約条件の下で必要とされる製品仕様を満足する還流比を求める計算を、理論段数、フィード段位置などを変化させて行い、理論段数と還流比の関係（通常、反比例の関係）を求めて、安全性、関連法規の範囲内で設備投資と運転コストが最小となる設計点を見つける作業を行います。

設備投資費用を見積もるためには、蒸留塔理論段数から、実際に必要な蒸留塔高さ（=実段数に比例）や蒸留塔直径を決めることが必要です。

塔直径を決定するためには、蒸留塔内部のトレイ、あるいはパッキングを通過する気液の流動による摩擦などのエネルギー損失から決まる圧力損失や、気液の流量が塔内部の設計点を超えた場合に液が上段に逆流するフラッディングなどの限界を気液の密度や粘度等から計算することが必要です。

この様な気液の流動による様々な装置設計上の制約条件を計算することをHydraulics（ハイドロリクス）計算とよび、トレイ、パッキングそれぞれに実験に基づく様々な相関式が使用されています。

傾向としてフラッディングは段間隔や塔直径が大きいほど発生しにくくなります。また気液の密度差が小さいほど液が上昇する蒸気により持ち上げられやすくなるためフラッディングは起きやすくなります。

実段数は、理論段数を塔効率で割った実段数に段間隔を掛けて決まります。[9)]

棚段塔（Tray）の実段数と理論段数の関係

$$N_{\text{実段数}} = \frac{N_{\text{理論段数}}}{\text{塔効率}[\%]} \times 100 \qquad (5)$$

充填塔（Packing）の実充填高さと理論段数の関係

$$H_{\text{実充填高さ}} = N_{\text{理論段数}} \times \text{HETP} \qquad (6)$$

HETP；理論段あたりの充填高さ

塔効率は精密に計算することは困難ですが、実用的にはO'Connel相関[10]という方法でKey成分間の相対揮発度と液粘度から推定することが出来ます。(後の第3項で解説します。)

例えば、定性的には相対揮発度が大きいほど低沸点成分の蒸発量が大きくなり、気液平衡に到達している気液境界面と段上で混合している液全体の組成が乖離しやすくなり、気液平衡条件から大きくずれて塔効率は低下します。

同様に液粘度が大きい場合も液相内部での物質移動が遅くなり、気液境界面と段上で混合している液全体の組成が乖離しやすくなり、気液平衡条件から大きくずれて塔効率は低下します。

これらの蒸留塔設計に必要な物性値を計算するためには、表-2に示す様な多岐にわたる様々な混合物性値を物性式で計算することになります。

これらの物性式で混合物の物性値を計算する場合、基本的には混合物を構成する全ての成分の純物質物性パラメータと成分間相互作用を表す成分間相互作用パラメータが必要になります。

これらの純物質物性値計算の為の純物質パラメータや、混合物性値計算の為の成分間相互作用パラメータは、それぞれ純物質物性データや混合物性値データを基にして、物性計算式を使用してパラメータを決定し物性計算に使用されます。

これらの純物質物性定数（臨界温度、臨界圧力、偏芯因子ω等）、純物質物性パラメータ（蒸気圧パラメータ、活量係数パラメータ等）、及び成分間相互作用パラメータ（例えば活量係数式パラメータ）は、プロセスシミュレータでは、純成分パラメータデータバンクや相互作用パラメータデータバンク等の形式で内蔵しています。[18], [19] [20]

一方、内蔵パラメータデータバンクに含まれない成分については石油成分などの蒸留曲線（標準沸点、密度）あるいは分子構造等から物性定数や物性パラメータを推定する方法が用意されて使用されています。[18], [19] [21], [22], [23] [24]

また、後述するようにシミュレータに内蔵されている物性パラメータが、経済性の高いプラント設備を設計するためには計算精度が十分でない場合も有り、その様な場合には、物性データから特定のプロセスあるいは機器設計のための物性パラメータを決定して使用する場合があります。[19]

2. 物性推算精度とプロセス設計

確実なプロセス設計やプラント性能解析を行いたい場合、プロセスシミュレータに内蔵されている物性パラメータを使用してシミュレーションを行うと計算精度が不足している場合があります。

現在のプロセスシミュレータでは、純物質パラメータだけで無く、様々な活量係数式や状態方程式の成分間相互作用パラメータも、シミュレータを開発販売する会社が文献データ等を使用して回帰決定し内蔵していることが多くなりました。

この様な物性パラメータは、使用されている文献データも非常に幅広く網羅され、文献データ自体も多くの場合、信頼性、および測定精度は高いと言えます。

一方で、データ回帰を行う際には、データに対する物性計算値の平均誤差を最小化する方法で行う為、必ずしもプロセス設計で重要な領域に焦点を当てて決定しているわけではありません。

シミュレータ開発会社としては、シミュレータを使用するユーザが、どのようなプロセス設計、あるいはプラント性能解析するか等のシミュレータ使用条件を全て予想してソフトウェア開発を行うことは困難です。(シミュレータによっては、内蔵パラメータとは別に、エチレンや尿素などの特定プロセス向けの物性パッケージも開発提供されています。)

その為、前節で述べたような物性データの特定領域(例えば気液平衡関係の相対揮発度が 1 に近い領域)に焦点を当てた物性パラメータの回帰決定は困難です。

プロセス設計や解析の精度を高めるために、装置設計の鍵となる領域(例えば蒸留塔設計では、Key 成分間の相対揮発度が小さくなる領域)に焦点を当てた物性パラメータの回帰決定が重要になります。

通常、プロセスシミュレータでプロセス設計や解析が行われている状況では、この様なプロセスシミュレーションを行っている物性計算モデルと全く同じモデルを使用して物性パラメータ回帰を行うことが必要です。

プロセスシミュレータでは、その様な物性パラメータ回帰決定を繰り返し計算で行う図-5 に示す様な機能を用意しています。

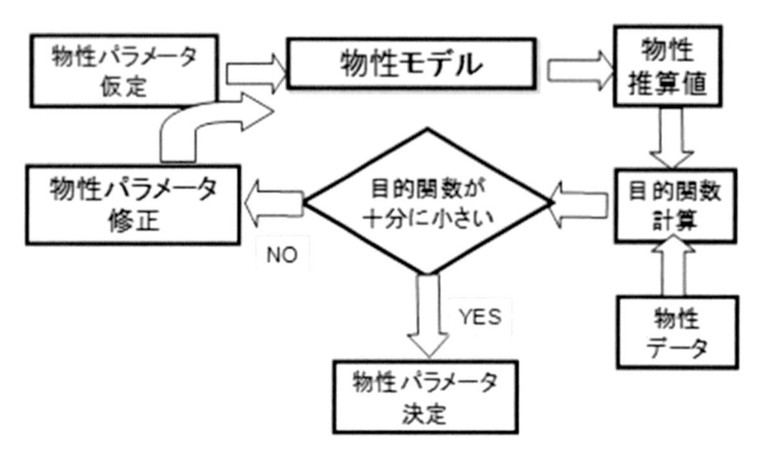

図-5　物性モデルパラメータの回帰方法 [6)]

この様な物性パラメータ回帰では、物性データ測定精度範囲内で実験値と推算値が一致する事が精度到達点と考えられます。

通常物性データ測定値には誤差が含まれますが、気液平衡では気相及び液相の組成を決定する際に（特に測定装置からサンプルを抜き出す方法では）無視出来ない測定誤差が生じます。

相対揮発度が小さい気液平衡関係の混合物を高純度製品分離に使用する蒸留塔（特に精密蒸留塔；精留塔と呼ばれます）の設計に使用する物性計算の場合には、測定データ及び相関決定された物性パラメータによる推算値の精度については十分な検討が必要です。

例えば工業的に重要な２成分系であるエチレン＋エタン２成分系気液平衡データ [11), 12), 13), 14)] を使用し状態式混合則成分間相互作用パラメータを相関回帰する場合、相対揮発度が１に近い領域では相対揮発度で±5%以上の実験データのばらつきが有り、信頼性の高い気液推算を行う為の物性パラメータ回帰は非常に難しいといえます。

この図-6 では実線が誤差 0%、内側点線が誤差±2%, 外側点線が誤差±5%,を示します。　この例では温度が高く相対揮発度の小さい領域では、推算誤差が-5%を超える点が有る一方で、+5%超える点は無いことが判ります。

物性パラメータ回帰決定の基になる気液平衡データにこの様な誤差がある場合、実際の蒸留塔設計にどの程度の誤差が発生するかを簡単に評価する方法として、アメリカで蒸留研究者として著名な Kister [15)] による相対揮発度の気液平衡計算誤差による偏差と、蒸留塔最小理論段数を求める Fenske 式による最小理論段数推定の誤差の関係図があります。

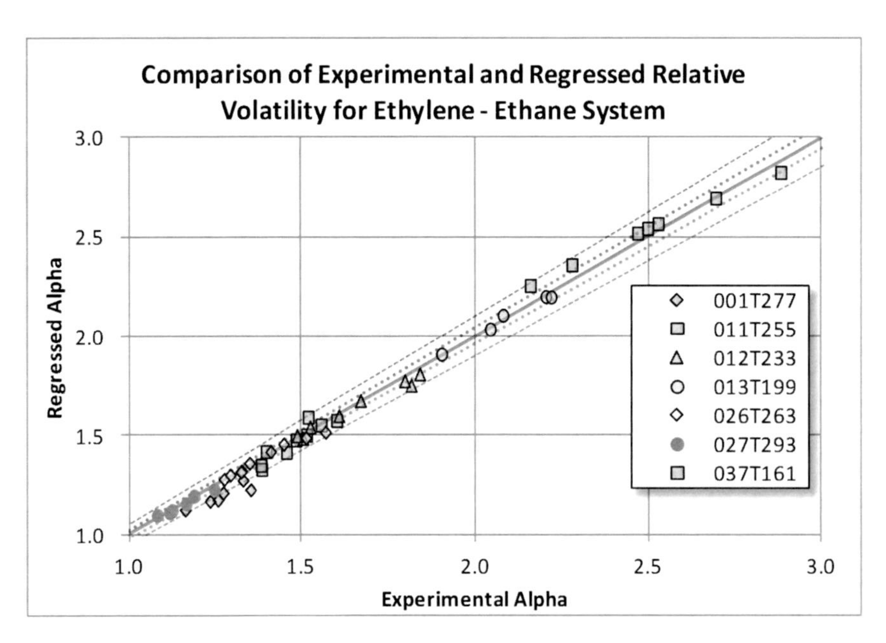

図-6　エチレン＋エタン２成分系気液平衡相関結果[11),12),13),14)]

Fenske 式[4)]は、気液平衡が理想系に近い場合に、蒸留塔で目的とする分離に必要な最小理論段数を求める塔頂及び塔底製品組成における Key 成分組成と Key 成分間の蒸留塔内部平均揮発度で式-7 のように定義されます。

そこで使用される塔内平均相対揮発度[4)]は、蒸留塔の塔頂、塔底それぞれの相対揮発度の幾何平均で与えられ式-8 で定義されます。

*Fenske*式による最小理論段数 $N_{\min}$;

$$N_{\min}=\frac{\ln\left[\left(\frac{x_{lk}}{x_{hk}}\right)_{Dist}\left(\frac{x_{hk}}{x_{lk}}\right)_{Btm}\right]}{\ln\left(\alpha_{lk/hk}^{av}\right)} \qquad (7)$$

塔内平均相対揮発度;

$$\alpha_{lk/hk}^{av}=\left[\left(\alpha_{lk/hk}\right)_{Dist}\left(\alpha_{lk/hk}\right)_{Btm}\right]^{1/2} \qquad (8)$$

例えば図- 7 の例では、温度 161K から 277K までの等温気液平衡データより物性モデルパラメータを回帰決定し、エチレン精留塔(エチレン製品純度 99.8 モル%) 設計を想定して Kister[15)] による最小必要理論段数（Fenske 式で求めた）の相対揮発度誤差による推定誤差を示しています。

ここでは、基準としてエチレン精留塔設計条件で塔内平均相対揮発度α=1.5（図-7 中の実線）と仮定した場合に、気液平衡計算誤差で相対揮発度が増える場合と減る場合で、推定される理論段数が基準値（誤差ゼロを仮定）による最小理論段数より何%増減するかを示しています。

図-6 より相対揮発度 1.5 近傍では推算精度が-5% ～ +4%以内であると判りますので、それを図-7 に当てはめると、最小理論段数の誤差は-10% ～ +15%の範囲である事が判ります。

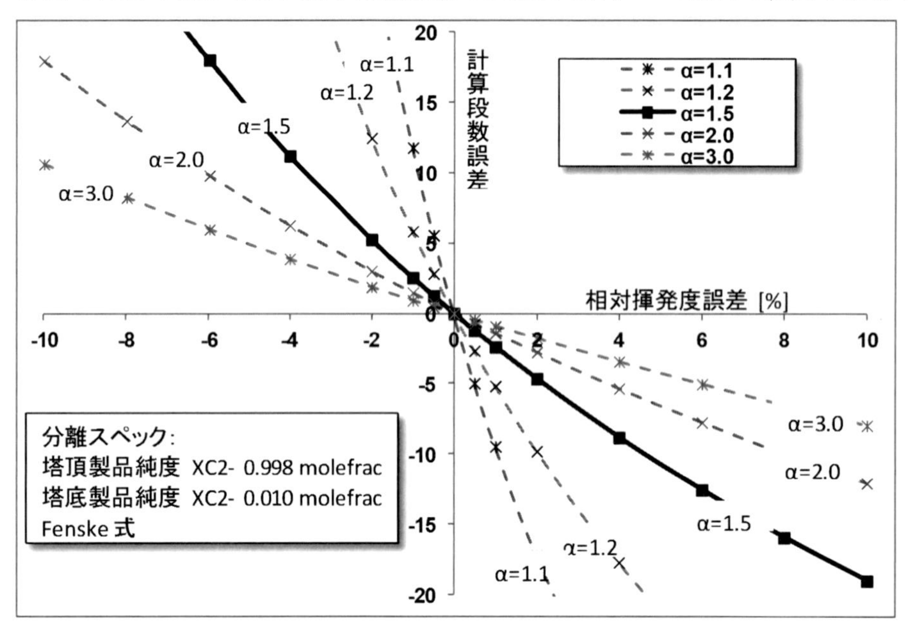

図-7 相対揮発度の誤差と推定最小理論段数の誤差の関係 6)

また、同じ相対揮発度誤差の幅でも、相対揮発度が過大評価される図右側の領域では理論段数誤差は過小評価される図左側の領域よりも勾配が小さくなる傾向があります。

つまり、相対揮発度が過小評価される方が、最小理論段数に対して感度が高いことを示しています。

また相対揮発度αが小さいほど線の勾配が大きく、相対揮発度αの誤差が最小理論段数に対する感度が高いことを示しています。

この図-7 に示される様に、Key 成分間の相対揮発度αが小さくなると、最小理論段数が急激に増加するだけで無く、気液平衡の誤差（＝αの誤差）が理論段数に与える誤差の影響も非常に大きくなることが判ります。

3. 物性推算精度と塔効率の関係

ところで、実際の蒸留塔設計に於いては、塔の実際の高さを支配する実段数は理論段数を塔効率で割って求められるため、設計を行う際にエンジニアリング会社では、実績のあるプロセスでは、過去に使用されたトレイあるいはパッキングによる塔効率経験値を使用して設計が行われています。

しかしながら、経験の無い新しいプロセスの場合、過去に経験のある類似プロセスでの経験値を使用し多めに余裕を持たせて設計したり、トレイやパッキングベンダーに設計を依頼したりしていました。

その様な場合に、適切な塔効率の推定が行えれば、より好ましい設計が可能になります。　残念ながら、気液平衡推算と異なり塔効率の精度の高い推算法は確立していないと言えますが、トレイを使用した蒸留塔では、O' Connel の塔効率は、妥当な誤差の幅で塔効率を推定できると言われています。[6)]

O'Connel相関[10)]に基づくLockett式 [9)]

$$E_{oc} = 0.492\left(\mu_L \alpha\right)^{-0.245} \qquad (9)$$

μ_L : 液粘度[cP],　α : Key成分相対揮発度

図-8 には、、O'Connel 相関 [10)]から導かれた Lockett 式 [9)] で様々な相対揮発度、液粘度における塔効率推定値を示しましたが、推定される塔効率が、最も高い場合には、100%を超えるなど理解が難しい結果が得られる一方で、ガス吸収塔等で経験的に知られている非常に低い塔効率が妥当に表現できるなどの特徴が有ります。

先の例のエチレン精留塔の場合には、平均相対揮発度 1.5、平均液粘度 0.07 cP から塔効率はおよそ 80%と推定されます。この値は、一般的に言われている炭化水素系蒸留塔での Sieve トレイでの塔効率が 60%と言われているのに対して高めに出ていると思われますが、O'Connel 相関の原報のデータでは、類似の蒸留塔で実際に高い塔効率が報告されています。

この例のように、1 に近い非常に小さい相対揮発度と極めて低い液粘度の組み合わせでは、蒸留塔のトレイでの気液接触での物質移動抵抗が極めて小さく、気液平衡がほぼ達成されていると考えられ、その結果、100%近い塔効率になると考えられます。

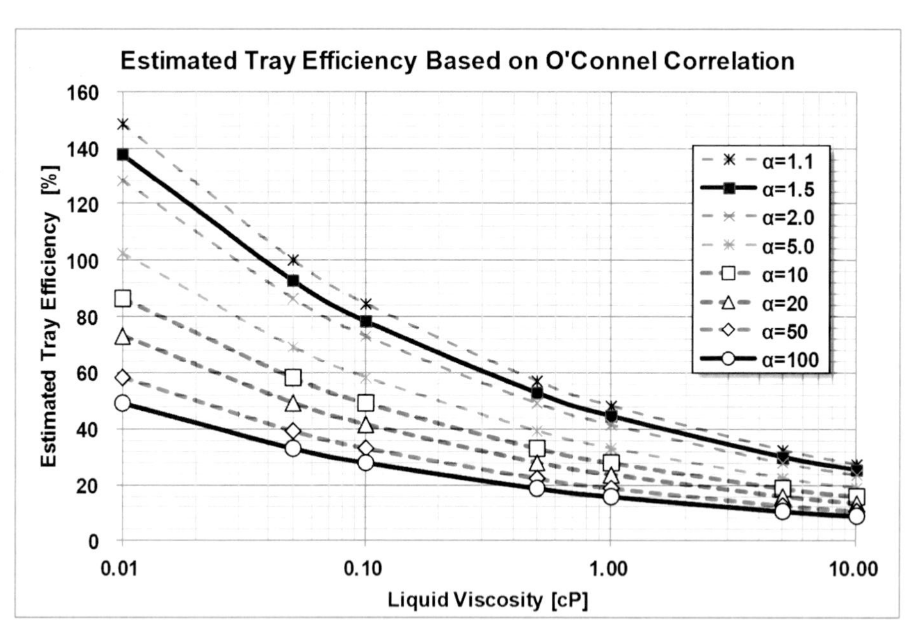

図-8 物性値（液粘度、相対揮発度）と塔効率の関係 [9), 10)]

一方、天然ガス中に含まれるCO_2のアミンによる吸収塔ではメタン＋CO_2相対揮発度は100以上、液粘度も1cPを超えており、推定された塔効率は10%以下です。

この様な大きな相対揮発度と高い液粘度の場合には、気液界面とバルク液相組成の乖離が大きくなりやすく、気液平衡達成は困難になるため低い塔効率になると考えられます。

ところで、塔効率推定に対する物性推算精度の影響は、どの程度であるかを推定してみると、興味深いことに、先のエチレン精留塔の場合には、混合液粘度の推算精度は比較的高い（数%程度の誤差）一方で、相対揮発度は5%程度の誤差を含んでいると考えられます。

図-8の横軸は、対数なので液粘度の数%の誤差は全く問題にならない一方で、αが1に近い相対揮発度の蒸留塔では、図-7に示される様に数%の相対揮発度αの誤差が、理論段算出に10%以上の大きな誤差をもたらすことが知られています。

従って、その様な塔効率の実プラント解析データには大きな（10%以上）の誤差が含まれている可能性があります。[16)]

つまり、100%を超える塔効率を示す蒸留塔の塔効率解析データの存在は、プラントデータ組成分析誤差、気液平衡データ測定誤差、気液平衡物性モデル推算誤差等が、相対揮発度が小さいことで拡大されて理論段数解析結果に反映されている為と考えられます。

実際の設計では、大きすぎる塔効率推定値は実段数の不足に繋がるため危険です。

その為、設計に使用する物性推算モデル（使用する物性パラメータも含めて）と塔効率の組み合わせの中で、塔効率推算値が使用できるか否かの判断には、十分な注意が必要です。

逆に、相対揮発度と液粘度が非常に大きいガス吸収塔等の場合には、一般的に塔効率推定値は非常に低くなります。

この場合、相対揮発度の推算誤差や混合液粘度の推算誤差の影響は比較的小さいと言えます。

しかしながら、この様な吸収塔の場合、実段数に余裕が有る場合が多く、そのため目的成分の塔頂組成が極めて小さく測定誤差の影響が大きくなります。 また実プラント運転データから塔効率を求める解析作業で使用される理論段数が 2〜5 段と非常に少ない点、組成分析が塔頂出口と塔底部のガスフィード組成のみで、塔中間部分の組成分析が含まれない点から、理論段数算出に大きな誤差が出やすいことを考慮すべきです。[16)]

また推定された塔効率が 10%の場合、塔効率誤差として±20%を許容すると、塔効率 8%で設計することが必要になるため、理論段数を塔効率で割った実段数に対する影響は非常に大きくなります。

4. 物性推算の進歩がもたらす設計高度化

プロセスエンジニアリングに使用される物性モデルは、その歴史の中で物性推算法の進歩を着実に取り入れ、それによるプロセス設計の高度化が達成されています。

例えばプロセスシミュレーション利用の歴史が長い石油精製の分野では、気液平衡推算法として、気液平衡比温度相関式(例えば BK-10 法)に始まり、対応状態原理による推算法（例えば Chao-Seader(CS)法 [25), 26)]や Grayson-Streed(GS)法 [27)]）から、現在は三次型状態式（例えば Soave-Redlich-Kwong(SRK)式[28)]、Peng-Robinson(PR)式）[29)]などを利用するようになり気液平衡計算やエンタルピ計算の高精度化が達成されています。

この様な物性モデル側での高精度化と、石油成分の高沸点側でのキャラクタリゼーション法の高度化と相まって常圧蒸留塔、減圧蒸留塔等のシミュレーションの高精度化と設計最適化が達成されています。

石油精製プラントで問題になる多量の水素を含む炭化水素混合物の相平衡計算では、水素特有の挙動（例えば液相中への水素溶解度は温度が高い方が高くなる等、通常のガスとは挙動が異なる)に対応して､改良された純物質物性計算式(α関数と呼ばれます｡例えばBoston-Mathias 式[19])を使用する三次型状態式の改良等が行われています。

その様な改良型三次型状態式を使用することで、それまで対応状態原理法（例えばGrayson-Streed式）などを使用して設計されていたプラント設計が、反応器周りの組成推算精度の向上によって、より高精度に行える様になっています

また酸性ガスを含むガス処理設備設計のため、例えばAPI-SOUR[18),19] 等に代表される実験値に基づく経験的な気液平衡比相関モデルから､厳密な液相中イオン解離反応とイオン成分を取り込んだ活量係数式を含む電解質モデル（例えばChenによる電解質NRTL式[30),31),32),33]）の実用化により､プロセスシミュレータで電解質水溶液を含むガス吸収塔や放散塔等の設備が適切に設計できるようになっています。

現在では電解質モデルの応用は、石油精製プラントの排ガス処理設備に止まらず､天然ガスの液化前処理工程、化学プラントでの合成ガス前処理工程や、近年は発電プラントや製鉄プラントからの排気ガス中に含まれる CO_2 反応吸収設備などの設計にも拡大され、設計最適化による消費エネルギーや設備費削減に大きく貢献しています。

さらに近年は､重質油などの複雑な混合物を仮想成分では無く実成分としてモデル化するための研究が進められており、成分同定を含む分析方法､極端に成分数が多い混合物の物性計算法や反応モデル等について研究が進められています。

石油化学の分野でも､高圧炭化水素混合物の気液平衡計算に対して対応状態原理を使用する方法から三次型状態式(例えば、Soave-Redlich-Kwong (SRK)式やPR式)を利用するように進化し、より高精度に蒸留塔設計が行えるように進化してきました。[18) 19]

しかしながら炭化水素混合物でも､極めて高い気液平衡推算精度が要求されるエチレンやプロピレンの精留塔の設計では、それらの三次型式では精度が不十分とされてきました。

その様な蒸留塔設計を妥当に行う為に、気液平衡実験データに基づき、より精度を高めたα関数や混合則を持つ三次型状態式を設計に使用することも行われています。[19]

1990年代になり超臨界流体利用技術研究を追い風として、三次型状態式を改良して高圧の極性物質を含む混合物の気液平衡推算を行うことが出来る改良三次型式が提案され､プロセスシミュレータにも実装が進みました。

これらの三次型状態式は、既に広く利用されているSRK式やPR式を基礎としながら、極性

物質に特有の蒸気圧特性を高精度に計算出来る様に改良された純物質物性計算式(α関数と呼ばれる)を採用しています。[19)]

また非理想系混合物に特有の強い組成依存性をもつ混合物性を表現できる過剰自由エネルギー型混合則を組み合わせて、水素、二酸化炭素、水、アルコール及び炭化水素等の高圧での混合物の気液平衡、液々平衡等を高精度で計算出来るようになりました。

例えば、Gmehling 等 [43) 44) 45)] による Predictive-SRK(PSRK)式や Michelsen ら [41) 42)] の改良 Huron-Vidal 式(MHV2)あるいは Sandler ら [46) 47) 48)] の Wong-Sandler 式 (WS) 等が、既に一部のプロセスシミュレータに実装されています。[18) 19)]

これらの改良型三次型式は、過剰自由エネルギ混合則を採用している点が大きな特徴です。特に PSRK では Gmehling らが独自にグループを決定したグループ寄与法モデル(PSRK-UNIFAC)を使用し、多成分系高圧気液平衡推算を容易に行える様になっています。

この PSRK 式のシミュレータへの実装に伴い、極性物質と高圧ガスを含むプロセスの概念設計が容易に行えるようになりました。

更に PSRK-UNIFAC を他の活量係数式（例えば NRTL 式 [37)] ）に置き換えて高圧気液平衡データを使用して相互作用パラメータを回帰決定し、高精度にプロセス設計を行うなど幅広い活用も行われています。

これらの状態式は、石油化学や化学プロセスでよく見られる気相合成反応器出口ガスを水などの溶剤で吸収する吸収塔等の設計や性能解析に適しており、様々なプロセスの設計や性能解析などの業務に使用されています。

例えば、メタノール合成プロセスでは、生成したメタノールと副生成物の水を、未反応の水素や CO などの非凝縮ガスと分離するフラッシュドラムの気液平衡計算が非常に難しく、合成ガスループ組成に大きな誤差を生じて反応器を含む合成工程の最適設計が困難でした。

これらの新しい三次型状態式を使用することで高精度フラッシュ計算が可能になり、合成ループ物質収支計算、あるいは装置設計最適化などを高精度化することが出来る様になりました。

化学の分野では、局所組成理論に基づく活量係数モデル（例えば Wilson, [36)] NRTL, [37)] UNIQUAC, [38) 39)] UNIFAC [40)] 等）の活用が進み、多成分系非理想系気液平衡や液々平衡の推算が工業的に妥当な精度で行われるようになり、広く共沸蒸留塔や抽出蒸留塔のシミュレーションによるプロセス最適化が行われています。

近年では、この様な高精度の物性推算を活用し、多成分系の共沸点探索などの技術が使用できるようになったため、多成分系共沸点の存在を考慮した分離可能フローシート探索を行うプロセス合成技術[3]により、共沸点や二液相が存在する混合物に対して実現可能で経済性が極めて優れたプロセス設計を行うえる様になっています。

また、高分子を含む混合物を取り扱える状態式モデル（例えばSadowskiら[49) 50) 51) 52)]による PC-SAFT 式）や活量係数式モデル（例えば Chen ら[34)]による Poly-NRTL 式）がプロセスシミュレータに実装されてきています。[35)]

このような高分子系相平衡モデルと高分子重合反応モデルと組み合わせることで、ポリエチレン重合プロセスなどの高圧系プロセス（高圧での気液平衡や二液相生成予測）や、ナイロンやポリエステル等の縮重合プロセスの水とポリマーを含む複雑な気液平衡等の相平衡計算に使用され、プロセス設計や運転解析を通じて生産性向上などによる大きな経済効果を生んでいます。

5. 物性推算の進歩と IT 基盤確立の相乗効果

最近 10 年間の情報通信技術(IT 技術)の急速な進歩は、消費者向けのスマートフォン、クラウドサービス等の新たな携帯端末とサービスを生み出しています。

一方、プラント設計のエンジニアリングのようなビジネスの世界では、情報漏洩などのセキュリティの問題があり、消費者向けのサービスとは異なる発展をしています。

シミュレーションなどの技術計算を行うコンピュータも、大型計算機からワークステーションを経て PC（デスクトップ PC からノートブック PC）に変化してきました。

その過程で、技術計算を行うソフトウェアの利用形態も、大型コンピュータやサーバーなどに実行ソフトウェアを搭載し、端末で入出力を行う形態から、ソフトウェアの実行、データ入出力を利用者のワークステーションや PC で行う分散型と呼ばれる形態に変化してきました。

エンジニアリングに必要な情報は、物性情報、製品仕様、フィード条件、ユーティリティなどのプロセス制約条件、設計コード、個別装置設計ファクタなど多岐にわたりますが、それらの情報を社内ネットワーク（世界を繋ぐインターネットに対して閉じたネットワークという意味でイントラネットとよばれます）で設計エンジニアなどの関係者が共有することが行われています。

物性情報は、海外の大手化学会社やエンジニアリング会社等では、社内の専門家が認定した物性値や物性推算法をデータベース化してイントラネットで共有し、プロセス設計やプラント性能解析に使用するようにしています。

最近10年間のIT技術の急速な進歩は、プロセスエンジニアリングに使用されるプロセスシミュレータでも様々な変化をもたらしています。

従来は、プロセスシミュレータに搭載されている物性値情報は、物性モデルのパラメータとしてシミュレータベンダにより抽象化されていたため、ユーザがプロセス設計の目的に合わせて物性パラメータを変更する場合、物性値データの収集、評価、物性パラメータ回帰決定に多くの時間が掛かっていました。

この様な既知の文献物性値の収集として物性測定や推算法に関する文献検索は、インターネットを通じて広く行われるようになってきています。例えばGoogle Scholarのような特許や学術論文の検索に特化したサイトの普及と、インターネット上でオンラインで検索した学術論文をダウンロード販売する出版社等のサイトの充実により、大学図書館に行かずに文献調査や文献データ収集が出来る様になっています。

また、海外の学会（例えばアメリカ化学工学会 AIChE やアメリカ化学会 ACS）では、会員向けにその学会が発行する論文誌掲載論文を安くダウンロード販売するパッケージを年会費に含めることが出来る様になっていて、単に文献収集が容易になるだけで無く、学会としても収入が増えるような工夫がされています。

更にインターネット上には、アメリカ商務省の機関である National Institute of Standard and Technology (NIST)の運営する物性値データベースとして NIST / Chemistry WebBook [53] やドイツ DECHEMA が運営する DETHERM [54] 等のオンラインデータベースも出来て、物性値情報の収集に広く使用されています。

近年では、プロセスシミュレータに物性パラメータの内蔵とは別に物性値データベースそのものを内蔵して、物性値データの収集、評価、物性パラメータ回帰決定の一連の作業を劇的に効率化できる仕組みが出来ています。

例えば一部のシミュレータでは、NIST が提供する Thermodynamic Engine (TDE) [55]が内蔵され純物質物性定数の評価や、2 成分系気液平衡、液々平衡などのデータを検索収集、データ評価、パラメータ回帰、推算結果評価を効率的に行うことが出来るようになっています。

このため、先に述べたような内蔵パラメータのプロセス設計に使用する場合の推算精度の問題を、ユーザ独自にパラメータ回帰を行い、設計目的に沿うように調節回帰された物性パラメータを使用して、より高精度なプロセス設計をすることが非常に容易になってきました。

6. 物性推算の経済的価値

一般的に、プロセス産業では、既存設備の経済性向上や、新設計プラントの経済性を最適化するためプロセスシミュレーションを使用してプロセス設計を実施します。

大規模なプロセスでのプラント建設費用は高額ですが、建設プロジェクトにおける時系列で見た場合、図-9 に示される様に、プロジェクトの初期段階（例えば初期のプロセス開発、概念設計段階）では、比較的少人数で作業を実施し、かかる経費もプロジェクト全体から見れば、非常に少額です。

ところが、この段階で発生した判断の誤り（例えば、極端な場合では気液平衡推算の問題で、共沸点の存在を見逃した）結果的にプロセス設計で、蒸留塔本数が不足する等の致命的な結果となりやすく、プロジェクト終了に必要な期間の大幅な延長や、費用の膨張が発生する結果となります。

これほどの極端な事例は少ないと言えますが、設計の際に考慮する成分の選択、物性モデル選択や物性パラメータ作成、シミュレーションモデル作成などの各段階における判断の誤りは大きな経済損失を招きます。

例えば製品成分精製工程での微量の不純物の存在の見逃しや無視が、長期間運転中の装置内蓄積による周期的な突然の運転停止を招くなどは、運転の乱れを伴うため装置制御の問題として考えられがちですが、装置設計初期段階での判断の誤りと言えます。

この様な設計初期段階での判断の誤りは、建設工程や設備完成後の運転時に判明した場合、建設期間延長や、運転設備の停止による大きな経済損失を招きます。

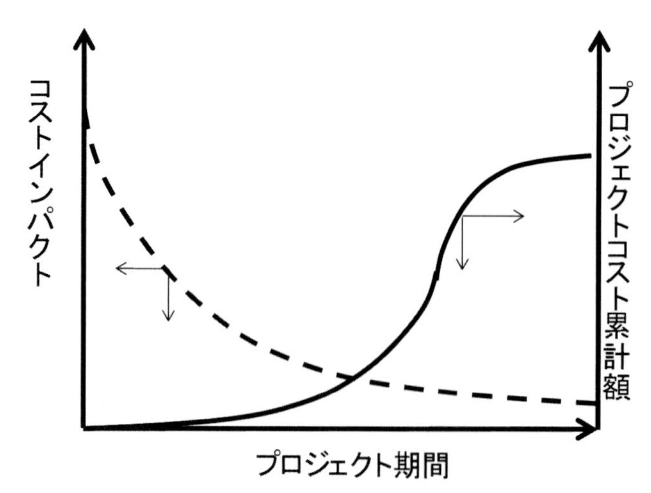

図-9　プラント建設プロジェクトと判断ミスのコストインパクト
設計初期段階に必要な費用は少ないが、その段階での間違いにより発生する余剰コストは非常に大きい。

具体例として、ベンゼン＋水 2 成分系の分離精製を例として、設計初期段階での判断の影響について考えてみます。

ベンゼン+水の混合物の相平衡は、図-10 に示す様に常圧では気液平衡と液々平衡が共存する気液々平衡状態が殆どの組成領域を占めています。

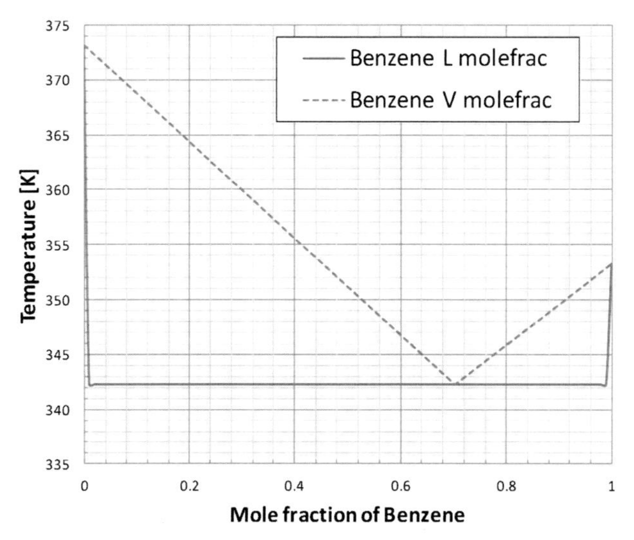

図-10　ベンゼン＋水 2 成分系常圧気液々平衡；
図中の水平線は、液々平衡領域を示します。横軸の 0 付近と 1 付近の水平線からの急激な立ち上がり部分が気液平衡領域です。

一般的に気液々平衡は、液々平衡部分の沸点が気液平衡部分の沸点よりも低い為、蒸留塔塔頂流出部に液々平衡分離装置（デカンタ）を付ける下図のプロセス－A として示す設計が広く使用されています。

ここで、ベンゼン＋水の等モル混合物を分離して高純度ベンゼンと高純度水を分離するプロセス設計を考えた場合、フィード組成が液々平衡領域にあるため、最初にデカンタで分離した後に蒸留塔でベンゼンと水を別々に精製するプロセス-B も候補として検討することが出来ます。

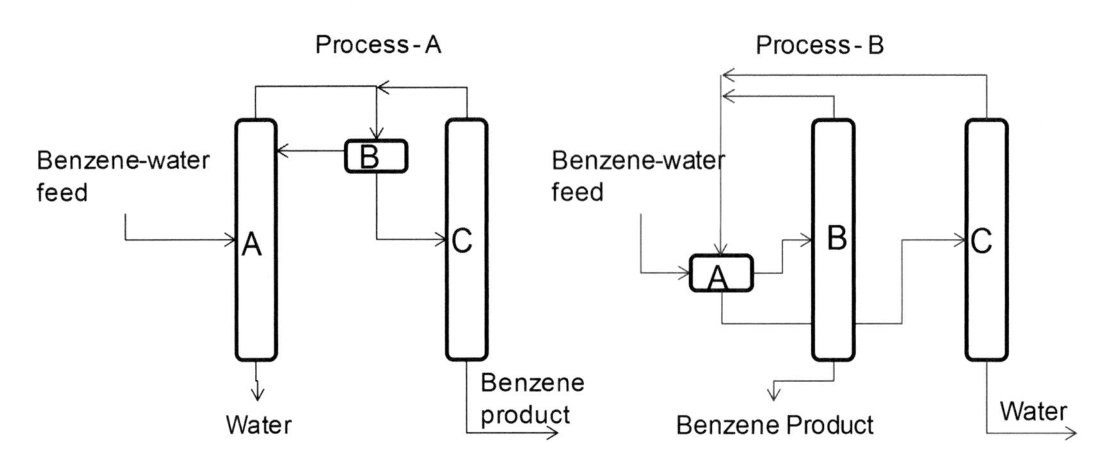

図-11　ベンゼン＋水系分離精製プロセスのフローシートの候補、A は一般的な共沸蒸留プロセスで使用されるフローシートですが、B は、液々平衡領域が極めて広くフィード組成が液々平衡になっている場合の代替候補案です。

両方のフローシートを比較する際にプロセス機器としては2本の蒸留塔と1器のデカンタで構成されるため経済性も同等と考えられがちですが、両者をシミュレーションで比較すると、以下の表-3 のように水精製塔では、プロセス A では、プロセス B と比べ 14 倍もの大きな熱負荷が必要となるだけで無く、蒸留塔塔径も非常に大きくなり、結果として経済性で大きく劣ることが判ります。

この大きな違いの理由は、プロセス B では、最初にデカンタでベンゼン相と水相に分けてそれぞれ別に蒸留塔に供給するのに対して、プロセス A では、第 1 塔（水分離塔）に全てのフィードが供給され、ベンゼン相は全て炊きあげられて塔頂製品として留出するため、プロセス A では水精製塔の炊きあげ熱負荷と塔直径が非常に大きくなってしまうのです。その為、プロセス A では、各蒸留塔をプロセスシミュレータで最適設計しても、プロセス B に対して大きく劣る経済性しか持ち得ないのです。

表-3　ベンゼン＋水系分離プロセスの比較

	Process-A	Process-B	
製品純度			
ベンゼン	0.99968	0.99968	
製品回収率			
ベンゼン	1.00000	1.00000	
塔底加熱量			
ベンゼン塔	0.076	0.076	Gcal/hr
水塔	0.705	0.054	Gcal/hr
合計加熱量	0.781	0.130	Gcal/hr

ベンゼン＋水系分離のような極めて簡単な例でも、共沸点や液々平衡（二液相）が存在する混合物の分離プロセス設計は、相平衡などの物性計算が、設計初期段階の判断に大きく影響し、その結果として設計建設されたプラントの経済性が大きく左右されることが､お判り頂けたと思います。

終わりに

本節では､物性計算から機器設計に至るプロセスエンジニアリングにおける初期段階に存在する様々な落とし穴が有り､物性測定や物性計算等の分野で投資を惜しむ結果として、大規模プラント建設では大きな経済的リスクが発生することをご説明させて頂きました。

今後とも、その分野に携わる研究者、エンジニアとして社会での活用を進め最大限の経済効果を得ることを念頭に仕事を進めるように自戒することは当然ですが､同時にプロセス開発や改善検討を行うプロセスオーナやライセンサ等の企業、設計、建設を行うエンジニアリング会社などの企業や、人材教育や研究を行う大学、公的研究機関なども、物性測定や物性推算に携わる人材への温かいサポートを頂けるように祈念しています。

参考文献

1）中井重行　「プラント・エンジニアリング」　丸善　(1979)

2）相良紘「実践　蒸留プラント設計」　日刊工業新聞社(2009)

3）Doherty, M.F., Malone,M.F., Conceptual Design of Distillation Systems,　McGraw-Hill　(2001)

4）平田光穂「多成分系の蒸留」科学技術社 (1955)

5）広瀬康雄、蒸留計算法の基礎、培風館　(1975)

6）大場茂夫　展望講演　化学工学会　第46回秋季大会　福岡　(2014)

7）Reid, R.C., Prausnitz, J.M., Poling, B.E., The Properties of Gases and Liquids – 4th Edition, McGraw-Hill (1987)

8）Poling, B.E., Prausnitz, J.M., O’Connel, J.P., The Properties of Gases and Liquids – 5th Edition, McGraw-Hill, (2001)

9）Lockett, M.J., Distillation tray fundamentals, Cambridge University Press UK (1986)

10）O’Connel, H.E., Trans, AIChEJ, 42, 741 (1946)

11）McCurdy, J. L.; Katz, D. L. Ind. Eng. Chem.,　**36**, 674 (1944)

12）Hanson, G. H.; Hogan, R. J.; Ruehlen, F. N.; Cines, M. R. Chem. Eng. Prog. Symp. Ser., **49** (6), 37 (1953)

13）Fredenslund, A.; Mollerup, J. M.; Hall, K. R. J. Chem. Eng. Data, **21**, 301　(1976)

14）Calado, J. C. G.; Gomes de Azevedo, E. J. S.; Clancy, P.; Gubbins, K. E. J. Chem. Soc., Faraday Trans. 1, **79**, 2657 (1983)

15）Kister, H.Z.,　Distillation Design,　McGraw-Hill (1992)

16） Kister, H.Z.,　Distillaiton – Operation, McGraw-Hill (1990)
17） Eckert, J.S., Walter, L.F., Hydrocarbon proc. & Pet . Ref., Feb. (1964)
18） PRO/II 9.0 Component and Thermophysical Properties Reference Manual Invensys SimSci-Esscor (2010)
19） Aspen Physical Property System – Physical Property Models V.7.3, Aspen Technology, Inc., (2011)
20） Project 801 EVALUATED PROCESS DESIGN DATA 2011 Public Release Lite Database Documentation, American Institute of Chemical Engineers, Design Institute for Physical Properties (2011)
21） Lydersen, A.L., Estimation of Critical Properties of Organic Compounds, Univ. Wisconsin Coll. Eng., Eng. Exp. Stn. Rept. 3., Madison WI, April (1955)
22） Joback, K.G., A Unified Approach to Physical Properties Estimation Using Multivariate Statistical Techniques, S.M. Thesis, Department of Chemical Engineering, Massachusetts Institute of Technology, Cambridge, MA (1984)
23） Joback, K.G. and Reid, R.C., Chem. Eng. Comm., 57,　233 (1987),
24） Poling, B.E., Prausnitz, J.M., O'Connel, J.P., Properties of Gases and Liquids – 5th Edition, Appendix C:　Group Contributions For Multi Property Methods,　McGraw-Hill (2001)
25） Chao, K.C., Seader, J.D., AIChEJ., 7, 4, 598 (1961)
26） Hildebrand, J.H., Scott R.L., The Solubility of Nonelectrolytes, 3rd Edition, Reinhold, NY (1950)
27） Grayson, H.G., Streed, C.W., Vapor-Liquid Equilibria for High Temperature , High Pressure hydrogen-Hydrocarbon Systems, 6th World Congress, Frankfurt am Main, Section VII – paper 20 – PD7, 169 (1963)
28） Soave, G., Chem. Eng. Sci., 27, 1197 (1972)
29） Peng,D.Y., Robinson, D.B., Ind.Eng.Chem.Fundam., 15, 59 (1976)
30） Chen, C.C., Britt H.I., Boston, J.F., Evans, L.B. AIChE J., 28, 4, 588 (1982)
31） Chen, C.C., Evans, L.B. AIChE J., 32, 3, 444 (1986)
32） Mock, B., Evans, L.B. Chen, C.C., AIChE J., 32,10, 1655 (1986)
33） Chen, C.C., Fluid Phase Equil., 83, 301 (1993)
34） Chen, C.C., Song, Y., AIChE J., 50, 1928 (2004)
35） Aspen Polymers User Guide Volume 2, V.7.3 Aspen Technology, Inc.,　(2011)
36） Wilson, G.M., J. Amer. Chem., Soc., 86, 127 (1964)
37） Renon, H., Prausnitz, J.M., AIChEJ., 14, 135 (1968)
38） Abrams, D.S., Prausnitz, J.M., AIChEJ, 21, 116 (1975))
39） Bondi, A., Physical Properties of Crystals, Liquids and Glasses,　John, Wiley & Sons, Inc.,　(1968)
40） Fredenslund, A., Jones, R.L., Prausnitz, J.M., AIChEJ., 21, 1086 (1975)
41） Michelsen, M.L.,　Fluid Phase Eq., 60,　47 (1990)
42） Michelsen, M.L., Fluid Phase Eq., 60,　213 (1990)
43） Holderbaum, T., Gmehling, J., Fluid Phase Eq., 70, 251 (1991)

44）Fischer, K., Gmehling, J., Fluid Phase Eq., 121, 185 (1996)
45）Gmehling,J., Fischer,K., Fluid Phase Eq., 141, 113 (1997)
46）Wong,D.S., Sandler,S.I., AIChE J., 38, 671 (1992)
47）Wong, D.S.,Orbey, H.,Sandler,S.I., Ind Eng Chem. Res., 31, 2033 (1992)
48）Orbey,H., Sandler,S.I., Wong,D.S., Fluid Phase Eq., 85, 41 (1993)
49）Gross, J., Sadowski, G., Ind. Eng. Chem. Res., 40, 1244 (2001)
50）Gross, J., Sadowski, G., Ind. Eng. Chem. Res., 41, 5510 (2002)
51）Tumaka, F., Sadowski, G., Fluid Phase Eq., 217, 233 (2004)
52）Tumaka, F., Gross, J., Sadowski, G., Fluid Phase Eq. , 228-229, 89 (2005)
53）NIST Chemistry Web Book (http://webbook.nist.gov/chemistry/form-ser.html)
54）DETHERM … on the WEB (https://i-systems.dechema.de/detherm/index.php)
55）NIST ThermoData Engine (TDE) (http://trc.nist.gov/tde.html)

第２章
基礎編

2.1 数学的表現（モデル）と物性パラメータ
2.1.1 グループ寄与法

栃木　勝己
（日本大学）

1　はじめに

気液平衡，液液平衡，固液平衡および動粘度などの化学工学物性は化学プロセス設計を検討する際に必要な情報である．これらの物性を数学的に表現するモデルとして，活量係数をグループ寄与で求める推算法が発展してきた．[1-4]　1962年にWilsonとDeal [5]によって提案されたグループ溶液(Solution of Groups)に基づく推算モデルは，その後，Wilson式，UNIQUAC式を組み合わせ，ASOG [6-8], UNIFAC [9, 10], 修正UNIFAC [11, 12]グループ寄与法として進歩し，現在，実際的にも広く使われている．

活量係数推算の基本となるグループ対パラメータはいずれのモデルでも50種以上のグループについて決められており，化合物の範囲も電解質，ポリマーを含む系および過剰自由エネルギー型混合則と組み合わせた高圧気液平衡推算法も開発されている．最近はイオン液体や医薬品に関するパラメータも決められている．

本稿は，これらグループ溶液モデル型のグループ寄与法の提案から現在に至る進歩を解説するものである．

2　ASOG，UNIFAC，修正UNIFAC

WilsonとDealが提案したグループ溶液モデルは，液相活量係数 $\ln\gamma_i$ を分子の大きさの違いによる寄与 $\ln\gamma_i^C$ とグループ間相互作用の寄与 $\ln\gamma_i^G$ の和で表し，

$$\ln\gamma_i = \ln\gamma_i^C + \ln\gamma_i^G \tag{1}$$

$\ln\gamma_i^G$ をグループ活量係数 $\ln\Gamma_k$ を用いて次式で表すモデルである．

$$\ln\gamma_i^G = \sum_k \nu_{ki}(\ln\Gamma_k - \ln\Gamma_i^{(k)})$$

$$X_k = \frac{\sum_i x_i \nu_{ki}}{\sum_i x_i \sum_k \nu_{ki}} \tag{2}$$

図1はメタノール＋n-ヘプタン系の気液平衡データより求めた活量係数，およびメチレン基と水酸基のグループ活量係数とグループ分率の関係を表したものである．

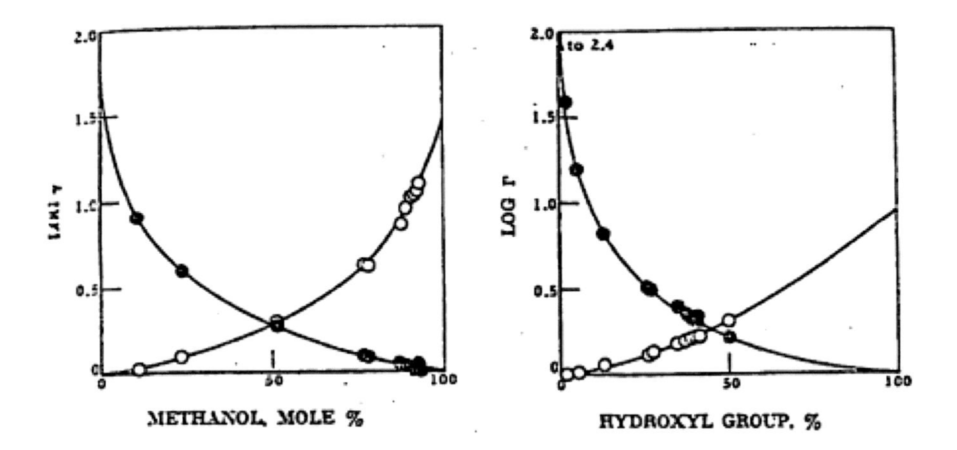

図 1　(左）メタノール＋n-ヘキサン系の活量係数(45℃)

(右)OH グループと CH_2 グループのグループ活量係数

Wilson らと同一研究グループ員であった Shell 社の Derr と Deal は，$\ln\gamma_i^C$ を Flory-Huggins 式で表し，$\ln\Gamma_k$ を Wilson 式で表す ASOG (The Analytical Solution of Groups Model)を提案し，

$$\ln\gamma_i^C = \ln\frac{v_i^{FH}}{\sum_j x_j v_j^{FH}} + 1 - \frac{v_i^{FH}}{\sum_j x_j v_j^{FH}}$$

$$\ln\Gamma_k = -\ln\sum_l X_l a_{k/l} + 1 - \sum_l \frac{X_l a_{l/k}}{\sum_m X_m a_{l/m}}$$

9 種のグループからなるグループ間相互作用パラメータ $a_{k/l}$ と温度の関係を求めた．その一例を図 2 に示す．

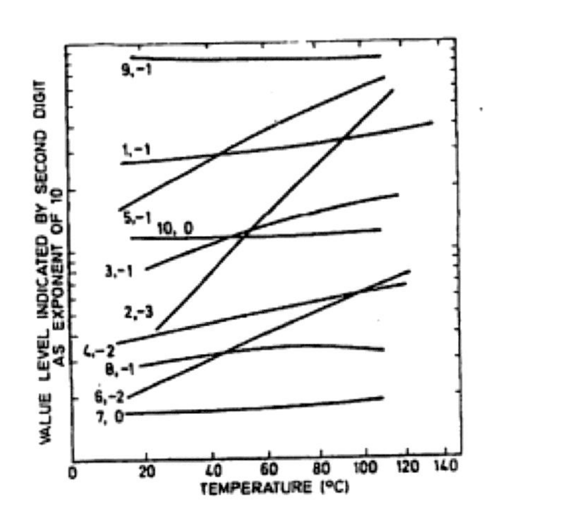

Curves	Group pair
i/j,	k/l
1/2	CH_2/OH
3/4	CH_2/CO
5/6	CH_2/CN
7/8	CH_2/O
9/10	CH_2/CH=
$i = a_{k/l}$	$j = a_{l/k}$

図 2　ASOG グループ間相互作用パラメータと温度の関係

栃木らはこの線図より､ASOG グループ間相互作用パラメータと温度の関係を次式で表し[7],

$$\ln a_{k/l} = m_{k/l} + n_{k/l}/T \qquad (3)$$

新たに収集した気液平衡データとドルトムントデータバンク DDB を利用し，現在では図 3 に示すグループ対パラメータを決定している[8]．また、次のモデルも提案している．[13]

$$a_{k/l} = (v_l / v_k)\exp(-b_{k/l} / T) \tag{4}$$

福地らも修正 ASOG モデルを提案している．[14]

一方，UNIFAC(UNIQUAC Functional-group Activity Coefficients) は 1975 年，Fredenslund と Prausnitz ら [9]が提案したモデルであり，$\ln\gamma_i^C$ と $\ln\Gamma_k$ を Stavermann-Guggenheim 式と UNIQUAC 式で表すグループ寄与法である．その後，Fredenslund ら[10]は，DDB を構築していた Gmeling らと協力して数多くの UNIFAC グループ対パラメータを決定している．さらに，Gmehling らは独自に UNIFAC および修正 UNIFAC(Do)のグープ対パラメータを決定している．表 1 に各グループ寄与法の $\ln\gamma_i^C$ と $\ln\Gamma_k$ の表現式とグループ間相互作用パラメータの温度依存性を示す．

表 1 $\ln\gamma_i^C$ と $\ln\Gamma_k$ の表現式とグループ間相互作用パラメータの温度依存性

モデル	$\ln\gamma_i^C$	$\ln\Gamma_k$	グループ間相互作用パラメータの温度依存性
ASOG	Flory-Huggins 式	Wilson 式	$\ln a_{k/l}=m_{k/l}+n_{k/l}/T$
UNIFAC	Staverman-Guggengeim 式	UNIQUAC 式	$a_{k/l}=\exp(-b_{k/l}/T)$
修正 UNIFAC(Do)	修正 Staverman-Guggenheim 式	修正 UNIQUAC 式	$\Phi_{k/l}=\exp(m_{k/l}+n_{k/l}T+l_{k/l}T^2)$
修正 UNIFAC(Ly)	修正 Flory-Huggins 式	修正 UNIQUAC 式	$a_{lk}=a_{lk,1}+a_{lk,2}(T-T_0)+a_{lk,3}(T\ln T_0/T+T-T_0)$

ASOG と修正 UNIFAC(Do)の適用範囲を図 3 に示す．

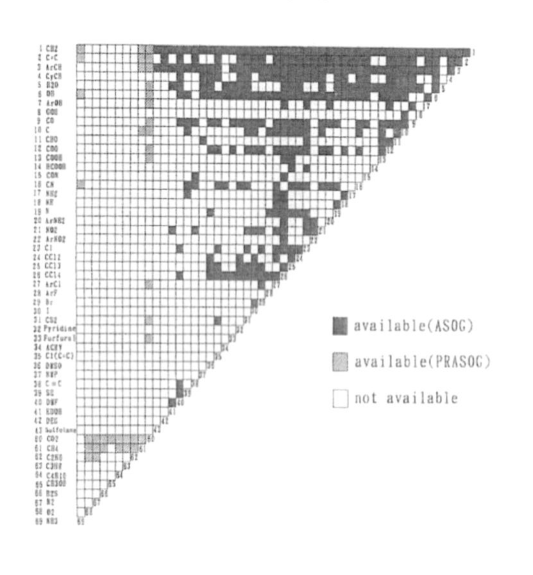

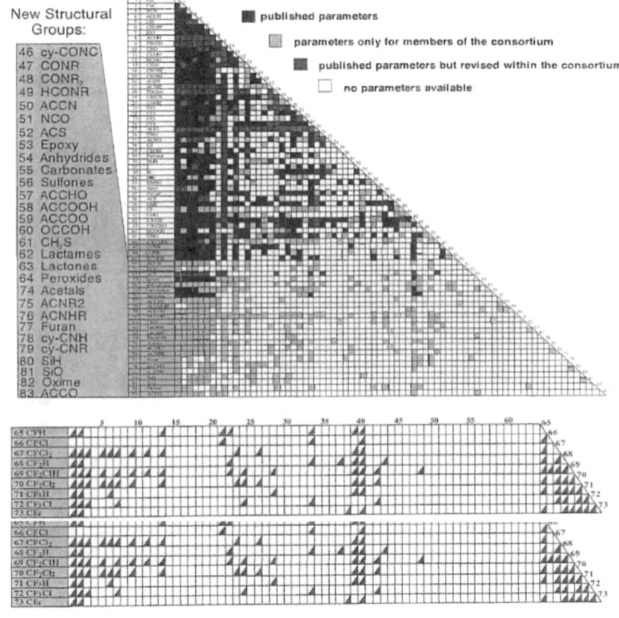

図 3 ASOG と修正 UNIFAC(Do)の適用範囲

例えば，ASOG を用いると次の化合物を含む系の気液平衡が推算できる．

炭化水素，水，アルコール，フェノール，多価アルコール，ケトン，エーテル，エステル，脂肪酸，儀酸，アミド，ニトリル，アミン，芳香族アミン，ニトロ化合物，塩化物，フッ化物，ヨウ化物，二硫化炭素，ピリジン，フルフラール，アクリロニトリル，ジメチルスルフォキサイド，N-メチルピロリドン，チオール，ジメチルホルムアミド，エタンジオール，ジエチレングリコール，スルホラン，フルオロカーボン，ヒドロフルオロエーテル，アルキルカーボネート

3　常圧気液平衡の推算

気液平衡は次式で計算できる．

$$Py_i = \gamma_i P_i^S x_i \tag{5}$$

図 4 は最近追加した ASOG グループ対パラメータ[15]による推算例を示す．

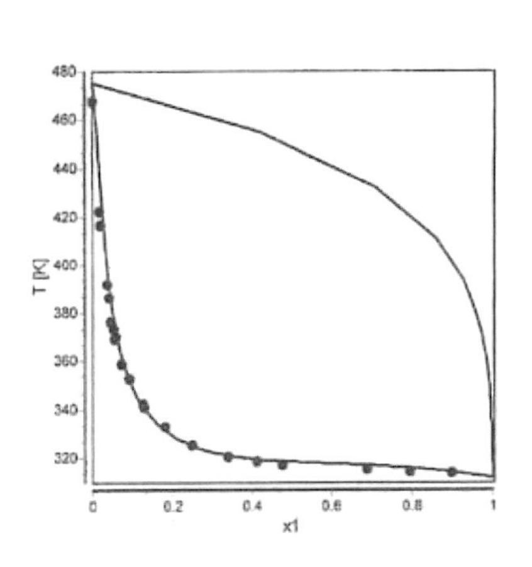

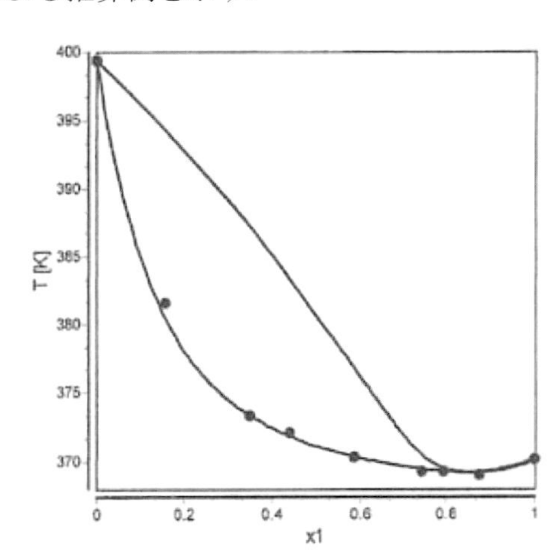

図 4　（左）メチル-2-ブテン＋N-メチル-2-ピロリドン系の気液平衡(101.3 kPa)

（右）プロパノール＋1-オクチン系の気液平衡(101.3 kPa)

また，松田ら[16]がジメチルカーボネートを含む系の気液平衡を修正 UNIFAC(Do)で推算した結果を図 5 に示す．

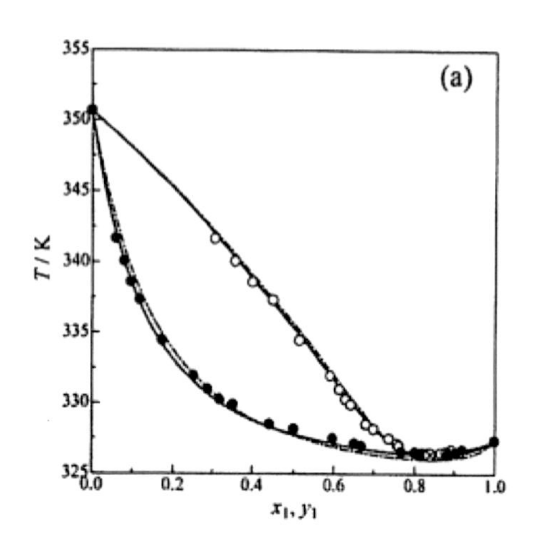

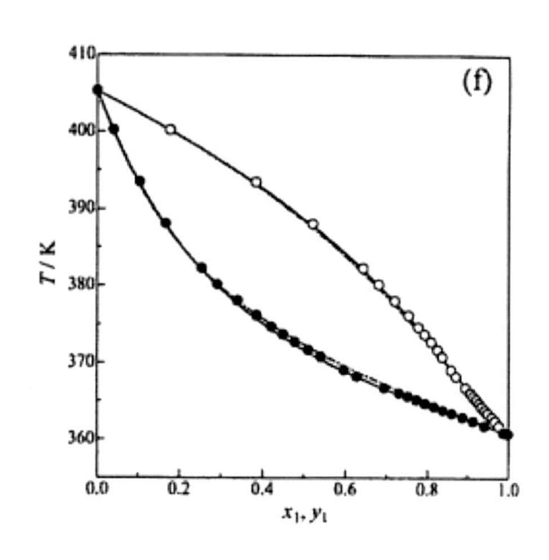

図 5　（左）メタノール＋DMC 系の気液平衡(66.66 kPa)
　　　（右）DMC＋2-エトキシエタノールの気液平衡(93.32 kPa)

各グループ寄与法による気液平衡（気相組成，沸点，全圧）の推算結果の比較[17, 18]を図 6 に示すが，ASOG と UNIFAC の推算精度はほぼ同様と言えよう．

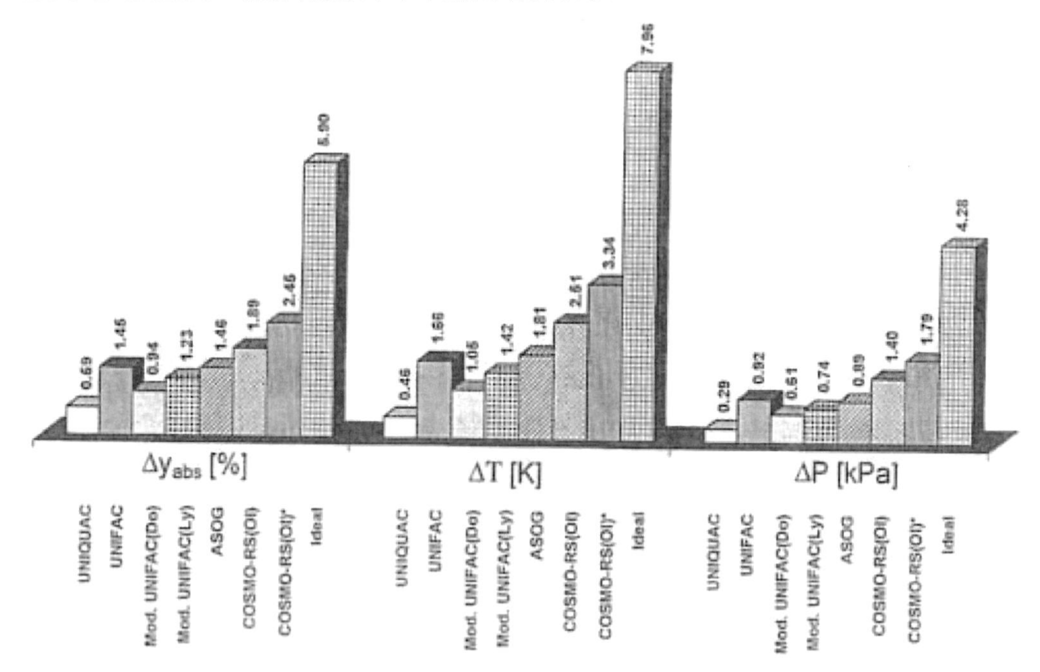

図 6 各グループ寄与法による気液平衡の推算精度の比較

4　高圧気液平衡の推算

グループ寄与法に基づく高圧気液平衡の推算には，3 次型状態式と過剰自由エネルギー型混合則にグループ寄与法を組み合わせた方法が提案されている．3 次形状態式としては次の SRK 式，および Peng-Robinson 式が主に使われており，

$$P = \frac{RT}{v-b} - \frac{a(T)}{v(v+b)} \tag{6}$$

過剰自由エネルギー型混合則としては，1979 年に提案された圧力無限大型の Huron-Vidal 混合則[19]が最初使われた．

栃木ら[20]は，1982 年に Ishikawa-Chung-Lu 式と Huron-Vidal 混合則に Margules 式を組み合わせたグループ寄与法を初めて提案し，グループ CH_4, CH_3, CH_2, N_2 からなるグループ対パラメータを決定し，窒素と炭化水素からなる高圧気液平衡を推算した．その推算結果を表 2 に示す．

表 2　Ishikawa-Chung-Lu 状態式＋Huron-Vidal 混合則+Margules 式による気液平衡の推算結果

System	n	Individual A_{ij}		Correlated A_{ij}	
		$\lvert\Delta P/P\rvert_{av.}\cdot100\%$	$\lvert\Delta y\rvert_{av}$	$\lvert\Delta P/P\rvert_{av.}\cdot100\%$	$\lvert\Delta y\rvert_{av.}$
Nitrogen-Methane	224	2.60	0.0131	2.91	0.0133
Nitrogen-Ethane	115	10.87	0.0283	10.91	0.0284
Nitrogen-Propane	50	2.86	0.0029	10.92	0.0028
Methane-Ethane	89	3.48	0.0088	4.30	0.0099
Methane-Propane	118	4.48	0.0027	5.92	0.0026
Methane-n-Butane	70	6.39	0.0005	7.59	0.0005
Methane-n-Pentane	40	7.17	0.0002	10.14	0.0002
Methane-n-Hexane	30	3.97	0.0005	5.06	0.0005
Ethane-Propane	20	2.35	0.0182	3.10	0.0174
Overall Average		5.35	0.0014	6.92	0.0014

さらに，栃木ら[21]は SRK 式＋Huron-Vidal 混合則＋ASOG 型グループ寄与法 ASOG-HP を提案し，窒素，水素，二酸化炭素，軽質炭化水素からなる２成分系と３成分系気液平衡を算出した．しかし，Huron-Vidal 混合則は常圧用グループ対パラメータによる高圧気液平衡の推算精度が良好ではなく，最近では，次の圧力ゼロ型の過剰自由エネルギー型混合則が利用されている．

MHV1 混合則[22]：

$$\frac{a}{bRT} = \sum_i x_i \frac{a_{ii}}{b_i RT} + \left\{ \frac{g_0^E}{RT} + \sum_i x_i \ln\left(\frac{b}{b_i}\right) \right\} \tag{7}$$

$$b = \sum_i x_i b_1 \tag{8}$$

栃木の混合則[23]：

$$\frac{a}{b}=\sum_i x_i\frac{a_{ii}}{b_i}+\frac{1}{q}\left\{g_0^E+RT\sum_i x_i\ln\left(\frac{b}{b_i}\right)\right\} \tag{9}$$

$$b=\frac{\sum_i x_i\left(b_i-\frac{a_{ii}}{RT}\right)}{1-\sum_i x_i\frac{a_{ii}}{RTb_i}-\frac{1}{q}\left\{\frac{g_0^E}{RT}+\sum_i x_i\ln\left(\frac{b}{b_i}\right)\right\}} \tag{10}$$

グループ対パラメータが実用的に使用できる程，広範囲に決められている ASOG-HL[21], PRASOG[24]，MHV1-SA[25]，PSRK[26], VTPR[27, 28]を表 3 に示す．

表 3　ASOG-HP，PRASOG，MHV1-SA，PSRK，VTPR

モデル	状態式	混合則	グループ寄与法
ASOG-HP	SRK 式	Huron-Vidal	ASOG
PRASOG	修正 Peng-Robinson 式	Tochigi	ASOG
MHV1-SA	修正 SRK 式	MHV1	ASOG
PSRK	SRK 式	MHV1	UNIFAC
VTPR	修正 Peng-Robinson 式	修正 MHV1	修正 UNIFAC(Do)

4．1　PRASOG，MHV1-SA

栃木ら[24]は修正 Peng-Robinson 式と栃木混合則に ASOG を組み合わせた PRASOG を提案し，次の 31 グループ対パラメータを決定している．

CO_2/ CH_2, C=C, ArCH, CyCH, H2O, OH, ArOH, CO(ketone), O(ether), COO, COOH, ArCL, CS_2, Furfural, CH_4, C_2H_6, C_3H_8, C_4H_{10}, CH_3OH, N_2, O_2, H_2S

CH_4/ CH_2, C_2H_6, C_3H_8, C_4H_{10}, ArCH, O(ether), C=C, H_2S, N_2

推算結果の一例を図 7 に示す．

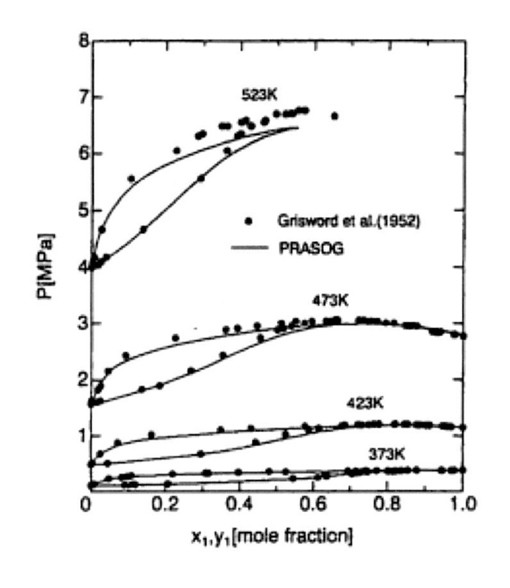

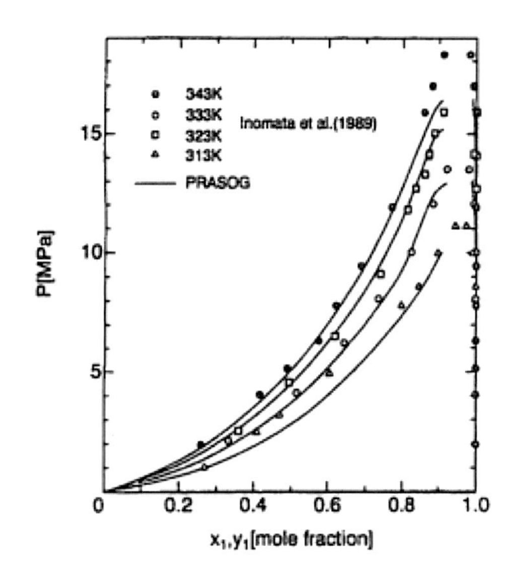

図 7　（左）アセトン＋水系の気液平衡

（右）CO_2＋パルミチン酸メチル系の気液平衡

また，決定した気液平衡用グループ対パラメータを用いると，固気平衡も次式で計算できる．

$$y_i = \frac{P_i^S}{P}\frac{1}{\hat{\varphi}_i}\left\{\frac{v_i^S\left(P - P_i^S\right)}{RT}\right\} \tag{11}$$

推算結果の一例を図 8 に示す．

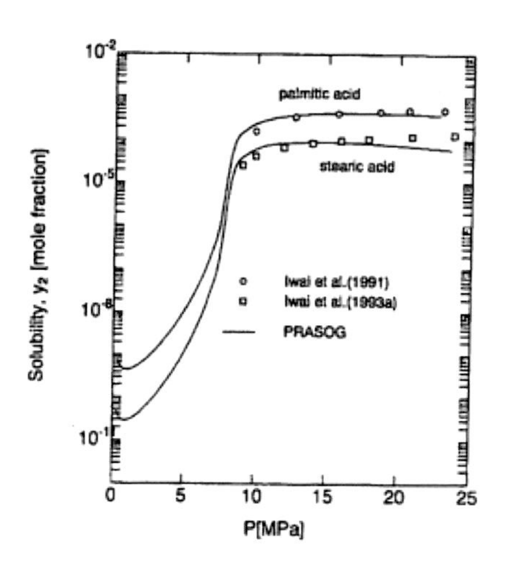

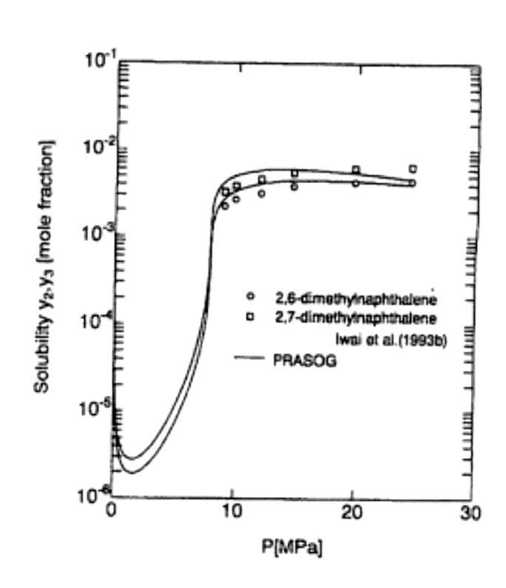

図 8　（左）CO_2 中の脂肪酸の溶解度(308 K)

（右）CO_2 中の 2,6-ジメチルナフタレンと 2,7-ジメチルナフタレンの溶解度

最近, 栗原ら[25]は SRK 式と MHV1 混合則に ASOG を組み合わせた MHV1-SA を提案し, PSRK 式とほぼ同様な推算結果を得ている．推算結果の一例を図 9 に示す．

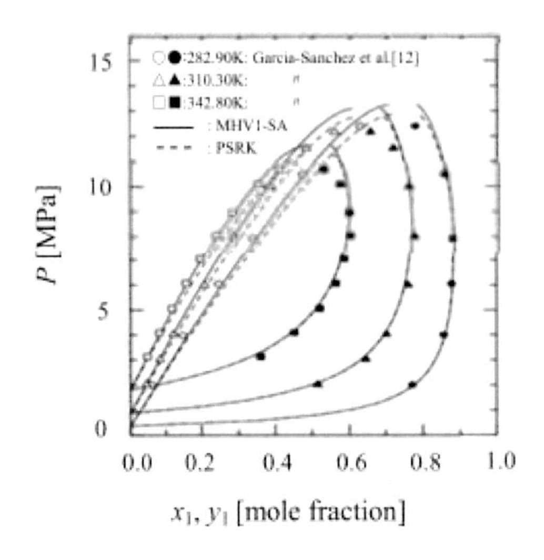

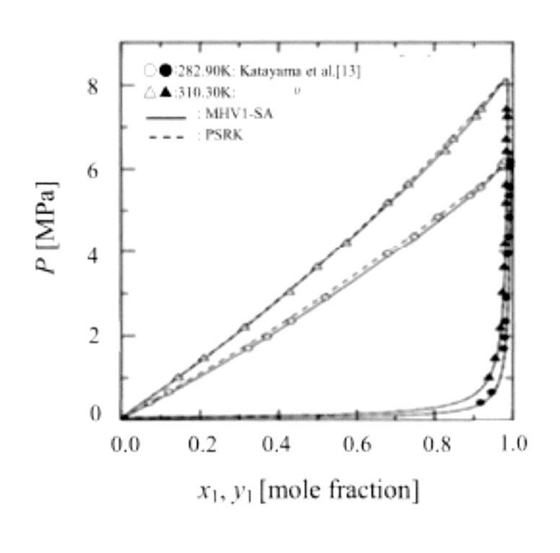

図 9　（左）メタン＋ジメチルエーテル系の気液平衡　　（右）CO_2＋アセトン系の気液平衡

4．2　PSRK と VTPR

UNIFAC を利用するモデルとしては，PSRK[26]と VTPR[27, 28]がよく知られており，SRK 式＋MHV1 混合則＋UNIFAC 型の PSRK は実用的にも利用されている．推算結果の一例を図 10 に示す．

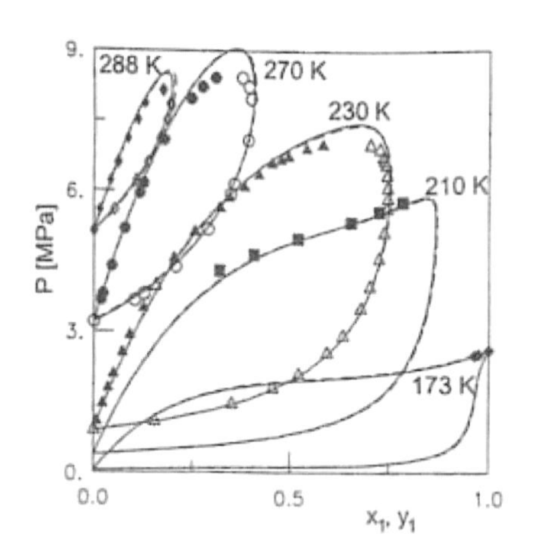

図 10 メタン＋CO_2系の気液平衡
点線：PSRK　　実線：VTPR

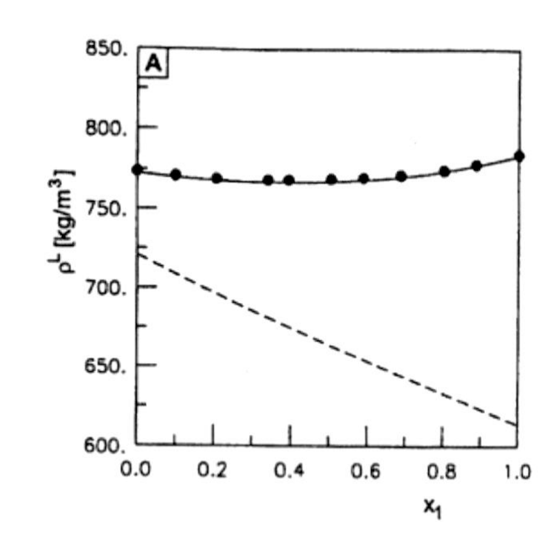

図 11　アセトン＋シクロヘキサン系の密度(298.15 K)
点線：PSRK　　実線：VTPR

VTPR は Gmehling グループが最も力を入れて開発したモデルであり，基本となる状態式には密度の推算精度の向上を目指した容積 translate 型の次の修正 Peng-Robinson 式を用い，この式に修正 MHV1 モデルと修正 UNIFAC(Do)を組み合わせたグループ寄与法である．

$$P = \frac{RT}{v+c-b} - \frac{a(T)}{(v+c)(v+c+b)+b(v+c-b)} \tag{12}$$

混合物密度の推算例を図 11 に示すが，PSRK よりも精度が良いことが分かる．また，推算結果の一例を図 12 に示すが，高圧気液平衡，無限希釈活量係数，混合熱が精度よく推算できるモデルといえよう．

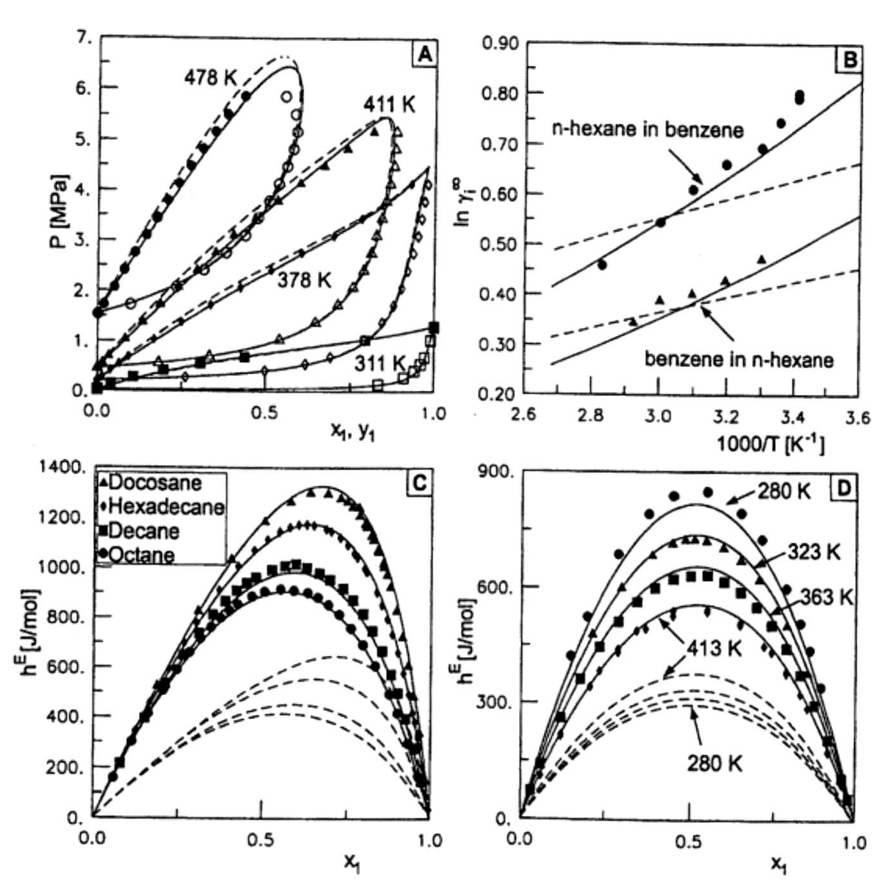

図 12　(A) プロパン＋ベンゼン系の気液平衡　(B) ヘキサン＋ベンゼン系の無限希釈活量係数
(C)ベンゼン＋アルカン系の混合熱(323 K)　(D) ベンゼン＋シクロヘキサン系の混合熱
点線：PSRK　実線：VTPR

5　電解質を含む系とポリマーを含む系の気液平衡

5．1　電解質を含む系

電解質を含む系の活量係数の推算には，静電気項 $\ln \gamma_i^{el}$ を加味した次式が使われている．

$$\ln \gamma_i = \ln \gamma_i^C + \ln \gamma_i^g + \ln \gamma_i^{el} \tag{13}$$

まず，ASOG 型としては川口と荒井ら[29]が静電気項を Fowler – Guggenheim 式で表し，$CaCl_2$ 水溶液中の水の活量を求め（図 13），Correa ら[30]は Debye – Huckel 式を用い，水＋硫酸ナトリウム＋塩化マグネシウムの等活量プロットを算出している（図 14）．

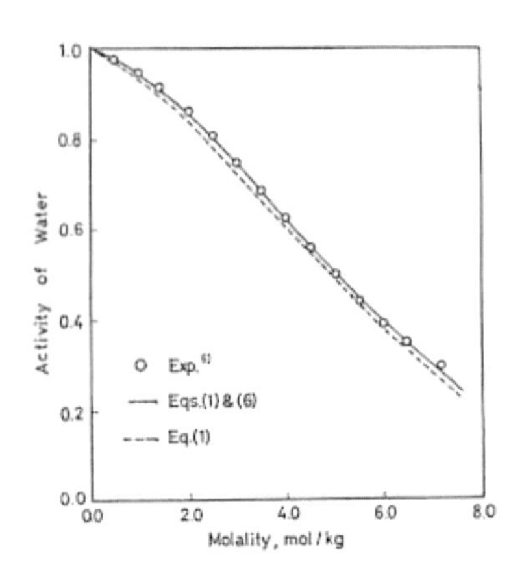

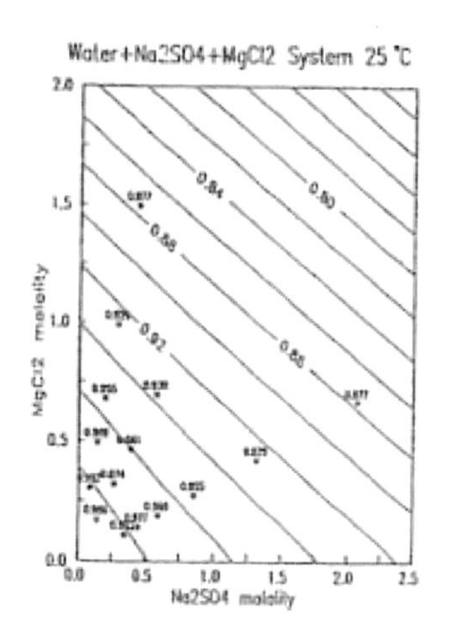

図 13 $CaCl_2$ 水溶液中の水の活量　　図 14　水＋Na_2SO_4＋$MgCl_2$ 系の等活量プロット

UNIFAC 型としては Li と Gmehling [31]が提案した LiFAC がよく知られており, PSRK に LiFAC を組み合わせたモデルも提案されている．VTPR に LIFAC を組み合わせた VTPRLIFAC [32, 33] による推算結果の一例を図 15 に示す.

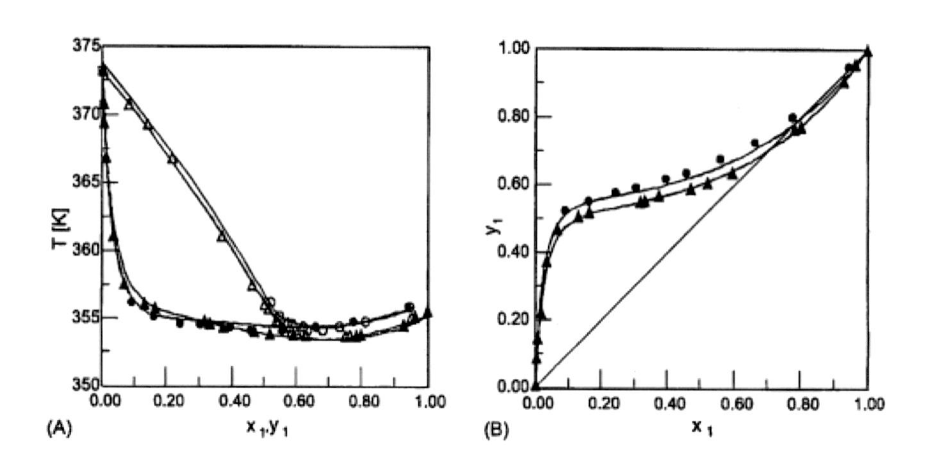

図 15　プロパノール＋水＋LiBr 系の T-x-y データと x-y データ(101 kPa)

（▲）塩濃度 m=0.0 %,（●)m=5.0 %

５．２　ポリマーを含む系

ポリマーを含む系の活量係数の推算には, 自由容積効果 $\ln\gamma_i^{FV}$ を加味した次式が使われている.

$$\ln\gamma_i = \ln\lambda_i^C + \ln\gamma_i^G + \ln\gamma_i^{FV} \tag{14}$$

Oishi と Prausnitz [34]は自由容積効果を次式で表すモデル UNIFAC-FV を提案し,

$$\ln a_i^{FV} = c_i\left[3\ln\left(\frac{\hat{v}_i^{1/3}-1}{\hat{v}_m^{1/3}-1}\right)+\frac{\hat{v}_i^{4/3}}{\hat{v}_m^{1/3}-1}\left(\frac{1}{\hat{v}_i}-\frac{1}{\hat{v}_m}\right)\right] \tag{15}$$

岩井ら[35]は UNIFAC-FV を用いて，低密度ポリエチレン中の炭化水素の溶解度を推算している．図 16 は推算結果の一例である．また，栃木ら[36]はポリマー系に適用できるように ASOG に Oishi-Prausnitz 式を加えたモデル ASOG-FV 及び PRASOG-FV を提案している．図 17 に推算結果の一例を示す．

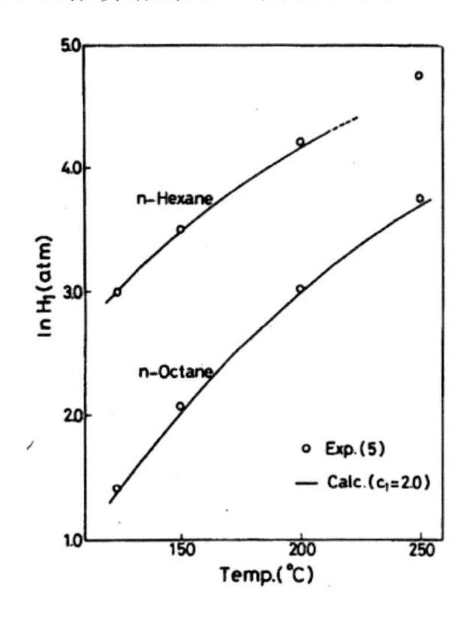

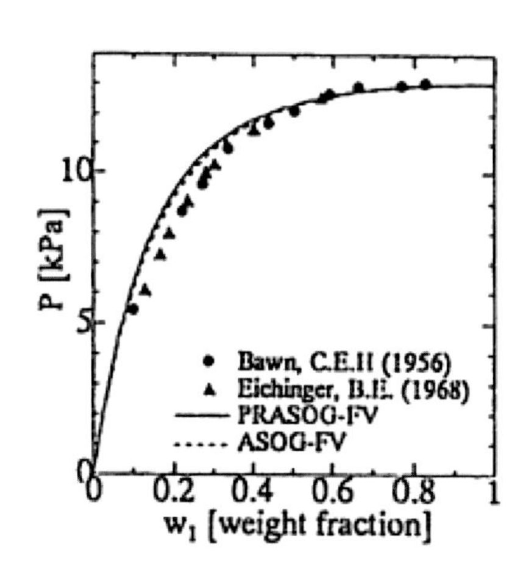

図 16　低密度ポリエチレン中のヘキサンとオクタンの重量分率基準のヘンリー定数

図 17　シクロヘキサン＋ポリイソブチレン系の気液平衡(298.15 K)

6　液液平衡の推算

液液平衡は次式で計算できる．

$$\gamma_i^I x_i^I = \gamma_i^{II} x_i^{II} \tag{16}$$

6．1　ASOG

通常の気液平衡用 ASOG グループ対パラメータで液液平衡を推算すると，図 18 に示すように定性的な精度で推算することができる[37].

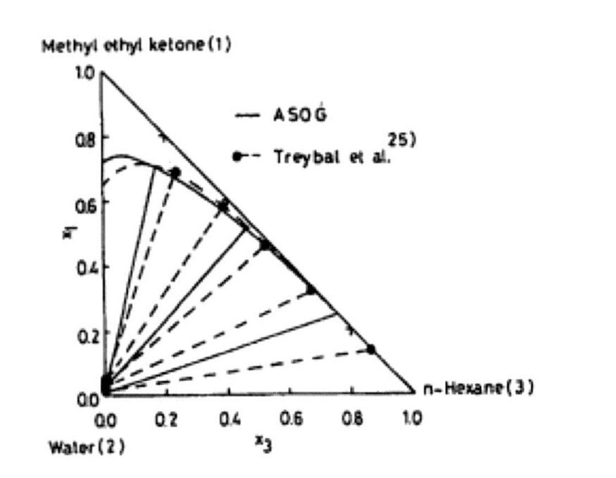

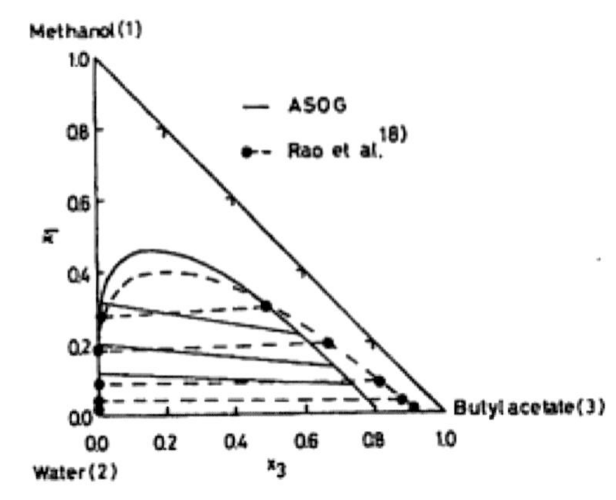

図 18　MEK＋水＋ヘキサン系（25℃），メタノール＋水＋酢酸ブチル系(30℃)

Robles ら[38]はイオン液体 1-alkyl-3-methylimidazolium hexafluorophosphate を含む系の 3 成分系液液平衡を精度よく推算するために，次の ASOG グループ対パラメータを液液平衡データから決めている．

CH_2/Imid,　CH_2/PF_6,　C=C/PF_6,　OH/Imid,　OH/PF_6,　CO/Imid,　CO/PF_6,　ArCH/Imid,　ArCH/PF_6,　CyCH/Imid, CyCH/PF_6, COOH/Imid, COOH/PF_6, Imid/PF_6

推算結果の一例を図 19 に示す．

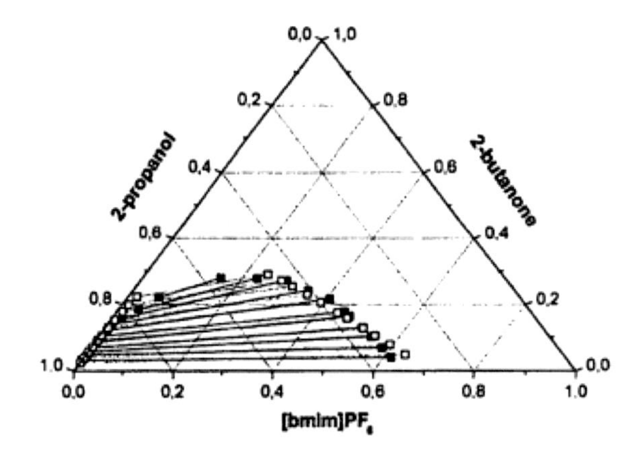

図 19　2-プロパノール＋2-ブタノン＋[bmim][PF_6]系の液液平衡(298.15 K)

６．２　UNIFAC-LLE

UNIFAC については，Magnussen ら[39]が決定した次の 32 グループに関する UNIFAC-LLE パラメータがよく知られている．

1 CH_2　2 C=C　3 ACH　4 $ACCH_2$ 5 OH　6 P1　7 P2　8 H_2O　9 ACOH　10 CH_2CO　11 CHO　12 FURF　13 COOH　14 COOC　15 CH2O　16 CCl　17 CCl_2　18 CCl_3　19 CCl_4　20 ACCl　21 CCN　22 $ACNH_2$　23 CNO_2　24 $ACNO_2$　25 DOH　26 DEOH　27 PYR　28 TCE　29 MFA　30 DMFA　31 TMS　32 DMSO

17 種の 3 成分系液液平衡を推算したところ，実測値との絶対算術平均偏差は UNIFAC-VLE パラメータでは 9.22%に対して，UNIFAC-LLE パラメータでは 1.73%であった．

7　固液平衡の推算

単純共融系の固液平衡は次式で計算できる．

$$x_i = \frac{1}{\gamma_i}\left\{\frac{\Delta h_i^f}{T_i^m}\left(\frac{T - T_i^m}{RT}\right)\right\} \tag{17}$$

固液平衡の推算に必要なパラメータは溶質成分の融点，融解熱と液相活量係数である．ASOG グループ対パラメータを用いた推算結果の一例を図 20 に示す［40］.

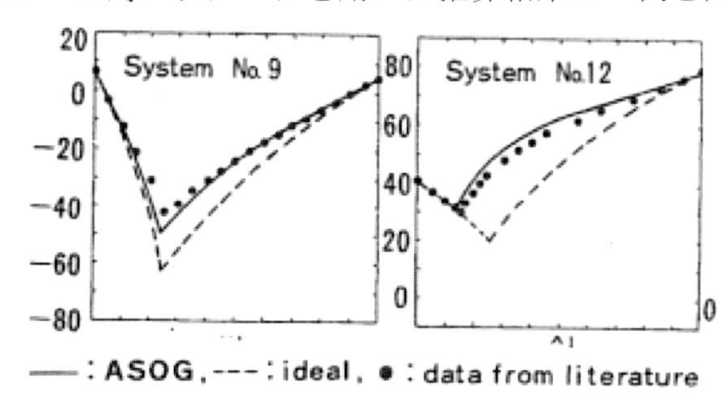

図 20　（左）ベンゼン＋シクロヘキサン系の固液平衡
（右）ナフタレン＋フェノール系の固液平衡

最近，松田ら[41]は医薬品の溶解度を測定し，修正 UNIFAC(Do)および Diedrichs と Gmehling が提案した医薬品用修正(Pharma Modified) UNIFAC[42]を用いて推算している．推算結果を図 21 に示す．

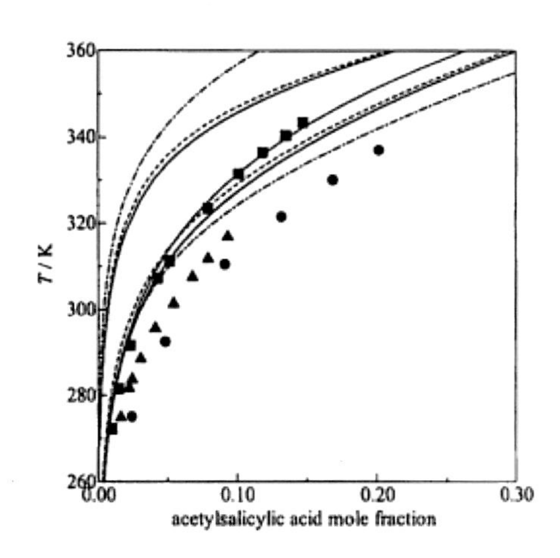

図 21　アセチルサリチル酸のエタノール●，2-プロパノール▲，1-オクタノール■の溶解度

Pharma Modified UNIFAC: —, ethanol; - - - - - -, 2-propanol; —·—, 1-octanol. Modified UNIFAC (Dortmund): ——, ethanol; - - - - - -, 2-propanol; —·—, 1-octanol; —·—, ideal.

8　動粘度の推算

動粘度を活量係数を用いて推算するには，活性化状態における過剰自由エネルギー⊿*G^E を用いる Eyring ら[43, 44]の絶対反応速度論に基づく次式が使われている．

$$\ln \nu M = \sum_i \ln \nu_i M_i - \frac{\Delta^* G^E}{RT} \tag{18}$$

$$\frac{\Delta^* G^E}{RT} = k \frac{\Delta G^E}{RT} \tag{19}$$

栃木ら[43]は ASOG で求めた過剰自由エネルギーを用いて，k 値について考察している．

8．1　ASOG-VISCO

栃木ら[44]は次のグループに関する ASOG グループ対パラメータ ASOG-VISCO を動粘度データを用いて決めている．

CH_2, ArCH, CyCH, OH, H_2O, CO, COO, CCl_3, CCl_4

図 22 に推算結果の一例を示す．

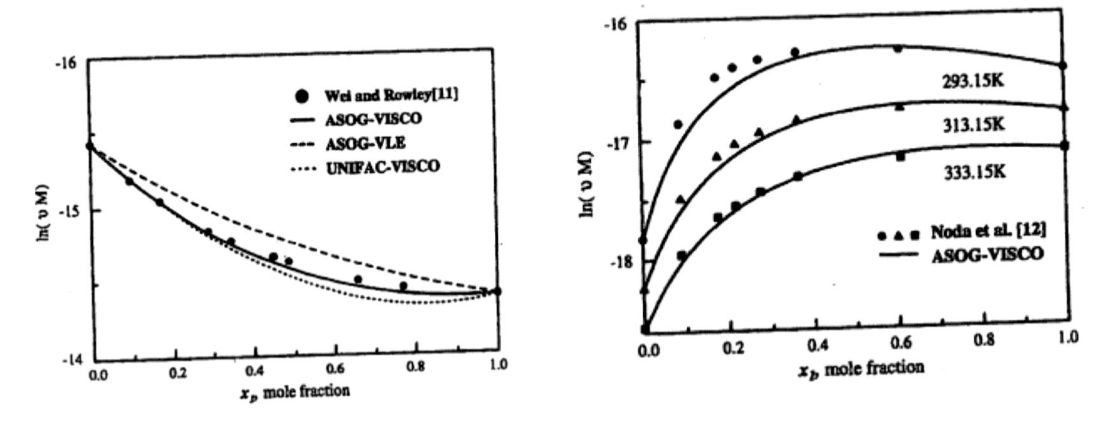

図 22　（左）アセトン＋エタノール系の動粘度(298.15 K)　　（右）エタノール＋水系の動粘度

8．2　UNIFAC-VISCO

UNIFAC については，Chevallier ら[45]が UNIFAC-VISCO グループ対パラメータを決定している．また，最近，UNIFAC-VISCO および ASOG-VISCO に関する研究が増えている．

9　おわりに

1962 年， Wilson と Deal によって提案されたグループ溶液モデルは，50 年を経て進歩し，実用的にも使用できる物性推算法として認識されるようになった．1969 年に研究を始めた著者にとって，この 40 年間 ASOG の発展に力を注ぎ，Fredenslund 教授から Mr. ASOG と呼ばれるようにもなった．ASOG と UNIFAC についてはいくつかのレビュー[46, 47]を書かせていただき，また、「ASOG および UNIFAC-BASIC による化学工学物性の推算―」[48]も出版してきた．今後、最新の情報を入れた「新版 ASOG および UNIFAC-EXCEL による化学工学物性の推算―」の出版も目指してみたい.

引用文献

1) 分離技術会編：分離技術ハンドブック，分離技術会(2010)

2) J. Gmehling, B. Kolbe 著，栃木勝己訳：化学技術者のための実用熱力学，化学工業社 (1993))

3) 栃木勝己，宮野善盛，船造俊孝，鈴木潔光，辻智也，児玉大輔，松田弘幸：化学技術者のための実用熱力学演習，化学工業社(2013)

4) 分離技術会編：実用製造プロセス物性集覧，分離技術会(2007)

5) Wilson, G. M. and C. H. Deal: *Ind. Eng. Chem. Fundam.*, **1**, 20 (1962)

6) Derr, E. L. and C. H. Deal; *I. Chem. E. Symposium Series*, No.32, 3:40 (1969)

7) Kojima, K. and K. Tochigi: "Prediction of Vapor-Liquid Equilibria", Kodansha-Elsevier, Tokyo (1979)

8) Tochigi, K., D. Tiegs, J. Gmehling and K. Kojima; *J. Chem. Eng. Jpn.,* **23**, 454 (1990)

9) Fredenslund, Aa., R. L. Jones and J. M. Prausnitz: *AIChE J.*, *21*, 1086 (1975)

10) Fredenslund, Aa., J. Gmehling and P. Rasmussen: vapor-liquid equilibria using UNIFAC, Elsevier (1977)

11) Weidlich, U. and J. Gmehling; *Ind, Eng, Chem. Res.*, *26*, 1381 (1987)

12) Larsen, B. L., P. Rasmussen and Aa. Fredenslund: *Ind. Eng. Chem. Res.*, **26**, 2274 (1987)

13) Tochigi, K., B. C.-Y. Lu, K. Ochi and K. Kojima: *AIChE J.*, **27**, 1022 (1981)

14) Fukuchi, K., T. Watanabe, S. Yonezawa and Y. Arai: *J. Chem. Eng. Jpn.*, **31**, 667 (1998)

15) Tochigi, K. and J. Gmehling: *J. Chem. Eng. Jpn.*, **44**, 304 (2011)

16) Matsuda, H., H. Takahara, S. Fujino, D. Constantinescu, K. Kurihara, K. Tochigi, K. Ochi and J. Gmehling: *Fluid Phase Equilb.*, **310**, 166 (2011)

17) Gmehling, J.: *J. Chem. Thermodynamics*, **41**, 731 (2009)

18) Grensemann, H. and J. Gmehling: *Ind. End. Chem. Res.*, **44,** 1610 (2005)

19) Huron, M. and J. Vidal: *Fluid Phase Equilib.,* **3**, 255 (1979)

20) Tochigi, K., K. Kojima, W. K. Chung and B. C.-Y. Lu: *Adv. Cryog. Eng.,* **27**, 861 (1982)

21) Tochigi, K. K. Kurihara and K. Kojima: *Ind. Eng. Chem. Res.,* **29,** 2142 (1990)

22) Michelsen, M. L.: *Fluid Phase Equilib.*, **60**, 213 (1990)

23) Tochigi, K., P. Kolar and K. Kojima: *Fluid Phase Equilib.*, **96**, 215 (1994)

24) Tochigi, K., T. Iizumi, H. Sekikawa and K. Kojima: *Ind. Eng. Chem. Res.*, **37**, 3732 (1998)

25) Kurihara, K., F.Kato, H. Matsuda and K. Tochigi: 熱物性, **29**, 166 (2015)

26) Holderbaum, T. and J. Gmehling: *Fluid Phase Equilib.*, **70**, 251 (1991)

27) Ahlers, J. and J. Gmehling: *Fluid Phase Equilib.,* **191**, 177 (2001)

28) Ahlers, J. and J. Gmehling: *Ind. Eng. Chem. Res.*, **41**, 5890 (2002)

29) Kawaguchi, Y., Y. Tashima and Y. Arai: 化学工学論文集 **9**, 485 (1983)

30) Corra, A., J. F. Comesana, J. M. Correa and A. M. Sereno: *Fluid Phase Equilib.,* **129**, 267 (1997)

31) Li, J., H. Polka and J. Gmehling: *Fluid Phase Equilib.*, **94,** 89 (1994)

32) Yan, W., M. Topphoff, C. Rose and J. Gmehling: *Fluid Phase Equilib.*, **162**, 97 (1999)

33) Collinet, E. and J. Gmehling: *Fluid Phase Equilib.*, **246**, 111 (2006)

34) Oishi, T. and J. M. Prausnitz: I*nd Eng. Chem. Process Des. Dev.*, **17**, 333 (1978)

35) Iwai, Y., Y. Anai and Y. Arai: *Polymer Eng. Sci.*, **21**, 1015 (1981)

36) Tochigi, K., S. Kurita, T. Matsumoto: *Fluid Phase Equilib.*, **158-160**, 313 (1999)

37) Tochigi, K., M. Hiraga and K. Kojima: *J. Chem. Eng. Jpn.*, **13**, 159 (1980)

38) Robles, P. A., T. A. Graber and M. Aznar: *Fluid Phase Equilib.*, **287,** 43 (2009)

39) Magnussen, T., P. Rasmussen and Aa. Fredenslund: *Ind. Eng. Chem. Process Des. Dev.*, **20**, 331 (1981)

40) Ochi, K., S. Hiraba and K. Kojima: *J. Chem. Eng. Jpn.,* **15,** 59 (1982)

41) Matsuda, H., K. Mori, M. Tomioka, N. Kariyasu, T. Fukami, K. Kurihara, K. Tochigi and K. Tomono: *Fluid Phase Equilib.*, 406, 116 (2015)

42) Diedrichs, A. and J. Gmehling: *Ind. Eng. Chem. Res.*, **50**, 1757 (2011)

43) Tochigi, K., T. Mizuta and K. Yoshino: Proceedings of Fifth Japan-Korea Symposium on Separation Technology, p.119-122, Seoul, August 19-21 (1999)

44) Tochigi, K., K. Yoshino and V. K. Rattan: *Int. J. Thermophysics*, **26**, 413 (2005)

45) Chevakier, J. L., P. Petrino and Y. Gaston-Bonhomme, *Chem. Eng. Sci.*, **143**, 1303 (1988)

46) 栃木勝己，小島和夫：石油学会誌，37, 236 (1994)

47) Tochigi, K: *Trends in Chemical Engineering,* **8**, 243 (2003)

48) 小島和夫,栃木勝己：ASOG および UNIFAC – BASIC による化学工学物性の推算—，化学工業社(1986)

2.1.2　量子化学計算を利用した相平衡の推算

下山　裕介
（東京工業大学）

はじめに

相平衡や溶解度といった平衡物性に関する知見は、化学プロセスにおける反応場での相状態の把握や、分離場での操作条件の最適化の際に必要不可欠となる。また、材料合成プロセスにおける微粒子サイズや微細構造を制御する際には、対象とする混合系が形成する相状態の把握や、溶液中の濃度変化に関する知見が、材料設計の重要因子となる。対象とする系の相平衡や溶解度を把握する場合、実測データの蓄積により、操作因子の影響を明らかにし、その挙動を把握することが考えられる。このような実験的アプローチとともに、理論的手法による相平衡・溶解度の相関および推算も、化学プロセス設計、材料設計、材料プロセス設計において有効となる。

理論的手法を利用した相平衡・溶解度の相関および推算には、活量係数式や状態方程式が用いられる。このような理論モデルでは、実測データへのフィッティングにより決定される異種分子間の相互作用を表わすパラメータが含まれる。そのため、実測データの乏しい混合系や条件については、活量係数式や状態方程式中の異種分子間相互作用パラメータの決定が困難となり、相平衡・溶解度の理論的手法による相関や推算が困難となることが想定される。相平衡・溶解度のデータ不足による理論モデルの適用が限定されるといった問題に対して、混合系に含まれる分子について、その分子を形成する原子団（グループ）によるグループ間相互作用に着目したグループ寄与法が効果的となる。これまでに、グループ寄与法に基づく活量係数式として、ASOG 式 [1)] や UNIFAC 式 [2)] がある。グループ寄与法では、異種分子間相互作用をフィッティングパラメータとして扱う理論モデルと比較して、極めて少ないグループ間相互作用パラメータの組み合わせにより、多種の混合系の相平衡・溶解度の推算が可能となる。UNIFAC 式については、現在までに 82 種のグループについてグループ間相互作用パラメータが決定されている。しかしながら、新たなグループを含む分子を相平衡計算の対象とする場合、グループパラメータの決定に、相平衡データが必要となるため、適用が困難となる場合が生じる。またグループ寄与法では、異なる分子に属する場合においても、同種のグループについては、同じグループ間相互作用パラメータが用いられる。例として、アルコール分子である Ethanol 分子中の CH_2 基、アルカン分子である Hexane 分子中の CH_2 基は、同じグループ種として扱われる。そのため、分子間における水素結合や疎水性相互作用といった複雑な分子間相互作用を再現する理論モデルとしては、異種分間相互作用の取扱いが不十分であることが懸念される。

上述した問題を解決する理論的手法として、1995 年にドイツの Andreas Klamt により、Conductor – like Screening Model for Real Solvents (COSMO-RS)法 [3)] が、2002 年にアメリカ合衆国の Stanley I. Sandler らにより CSOMO segment activity coefficient (COSMO-SAC)法 [4)] に基づく活量係数モデルが開発された。これらの活量係数モデルでは、COSMO 法 [5)] に基づく量子化学計算により、得られる分子表面電荷分布と統計熱力学の関係式を融合することで、混合溶液中の成分の活量係数が算出される。COSMO-RS、COSMO-SAC 法では、相平衡や溶解度を計算する際に、経験的に決定されるパラメータを必要とせず、分子構造が既知である成分を含む混合系に関して、相平衡や溶解度の推算が可能となる。そのため、現在までに広域な分野における多種の混合への適用が報告されている。特に、イオン液体や医薬物質といった、相平衡や溶解度の実測データの蓄積が困難である混合系への適用が有効であると考えられる。本節では、量子化学計算を利用した活量係数モデルである COSMO-RS、COSMO-SAC 法を用いた相平衡・溶解度の計算原理について述べ、これらの手法を用いた相平衡の計算例について紹介する。

1.　相平衡の条件

温度・圧力一定下において、異なる 2 相が共存する状態では、各相における混合成分のフガシティーが等しい場合に相平衡に達する。各相における成分のフガシティーが等しい条件を用いて、気液、液液、固液平衡における相平衡の条件は、液相中の活量係数を用いて、次式のように表わされる。

$$p y_i = x_i \gamma_i p_i^{\mathrm{o}} \quad \text{(気液平衡)} \tag{1}$$

$$x_i^{\mathrm{I}} \gamma_i^{\mathrm{I}} = x_i^{\mathrm{II}} \gamma_i^{\mathrm{II}} \quad \text{(液液平衡)} \tag{2}$$

$$x_i^{\mathrm{L}} \gamma_i^{\mathrm{L}} f_i^{\mathrm{L,ref}} = x_i^{\mathrm{S}} \gamma_i^{\mathrm{S}} f_i^{\mathrm{S,ref}} \quad \text{(固液平衡)} \tag{3}$$

ここで、p、y、x、γ、p^{o}はそれぞれ圧力、気相モル分率、液相モル分率、活量係数、飽和蒸気圧を表わしている。下付き i は、成分 i を示す。上付き I、II、L、S は、それぞれ液相 I、液相 II、液相、固相を示す。さらに、$f^{\mathrm{L,ref}}$、$f^{\mathrm{S,ref}}$は、液相ならびに固相の標準状態におけるフガシティーである。式(1) – (3)で与えられる相平衡の条件において、量子化学計算を利用した活量係数モデルである COSMO-RS、COSMO-SAC 法から得られる液相の活量係数を導入することで、気液、液液、固液平衡の推算が可能となる。

2.　量子化学計算を利用した活量係数モデル

COSMO 法 [5] による量子化学計算より得られる分子情報を利用した活量係数モデルである COSMO-SAC 法 [4] について、相平衡の計算に必要となる活量係数の算出法について述べる。COSMO-RS 法 [3] においても、同様な手順にて活量係数が算出されるため、ここでは COSMO-SAC 法を用いた計算手法にのみついて述べる。

連続誘電体モデルである COSMO 法に基づく量子化学計算では、分子周りの溶媒効果を考慮した分子の最適化構造ならびに分子表面電荷が計算される。また、COSMO 法により計算された分子表面は、多数の表面電荷セグメントに分割される。これらの分子表面電荷は、電荷の大きさに基づいて分布図が作成される。例として、Ethanol 分子と Hexane 分子の分子表面電荷分布を図 1 に示す。図 1 に示すように、Hexane 分子は、無極性であるため、表面電荷 0 付近に大きな分布（ピーク）が存在する。一方で、極性分子である Ethanol については、アルキル鎖部分の表面電荷 0 付近の分布に加えて、ヒドロキシ基での正電荷と負電荷の領域に、それぞれ電荷の分布を示すことがわかる。

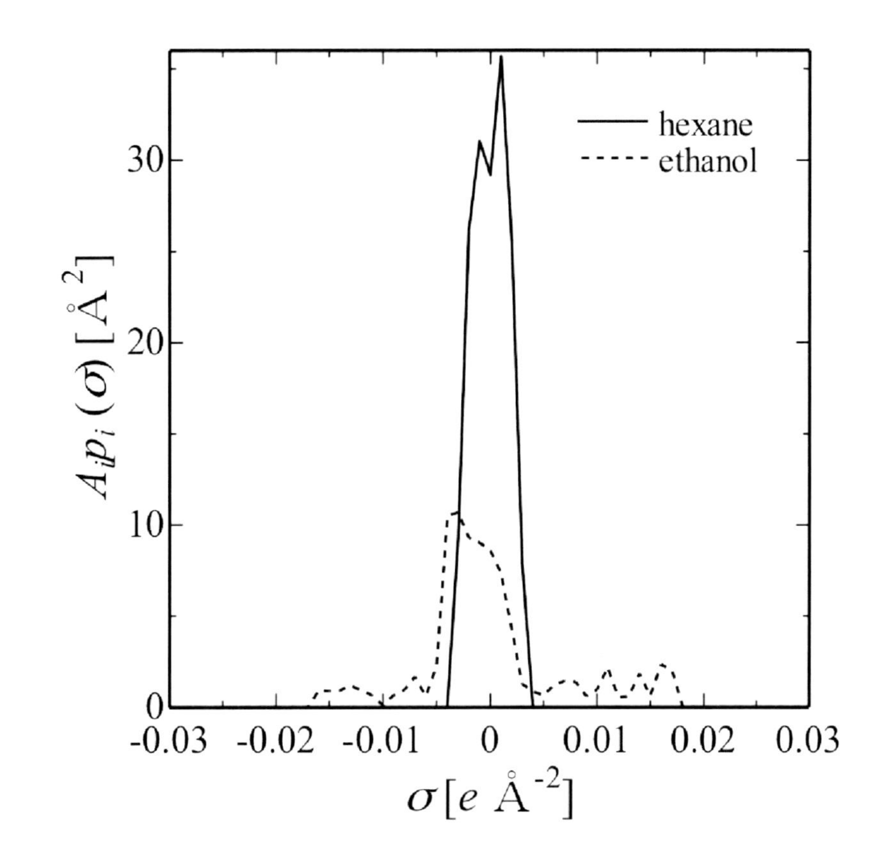

図 1　Hexane 分子と Ethanol 分子の表面電荷分布

各分子において、表面電荷σ_mを見出す確率は、分子表面積A_iと、分子 i 中でσ_mが占める表面積$A_i(\sigma_m)$より、次式で与えられる。

$$p_i(\sigma_m) = \frac{A_i(\sigma_m)}{A_i} \tag{4}$$

複数の分子が含まれる混合溶液におい、分子表面電荷σ_mを見出す確率は、成分 i のモル分率 x_i を用いて、次式により与えられる。

$$p(\sigma_m) = \frac{\sum_i x_i A_i p_i(\sigma_m)}{\sum_i x_i A_i} \tag{5}$$

成分分子に関するσ_mの表面電荷分布と、混合溶液における表面電荷分布を用いて、表面電荷セグメントに関する活量係数が算出される。

$$\ln \Gamma(\sigma_m) = -\ln\left\{\sum_{\sigma_n} p(\sigma_n)\Gamma(\sigma_n)\exp\left[\frac{-\Delta W(\sigma_m, \sigma_n)}{RT}\right]\right\} \tag{6}$$

式(6)で表される活量係数は、分子表面を構成するセグメントに着目した活量係数であり、成分の活量係数を算出する際に用いられる。R、Tは気体定数および温度を、下付きm, nは表面電荷セグメントを表わす。また、$\Delta W(\sigma_m, \sigma_n)$は、表面電荷セグメントのペア$\sigma_m - \sigma_n$が形成される際の交換エネルギーを示し、次式で与えられる。

$$\Delta W(\sigma_m, \sigma_n) = E_{\mathrm{mf}}(\sigma_m, \sigma_n) + E_{\mathrm{hb}}(\sigma_m, \sigma_n) \tag{7}$$

COSMO-SAC 法では、接触している 2 分子間の分子表面における電荷の差を misfit エネルギーとして算出し、分子間相互作用の評価に用いる。ここでE_{mf}、E_{hb}はそれぞれ、表面電荷間で生じる misfit エネルギーと、大きな正負電荷間で生じる hydrogen bonding エネルギーを表わす。表面電荷セグメントの活量係数より、混合溶液中における成分iの活量係数が次の関係式より算出される。

$$\ln \gamma_i = \frac{A_i}{a_{\mathrm{eff}}}\sum_{\sigma_m} p_i(\sigma_m)\left[\ln \Gamma(\sigma_m) - \ln \Gamma_i(\sigma_m)\right] + \ln \gamma_i^{\mathrm{C}} \tag{8}$$

ここで、a_{eff}は表面電荷セグメント 1 枚当たりの表面積を示す。また、右辺第 2 項の活量係数は、分子の大きさや形状の差に寄与する Combinatorial 項であり、Stavermann – Guggenheim 式[6,7]を用いた場合、次式より得られる。

$$\ln \gamma_i^{\mathrm{C}} = \ln\frac{\phi_i}{x_i} + \left(\frac{z}{2}\right) q_i \ln\frac{\theta_i}{\phi_i} + l_i - \frac{\phi_i}{x_i}\sum_j x_j l_j \tag{9}$$

$$l_i = \left(\frac{z}{2}\right)(r_i - q_i) - (r_i - 1), \quad \theta_i = \frac{r_i x_i}{\sum_j r_j x_j}, \quad \phi_i = \frac{q_i x_i}{\sum_j q_j x_j} \tag{10}$$

式(9)、(10)において、z は配位数を、パラメータ r_i、q_i はそれぞれ成分分子 i の表面積、体積パラメータを表わし、量子化学計算から得られる 1 分子当たりの表面積、体積より算出される。

グループ寄与法に基づく活量係数モデルである UNIFAC 法では、分子を構成する「原子団グループの活量係数」より、成分の活量係数が算出される。ここで、UNIFAC 式および COSMO-SAC 法における活量係数の Residual 項（原子団グループ間および分子表面電荷セグメント間の相互作用エネルギーの寄与を表わす）を次式に示す。

$$\ln \gamma_i^{\mathrm{R}} = \sum_k \nu_{i,k} [\ln \Gamma_k - \ln \Gamma_{i,k}] \quad \text{(UNIFAC 式)} \tag{11}$$

$$\ln \gamma_i^{\mathrm{R}} = n_i \sum_{\sigma_m} p_i(\sigma_m)[\ln \Gamma(\sigma_m) - \ln \Gamma_i(\sigma_m)] \quad \text{(COSMO-SAC 法)} \tag{12}$$

UNIFAC 式において、$\nu_{i,k}$ は、i 成分に含まれる k グループの数を示す。COSMO-SAC 法では、n_i は、i 成分の分子表面電荷セグメント総数であり、表面電荷 σ_m の分布を示す $p_i(\sigma_m)$ と n_i の積が、i 成分に含まれる表面電荷 σ_m の数を表している。このように、UNIFAC 式と COSMO-SAC 法では、それぞれ「原子団グループ」と「表面電荷セグメント」といった、混合溶液中の成分 i の活量係数を算出する際の着目点が異なるが、活量係数における Residual 項は、上述のようにほぼ同様の式で表されており、非常に興味深い。さらに、COSMO-SAC 法では、グループ寄与法と比較して、より細かい分子表面におけるセグメントに着目し活量係数を算出するため、分子間における水素結合や疎水性相互作用といった複雑な分子間相互作用に関して、正確な分子間相互作用エネルギーの再現が期待できる。

このように、COSMO-RS、COSMO-SAC 法では、分子表面電荷と分子の最適化構造といった量子化学計算から得られる分子情報を利用することで、混合溶液中における成分の活量係数が算出される。ここで算出される活量係数を、前節での相平衡条件に導入することで、分子構造が既知である物質を含む混合系について、大気圧付近における低圧下での気液・液液・固液平衡の推算が可能となる。

3. 相平衡・溶解度の推算

COSMO-RS、COSMO-SAC 法を用いた相平衡・溶解度の推算に関する研究は、近年数多く報告されている。特に、稀少な化合物を含む混合系や、測定が困難な条件を対象とした相平衡・溶解度の推算が多くみられる。ここでは、イオン液体や医薬物質を対象とした、相平衡・溶解度の推算に関する研究を幾つかとり挙げ、量子化学計算に基づく活量係数モデルの応用例について紹介する。

Gonzalez-Miquel らは [8]、イオン液体に対する二酸化炭素／窒素の分離係数について、COSMO-RS 法による推算を報告している。16 種のカチオンと 14 種のアニオンの組み合わせから構成される 224 種のイオン液体について、COSMO-RS 法を利用したイオン液体に対する二酸化炭素の Henry 定数の推算結果を用いて、二酸化炭素の高い分離性能を有するイオン液体種を探索している。まず、二酸化炭素の溶解度が報告されているイオン液体種について、実測データと COSMO-RS 法による推算結果を比較し、以下の Henry 定数に関する相関式を提案している。

$$K_{H\,\mathrm{exp}} = 1.8 + 0.48 K_{H\mathrm{COSMO-RS}} \tag{13}$$

ここで、$K_{H\mathrm{exp}}$、$K_{H\mathrm{COSMO\text{-}RS}}$ は、それぞれ Henry 定数の実測データおよび COSMO-RS 法による推算により得られた Henry 定数を示している。さらに、カチオン種として、imidazolium、pyridinium、pyrrolodinium、quinolinium、ammonium、phosphonium、thioronium を、アニオン種として、[FEP]、[NTf_2]、[$FeCl_4$]、[CF_3SO_3]、[CF_3CO_3]、[$B(CN)_4$]、[NO_3]、[CH_3CO_2]、[CH_3SO_3]、[CH_3SO_4]、[$C(CN)_3$]、[DCN]、[BF_4]、[SCN]を選択し、次式で定義される分離係数について、二酸化炭素の高選択性を有するイオン液体の探索を行っている。

$$S_{(\mathrm{CO2/N2})} = \frac{K_{H\mathrm{N2}}}{K_{H\mathrm{CO2}}} \tag{14}$$

分離係数は、式(14)のように、二酸化炭素と窒素の Henry 定数である $K_{H\mathrm{N2}}$ と $K_{H\mathrm{CO2}}$ の比で与えられる。この COSMO-RS 法を利用したスクリーニング探索により、imidazolium 系カチオンと、[BF_4]、[DCN]、[SCN]アニオンの組み合わせによるイオン液体において、二酸化炭素／窒素の分離係数が 70 – 80 といった高選択性を示すことが確認された。また、次式により、COSMO-RS 法から得られる過剰モルエンタルピーと、二酸化炭素および窒素の Henry 定数を比較している。

$$H_{\mathrm{m}}^{\mathrm{E}} = x_{\mathrm{IL}}(H_{\mathrm{IL,mix}} - H_{\mathrm{IL,pure}}) + x_{\mathrm{gas}} H_{\mathrm{gas,mix}} \tag{15}$$

過剰モルエンタルピーと、各ガス成分の Henry 定数の比較より、二酸化炭素および窒素と、イオン液体の分子間相互作用について議論を行っている。

バイオディーゼル生成反応におけるオイル相／イオン液体相間のバイオディーゼル成分、および副生成物のグリセリンの分配係数の推算に、COSMO-RS 法が用いられている [9]。ここでは、COSMO-RS 法から得られるオイル相、ならびにイオン液体相における溶質 i の化学ポテンシャル μ_i を用いて、次式より分配係数を算出している。

$$P_i = \exp\left(\frac{\mu_i^{\text{oil}} - \mu_i^{\text{IL}}}{RT}\frac{V^{\text{oil}}}{V^{\text{IL}}}\right) \tag{16}$$

ここで、V^{oil}、V^{IL} は、それぞれオイル相ならびにイオン液体相の体積を表わす。COSMO-RS 法による推算結果より、1-butyl-3-methylimidazolium ([bmim])[BF_4]を用いた場合、バイオディーゼルの原料となるトリオレインの溶解度がモル分率で 10^{-9} オーダーと非常に小さく、式(16)で与えられるバイオディーゼル、およびグリセリンの分配係数の対数が-1.9412、2.7524 となり、イオン液体相を用いた抽出分離に有効であることが示唆されている。

Hsieh らは [10]、COSMO-SAC 法を用いた、オクタノール相／水相間の医薬物質の分配係数の推算を行っている。この研究では、量子化学計算より得られる分子表面電荷分布 $p(\sigma)$ について、以下のように 3 つの寄与項に分けて表現されている。

$$p(\sigma) = p^{\text{nhb}}(\sigma) + p^{\text{OH}}(\sigma) + p^{\text{OT}}(\sigma) \tag{17}$$

ここで上付きの nhb、OH、OT は、それぞれ水素結合を形成していない原子、ヒドロキシ基グループ、水素結合を形成している原子表面に存在する表面電荷を表わしている。さらに、水素結合による分子間相互作用を表わす係数について、着目する分子表面の電荷セグメントが属している原子あるいは化学グループの種類によって、以下のように場合分けされている。

$$c_{\text{hb}}(\sigma_m^t, \sigma_m^s) = \begin{cases} c_{\text{OH-OH}} & \text{if } s = t = \text{OH and } \sigma_m^t \cdot \sigma_m^s < 0 \\ c_{\text{OT-OT}} & \text{if } s = t = \text{OT and } \sigma_m^t \cdot \sigma_m^s < 0 \\ c_{\text{OH-OT}} & \text{if } s = \text{OH},\ t = \text{OT and } \sigma_m^t \cdot \sigma_m^s < 0 \end{cases} \tag{18}$$

このように、原子もしくは化学官能基グループ上の分子表面電荷セグメントを区別することで、水素結合種の違いを表現し、従来の COSMO-SAC 法 [4]よりも計算精度が向上されている。37 種の溶媒に対する 52 種の医薬物質について、溶解度の推算を行った結果、従来の COSMO-RS 法では、平均二乗誤差が 1.92 であったのに対し、修正後の COSMO-RS 法では 1.81 と改善されている。さらに、3,7 – dimethylpurine – 2,6 – dione と 1,3 – dimethyl – 7H – purine – 2,6-dione の 2 つの異性体について、(water + 1,4-dioxane)混合溶液に対する溶解度の推算を行っている。COSMO-RS、COSMO-SAC 法では、グループ寄与型の ASOG、UNIFAC 式と異なり、異性体を区別して溶解度を算出することが可能である。また、これらの異性体の分子表面電荷分布を用いて、溶解度差に影響を及ぼす分子間相互作用について検証を行っている。図 2 に 3,7 – dimethylpurine – 2,6 – dione、1,3 – dimethyl – 7H – purine – 2,6-dione, 1,4-dioxane の分子表面電荷分布を示す。1,3 – dimethyl – 7H – purine – 2,6-dione は、窒素原子と結合している水素原子表面において、3,7 – dimethylpurine – 2,6 – dione よりも大きな負の電荷を有している（図 2 (A), (B)）。そのため、1,3 – dimethyl – 7H – purine – 2,6-dione は、water や 1,4-dioxane とより強固な水素結合を形成しており、water、 1,4-dioxiane あるいは、これらの混合溶液に対して、異性体である 3,7 – dimethylpurine – 2,6 – dione よりも、高い溶解度を示すことが考えられる。

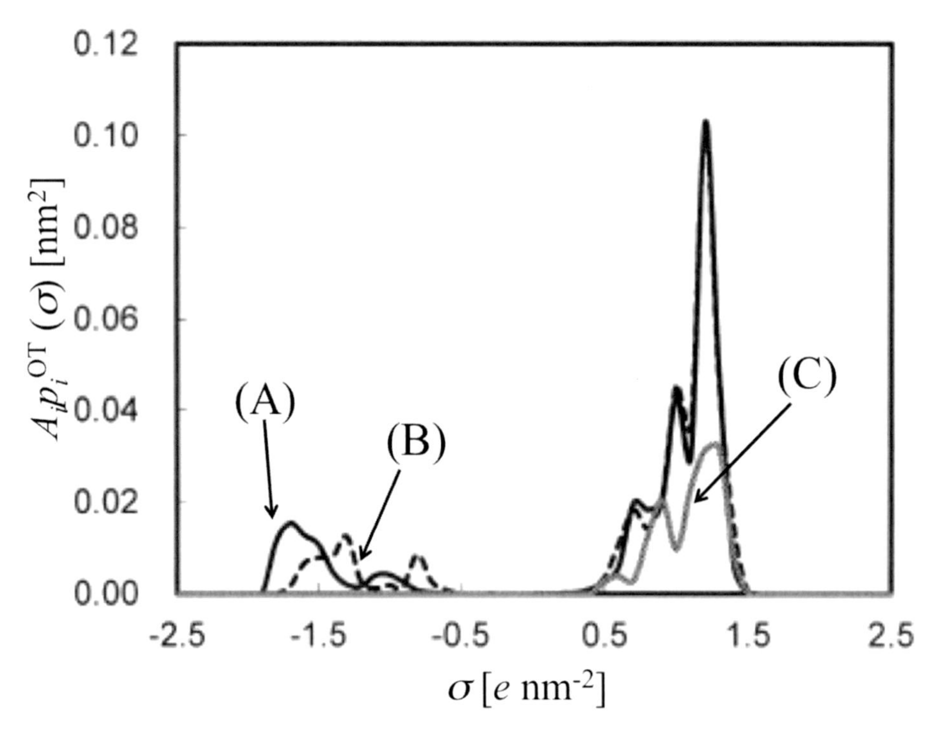

図 2　(A) 1,3 – dimethyl – 7H – purine – 2,6-dione, (B) 3,7 – dimethylpurine – 2,6 – dione, (C) 1,4-dioxane の分子表面電荷分布

4.　超臨界二酸化炭素系への応用展開

超臨界二酸化炭素を利用した医薬物質の微粒化や、医薬物質／高分子複合体の作製プロセス設計、ならびに操作条件の最適化には、超臨界二酸化炭素に対する医薬物質の溶解度の把握が不可欠となる。超臨界二酸化炭素に対する溶解度に関する理論モデルとして、温度－圧力－体積の関係を表わす状態方程式を用いる手法が挙げられる。しかしながら、この方法では、状態方程式中の分子間相互作用パラメータと、分子サイズパラメータの算出に臨界定数が必要となる。特に、医薬物質を対象とする場合には、臨界定数の入手が困難となるため、超臨界二酸化炭素に対する溶解度の理論計算に対する状態方程式の適用が困難となる。

超臨界二酸化炭素相を膨張した液体として仮定することで、超臨界二酸化炭素に対する溶解度の理論計算に、固液平衡の関係式を利用する手法がある。固液平衡の関係式を用いる場合、超臨界二酸化炭素に対する溶質の溶解度 y_2 は、超臨界二酸化炭素相における溶質の活量係数 γ_2、溶質の融点 T^{m}、ならびに融解エンタルピー ΔH^{m} から算出される。

$$y_2 = \frac{1}{\gamma_2}\exp\left[\frac{\Delta H^{\mathrm{m}}}{RT}\left(\frac{T}{T^{\mathrm{m}}}-1\right)\right] \tag{19}$$

ここで、R、T はそれぞれ気体定数、温度を表す。式 (19) における溶質の活量係数の算出には、活量係数モデルが適用される。量子化学計算を利用した活量係数モデルである COSMO-RS [3]、COSMO-SAC 法 [4]では、液相における活量係数への適用を対象としているため、圧力により密度が大きく変化する超臨界二酸化炭素相への適用は困難であることが懸念される。

混合系に含まれる分子表面電荷セグメントに「空孔(vacancy)」を加えて、超臨界二酸化炭素相の密度変化を表現する活量係数モデル COSMO-vac (Conductor like screening model vacancy)法 [11) が開発された。COSMO-vac 法では、空孔の数により超臨界二酸化炭素の高密度ならびに低密度状態を表現することが可能となる。超臨界二酸化炭素の密度変化を考慮した COSMO-vac 法において、混合系における表面電荷セグメント σ_m を見出す確率は、空孔率 α により与えられる。

$$F^{\mathrm{vac}}(\sigma_m) = F(\sigma_m)(1-\alpha) \tag{20}$$

式(20)で与えられる確率を用いて、表面電荷セグメントの活量係数が算出される。

$$\ln \Gamma(\sigma_m) = -\ln\left\{\sum_{\sigma_n} F^{\mathrm{vac}}(\sigma_n)\Gamma(\sigma_n)\exp\left[\frac{-\Delta W(\sigma_m,\sigma_n)}{RT}\right]\right\} \tag{21}$$

式(21)で与えられる表面電荷セグメントの活量係数より、式(8)を用いて、超臨界二酸化炭素相における溶質の活量係数 γ_2 が次式のように求められる。

このように、分子の表面電荷分布・表面積といった、量子化学計算により得られる分子情報を利用した COSMO-vac 法と、超臨界二酸化炭素を膨張した液体として扱う固液平衡の関係式との融合により、超臨界二酸化炭素に対する溶解度の推算が可能となる。従来の状態方程式や活量係数モデルを用いた相平衡・溶解度の計算には、実測データから決定される経験的なパラメータが含まれるため、溶解度データが報告されていない混合系や操作条件への適用が制限される場合がある。特に、医薬物質を対象とする場合は、高価な化合物を扱うため、超臨界二酸化炭素に対する溶解度データの入手が困難となることも考えられる。量子化学計算により得られる分子情報を利用した COSMO-vac 法では、溶解度を計算する際に、実測データによるフィッティングを必要としないため、超臨界二酸化炭素に対する医薬物質の溶解度を把握する上で、有効な手法となり得ると期待できる。

非ステロイド性抗炎症薬であるNaproxen、Ketoprofenについて、COSMO-vac法を利用した超臨界二酸化炭素に対する溶解度の推算が報告されている[11]。Naproxen、Ketoprofen の両方において、COSMO-vac法による推算結果は、実測データを再現できることが確認されている。また、8種の他の医薬物質について、温度35 – 75℃における超臨界二酸化炭素に対する溶解度の推算において、溶解度のオーダーの範囲内において予測可能であることが確認されている。これらのCOSMO-vac法による溶解度の予測手法は、超臨界二酸化炭素を用いた医薬物質の微粒化、医薬物質／高分子複合体の作製プロセスにおいて、プロセス設計や、微粒子のサイズ・複合体中の医薬物質の含有量をコントロールする上で効果的なツールであると期待できる。

おわりに

量子化学計算を利用した相平衡・溶解度の理論モデルでは、分子表面における電荷分布や、分子表面積といった分子情報を利用することで、実測データによるフィッティングを必要としない相平衡や溶解度の推算が可能となる。そのため、分子構造が既知である化合物を含む混合系については、相平衡・溶解度の推算が可能となり、実測データが報告されていない混合系や条件における相平衡・溶解度の把握に有効である。

医薬物質や半導体・電池関連分野においては、対象となる物質が高価な場合が多く、材料設計・プロセス操作の最適化に不可欠となる相平衡や溶解度の把握は、実測データの蓄積のみでは困難である。そのため、このような量子化学計算を利用した活量係数モデルを適用することで、材料プロセスに必要となる相平衡・溶解度の把握できるとともに、分子表面電荷に着目した材料化合物の選定にも効果的となる。量子化学計算から得られる「分子情報」と相平衡・溶解度との関連性の把握が可能になるため、新規な材料開発・化学プロセスの実現に大きく貢献するものと期待される。

参考文献

1) K. Tochigi, M. Hiraga, K. Kojima: *J. Chem. Eng. Jpn.*, **13** (1980) 159 – 162.
2) A. Fredenslund, R. L. Jones, J. M. Prauscitz: *AIChE J.*, **21** (1975) 1086 – 1099.
3) A. Klamt: *J. Phys. Chem.*, **99** (1995) 2224 – 2235.
4) S. T. Lin, S. I. Sandler: *Ind. Eng. Chem. Res.*, **41** (2002) 899 – 913.
5) A. Klamt, G. Schüürmann: *J. Chem. Soc. Perkin Trans.*, **2** (1993) 799 – 805.
6) A. Staverman: *Rec. Trav. Chim.*, **69** (1950) 163 – 174.
7) E. A. Guggenheim, R. H. Fowler: *Proc. Roy. Soc. London Ser. A – Math. Phys. Sci.*, **183** (1944) 203 – 212.
8) M. Gonzalez-Miquel, J. Palomar, S. Omar, F. Rodriguez: *Ind. Eng. Chem. Res.*, **50** (2011) 5739 – 5748.
9) B. L. A. P. Devi, Z. Guo, X. Xu: *AIChE J.*, **57** (2011) 1628 – 1637.
10) C. M. Hsieh, S. Wang, S. T. Lin, S. I. Sandler: *J. Chem. Eng. Data*, **56** (2011) 936 – 945.

11)　Y. Shimoyama, Y. Iwai: *J. Supercrit. Fluids*, **50** (2009) 201 – 217.

2.1.3　SAFT 型状態式

佐藤　善之
平賀　佑也
（東北大学）

はじめに

現在まで様々なタイプの状態式が提案されているが、低分子量と高分子量の物質の両方に適用でき、かつ広い密度範囲において定量的に使用できるものは摂動論に基づくものと溶液論に基づくものの 2 つのタイプに分けられる。どちらのタイプの状態式に対しても会合に関する新しい統計熱力学的な理論の開発により大きな進歩が遂げられている。

本稿で取り上げる SAFT(Statistical Associating Fluid Theory)型の状態式は、摂動論に基づく状態式である。摂動論とは、実在流体の構造が主として分子間力の斥力部分によって支配され引力にはそれほど影響を受けていないことから、剛体球流体を基準に取り引力項をそれからの摂動として加えることにより、実在流体の物性値を求める方法である。SAFT 型の状態式は Wertheim[1,2,3,4]による会合に関する統計熱力学的な取り扱いを基礎としている。最初に Chapman ら[5,6]により SAFT 状態式が提案されて以来、様々な SAFT が提案されている。本節ではまず、各種の SAFT 型状態式の特徴を説明し、SAFT の中でも広く使われている Huang と Radosz [7,8]による CK-SAFT と Gross と Sadowski [9,10]による PC-SAFT を中心に解説し、SAFT の応用例について紹介する。

1　SAFT 型状態式の特徴

SAFT では、分子は同じサイズの球形セグメントからなると考える。分子種が異なれば異なるセグメント径とセグメント（連結）数を持つことになる。今、図 1 (a)に示す単一分子について、SAFT モデルの適用のイメージを示す。流体はまず同じサイズの剛体球で構成されるものと仮定(b)する。その後、剛体球間の引力を考慮するために例えば井戸型や L-J 型のポテンシャルを導入(c)する。次に各剛体球には、鎖状分子の形成を可能にする結合サイト(d)が導入される。最後に、引力的な相互作用（水素結合等）により会合が生じるように鎖中に特定の相互作用部位が導入(e)される。これらのステップにはヘルムホルツ自由エネルギーが寄与しているので、残余ヘルムホルツ自由エネルギーa^{res}は次式で得られる。

$$a^{res} = a^{seg}(= a^{hs} + a^{disp}) + a^{chain} + a^{assoc} \tag{1}$$

ここで a^{seg}はセグメントのヘルムホルツ自由エネルギーであり剛体球基準項 a^{hs}と分散項 a^{disp}を含んでいる。a^{chain}は鎖形成の寄与であり、a^{assoc}は会合（association）の寄与を表す。

Wertheim のモデルでは chain 項と association 項を取り扱っており、これらは基本的に様々なバージョンの SAFT で共通の取り扱いである。このため、seg 項の寄与のみの違いに基づき様々なバージョンの SAFT が存在する。例えば、Chapman らの Original SAFT[5,6]，Huang と Radosz[7,8]による CK-SAFT，soft-SAFT[11,12]，SAFT-VR[13,14]，PC-SAFT[9,10]などである。またこれらには Simplified[15,16]バージョンも存在する。

SAFT モデルにおいては、図 1 に示す考え方が基になっているため、セグメントの数 m, セグメントの直径パラメータ σ, セグメントのエネルギーパラメータ ε の 3 つが純成分パラメータとなる。もし分子が会合するなら会合体積パラメータ κ^{AB} と会合エネルギーパラメータ ε^{AB} の 2 種が必要となる。

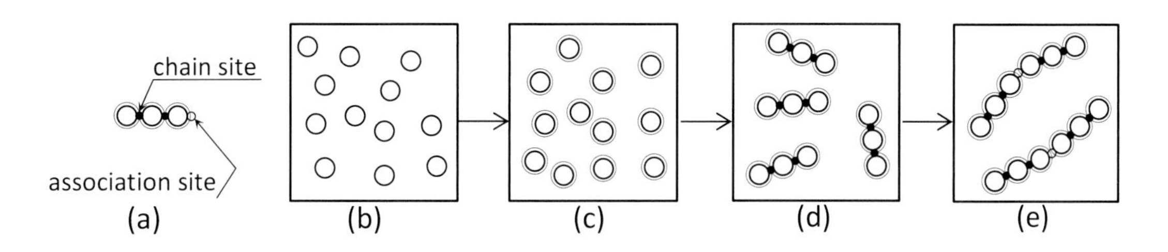

図 1　SAFT モデル適用における分子のイメージ：(a)取扱う分子, (b)剛体球流体, (c)引力の適用, (d)chain サイトの導入, (e)会合サイトの導入（Fu & Sandler[15]の図を基に作成）

1.1　Chain と Association 項

ほぼすべての SAFT は同じ chain 項と association 項を使用しているため、まずそれらから説明する。chain 項は次式で与えられる。

$$\frac{a^{chain}}{RT} = \sum_i x_i (1 - m_i) \ln\left(g_{ii}^{hs}(d_{ii})\right) \tag{2}$$

g_{ii} は動径分布関数である。

association 項は

$$\frac{a^{assoc}}{RT} = \sum_i x_i \left[\sum_{A_i} \left(\ln X^{A_i} - \frac{X^{A_i}}{2} \right) + \frac{1}{2} M_i \right] \tag{3}$$

ここで、M_i は分子 i の会合サイトの数であり、X^{A_i} はサイト A に結合していない分子 i のモル分率であり、次式で定義される。

$$X^{A_i} = \left[1 + \sum_j \sum_{B_j} \rho_j X^{B_j} \Delta^{A_i B_j} \right]^{-1} \tag{4}$$

ここで、ρ_j は j のモル密度、$\Delta^{A_i B_j}$ は 2 つの異なる分子 i と j にあるサイト A と B 間の会合の強さを表し、次式で与えられる。

$$\Delta^{A_i B_j} = d_{ij}^3 g_{ij}^{seg}(d_{ij}) \kappa^{A_i B_j} \left[\exp(\varepsilon^{A_i B_j} / kT) - 1 \right] \tag{5}$$

ここで、k は Boltzmann 定数、T は温度である。

SAFT の chain 項と association 項を使用する際に 2 つの重要な問題がある。一つは温度に依存しないセグメント直径σと温度に依存するセグメント直径dの取り扱いであり、もう一つは動径分布関数g_{ij}の取り扱いである。各種提案されているSAFTでは、このあたりの取り扱いが種々のSAFTで異なる。

Original SAFT[5]では、温度依存直径d_{ij}（$d_{ij}=(d_{ii}+d_{jj})/2$）が使用されている。温度に依存しない直径σ_{ij}（$\sigma_{ij}=(\sigma_{ii}+\sigma_{jj})/2$）との関係は次式で得られる。

$$\frac{d}{\sigma}=\frac{1+0.2977kT/\varepsilon}{1+0.33163kT/\varepsilon+f(m)(kT/\varepsilon)^2} \tag{6}$$

ここで

$$f(m)=0.0010477+0.025337\frac{m-1}{m} \tag{7}$$

CK-SAFT [7,8]では単純化された温度依存性直径が使用されている。ChenとKreglewski[17]による以下の式が用いられている。

$$d=\sigma\left[1-0.12\exp\left(\frac{-3u^0}{kT}\right)\right] \tag{8}$$

ここで$u^0=\varepsilon$であり、u（$u=u^0(1+e/kT)$）は温度に依存するエネルギーパラメータである。e/kは若干の例外はあるものの10となる定数である。CK-SAFTのu^0はセグメントのエネルギーパラメータである。他の多くのSAFTではεがセグメントのエネルギーパラメータとして用いられる場合が多い。他のSAFTでは、例えばPC-SAFT，simplified PC-SAFT，SAFT-VRでは式(5)で温度に依存しない直径σ_{ij}がd_{ij}の代わりに使用されている。実在の分子は剛体球とは異なるため、特に高温ではある程度は分子間のオーバーラップが生ずることを考慮すると、剛体球セグメントの直径はより高い温度では小さくなることを、サイズパラメータの温度依存性は表している。しかし、この効果は、実用的な観点からはあまり大きくないと言える。

式(5)の動径分布関数$g_{ij}^{seg}(d_{ij})$はCarnahan-Starlingの剛体球に対するもので近似されている。

$$g_{ij}^{seg}(d_{ij})\approx g_{ij}^{hs}(d_{ij}^{+})=\frac{1}{1-\zeta_3}+\left(\frac{d_id_j}{d_i+d_j}\right)\frac{3\zeta_2}{(1-\zeta_3)^2}+\left(\frac{d_id_j}{d_i+d_j}\right)^2\frac{2\zeta_2^2}{(1-\zeta_3)^3} \tag{9}$$

ここでζは次式で定義され、ζ_3はセグメントの充填率に相当する。

$$\zeta_k=\frac{\pi N_{AV}}{6}\rho\sum_i X_im_id_{ii}^k \tag{10}$$

1.2　Seg項

Original SAFTでは、seg項として次式が使用されている。

$$a^{seg}=a_0^{seg}\sum_i x_im_i \tag{11}$$

ここで下付0は非会合セグメントを意味している。セグメントのエネルギーは剛体球項と分散項

からなり

$$a_0^{seg} = a_0^{hs} + a_0^{disp} \tag{12}$$

a_0^{hs} は Carnahan-Starling により次式により与えられる。

$$\frac{a_0^{hs}}{RT} = \frac{4\eta - 3\eta^2}{(1-\eta)^2} \tag{13}$$

ここで $\eta \equiv \zeta_3$ である。

分散項は次式で与えられる。

$$a_0^{disp} = \frac{\varepsilon R}{k}\left(a_{01}^{disp} + \frac{a_{02}^{disp}}{T_R}\right) \tag{14}$$

ここで

$$a_{01}^{disp} = \rho_R\left(-0.85959 - 4.5424\rho_R - 2.1268\rho_R^2 + 10.285\rho_R^3\right) \tag{15}$$

$$a_{02}^{disp} = \rho_R\left(-1.9075 - 9.9724\rho_R - 22.216\rho_R^2 + 15.904\rho_R^3\right) \tag{16}$$

であり、$T_R=kT/\varepsilon$、$\rho_R=[6/(2^{0.5}\pi)]\eta$ である。

CK-SAFT では Carnahan-Starling による剛体球混合物基準が使用されている。

$$\frac{a_0^{hs}}{RT} = \frac{1}{\zeta_0}\left[\frac{3\zeta_1\zeta_2}{1-\zeta_3} + \frac{\zeta_2^3}{\zeta_3(1-\zeta_3)^2} + \left(\frac{\zeta_2^3}{\zeta_3^2} - \zeta_0\right)\ln(1-\zeta_3)\right] \tag{17}$$

分散項は

$$\frac{a_0^{disp}}{RT} = \sum_i\sum_j D_{ij}\left[\frac{u}{kT}\right]^i\left[\frac{\eta}{\tau}\right]^j \tag{18}$$

ここで τ=0.74048、D_{ij} は物質に依存しない 24 個の普遍定数であり、Chen と Kreglewski [17]によりアルゴンの PVT 関係、内部エネルギー、第 2 ビリアル係数のデータを用いて決定されている。

PC-SAFT では分散力の取り扱いが他の SAFT と異なっている。他の SAFT は図 1 で説明したように、剛体球に分散力を導入し次に鎖形成を考えたが、PC-SAFT では剛体球鎖に対して分散力を導入している。分散項は次式で表される。

$$\frac{a^{disp}}{kTN} = \frac{A_1}{kTN} + \frac{A_2}{kTN} \tag{19}$$

$$\frac{A_1}{kTN} = -2\pi\rho m^2\left(\frac{\varepsilon}{kT}\right)\sigma^3\int_1^\infty \tilde{u}(x)g^{hc}(m;x\sigma/d)x^2dx \tag{20}$$

$$\frac{A_2}{kTN} = -\pi\rho m\left(1+Z^{hc}+\rho\frac{\partial Z^{hc}}{\partial \rho}\right)^{-1} m^2\left(\frac{\varepsilon}{kT}\right)^2 \sigma^3 \frac{\partial}{\partial \rho}\left[\rho\int_1^\infty \tilde{u}(x)^2 g^{hc}(m;x\sigma/d)x^2 dx\right] \tag{21}$$

ここで $x = r/\sigma$、$\tilde{u}(x) = u(x)/\varepsilon$ である。

式(20),(21)中の動径分布関数は剛体鎖のものであり、式中の積分は以下に与えられる。

$$\left(1+Z^{hc}+\rho\frac{\partial Z^{hc}}{\partial \rho}\right) = \left(1+m\frac{8\eta-2\eta^2}{(1-\eta)^4}+(1-m)\frac{20\eta-27\eta^2+12\eta^3-2\eta^4}{((1-\eta)(2-\eta))^2}\right) \tag{22}$$

$$I_1 = \int_1^\infty \tilde{u}(x) g^{hc}(m;x\sigma/d)x^2 dx = \sum_{i=0}^{6} a_i\eta^i \tag{23}$$

$$I_2 = \frac{\partial}{\partial \rho}\left[\rho\int_1^\infty \tilde{u}(x)^2 g^{hc}(m;x\sigma/d)x^2 dx\right] = \sum_{i=0}^{6} b_i\eta^i \tag{24}$$

これらの積分の解析解は冗長であるため、上式のように還元密度 η のべき級数として表現する。ここで級数の係数は次式で計算される。

$$a_i = a_{0i} + \frac{m-1}{m}a_{1i} + \frac{m-1}{m}\frac{m-2}{m}a_{2i} \tag{25}$$

$$b_i = b_{0i} + \frac{m-1}{m}b_{1i} + \frac{m-1}{m}\frac{m-2}{m}b_{2i} \tag{26}$$

ここで $a_{0i\text{-}2i}$ と $b_{0i\text{-}2i}$ は *n*-alkane の純成分データをフィッティングすることにより決定されている。

1.3 パラメータの取り扱い

非会合流体の純成分パラメータは上述したように、セグメント数 m, セグメント直径 σ, セグメントエネルギーパラメータ ε（CK-SAFT に関しては、それぞれ m, v^{00}, u^0 に相当する）の 3 種類である。会合に関するパラメータは会合体積パラメータ $\kappa^{A_iB_i}$ と会合エネルギーパラメータ $\varepsilon^{A_iB_i}$ の 2 種である。

会合に関する式(3), (4)を使用するにあたり、分子の会合サイトの種類と数を把握する必要がある。表 1 は Huang と Radosz [7]によって示された会合のタイプとその際の X^A である。また表 2 は実際の会合流体における結合のタイプの一覧[7]である。一例として水について考えてみる。水は表 2 に示すように A-D の 4 つの会合サイトを持つが、AA, AB, BB, CC, CD, DD 間で会合は生じないので、$\Delta^{AA}=\Delta^{AB}=\Delta^{BB}=\Delta^{CC}=\Delta^{CD}=\Delta^{DD}=0$ となる。一方会合（水素結合）が生じるのは AC 間, AD 間, BC 間, BD 間であるので、$\Delta^{AC}=\Delta^{AD}=\Delta^{BC}=\Delta^{BD}\neq 0$ となる。サイト A に結合していない分子のモル分率 X^A は、サイト B、サイト C、サイト D に結合していない分子のモル分率と等しいと考えられるので、$X^A=X^B=X^C=X^D$ となる。この関係を式(4)に代入することにより、$X^A= \left(-1+\sqrt{1+8\rho\Delta}\right)/(4\rho\Delta)$ が得られる。

表 2 は具体的な会合流体について例が示してある。水は上述したように 4 サイトの結合部位があるが、一部の組合せでしか会合が生じないため、表 1 の 4C の結合タイプに分類される。しか

しながら、図２に示すように２サイト、３サイトとして取り扱う場合[18]も考えられ、表２では 3B タイプ（すなわち３サイト）として取り扱われている。

表１　様々な会合タイプの非結合サイト分率 X^{A} [7]

type	Δ approximations	X^{A} approximations	X^{A}
1	$\Delta^{AA}\neq 0$		$\dfrac{-1+\sqrt{1+4\rho\Delta}}{2\rho\Delta}$
2A	$\Delta^{AA}=\Delta^{AB}=\Delta^{BB}\neq 0$	$X^{A}=X^{B}$	$\dfrac{-1+\sqrt{1+8\rho\Delta}}{4\rho\Delta}$
2B	$\Delta^{AA}=\Delta^{BB}=0$ $\Delta^{AB}\neq 0$	$X^{A}=X^{B}$	$\dfrac{-1+\sqrt{1+4\rho\Delta}}{2\rho\Delta}$
3A	$\Delta^{AA}=\Delta^{AB}=\Delta^{BB}=\Delta^{AC}=\Delta^{BC}=\Delta^{CC}\neq 0$	$X^{A}=X^{B}=X^{C}$	$\dfrac{-1+\sqrt{1+12\rho\Delta}}{6\rho\Delta}$
3B	$\Delta^{AA}=\Delta^{AB}=\Delta^{BB}=\Delta^{CC}=0$ $\Delta^{AC}=\Delta^{BC}\neq 0$	$X^{A}=X^{B}$ $X^{C}=2X^{A}-1$	$\dfrac{-(1-\rho\Delta)+\sqrt{(1+\rho\Delta)^{2}+4\rho\Delta}}{4\rho\Delta}$
4A	$\Delta^{AA}=\Delta^{AB}=\Delta^{BB}=\Delta^{AC}=\Delta^{BC}=\Delta^{CC}=\Delta^{AD}$ $=\Delta^{BD}=\Delta^{CD}=\Delta^{DD}\neq 0$	$X^{A}=X^{B}=X^{C}=X^{D}$	$\dfrac{-1+\sqrt{1+16\rho\Delta}}{8\rho\Delta}$
4B	$\Delta^{AA}=\Delta^{AB}=\Delta^{BB}=\Delta^{AC}=\Delta^{BC}=\Delta^{CC}=\Delta^{DD}=0$ $\Delta^{AD}=\Delta^{BD}=\Delta^{CD}\neq 0$	$X^{A}=X^{B}=X^{C}$ $X^{D}=3X^{A}-2$	$\dfrac{-(1-2\rho\Delta)+\sqrt{(1+2\rho\Delta)^{2}+4\rho\Delta}}{6\rho\Delta}$
4C	$\Delta^{AA}=\Delta^{AB}=\Delta^{BB}=\Delta^{CC}=\Delta^{CD}=\Delta^{DD}=0$ $\Delta^{AC}=\Delta^{AD}=\Delta^{BC}=\Delta^{BD}\neq 0$	$X^{A}=X^{B}=X^{C}=X^{D}$	$\dfrac{-1+\sqrt{1+8\rho\Delta}}{4\rho\Delta}$

表３には CK-SAFT 状態式の純成分パラメータに関していくつかの物質について例示する。Huang と Radosz の原報[7]には約 100 種の非会合流体と 39 種の会合流体のパラメータが記載されているので、参照されたい。彼らは各純物質について蒸気圧と液体密度を相関することによりパラメータを決定している。表４には PC-SAFT 状態式の純成分パラメータを例示している。Gross と Sadowski の原報には蒸気圧ならびに液体密度の相関により決定した 78 種の非会合流体[9]のパラメータならびに 18 種の会合流体[10]についてパラメータが報告されている。また、Tihic ら[19]は約 200 種の非会合流体の PC-SAFT パラメータを報告している。

表２　実際の会合流体中の結合の種類 [7]

species		formula	rigorous type	assigned type
acid		—C(=O···HO)(OH···O=)C—	1	1
alkanol		—O(A, B)—H(C)	3B	2B
water		(B)(A)O(—H C)—H(D)	4C	3B
amines	tertiary	—N(A)(—)—	1	non-self-associating
	secondary	—N(A)(—)—H(B)	2B	2B
	primary	—N(C)(—H B)—H(A)	3B	3B
ammonia		(A)H—N(D)(—H C)—H(B)	4B	3B

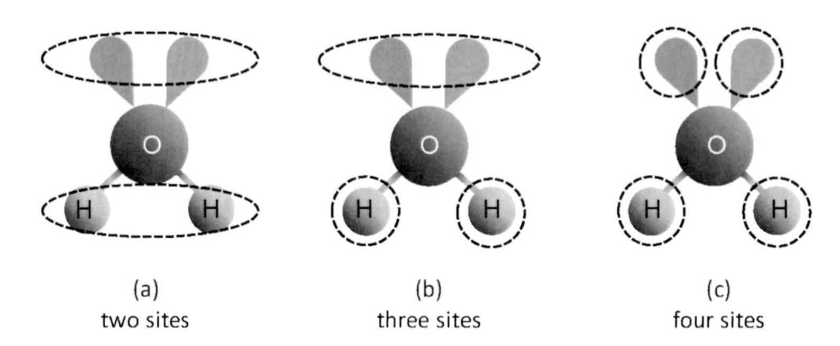

図２　水の会合サイトのイメージ図：酸素の上は孤立電子対，破線は会合サイト [18]

表3　CK-SAFT 状態式の純成分パラメータ[7]

component i	M_i (g/mol)	m_i	v^{00}(ml/mol)	u^0/k (K)	$100\kappa^{AiBi}$	ε^{AiBi}/k (K)
nitrogen	28.013	1.0	19.457	123.53		
argon	39.948	1.0	16.29	150.86		
carbon dioxide	44.010	1.417	13.578	216.08		
methane	16.043	1.000	21.576	190.29		
ethane	30.070	1.941	14.460	191.44		
propane	44.097	2.696	13.457	193.03		
benzene	78.114	3.749	11.421	250.19		
			Model 3B			
water	18.015	1.179	10.0	528.17	1.593	1809
ammonia	17.032	1.503	10.0	283.18	3.270	893.1
			Alkanols (Model 2B)			
methanol	32.042	1.776	12.0	216.13	4.856	2714
ethanol	46.069	2.457	12.0	213.48	2.920	2759
1-propanol	60.096	3.240	12.0	225.68	1.968	2619
1-butanol	74.123	3.971	12.0	225.96	1.639	2605
			Acids (Model 1)			
acetic acid	60.052	2.132	14.5	290.73	3.926	3941
benzoic acid	122.124	4.608	12.0	272.66	0.3149	5930
			Primary Amines (Model 3B)			
methanamine	31.057	2.026	12.0	226.86	6.310	1045

表4　PC-SAFT 状態式の純成分パラメータ[9,10]

component i^a	M_i (g/mol)	m	σ(Å)	ε/k (K)	κ^{AiBi}	ε^{AiBi}/k (K)
nitrogen	28.01	1.2053	3.3130	90.96		
argon	39.948	0.9285	3.4784	122.23		
carbon dioxide	44.01	2.0729	2.7852	169.21		
methane	16.043	1.0000	3.7039	150.03		
ethane	30.07	1.6069	3.5206	191.42		
propane	44.096	2.0020	3.6184	208.11		
benzene	78.114	2.4653	3.6478	287.35		
			alkanols			
methanol	32.042	1.5255	3.2300	188.90	0.035176	2899.5
ethanol	46.069	2.3827	3.1771	198.24	0.032384	2653.4
1-propanol	60.096	2.9997	3.2522	233.40	0.015268	2276.8
1-butanol	74.123	2.7515	3.6139	259.59	0.006692	2544.6
1-pentanol	88.15	3.6260	3.4508	247.28	0.010319	2252.1
1-hexanol	102.177	3.5146	3.6735	262.32	0.005747	2538.9
			water			
water	18.015	1.0656	3.0007	366.51	0.034868	2500.7
			amines			
methylamine	31.06	2.3967	2.8906	214.94	0.095103	684.3
ethylamine	45.09	2.7046	3.1343	221.53	0.017275	854.7
aniline	93.13	2.6607	3.7021	335.47	0.074883	1351.6
			acetic acid			
acetic acid	60.053	1.3403	3.8582	211.59	0.075550	3044.4

[a] Two association sites are assumed for all association fluids.

次にポリマーに関するパラメータである。一般に状態式の純成分パラメータは蒸気圧相関により決定されるが、蒸気圧を持たないポリマーに関しては PVT 関係より決定する方法が一般的である。SAFT のポリマーのパラメータを PVT 相関により決定した場合、液液平衡を良好に表現できないとの報告[20,21]がある。これは SAFT のエネルギーパラメータが密度に対して感度が低いことによるもので、ポリマーの PVT とポリマー／溶媒による曇点の同時相関によりポリマーの純成分パラメータ決定する方法[21,22]が提案されている。一例として PC-SAFT のポリマー純成分パラメータを表５に示す。

表５　ポリマーの PC-SAFT 純成分パラメータ [22]

polymer	m/M^a (mol/g)	σ (Å)	ε/k (K)	AAD (%ρ)	P range (MPa)	binary system solvent
polyethylene (HDPE)	0.0263	4.0217	252.0	1.62	0.1-100	ethylene
polyethylene (LDPE)	0.0263	4.0217	249.5	1.14	0.1-100	ethylene
polypropylene	0.02305	4.1	217.0	5.55	0.1-98.1	n-pentane
polybutene	0.014	4.2	230.0	~30	0.1-100	1-butene
polyisobutene	0.02350	4.1	265.5	0.95	10-80	n-butane
polystyrene	0.0190	4.1071	267.0	1.16	10-100	cyclohexane

[a] The segment number m depends on the molecular mass M of polymer.

２．相平衡への適用

2.1　ポリマーに対する適用

温度および圧力の広い範囲にわたる純ポリマーやポリマー溶液の熱力学的性質および相平衡の推算モデルは、既存プロセスの最適化及び新プロセスの開発に極めて重要である。特にポリマーの場合、ポリマーが巨大分子であり、またその分子量に分布をもつため、正確な相平衡推算はかなり難しいといえる。これまでにポリマー溶液に対して格子流体モデル[23]や perturbed-hard-chain theory[24]などが広く利用されてきた。最近でもポリマー溶液の相平衡計算に格子流体モデルは活発に利用[25]されているが､最近の傾向としては SAFT の利用が非常に多い。SAFT は剛体球あるいは剛体球鎖を基準としており、セグメントに対してパラメータが決定されれているため、分子量の変化やコポリマーに対して適用がし易い等の特徴があるため、ポリマー溶液に対する利用が広がったものと考える。

Spyriouni と Economou [26]は ethylene＋polydisperse polyethylene 系および ethylene＋poly(ethylene -co- methyl acrylate)や poly(ethylene -co- ethyl acrylate)系の曇点に対し、CK-SAFT ならびに PC-SAFT による相平衡相関を行い、その適用性を比較した。CK-SAFT および PC-SAFT はどちらも良好な相関結果を示したが、一部の系では PC-SAFT の方が優れた精度で相関可能であることを報告している。また Chen ら[27]は 11 種のポリマーに対する 5 種のガスの溶解度に、CK-SAFT, PC-SAFT, SL[23], SWP[28]の 4 種の状態式を用いて相関し、その適用性を比較した。その結果、PC-SAFT は CK-SAFT と比較して高い精度でガス溶解度を相関可能であった。SL 状態式および SWP 状態式は PC-SAFT と同程度の相関精度であったが、PC-SAFT の相関精度が最も高かったことを報告している。

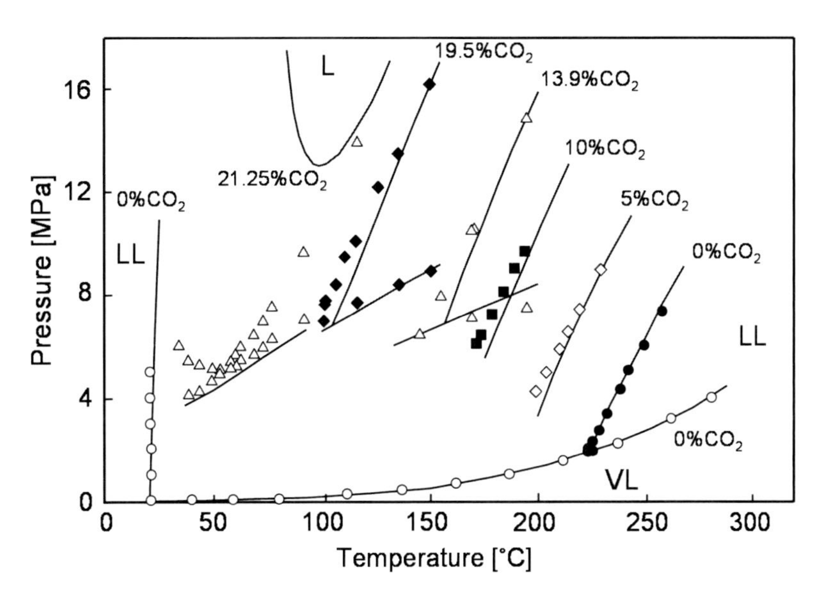

図３ Polystyrene－Cyclohexane－CO_2 系の気液平衡および曇点曲線[22]

PC-SAFT によるポリマー溶液系の相平衡適用例[22]として、図３に cyclohexane と二酸化炭素との混合物中の polystyrene (PS)の相挙動を示す。PS の濃度は二酸化炭素の添加前で 10wt%である。図３は、低温で UCST と高温で LCST を示しており、低圧力域で気液平衡を示している。図中の実線は PC-SAFT による相関結果であり、相関に必要な異種分子間相互作用パラメータ k_{ij} は、cyclohexane-CO_2 系と cyclohexane-PS 系については 2 成分系の気液平衡データから決定された値を用い、CO2-PS 系の k_{ij} は図３の CO_2 濃度が 19.5%の曇点から決定している。二酸化炭素の濃度が高い領域で LCST と UCST の結合(U-LCST[29])が観察されるが、PC-SAFT ではこの領域での曇点圧力を過大評価しているものの、それ以外の領域では非常に高い精度で相挙動を表現可能であった。この図からわかるように、PC-SAFT はポリマー溶液の相平衡を広い温度・圧力範囲に渡って非常に強力に表現可能である。

2.2 イオン液体に対する適用

近年、イオン液体に対する SAFT の適用が広がっている。イオン液体は、カチオンとアニオンの 2 種のイオンから構成される室温付近で液体の有機塩であり、不揮発性、難燃性、高デザイン性といった、一般的な有機溶媒にはない多くの特徴を有していることから注目を集めている。イオン液体に対して SAFT を適用する際に最も期待されているのは、多彩な構造が提案されているイオン液体の物性値を予測することであり、決定された純成分パラメータを分子量などにより整理する動きがある[30,31,32,33,34,35]。

SAFT のうち、イオン液体に対して最も多く適用されているのは PC-SAFT である。たとえば Chen ら[30]は、イオン液体およびイオン液体に対する CO_2 溶解度に PC-SAFT を適用しており、イオン液体における会合項の有無による違いが与える影響を考察している。Kroon ら[31,36]は、PC-SAFT に対し、会合項だけでなく極性（polar）項を導入した tPC-PSAFT を用い、同様にイオン液体およびイオン液体に対するCO_2溶解度の計算を行っており、良好な相関結果を得ている。PC-SAFT 以外では、Andreu ら [34,35]による soft-SAFT、Maghari ら[37,38]による SAFT-BACK、Rahmati-Rostami ら[39]による SAFT-VR の適用例がある。イオン液体に対する SAFT の適用が広がる一方で、イオン液体構造内あるいはイオン液体と他の成分間に働く相互作用をどの項で表現するかという点に関しては上述の他にも多くの意見があり、将来的には実際のミクロ構造をより正確に解析した上で、実測値との関連からより正確な摂動項の表現がなされるものと考える。

2.3 医薬品に対する適用

純粋な溶媒および溶媒混合物中での医薬品の溶解性に関する情報は、医薬品の結晶化プロセスを設計するために重要である。最適な結晶化条件探索にはまず、溶媒のスクリーニングが行われる。ただし、実験によりこれを行うには費用と時間を要するため、限られた実験から、純粋な溶媒および溶媒混合物への溶解性の予測することが重要である。

Ruether と Sadowski[40]は、医薬品ならびにその中間体の溶剤中の溶解度に適用するために、PC-SAFT を用いて活量係数を求める方法を提案している。また、実際の溶解度データを用いて、PC-SAFT の純成分パラメータと温度依存性異種分子間相互作用パラメータ k_{ij} を決定することにより、混合溶媒へ対しても良好に溶解度推算が可能であることを示している。

Spyriounia ら[41]は、医薬品に対する PC-SAFT のパラメータの決定法を提案している。3 種の異なる溶媒、すなわち、親水性、極性、及び疎水性溶媒中で実験的な溶解度を相関することにより 5 種の PC-SAFT のパラメータが決定される。この方法により、他種溶媒中の薬剤の溶解度が異種分子間相互作用パラメータを必要とせずに推算可能であり、6 種の医薬化合物について、多くの純粋溶媒や混合溶媒中での溶解度の良好な推算が可能であったと報告している。

難溶性活性医薬成分（API）の生物学的利用能を改善するために、API は多くの場合担体として作用する polyethylene glycol (PEG)や polyvinylpyrrolidone (PVP)等のポリマーに混合されている。このため、これらのポリマー中の API の溶解度が重要であり、この用途に PC-SAFT による溶解度推算が有効であることが報告[42]されている。また Paus ら[43]は、PEG や PVP のような賦形剤が API の水中への溶解度に与える影響の予測に PC-SAFT が有効であったことを報告している。

3．おわりに

SAFT の開発に関する比較的初期の部分を中心に紹介した。SAFT は進化を続け、グループ寄与法の導入[44,45,46]や極性項の開発（polar PC-SAFT）[47]、イオンのクーロン力に基づくイオンの寄与を考慮した ePC-SAFT[48]などが開発されている。SAFT は、三次型など他の状態式と比較して、複雑であることが短所として挙げられる場合がある。しかしながら、それは強固な物理化学的な理論が明確に反映されている状態式であることの証左でもある。マクロ物性を表現するに際しても、パラメータの物理的意味は明瞭であり、分子シミュレーションなどの計算結果と比較・考察が加えられながら、物性推算体系構築に向けた多くの検討例につながっている。実際、本稿で記したように数多くの修正例が議論されており、今後も、幅広い物性測定条件や測定対象に適用可能な SAFT 式の提案がなされるものと期待している。

最後に本稿の執筆にあたり多くのレビュー[49,50]や書籍[51,52]を参考にした。特にKontogeorgisとFolasによる書籍[52]は各種のSAFTの特徴をわかり易く解説しており、興味のある方はぜひ参照されたい。

参考文献

[1] M.S. Wertheim, J. Stat. Phys. 35 (1984) 19–34
[2] M.S. Wertheim, J. Stat. Phys. 35 (1984) 35–47
[3] M.S. Wertheim, J. Stat. Phys. 42 (1986) 459–476
[4] M.S. Wertheim, J. Stat. Phys. 42 (1986) 477–492
[5] W.G. Chapman, K.E. Gubbins, G. Jackson, M. Radosz, Fluid Phase Equilib. 52 (1989)31–38
[6] W.G. Chapman, K.E. Gubbins, G. Jackson, M. Radosz, Ind. Eng. Chem. Res. 29 (1990) 1701–1721
[7] S.H. Huang, M. Radosz, Ind. Eng. Chem. Res. 29 (1990) 2284–2294
[8] S.H. Huang, M. Radosz, Ind. Eng. Chem. Res. 30 (1991) 1994–2005
[9] J. Gross, G. Sadowski, Ind. Eng. Chem. Res. 40 (2001) 1244–1260
[10] J. Gross, G. Sadowski, Ind. Eng. Chem. Res. 41 (2002) 5510–5515
[11] F.J. Blas, L.F. Vega, Mol. Phys. 92(1997) 135–150
[12] F.J. Blas, L. F. Vega, Ind. Eng. Chem. Res. 37(1998) 660–674
[13] A. Gil-Vilegas, A. Galindo, P.J. Mills, G. Jackson, A.N. Burgess, J. Chem. Phys. 106 (1997) 4168–4186
[14] C. McCabe, A. Gil-Vilegas, G. Jackson, Chem. Phys. Lett. 303 (1999) 27–36
[15] Y.-H. Fu, S.I. Sandler, Ind. Eng. Chem. Res. 34 (1995) 1897–1909
[16] N. von Solms, M. L. Michelsen, G.M. Kontogeorgis, Ind. Eng. Chem. Res. 42 (2003) 1098–
[17] S.S. Chen, A. Kreglewski, Ber. Bunsenges. Phys. Chem. 81 (1977) 1048–1052
[18] S. Aparicio-Martínez, K.R. Hall, Fluid Phase Equilib., 254 (2007) 112–125
[19] A. Tihic, G.M. Kontogeorgis, N. von Solms, M.L. Michelsen, Fluid Phase Equilib., 248 (2006) 29–43
[20] B.M. Hasch, S.-H. Lee, M.A. McHugh, J. Appl. Polym. Sci., 59 (1996) 1107–1116
[21] F. Tumakaka, J. Gross, G. Sadowski, Fluid Phase Equilib., 194-197 (2002) 541–551
[22] J. Gross, G. Sadowski, Ind. Eng. Chem. Res. 41 (2002) 1084–1093
[23] I.C. Sanchez, R.H. Racombe, Macromole. 11(1978) 1145–1156
[24] M.D. Donohue, J.M. Prausnitz, AIChE J. 24(1978) 849–860
[25] M. Haruki, K. Nakanishi, S. Mano, S. Kihara, S. Takishima, Fluid Phase Equilib., 305 (2011) 152–160
[26] T. Spyriouni, I.G. Economou, Polymer, 46 (2005) 10772–10781
[27] Z.H. Chen, K. Cao, Z. Yao, Z.M. Huang, J. Supercrit. Fluids, 49 (2009) 143–153
[28] T. Sako, A.H. Wu, J.M. Prausnitz, J. Appl. Polym. Sci., 38 (1989) 1839–1858
[29] B. Folie, M. Radosz, Ind. Eng. Chem. Res., 34 (1995), 1501–1516
[30] Y. Chen, F. Mutelet, J.-N. Jaubert, J. Phys. Chem. B, 116 (2012) 14375–14388
[31] M. C. Kroon, E. K. Karakatsani, I. G. Economou, G-J. Witkamp, C. J. Peters, J. Phys. Chem. B, 110 (2006) 9262–9269
[32] X. Ji, H. Adidharma, Chem. Eng. Sci., 64 (2009) 1985-1992
[33] K. Paduszynski, U. Domanska, J. Phys. Chem. B, 116 (2012) 5002–5018
[34] J. S. Andreu, L. F. Vega, J. Phys. Chem. C, 111 (2007) 16028–16034
[35] J. S. Andreu, L. F. Vega, J. Phys. Chem. B, 112 (2008) 15398–15406
[36] E. K. Karakatsani, I. G. Economou, M. C. Kroon, C. J. Peters, G-J. Witkamp, J. Phys. Chem. C, 111 (2007) 15487–15492
[37] A. Maghari, F. ZiaMajidi, , Fluid Phase Equilib., 356 (2013) 109–116
[38] A. Maghari, F. ZiaMajidi, E. Pashaei, J. Mol. Liq., 191 (2014) 59–67
[39] M. Rahmati-Rostami, B. Behzadi, C. Ghotbi, Fluid Phase Equilib., 309 (2011) 179–189

[40] F. Ruether, G. Sadowski, J. Pherm. Sci., 98(2009) 4205-4215
[41] P.-T. Spyriounia, X. Krokidisa, I.G. Economoub, Fluid Phase Equilib., 302 (2011) 331–337
[42] A. Prudic, Y. Ji, G. Sadowski, Mol. Pharmaceutics, 11 (2014) 2294-2304
[43] R. Paus, A. Prudec, Y. Ji, Int. J. Pherm., 485 (2015) 277–287
[44] S. Tamouza, J.-Ph. Passarello, P. Tobaly, J.-Ch. de Hemptinne, Fluid Phase Equilib., 222–223 (2004) 67–76
[45] S. Tamouza, J.-Ph. Passarello, P. Tobaly, J.-Ch. de Hemptinne, Fluid Phase Equilib., 228–229 (2005) 409–419
[46] A. Tihic, G.M. Kontogeorgis, N. von Solms, M.L. Michelsen, L. Constantinou, Ind. Eng. Chem. Res, 47 (2008) 5092–5101
[47] F. Tumakaka, G. Sadowski, Fluid Phase Equilib. 217 (2004)233–239
[48] L. F. Cameretti, G. Sadowski, J.M. Mollerup, Ind. Eng. Chem. Res., 44 (2005), 3355-3362
[49] S.P. Tan, H. Adidharma, M. Radosz, Ind. Eng. Chem. Res., 47 (2008) 8063–8082
[50] E.A. Müller, K.E. Gubbins, Ind. Eng. Chem. Res., 40 (2001) 2193–2211
[51] R. Smith, H. Inomata, C. Peters, Introduction to Supercritical Fluids: A Spreadsheet-based Approach, Elsevier, UK, 2013
[52] G.M. Kontogeorgis, G. K. Folas, Thermodynamic Models for Industrial Applications : From Classical and Advanced Mixing Rules to Association Theories, John Wiley & Sons, UK, 2010

2.1.4 Helmholtz 型状態方程式

赤坂 亮
（九州産業大学）

1 はじめに

蒸気動力サイクルおよび冷凍サイクルのプロセス計算や，熱交換器，圧縮機，配管等の構成機器の設計においては，作動媒体の熱力学的状態量（飽和状態量，PVT 性質，エンタルピー，比熱，音速等）をさまざまな独立変数の組み合わせに対して機械的に計算しなければならない．高度に最適化された蒸気動力プラントや冷凍空調機器を設計するためには，作動媒体の状態量を実測値と同程度の不確かさで計算できるような熱力学モデル（状態方程式）が求められる．さらに，熱力学的な健全性や各種導関数の連続性が保証されるために，1 つの関数形で気液両相の状態曲面を表現できることが望ましい．

Helmholtz 型状態方程式（以下 Helmholtz 式と略す）はこのような要求を満たす状態方程式の 1 つであり，対応状態原理をその理論の基礎としている．蒸気工学や冷凍空調工学など，飽和蒸気圧，密度，比熱等の厳密な値が要求される分野では，標準的な状態方程式の形式として広く採用されている．

本稿では，Helmholtz 式に関して，発達の歴史的経緯や具体的な開発方法などを概観する．現時点ではこのような事項について述べた和文の文献は極めて少ないため，本稿の内容はこれから Helmholtz 式を学ぼうとする初学者への一助となろう．より詳しい情報は本稿で紹介する文献等で得ることができる．

一般に，Helmholtz 式は温度 T および比体積 v（もしくは密度ρ）を独立変数とし，Helmholtz 自由エネルギーa を従属変数として表現される．すなわち，

$$a = a(T, v) \tag{1}$$

である．この関数形は熱力学における 4 つの Fundamental equations の 1 つであり，微分演算のみで全ての熱力学的状態量を導出することができる．この点が Helmholtz 式を用いる最大の利点と言える．例えば，圧力 p および定容比熱 c_v は次式のように表される．

$$p = -\left(\frac{\partial a}{\partial v}\right)_T \tag{2}$$

$$c_v = -T\left(\frac{\partial^2 a}{\partial T^2}\right)_v \tag{3}$$

ただし，このような熱力学の一般関係式は各状態量間の関数関係の存在を示しているにすぎず，具体的な関数形が与えられない限り数値情報として状態量を得ることはできない．熱力学の一般関係式の頂点とも言える Fundamental equations に何らかの具体的な関数形を与えるのが状態方程式開発の目標である．

化学工学の分野で長らく用いられている Peng-Robinson 式などの 3 次型状態方程式（3 次型式）

や，かつては高精度状態方程式によく用いられていた修正 BWR 式[1]など，Helmholtz 式以外の多くの状態方程式は圧力を従属変数とした $p = p(T, v)$ の形をしている（Thermal equation と呼ばれる）．この形は Fundamental でないため，エネルギーやエントロピーを求める際には必ず積分をしなければならない．したがって $p(T, v)$ は積分ができるような関数形でなければならず，関数形が限定される．図 1 に $p = p(T, v)$ 型および $a = a(T, v)$ 型の状態方程式と他の状態量との関係を示した．

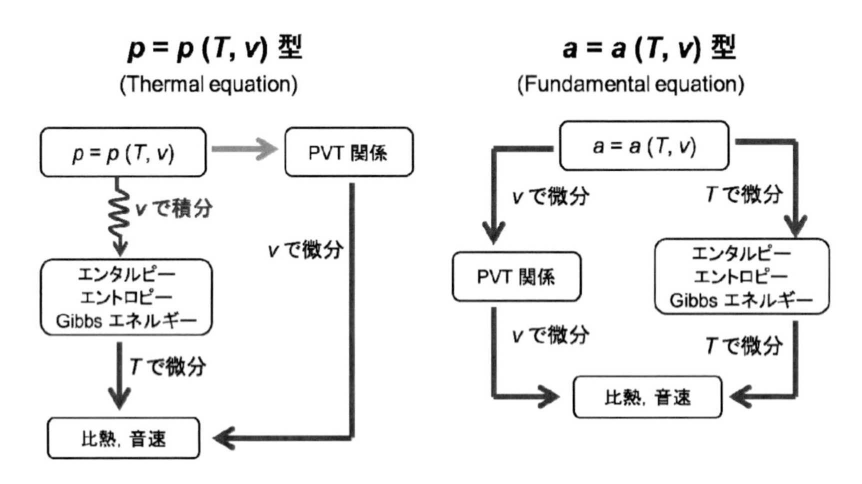

図 1　$p = p(T, v)$ 型および $a = a(T, v)$ 型の状態方程式と他の状態量との関係

表 1 代表的な Helmholtz 型状態方程式

物質	状態方程式の開発者	物質	状態方程式の開発者
水	Wagner and Pruss (2002) [2]	プロパン	Lemmon et al. (2009) [8]
二酸化炭素	Span and Wagner (1996) [3]	アンモニア	Tillner-Roth et al. (1993) [9]
窒素	Span et al. (2000) [4]	水素	Leachman et al. (2009) [10]
アルゴン	Tegeler et al. (1999) [5]	R-32	Tillner-Roth and Yokozeki (1997) [11]
メタン	Setzmann and Wagner, (1991) [6]	R-245fa	Akasaka et al. (2015) [12]
エタン	Buecker and Wagner (2006) [7]	R-1234yf	Richter et al. (2011) [13]

ただし，Helmholtz 式を用いる場合であっても，飽和状態の決定においては，いわゆる Maxwell criteria（気液両相の温度，圧力および Gibbs 自由エネルギーが等しい）を満足するように反復計算が行われる．この点は圧力を従属変数とする他の状態方程式と同じである．

積分が不要な Helmholtz 式は関数形選択の自由度が極めて高く，項数の制限も無いため，非常に高い精度を有する状態方程式を開発することが可能である．例えば，水の国際状態方程式である IAPWS Formulation 1995[2]は 56 項から構成された Helmholtz 式であり，二酸化炭素の標準的な状態方程式として広く用いられている Span and Wagner 式[3]は 42 項から構成されている．これらの状態方程式は，非常に広い温度および圧力の範囲において，全ての状態量を実測値の不確かさの範囲内で再現することができる．さらに臨界点近傍における比熱の発散などの特異な現象も定量的に表現される．表 1 に代表的な Helmholtz 式を示す．

図 2 は各種状態方程式の適用可能範囲を模式的に示したものである．また，表 2 はこれらの状態方程式の一般的な再現性をまとめたものである．ECS は Extended Corresponding States モデルを示している．ECS モデル[14]は，参照流体（Reference fluid）の Helmholtz 式と拡張対応状態原理とを組み合わせて，対象となる流体の Helmholtz 自由エネルギーを表現する手法である．相関が比較的容易であり，飽和状態近傍では良好な再現性を有するものの，その他の領域での再現性は Helmholtz 式に劣る．

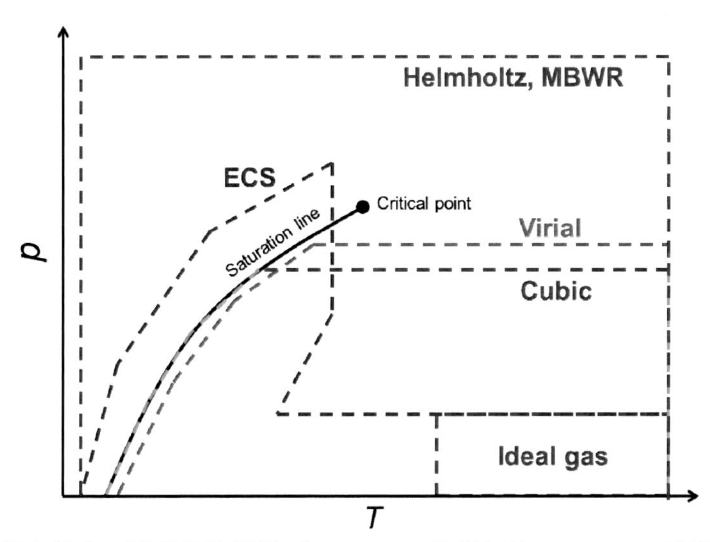

図 2　各種の状態方程式の適用可能範囲（Ideal gas：理想気体，Cubic：3 次型式，Virial：ビリアル式，ECS：ECS モデル，MBWR：修正 BWR 式，Helmholtz：Helmholtz 式）

表 2 状態方程式の一般的な再現性（実測値との偏差）

	飽和蒸気圧	ガス密度	液密度	比熱	ガス音速	速度	反復計算
Cubic	±1 %	± 2 %	± 10 %	± 20 %	± 20 %	速い	不要
ECS	± 0.5 %	± 1 %	± 0.5 %	± 5 %	± 0.5 %	遅い	要
Helmholtz	± 0.1 %	± 0.3 %	± 0.1 %	± 2 %	± 0.05 %	遅い	要

残る 3 つの Fundamental equations についても少し触れておく．これらは次式で表される．

$$u = u(s, v) \tag{4}$$

$$h = h(s, p) \tag{5}$$

$$g = g(T, p) \tag{6}$$

このうち，式(4)および式(5)の形は直接測定が不可能なエントロピーが独立変数に含まれているため，工学用途の状態方程式には適さない．一方，式(6)（Gibbs 型状態方程式，Gibbs 式）の独立変数は温度および圧力であり，工学用途では最も適した独立変数の組み合わせである．しかし，独立変数を温度および圧力とした場合の Gibbs 自由エネルギーは気液境界面における勾配が不連続となるため，Gibbs 式を用いる場合は気相側と液相側とで異なる関数形を与えなければならない．このような理由から，気液両相を 1 つの関数形で表現する状態方程式には式(1)の Helmholtz 式が最も適している．

ただし，気相のみ，もしくは液相のみで限定的に成立する状態方程式であれば式(6)の Gibbs 式が最も好ましい（密度を求める際の反復計算が不要）．日本機械学会蒸気表にも採用されている水の IAPWS Industrial Formulation 1997 [15]は，Helmholtz 式の IAPWS Formulation 1995 を圧縮液，過熱蒸気，超臨界などの領域に分割し，それぞれの領域内で成立する Gibbs 式群として再構成したものである．

2 Helmholtz 式の関数形

Helmholtz 式の関数形の詳細は Lemmon [8]，Span [16]等の文献を参考にされたい．ここではその概略について述べる．

一般的な Helmholtz 式が式(1)で表現されることはすでに述べたが，実際には次式のように無次元化された関数形が用いられている．独立変数として比体積よりも密度がより好まれる傾向にある．

$$\frac{a(T, \rho)}{RT} = \alpha(\tau, \delta) = \alpha^0(\tau, \delta) + \alpha^{\mathrm{r}}(\tau, \delta) \tag{7}$$

ここで，τおよびδはそれぞれ無次元温度および無次元密度であり，α^0 およびα^{r} はそれぞれ無次元 Helmholtz 自由エネルギーαの理想気体部分および残留部分（実在流体と理想気体との差）である．このように，Helmholtz 式では 1 つの状態方程式に理想気体部分と残留部分が両方含まれている．これは 3 次型式とは大きく異なる点である．

臨界定数

一般に，温度および密度の無次元化パラメータには臨界温度 T_{c} および臨界密度ρ_{c}が用いられる．臨界温度および臨界密度の値は飽和蒸気圧や密度の再現性に大きく影響するため，これらの値の選定は状態方程式の開発において非常に重要である．特に，臨界密度は正確な測定が難しいため文献値にもばらつきが見られる場合があり，最適な値の選定には注意を要する．臨界定数の測定方法については，Higashi [17]によって詳しく説明されている．

理想気体部分

理想気体部分は分子の並進運動に起因する Helmholtz 自由エネルギーを表しており，次のような関係式を用いて理想気体の定圧比熱 $c_p{}^0$(T)から理論的に求めることができる.

$$a^0 = h_0^0 + \int_{T_0}^{T} c_p^0 \mathrm{d}T - RT - T\left[s_0^0 + \int_{T_0}^{T} \frac{c_p^0}{T}\mathrm{d}T - R\ln\left(\frac{\rho T}{\rho_0 T_0}\right)\right] \tag{8}$$

理想気体の定圧比熱 $c_p{}^0$(T)は，気相音速測定等から得られた実測値を温度のみの関数として定式化されるが，実測値が存在しない場合は Joback 法[18]などの推算法が用いられる場合もある．h^0 および s^0 はそれぞれ基準状態におけるエンタルピーおよびエントロピーである．h^0 および s^0 の値は任意であり，用途に応じて決められる．例えば，冷媒では 0℃の飽和液のエンタルピーおよびエントロピーがそれぞれ 200 kJ/kg および 1.0 kJ/(kg· K)となるように h^0 および s^0 の値が定められる．このように，Helmholtz 式では基準状態おける情報も内包することできる．

残留部分

残留部分は分子間力に起因する Helmholtz 自由エネルギーを包括的に表している．今のところ残留部分を正確に表現できる関数形を理論的に求める方法は確立しておらず, 以下のような経験的に決められた関数形を実測値に合わせて最適化（フィッティング）することが行われている．

$$\begin{aligned}\alpha^{\mathrm{r}}(\tau,\delta) = &\underbrace{\sum N_i \tau^{t_i}\delta^{d_i}}_{\text{Polynomial terms}} + \underbrace{\sum N_i \tau^{t_i}\delta^{d_i}\exp\left(-\delta^{l_i}\right)}_{\text{Exponential terms}} \\ &+ \underbrace{\sum N_i \tau^{t_i}\delta^{d_i}\exp\left[-\eta_i(\delta-\varepsilon_i)^2 - \beta_i(\tau-\gamma_i)^2\right]}_{\text{Gaussian bell-shaped terms}}\end{aligned} \tag{9}$$

多項式項（Polynomial terms）および指数項（Exponential terms）はそれぞれ主に気体および液体の状態量を表現するために用いられ，Gaussian 項（Gaussian bell-shaped terms）は臨界点近傍の状態量の急峻な変化を表現するために用いられる. このような関数形は完全に経験的なものであり，状態量の挙動に各項が果たす寄与の理論的な根拠は薄い．この点は，多少なりとも理論的な根拠を有している 3 次型式のような半経験式とは異なる．

式(9)において，各項のδの指数 d_i は正の整数でなければならない．これは，温度が無限大，密度が無限小にそれぞれ近づくとき (すなわち理想気体の状態において), 全てのビリアル係数 (第 2，第 3，第 4，...）がゼロにならなければならないという熱力学的束縛条件による．また，τの指数 t_i は実数が許されるものの, 負の指数は低温域での状態方程式の挙動を不安定にさせる要因となるため最近では避けられる傾向にある.

残留部分を表現する項数は任意であるため, かつては高い再現性を求めるために必然的に項数が多くなる傾向にあった．1990 年代までに開発された状態方程式の多くは 25 項から 50 項の項数を有していた．しかしながら，項数が多くなるにしたがって状態方程式の適用範囲（実測値の存在範囲）を外れると個々の項の寄与のバランスが崩れやすくなり，結果として，高温・高圧域や低温域で熱力学的に妥当でない挙動 (圧力や比熱がマイナスの値となるなど) を示す場合がある．最近では関数形の最適化が進み，20 項以下の Helmholtz 式が一般的となっている．

残留部分の関数形の最適においては，飽和状態量，PVT 性質，比熱，音速，ビリアル係数等さまざまな状態量の実測値にフィッティングさせる手法が採られる（Multi-property Fitting）．ただし，状態量の種類によって実測値の不確かさは大きく異なることに注意する必要がある．例えば，気相音速は 0.01%程度の不確かさで測定することが可能であるが，比熱は 1%程度の不確かさで測定することも難しい．したがって，フィッティングに用いる各実測値には適切な重み付けがなされなければならない．表 3 は状態方程式の開発に必要な実測値の種類をまとめたものである．

表 3 状態方程式の開発に必要な実測値

◎ = 絶対必要，○ = あったほうがよい，△ = 一部だけ

	臨界点	飽和蒸気圧	飽和液密度	液密度，ガス密度	比熱，音速	その他
Cubic	◎	△（偏心因子のみ）				
ECS	◎	◎	◎	○		
Helmholtz	◎	◎	◎	◎	○	○（※）

（※）ビリアル係数，飽和蒸気密度，蒸発潜熱など

3 発展の歴史

Helmholtz 式の考え方は古くからあったが，目覚ましい発展を遂げたのは 1980 年代になってからである．その最も大きな理由は，計算機性能の飛躍的な進歩に伴って高性能な計算機が手軽に利用できるようになり，高度な最適化が行えるようになったことである．高い再現性を有する Helmholtz 式を開発するためには膨大な計算量の回帰計算が必要であり，それまでの計算機の能力ではまったく不十分であった．

その他の理由としては，省エネルギー性，機器のコンパクトさ，環境への影響まで含めた厳しい機器設計の制約条件に対応するために，より正確な状態方程式への要望が高まったことが挙げられる．さらに，磁気浮上式密度計の登場や，球共鳴法を用いた気相域の音速測定技術の発達によって極めて精密に熱力学的状態量を測定できるようなり，これらの測定値を正確に再現できる状態方程式が求められるようになったことも Helmholtz 式が発達してきた理由の一つである．

80 年代以降における Helmholtz 式の発展の中心的な役割を担ったのは，ルール大学ボーフム校（ドイツ）の Wagner らと Idaho 大学（アメリカ）の Jacobsen らの各研究グループである．これらのグループは Helmholtz 式の関数形を機械的に最適化するアルゴリズムをそれぞれ独自に構築し，それを用いて多くの状態方程式を開発してきた．

Wagner らは，残留部分の関数形を最適化するための「Bank of terms 法」[19]を開発した．この方法は数多くのτ^{ti}およびδ^{di}の組み合わせ群（5000 通り程度）を予め用意しておき，この群から

ステップワイズ回帰分析や遺伝的アルゴリズムによって最適な温度および密度の指数の組み合わせを選び出すものである．この方法により，それまでは試行錯誤的・経験的に行われていた項の選定が機械的に行えるようになり，同時に状態方程式の再現性も向上した．臨界点近傍の再現性を向上させるため, 式(9)の Gaussian 項を最初に導入したのも Wagner である[6]. Wagner らは，先に例に挙げた水の IAPWS Formulation 1995 [2]を始め，二酸化炭素[3]，窒素[4]，アルゴン[5]，メタン[6], エタン[7]などの極めて広範囲で利用される物質について「参照状態方程式」(Reference equation of state) と呼ばれる高精度状態方程式を数多く提案している．参照状態方程式は機器設計のみならず測定器の校正にも利用できる精度を有する状態方程式である．図 3 は Wagner らの開発手法をフローチャートに示したものである．

近年は Wagner の後継者である Span が中心となってさらに状態方程式の開発を進めており，有機化合物や炭化水素系混合物に対して多くの状態方程式を提案している．

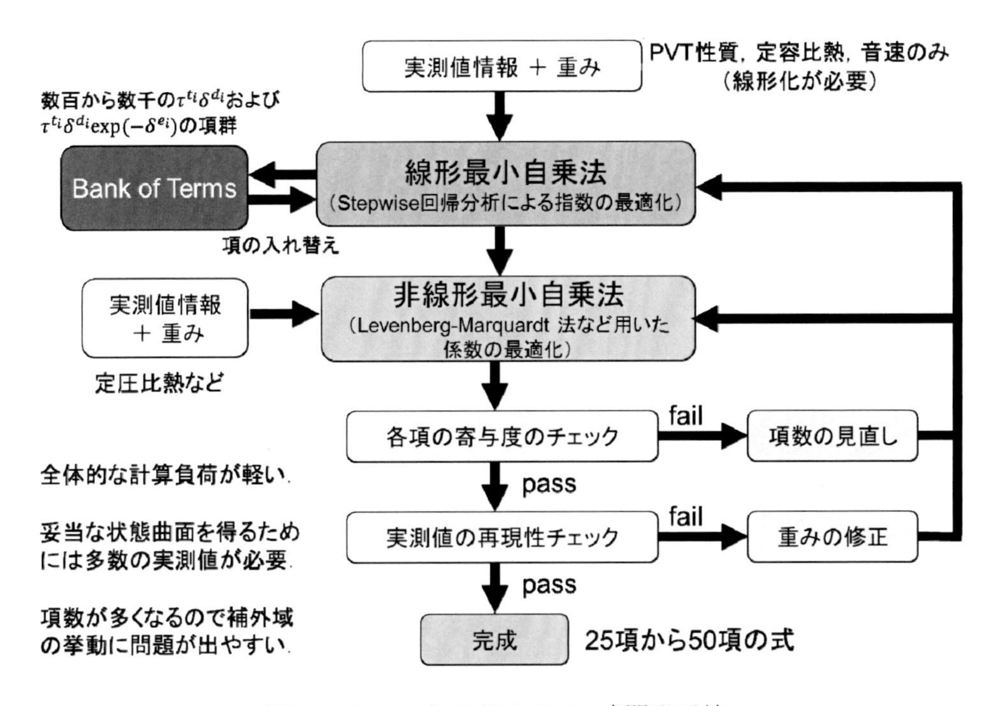

図 3　Wagner らの Helmholtz 式開発手法

一方，Jacobsen らも独自の観点に基づいた Bank of terms 法を考案し，90 年代前半までに冷媒や希ガス等の状態方程式を数多く提案している．Jacobsen らの研究室出身の Lemmon は Wagner らが臨界点近傍の再現性向上のために用いた Gaussian 項の効果に注目し，Gaussian 項の影響が及ぼす範囲を拡大させることによって多項式項や指数項の項数を減らすことに成功した[8]. Lemmon はまた, 主に線形最小自乗法によって行われていた状態方程式の最適化を非線形最小自乗法によって行う手法を考案した[8]．線形最小自乗法による関数形の最適化においては，各項の係数と線形の関係にある実測値のみ入力値として用いることができる．このような実測値は，飽和蒸気圧，PVT 性質，定容比熱および音速の 4 種類しかない．非線形最小自乗法ではこのような制限は無いため，すべて種類の実測値を入力値として用いることができるうえ，指数も最適化の対象とすることによって大幅に項数を減らすことができる．後述するように，非線形最小自乗法では等値関係だけでなく大小関係も考慮することができるため，実測値が存在しない範囲の状態曲面の勾配や曲率も制御することができ，極めて実測値が限定された物質であっても熱力学的に妥当な状態方程式を開発することが可能となった．現在では Lemmon が開発した非線形最小自乗法に基づく手法がHelmholtz式の標準的な開発として広く採用されている．図4はLemmonらの開発手法を示している．

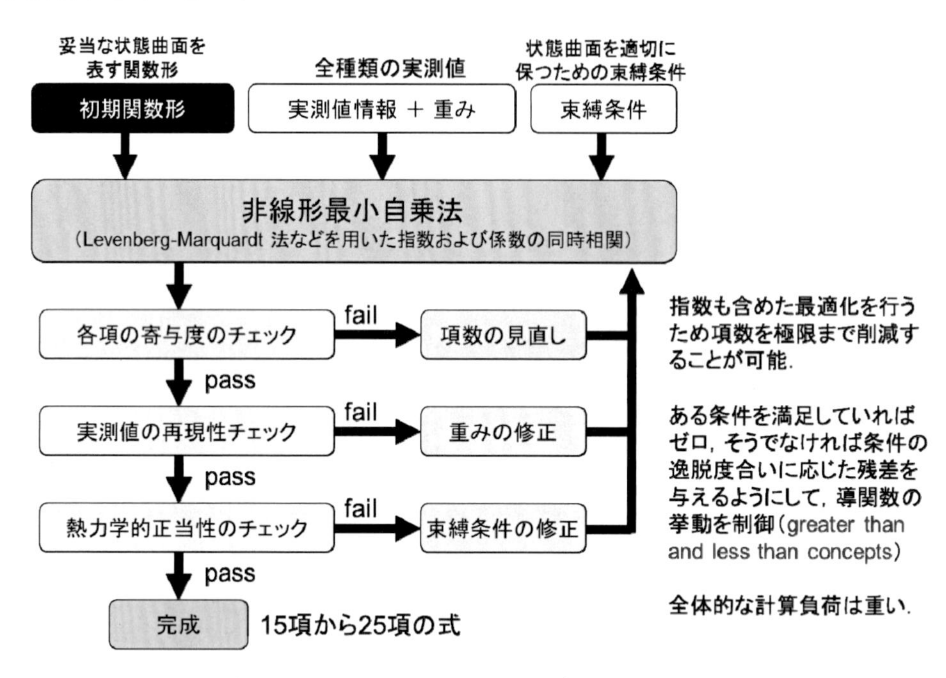

図 4　Lemmon の Helmholtz 式開発手法

Helmholtz 式が産業界で広く用いられるようになってきた背景には，REFPROP [21]やPROPATH [22]などの熱物性計算ソフトウエアが一般化してきたことも 1 つの要因である．Helmholtz 式は Peng-Robinson 式のような 3 次型式よりも式形がはるかに複雑であり，種々の状態量をきちんと計算できるプログラムを作成するのは容易ではない．例えば，温度および圧力から密度を計算する場合，3 次型式であれば 3 次方程式を解くだけであるが，Helmholtz 式では反復計算を行う必要がある．反復計算では有効数字や収束判定に注意を払わねばならない．熱物性計算ソフトウエアはこのような苦労から研究者を解放する．特に，REFPROP には米国標準技術研究所（NIST）によって信頼性が高いと評価された最新の Helmholtz 式が数多く収録されており，研究者間で共有できる基盤情報の役割を果たしている．

4 熱力学的健全性の保証

先に述べたように，非線形最小自乗法に種々の拘束条件を加味することによって，広い温度・圧力の範囲で熱力学的健全性が保たれた Helmholtz 式を開発することが可能になった．拘束条件は，いわゆる“Greater than and less than concepts”にもとづいて設定される．すなわち，ある条件を満足していればゼロ，そうでなければ条件の逸脱度合いに応じた残差を与える．このようにすることで，種々の導関数の挙動を制御することが可能になる．

R-1234ze(Z)（シス-1,3,3,3-テトラフルオロプロペン）の状態方程式[23]を例として説明する．図 5 は，p-ρ線図上に示した飽和限界線と臨界等温線であるが，この等温線は以下の条件を満たす必要がある．

$$\text{for}\quad \rho < \rho_c:\qquad \left(\frac{\partial p}{\partial \rho}\right)_{T=T_c} > 0 \quad \text{and} \quad \left(\frac{\partial^2 p}{\partial \rho^2}\right)_{T=T_c} < 0 \tag{10}$$

$$\text{for}\quad \rho > \rho_c:\qquad \left(\frac{\partial p}{\partial \rho}\right)_{T=T_c} > 0 \quad \text{and} \quad \left(\frac{\partial^2 p}{\partial \rho^2}\right)_{T=T_c} > 0 \tag{11}$$

さらに，飽和限界線と臨界等温線は臨界点のただ一点のみで接していなければならない．

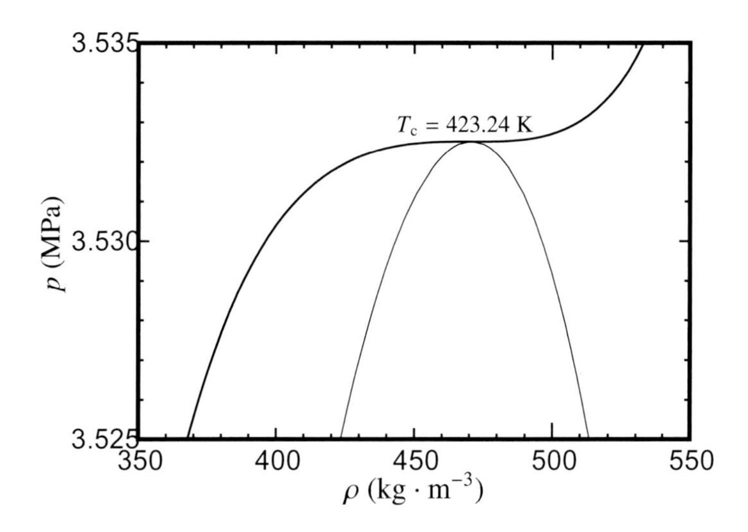

図 5　R-1234ze(Z)の飽和限界線と臨界等温線

R-1234ze(Z)の状態方程式を開発する際には，その他にも以下のような条件が考慮されている．

- 飽和液および飽和蒸気の定圧比熱の挙動
- 飽和液および飽和蒸気の音速の挙動
- 高温域における第 2 および第 3 ビリアル係数の挙動
- 直径線の法則（飽和液と飽和蒸気の密度の平均値は絶対温度の 1 次関数になる）
- 高温・高圧域における等温線の挙動
- 理想曲線（ideal curves）の挙動

このように多くの束縛条件を考慮することで，少ない実測値情報からでも広い温度・圧力の範囲で熱力学的に正しい挙動を示す状態方程式を開発することが可能になった．さらに，多くの束縛条件を満足する関数形（特にδの指数d_iおよびe_iの値）の「雛形」がある程度見出されてきた．そのため最近では（2010 年以降），Bank of terms から出発し線形最小自乗法によって関数形を最適化する従来の方法ではなく，この「雛形」を出発点とし最初から非線形最小自乗法のみによって関数形を最適化する方法（図 4 に示した Lemmon の手法[8]）が一般化しており，状態方程式の開発に要する労力は以前よりも格段に少なくなってきている．また，並列計算を行える環境が身近になってきたことから，最適化アルゴリズムを並列化することによって計算時間を短縮する試みも行われている．

5 混合系への拡張

混合系への Helmholtz 式の適用についても簡単に触れておく．図 6 は 2 成分系に対する多流体近似の概念を模式的に示している．多流体近似は，混合系の Helmholtz 自由エネルギーを各純成分の Helmholtz 自由エネルギーの和と超過量によって表現するものである．

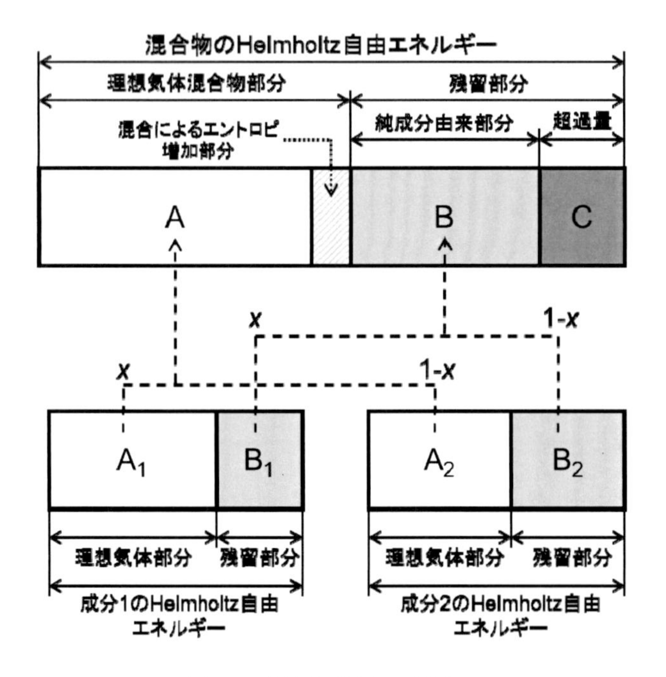

図 6　多流体近似の概念

A の理想気体混合物部分は，各成分の理想気体部分 A_1 および A_2 から決定する（混合系と同じ温度および比体積における純成分の Helmholtz 自由エネルギーを理想混合する）．B は混合系の残留部分のうち，各成分の残留部分 B_1 および B_2 から対応状態原理に基づいた混合により決定される部分である．すなわち，混合系と同じ無次元温度τおよび無次元体積δにおける純成分の Helmholtz 自由エネルギーを理想混合する．ただし，単純な理想混合では実測値との差が大きいため，混合系のτおよびδを修正パラメータによって修正するモデルが用いられる．このようなモデルとして Lemmon and Jacobsen モデル[24]や Kunz and Wager モデル[25]がある．

Cは超過量であり，混合系の残留部分のうち，純成分の残留部分の混合だけでは表現できない部分である．代表的な混合系（例えばメタン—エタン系などの炭化水素混合系）に対しては，Cを表現する関数形が提案されている[25]．Lemmon and Jacobsen[24]やKunz ら[25]は，ある混合系に対するCの関数形を別の混合系にも適用する手法を提案している．

参考文献

[1] R.T. Jacobsen, R. B. Stewart, M. Jahangiri, J. Phys. Chem. Ref. Data, 15(2), 735-909, (1986).

[2] W. Wagner, A. Pruss, J. Phys. Chem. Ref. Data, 31(2), 387-535, (2002).

[3] R. Span, W. Wagner, J. Phys. Chem. Ref. Data, 25(6), 1509-1596, (1996).

[4] R.Span, E. W. Lemmon, R. T. Jacobsen, W. Wagner, A. Yokozeki, J. Phys. Chem. Ref. Data, 29(6), 1361-1433, (2000).

[5] Ch. Tegeler, R. Span, W. Wagner, J. Phys. Chem. Ref. Data, 28(3), 779-850, (1999).

[6] U. Setzmann, W. Wagner, J. Phys. Chem. Ref. Data, 20(6), 1061-1151, (1991).

[7] D. Buecker, W. Wagner, J. Phys. Chem. Ref. Data, 35(1), 205-266, (2006).

[8] E. W. Lemmon, M. O. McLinden, W. Wagner, J. Chem. Eng. Data, 54(12), 3141-3180, (2009).

[9] R. Tillner-Roth, F. Harms-Watzenberg, H. D. Baehr, DKV-Tagungsbericht, 20, 167-181, (1993).

[10] J. W. Leachman, R. T. Jacobsen, S. G. Penoncello, E. W. Lemmon, J. Phys. Chem. Ref. Data, 38(3), 721-748, (2009).

[11] R. Tillner-Roth, A. Yokozeki, J. Phys. Chem. Ref. Data, 26(6), 1273-1328, (1997).

[12] R. Akasaka, Y. Zhou, E. W. Lemmon, J. Phys. Chem. Ref. Data, 44(1), 013104, (2015).

[13] M. Richter, M. O. McLinden, M.O., E. W. Lemmon, J. Chem. Eng. Data, 56(7), 3254-3264, (2011).

[14] M. L. Huber, J. F. Ely, Int. J. Refrig., 17(1), 18-31, (1994).

[15] IAPWS, Release on the IAPWS Industrial Formulation 1997 for the Thermodynamic Properties of Water and Steam, 48, (1997).

[16] R. Span, Multiparameter Equations of State – An Accurate Source of Thermodynamic Property Data, Springer-Verlag, Berlin, (2000).

[17] Y. Higashi, Int. J. Refrig., 17 (8), 524-531, (1994).

[18] K. G. Joback, R. C. Reid, Chem. Eng. Commun., 57(1-6), 233-243, (1987).

[19] W. Wagner, Eine mathematisch-statistische Methode zum Aufstellen thermodynamischer Gleichungen, gezeigt am Beispiel der Dampfdruckkurve reiner fluider Stoffe (in German), VDI-Verlag, (1974).

[20] R. T. Jacobsen, S. G. Penoncello, E. W. Lemmon, Thermodynamic Properties of Cryogenic Fluids, Plenum press, New York, (1997).

[21] E. W. Lemmon, M. L. Huber, M. O. McLinden, REFPROP: Reference Fluid Thermodynamic and Transport Properties, NIST Standard Reference Database 23, Version 9.1 (2013).

[22] PROPATH Group, 流体の熱物性値プログラム・パッケージ: PROPATH 第13.1版, (2008).

[23] R. Akasaka, Y. Higashi, A. Miyara, S. Koyama, Int. J. Refrig., 44(1), 168-176, (2014).

[24] E. W. Lemmon, R. T. Jacobsen, J. Phys. Chem. Ref. Data, 33(2), 593-620, (2004).
[25] O. Kunz, R. Klimeck, W. Wagner, M. Jaeschke, The GERG-2004 Wide-Range Equation of State for Natural Gases and Other Mixtures. GERG Technical Monograph 15, Fortschr.-Ber. VDI, VDI-Verlag, (2007).

2.2　測定法と測定精度

2.2.1 平衡物性

栗原　清文
松田　弘幸
（日本大学）
辻　智也
（マレーシア工科大学）

化学プロセスにおいては，原料を物理的変化，化学的変化させて，我々の生活に役立つ製品（化学製品）を生産しているわけであるが，そのプロセスは図 2.2.1 に示すように 3 つの工程に大別される[1]．

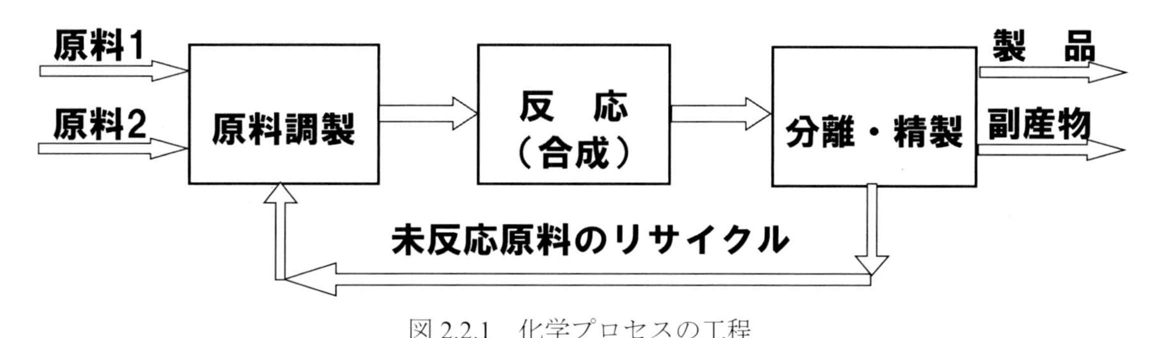

図 2.2.1　化学プロセスの工程

この中で，原料調製工程では，まず原料から不純物を除去するなどの前処理を行い，次の反応工程で，適切な条件で目的物質を合成する．しかしこの工程で生成されるのは目的物質だけでなく，副反応により副生成物が合成されたり，原料がすべて反応せず未反応原料が残存したりすることも多い．つまり，反応工程後の物質は複数の成分（目的物質，副生成物，未反応原料）からなる混合物である．そのため，最も効果的な方法を用いて，この混合物から目的とする物質を製品として，分離・精製する工程が必要とされる．

分離対象が液体混合物である場合，この分離・精製工程には主に，蒸留，蒸発，抽出（液液抽出，固液抽出，超臨界流体抽出），晶析および吸着などが使われる．そこで本項では，蒸留，抽出および晶析装置の設計・開発・運転を行う際に，必須の基礎物性となる気液平衡，液液平衡，固液平衡について，その測定法と測定精度について解説する．なお，次項で高圧物性を取り上げることから，ここでは，標準大気圧以下の低圧力における測定法に着目することにする．

2.2.1.1　気液平衡

気液平衡は蒸留装置を設計・開発・運転を行う際には，無くてはならない基礎物性であり，そのため，古くからさまざまな液体混合物を対象に測定が行われてきている．Gmehling らが構築している化学工学物性データベース Dortmund Data Bank（以下 DDB）2015 年版を用いて気液平衡データを検索すると，収録されているデータは 2 成分系だけでも 9055 系 32453 データセット，

3成分系以上を含めれば11119系36545データセットに達している．これは現状でも．液体混合物の分離・精製には蒸留が多用されており，そのために，気液平衡データの必要性・重要性が相変わらず，非常に高いことを示しているものと考えられる．

さて気液平衡データは基本的に平衡温度 T，平衡圧力 P および平衡状態にある液相の組成 x_i と気相の組成 y_i によって表されるので，N 成分系の気液平衡を表すために必要な独立変数の数は $2N$ 個であり[2]，T，P を除けば $2N$-2 個の組成が必要になることになる．一方，気液平衡は相の数が2つであるから，Gibbsの相律より自由度 f（$= N+2-\pi$，π：相の数）[3] を計算すると，その数は混合物を構成する成分数に等しいことが分かる（$f=N$）．たとえば2成分系では f は2であるから，平衡状態の表現に必要な4つ（$=2N$）の独立変数 T，P，x_1，y_1（x_2 は $1-x_1$，y_2 は $1-y_1$ で与えられる）の中から2つを固定すれば（x_1，y_1 ついては仕込み組成 z_i を与えることで），その平衡状態が規定される．そのため気液平衡データについては，P 一定下で z_i を変えて T および x_i と y_i を測定した定圧気液平衡データと，T 一定で z_i を変化させて P および x_i と y_i を測定した定温気液平衡データに大別される．また，$2N$ 個の独立変数をすべて測定する方法を直接法，N+1個の独立変数のみを実測する方法を間接法と呼ぶ[2]．常圧以下の圧力条件に用いられる直接法としては，測定原理の違いにより，循環法，静置法および流通法が知られているが，この中で本項ではまず，循環法と静置法を取り上げ，　次に間接法としてエブリオメータ法を説明する．

(1) 循環法

循環法は，3種の直接法の中で定圧気液平衡を測定することができる方法であるが[3]，循環させる流体の違いにより，気相のみを循環させる気相循環型と，気液両相を循環させる気相液相循環型に分けられる．前者の例がOthmerの平衡蒸留器であり，その概略を**図2.2.2**に示す．図のようにこの蒸留器は，加熱フラスコAにて試料（液体混合物）を加熱沸騰し，そこから発生した蒸気（気相）のみを循環させる．循環経路の途中には凝縮器Cを設置し，ここで蒸気を冷却凝縮した後，気相サンプリング部D（気相の組成分析を行うために必要な凝縮液を確保できる程度の容量を持つ）を通して，加熱フラスコに凝縮液として戻す．この循環が繰り返されるとやがて，試料は定常状態に到達するので，その時の加熱フラスコ中の沸騰液の温度を，測定圧力 P における平衡温度 T として測定すると同時に，気相の凝縮液をDから，液相として加熱フラスコから沸騰液をサンプリングし，組成分析を行うことにより，平衡時の液相・気相組成 x_i と y_i を決定する．

しかしこの方法では，装置の構造上，蒸気の分縮が考えられることから，液相と平衡状態にある蒸気を循環させることが難しく，また平衡温度を加熱フラスコ中の液温度として測定するため，温度測定を行う温度計の液深の影響も問題となる[3]．

一方，気相液相循環型の装置の概略を**図2.2.3**に示すが，その特徴は，気相に加えて液相も循環させるため，Gillespie[4]が提案したコットレルポンプと呼ばれる細管を装備した点にある．つまり，加熱フラスコA中の沸騰液はその蒸気圧で，発生した蒸気とともにコットレルポンプC内を上昇し，気液混相の状態で温度測定部Dに噴出（フラッシュ）する．このため気相液相循環型の装置では，温度計の液深の影響を考慮する必要もなく，また蒸気の分縮を避けることができることから，正確に平衡状態にある気体と液体の温度を測定することが可能となる．

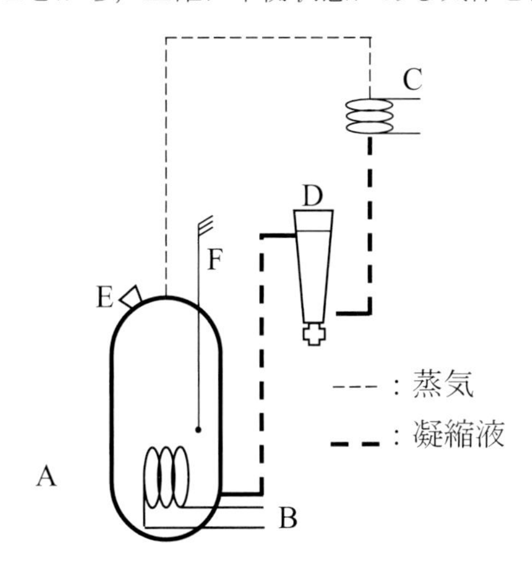

図 2.2.2 気相循環型気液平衡蒸留器の概略図
A：加熱フラスコ　B：ヒーター
C：凝縮器（コンデンサー）
D：気相サンプリング部
E：液相サンプリング口
F：温度計

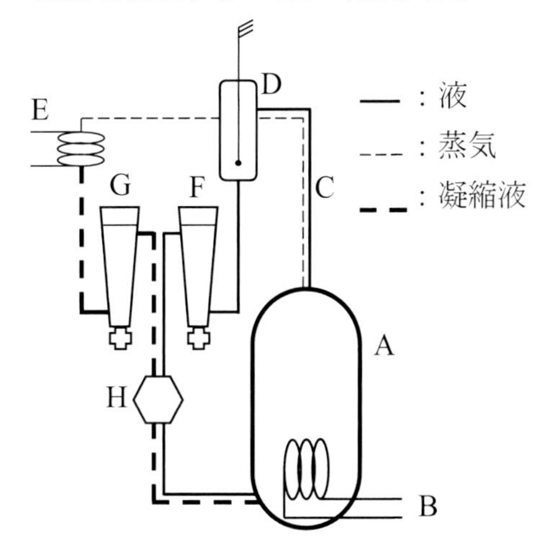

図 2.2.3 気相液相循環型気液平衡蒸留器の概略図
A：加熱フラスコ　B：ヒーター
C：コットレルポンプ
D：温度測定部
E：凝縮器（コンデンサー）
F：液相サンプリング部
G：気相サンプリング部
H：混合部

さてフラッシュした後の蒸気は凝縮器 E で冷却凝縮され，気相サンプリング部 G を，一方，沸騰液はその自重のため蒸気とは別経路で液相サンプリング部 E を通過する．その後，両流体は気液混合部 H で混合され，再度，加熱フラスコに循環する．この循環の後，試料は定常状態に達するので，その時の温度測定部の温度が測定圧力 P における平衡温度 T であるから，これを測定し，同時に液相サンプリング部 F および気相サンプリング部 G から採取した溶液の組成分析を行うことにより，平衡時の液相・気相組成 x_i と y_i が決定できる．

以上の操作は原理上，定圧下のみならず定温下でも可能であるので，循環法を用いれば，定圧だけでなく定温気液平衡データの測定が可能であり，また，平衡到達時間が静置法に比較して短いことも特徴に挙げられる．このため現在，気液平衡測定に用いられている循環法の気液平衡測定蒸留器は気相液相循環型であるが，その実験誤差については，測定に用いる圧力・温度の測定装置の正確や，組成分析の方法によっても異なるが，筆者らが行った大気圧で下での定圧気液平衡の測定では以下のように報告している[5]．

平衡圧力：±0.1kPa（フォルタン型水銀気圧計を使用して大気圧を測定）

平衡温度：±0.01K（標準白金測温抵抗体で校正した白金センサーを使用して測定した大気

圧下の実測値を，沸点補正式を用いて標準大気圧下の平衡温度（標準沸点）に換算）

液相・気相組成：±0.001 モル分率（熱伝導度検出器を備えたガスクロマトフラフィーを用いて補正面積百分率法で決定）

(2) 静置法

静置法は図 **2.2.4** の模式図に示すように，測定温度 T に保持されている恒温槽中の平衡セルに，組成を調整した試料（液体混合物）を仕込み，試料を撹拌しながら，試料が気相と液相に相分離し，温度 T で平衡状態に到達するまで恒温槽中に静置する測定方法である．この方法では，試料の平衡セルへの仕込みはセルを減圧し真空状態とすることにより，平衡状態の確認はセル内の圧力変動が許容範囲内に収束したことにより行う．

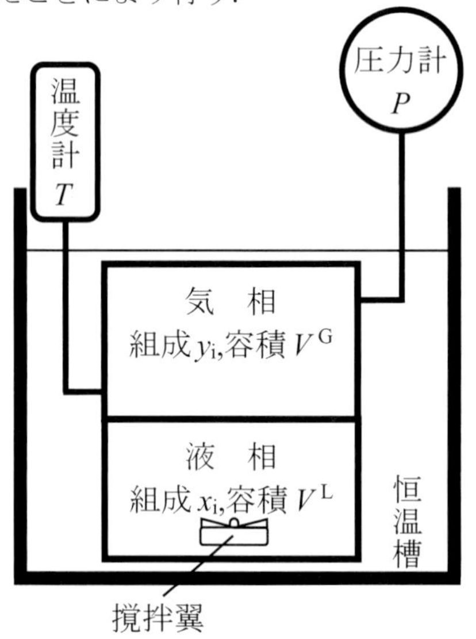

図 2.2.4　静置法による気液平衡測定装置の概略図

また平衡時の液相・気相組成 x_i，y_i については，次のような方法で求められる．

① x_i，y_i ともに，仕込み量，仕込み組成 z_i，気相容積 V^G，温度 T，全圧 P から物質収支や気液平衡式，あるいは容積収支に基づき算出する．

② x_i，y_i ともに，仕込み組成 z_i，温度 T，全圧 P から Barker 法[6)]を用いて，気液平衡式に基づきフラッシュ計算により算出する．

③ x_i については仕込み時の組成 z_i とし，y_i のみを，x_i と温度 T，全圧 P から Barker 法[6)]を用いて，気液平衡式に基づき沸点計算により算出する．

④ x_i については組成分析を行い，y_i のみを，x_i と温度 T，全圧 P から Barker 法[6)]を用いて，気液平衡式に基づき沸点計算により算出する．

⑤ x_i，y_i ともに組成分析を行う．

なお上記のように，x_i や y_i を算出する際には気液平衡式が使用されているが，多くの場合，式中の気相における混合物中の成分 i のフガシティー係数 φ_i^V の表現には状態式が用いられ，液相の成分 i の活量係数γ_iは活量係数式によって表されている．したがって，用いる活量係数式が求められる x_i や y_i の値に影響することに注意が必要である．また，ヘッドスペイスガスクロマトフラフィーを用いた定温気液平衡の測定も原理的には静置法に分類されるが，この場合には，y_i は組成分析により求められるので，x_i を y_i から物質収支および気液平衡式から計算する．

さてこのような静置法は，装置の構造がシンプルな上，正確な気液平衡データが得られるばかりでなく，循環法では測定が難しい「構成する成分間の沸点差が非常に大きい系」や，逆に「成分間の沸点が僅少の系」あるいは，「標準沸点が極端に低い成分を含む系」にも使用できることが特徴である．反面，温度一定の測定であるために定温気液平衡のみが可能であり，定圧気液平衡は直接測定できないことや，平衡到達時間が長く，測定前に試料の脱気を必要とすることなどが静置法の欠点されている．

さて静置法を用いて定温気液平衡を測定した場合の実験誤差であるが，Haimi らの文献[7]によれば，

平衡圧力：±0.6kPa

平衡温度：±0.03K

液相組成：±0.01 モル分率以内（仕込み組成 z_i と実測した T，P データから気液平衡式に基づき Barker 法により算出）

(3) エブリオメータ法

エブリオメータ法はその名の通り，エブリオメータ（沸点計）を用いて気液平衡を規定する方法であり，$2N$ 個の独立変数の中で，気相組成 y_i を測定せず，圧力 P における平衡温度（沸点）T と液相組成 x_i のみを測定する間接法である．測定原理としては循環法に属し，平衡蒸留器と同様に気相液相循環型の装置を用いることによって，正確な沸点を測定することができる（もちろん，定温下での測定も可能）．蔵置の概略を**図 2.2.5** に示すが，**図 2.2.3** の平衡蒸留器と比較して，エブリオメータは気相だけでなく液相サンプリング部も有しない構造になっている．

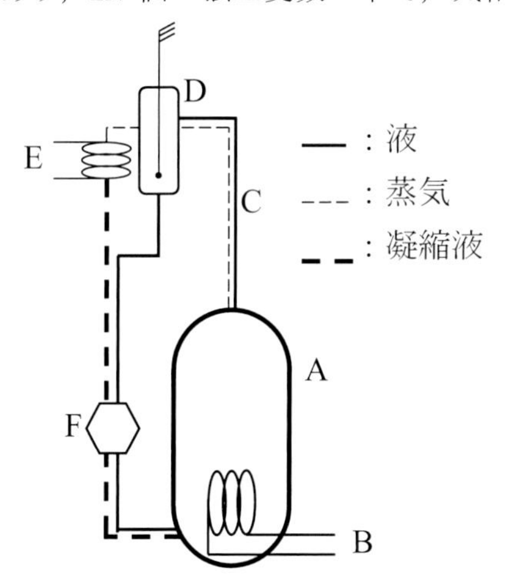

図 2.2.5 エブリオメータの概略図
A：加熱フラスコ B：ヒーター
C：コットレルポンプ
D：温度測定部
E：凝縮器（コンデンサー）
F：混合部

すなわち，加熱沸騰により試料から発生し，装置内に滞留する蒸気（蒸気ホールドアップ）量が無視できる程，加熱フラスコの容量，つまり試料の仕込み量が大きければ，仕込み時と平衡時の液相組成の変化は小さいので，「仕込み時の試料の組成=平衡時の液相組成」として測定を行うことができる． すなわちエブリオメータを用いると，組成分析なしで正確な P-T-x_i データを測定することができる．

しかし測定対象とする液体混合物によっては，多量に試料を使用することが困難な場合があり（たとえばコスト面から），そのようなときには小型のエブリオメータが必要となる．ところが，加熱フラスコを小型化すると，蒸気ホールドアップの影響を無視できなくなることから，仕込み時の試料の組成を平衡時の液相組成とみなすことができなくなるという問題が生じる．そこで本研究室ではこの問題を解決するために，蒸気ホールドアップの補償機能を備えた容量約 60cm^3 の加熱フラスコを 2 つ有するエブリオメータを開発した．この装置を用いた場合の実験誤差は，筆者らの研究室の宇野らによって以下のように報告されている[8]．

平衡圧力：±0.01kPa（圧力コントローラーDruck Co., DPI510 を使用）

平衡温度：±0.01K（標準白金測温抵抗体で校正した白金センサー使用）

液相組成：±0.0001 モル分率（±0.1mg まで秤量可能な電子天秤を使用して重量法で調整）

なお，測定された P-T-x_i データから気相組成 y_i を求めるために，測定データに基づき活量係数式のパラメータを決定し，そのパラメータを用いて Barker 法[6]により沸点計算を行うことで y_i を求める方法や，活量係数式を介さず，P-T-x_i データから熱力学的関係式と台形則による数値積分を用いる Tao 法[9]，同じく熱力学的関係式と緩和法（relaxation）を用いる Mixon-Gumowski-Carpenter 法[10]などが提案されている．

2.2.1.2 液液平衡

液液平衡は液液抽出および共沸蒸留プロセスの開発・設計において必須の物性値である．そのため，気液平衡と同様に 2 成分系や多成分系の液体混合物の液液平衡データの測定が進められている．液液平衡の測定は，おもに静置法と白濁法の 2 つの方法により測定されることが多い．

(1) 静置法

静置法は図 2.2.6 の模式図で表される．静置法は温度一定下における液液平衡を測定するものであり，装置は試料を仕込む平衡セル，試料を撹拌するスターラー，循環恒温槽により温度を一定にするための冷媒ジャケット，温度計より構成されている．測定方法は，まず試料を平衡セルに仕込み，撹拌を開始する．撹拌の後に資料の静置を行い，上相と下相とに分離させる．撹拌・静置の時間は文献により異なるが，撹拌は 5～12 時間，静置は 5～24 時間であることが多い．静置により液液平衡の状態に達したとみなしたら，上相ならびに下相のサンプリングを行い，ガスクロマトグラフ等を用いてその組成分析を行う．静置法では圧力 P ならびに温度 T 一定下における上相の組成x_i^{I}および下相の組成x_i^{II}を測定することができ，両相の組成を結んだタイラインを直接測定できることから，タイライン法とも呼ばれている．静置法は 2 成分系のみならず 3 成分系などの多成分系の測定が可能であることがメリットであるが，撹拌・静置の時間が長いことから測定に時間を要すること，また組成分析のためのガスクロマトグラフの検量線作成等に手間がかかる．

静置法を用いて液液平衡を測定した場合の実験誤差は，例えば Zhang らの文献[11]によると，次のとおりである．

平衡温度：±0.01 K（標準白金測温抵抗体で校正した白金センサーを使用して測定した温度の実測値）

上相・下相の組成：±0.0005 モル分率（水素炎イオン化検出器および熱伝導度検出器を備えたガスクロマトフラフィーを用いて決定）

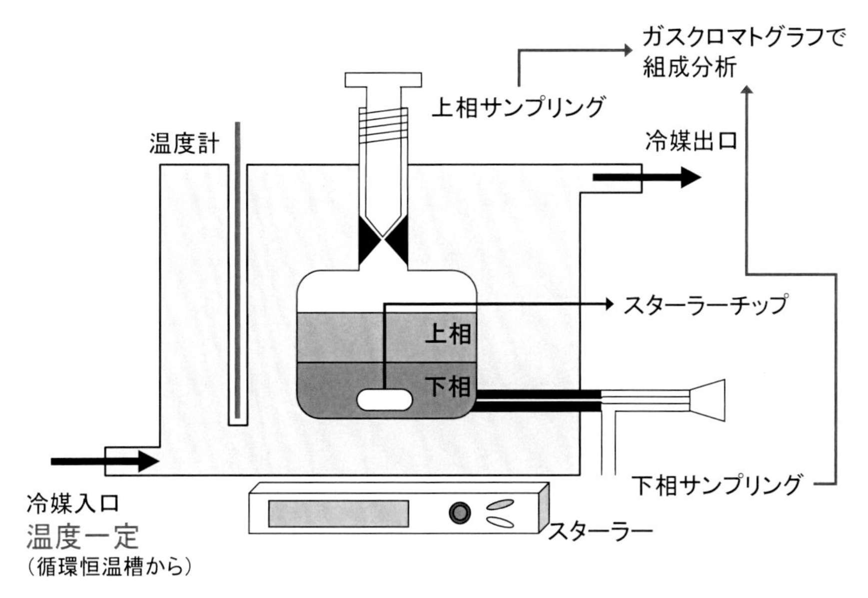

図 2.2.6 静置法の概略図

(2) 白濁法

白濁法の装置の概略を図 2.2.7 に示す．基本的には図 2.2.6 の静置法と同様であるが，白濁法は試料のサンプリングの必要がないので，サンプリング用のコックがない．白濁法は組成既知の試料を平衡セルに仕込み，試料の温度を変化させることにより試料が透明（1 液相）から白濁（2 液相），または白濁（2 液相）から透明（1 液相）になる温度を測定するものである．測定方法は，まず重量法により任意の組成に調製した試料を平衡セルに仕込み，撹拌を開始する．次に，循環恒温槽を用いて試料の温度を上昇させ，試料を 1 液相にする．その後，温度を一定速度で降下させて，試料が 1 液相（透明）から 2 液相（白濁）になるときの温度，すなわち白濁点を測定する．逆に試料の温度を上昇させて，試料が 2 液相（白濁）から 1 液相（透明）になるときの温度の測定も可能である．同様の測定を繰り返し行い，白濁点の再現性を確認する．

白濁点の決定には図 2.2.8 に示すように，目視による方法とレーザ光を利用した方法がある．試料が 1 液相（透明）のときにはレーザ光は直進し，2 液相（白濁）のときには散乱光が生じる．この散乱光を光センサがキャッチして電圧の変化として読み取ることにより，白濁点を確認する．目視による方法は白濁点の決定が曖昧であるのに対し，レーザ光による手法は相変化の微小な変化も見逃すことなく白濁点を正確に測定できるのが特徴である[12]．

白濁法は，試料のサンプリングならびに組成分析を行わないので，迅速に液液平衡を測定可能であることが特徴である．しかし，2 成分系では組成変化に対して相互溶解温度が大きく変化する場合に測定困難である．また，静置法とは異なりタイラインを決定できないので，3 成分系以上の多成分系への適用は難しい．

白濁法を用いて液液平衡を測定した場合の実験誤差は，例えば筆者らの 2 成分系液液平衡の文献[13]によると，次のとおりである．

白濁点温度 : ±0.1 K（標準白金測温抵抗体で校正した白金センサーを使用して測定した温度の実測値の不確かさ）

液相組成 : ±0.0001 モル分率（±0.1mg まで秤量可能な電子天秤を使用して重量法で調製）

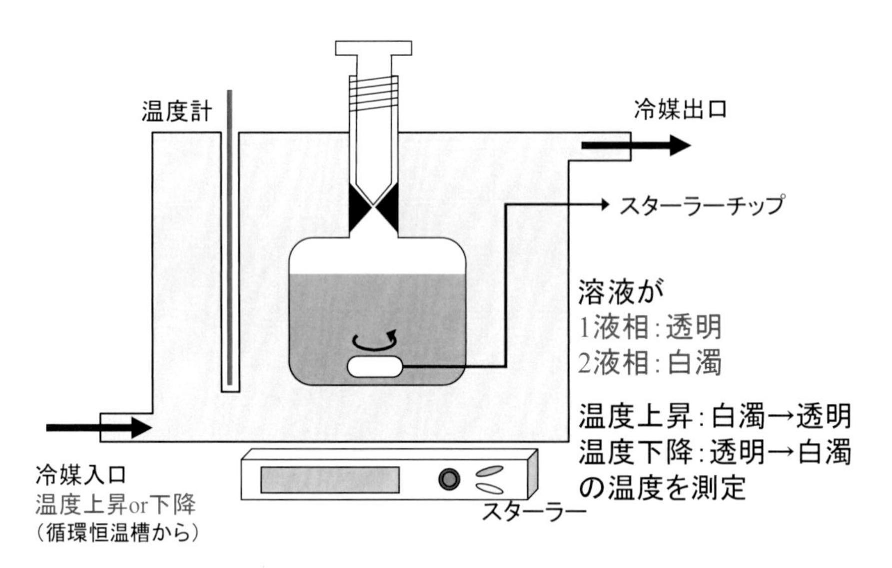

図 2.2.7 白濁法の概略図

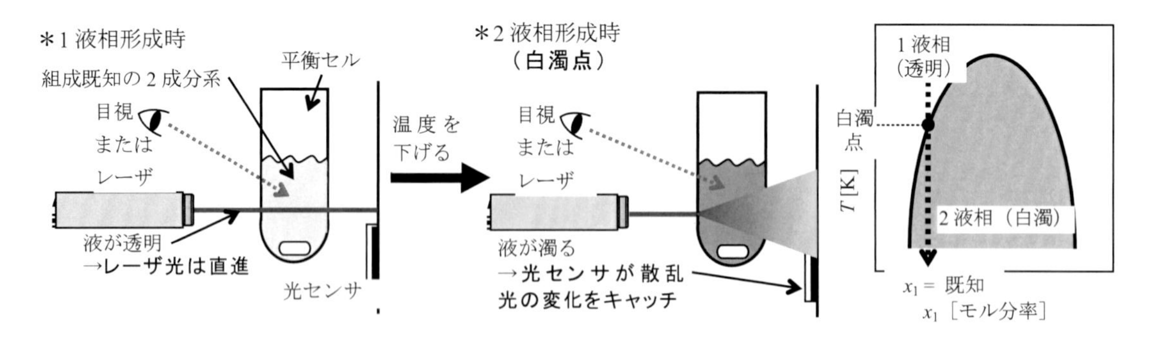

図 2.2.8 白濁点の確認方法

2.2.1.3 固液平衡

固液平衡（溶解度）は晶析装置の設計・開発ならびに結晶化現象を詳細に解明において最も基本かつ重要な物性値である．とくに新規医薬品原薬の高純度化を晶析プロセスにより行う際，種々の有機溶媒中における医薬品原薬の固液平衡データは，晶析に最も適した溶媒の選択ならびにそのプロセスの設計において必須の物性値である．

固液平衡の測定法は種々提案されているが，そのなかでシンセチック法，冷却曲線法，分析法，DSC 法がよく用いられている．本項ではシンセチック法，冷却曲線法について述べる．

(1) シンセチック法

シンセチック法は，組成既知の試料を平衡セルに仕込み，温度を一定の速度で上昇させながら試料の融点または凝固点（固液平衡）を測定する方法である．

シンセチック法による固液平衡測定装置の一例を図 2.2.9 に示す．装置は平衡セル，冷媒ジャケット，真空ジャケット，循環恒温槽，データ収録システム，撹拌機，温度計から構成されている．冷媒ジャケットの外側には真空ジャケットが付帯されている．これは空気中の水分の凝固により平衡セル内の試料の観察ができなくなるのを防ぐためである．

測定方法は，あらかじめ重量法にて調製した組成既知の試料を平衡セルに仕込み，セル全体を冷却させてセル内の溶液を完全に凝固させる．次に，撹拌機を用いて撹拌しながらサーモレギュレータまたは循環恒温槽により昇温させる．セル内の最後の結晶が消失するのを目視で確認する．このときの温度をデータ収録システムで測定し，温度を得る．同様の測定を繰り返し行い，融点の再現性を確認する．融点の確認は目視で行う文献[14-16]が多いが，2.2.1.2 項の液液平衡と同様に試料にレーザ光を照射して，その電圧の違いにより融点を確認する手法も報告されている[17]．

シンセチック法を用いて固液平衡を測定した場合の実験誤差は，例えば Jakob らの文献[14]によると，次のとおりである．

融点：±0.015 K（標準白金測温抵抗体で校正した白金センサーを使用して測定した温度の実測値の精度）

液相組成：±0.0001 モル分率（±0.1mg まで秤量可能な電子天秤を使用して重量法で調製）

(2) 冷却曲線法

冷却曲線法は大学の学生実験などで広く用いられる方法であり，比較的簡便に固液平衡を測定することができる．装置の概略を図 2.2.10 に示す．組成既知の試料溶液をセルに入れて，撹拌しながら一定速度で試料を冷却すると，平衡温度を超えてしばらくしてから過飽和状態となり，結晶の核化が生じて，その成長によって結晶化熱が放出されるので温度が一時的に上昇する．その後，外部からの冷却により再び温度が降下する．時間に対する温度のプロット（冷却曲線）の概略を図 2.2.11 に示す．平衡温度は，核化後の冷却曲線の接線を延長させて得られる交点(A)，過飽和後の最高温度(B)，核化後と核化前の冷却曲線で囲まれる 2 つの面積が等しくなる時間に対する温度(C)，の 3 パターンが採用されている[18]．

冷却曲線法による固液平衡測定装置の一例を図 2.2.12 に示す．本装置は固液平衡測定用セル(2)を中心として，冷媒用円筒容器(5)，撹拌機(4)，クーラー(8)，ヒーター(7)，温度制御装置(13)，データ処理システム(11)から構成されており，クーラーとヒーターを組み合わせて使用することにより，同一組成の冷却曲線を繰り返し測定可能である．なお，円筒容器は真空ジャケット(1)が付帯されており，平衡セル内の溶液の観察が可能である．

実験方法は，まず所定の組成となるように秤量・調製した試料を平衡セルに仕込む．次に，平衡セルを冷媒用円筒容器にセットし，試料溶液，冷媒をそれぞれスターラーチップ，撹拌機でそれぞれ撹拌しながら一定速度（例えば筆者らの文献では毎分約 0.9 K[19]）で徐冷する．このときの温度変化をデータロガに接続したコンピュータにより追跡測定し，冷却曲線をえる．同一組成の混合物について冷媒温度を変化させ，過冷却後に到達する最高温度を繰り返し測定し，冷媒温度にかかわりなく一致した温度を凝固点とする．

冷却曲線法を用いて固液平衡を測定した場合の実験誤差は，例えば筆者らの文献[19]によると，次のとおりである．

平衡温度：±0.03 K（標準白金測温抵抗体で校正した白金センサーを使用して測定した温度の実測値の精度）

液相組成：±0.0001 モル分率（±0.1mg まで秤量可能な電子天秤を使用して重量法で調製）

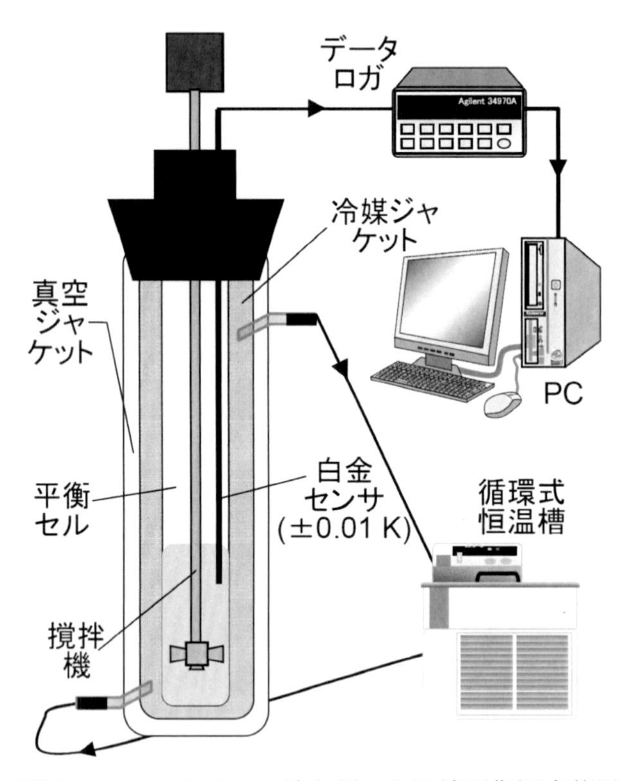

図 2.2.9　シンセチック法を用いた固液平衡測定装置

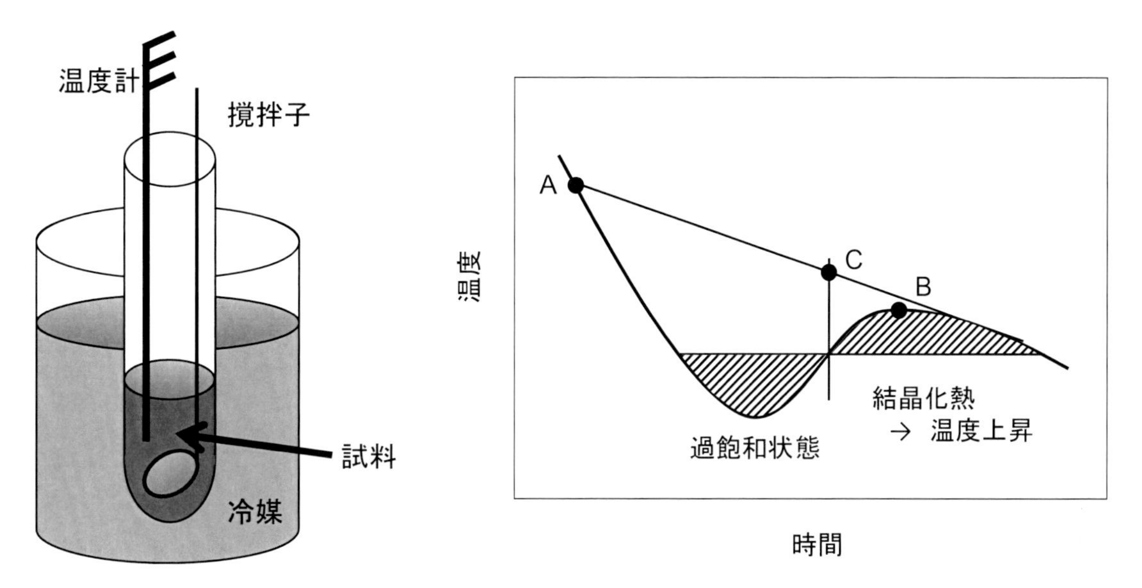

図 2.2.10　冷却曲線法の装置の概略　　図 2.2.11　冷却曲線の概略および平衡温度の決定方法

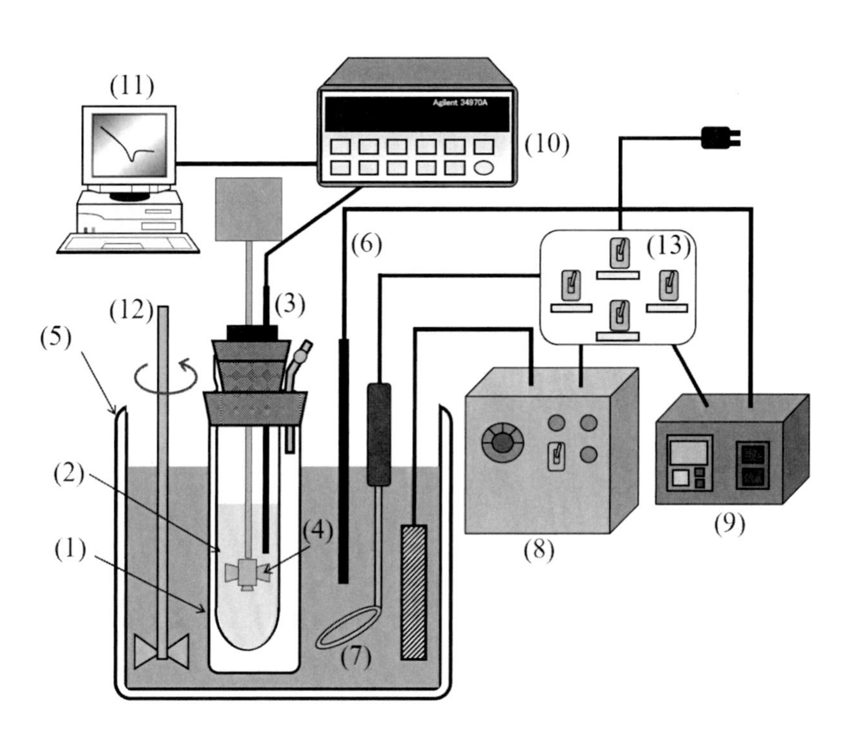

(1) 真空ジャケット　(2) 平衡セル　(3) 白金抵抗温度計
(4) 撹拌機　(5) 冷媒用円筒容器　(6) 熱電対
(7) ヒーター　(8) クーラー　(9) 温度コントローラー
(10) データロガ　(11) コンピュータ　(12) 冷媒用撹拌機
(13) コントロールパネル

図 2.2.12　冷却曲線法を用いた固液平衡測定装置

参考文献

(1)化学工学会高等教育委員会編：はじめての化学工学　プロセスから学ぶ基礎，丸善株式会社，2007

(2)化学工学会編：化学工学の進歩 37　蒸留工学　–基礎と応用－，槇書店，2003

(3)小島和夫：化学技術者のための熱力学（改訂版），培風館，1996

(4) Gillespie, D.T.C.: Ind. Eng. Chem., 18, 573, 1946

(5) Kurihara, K., Nakamichi, M., Kojima, K.: J. Chem. Eng. Data, 38, 446, 1993

(6) Barker, J.A., Aus. J. Chem., 6, 207, 1953

(7) Haimi,P., Uusi-Kyyny, P., Pokki, J.-P., Alopaeus,V.: Fluid Phase Equilibria, 295, 17, 2010

(8) Uno, S., Kikkawa, S., Matsuda, H., Kurihara, K., Tochigi, K., Ochi, K.: J. Chem. Eng. Data, 53, 2066, 2008

(9) Tao, L.C.: Ind. Eng. Chem., 53, 307, 1961

(10) Mixon, F.O., Gumowski, B., Carpenter, B.H.: Ind. Eng. Chem. Fundamentals, 4, 455, 1965

(11) Zhang, T., Li, H., Zhang, W., Tamura, T.: J. Chemical Thermodynamics, 53, 16, 2012

(12) Ochi, K., Tada, M., Kojima, K.: Fluid Phase Equilibria, 56, 341, 1990

(13) Matsuda, H., Hirota, Y., Kurihara, K., Tochigi, K., Ochi, K.: Fluid Phase Equilibria, 357, 71, 2013

(14) Jakob, A., Joh, R., Gmehling, J.: Fluid Phase Equilibria, 113, 117, 1995

(15) Matsuda, H., Kimura, H., Nagano, Y., Kurihara, K., Tochigi, K., Ochi, K.: J. Chem. Eng. Data, 56, 1500, 2011

(16) Matsuda, H., Mori, K., Tomioka, M., Kariyasu, N., Fukami, T., Kurihara, K., Tochigi, K., Tomono, K.: Fluid Phase Equilibria, 406, 116, 2015

(17) Nong, W., Chen, X., Wang, L., Liang, J., Wang, H., Long, L., Huang, Y., Tong, Z.: Fluid Phase Equilibria, 367, 74, 2014

(18) 久保田徳昭, 松岡正邦: わかりやすい晶析操作, 分離技術会, 2003

(19) Tsuji, T., Sue, K., Hiaki, T., Itoh, N.: Fluid Phase Equilibria, 257, 183, 2007

2.2.2　高圧気液平衡

辻　智也
（マレーシアエ科大学）

はじめに

高圧気液平衡のデータは液化天然ガス、液化石油ガスなどの貯蔵や輸送、窒素、酸素、二酸化炭素のなどの無機気体の単離精製、超臨界二酸化炭素を用いた抽出、水素や超臨界水を用いた酸化還元反応、硫化水素や二酸化炭素など排気中の有害物質のガス吸収など用途は広範である。さらに、近年ではイオン液体が注目されるようになり今後も高圧気液平衡データの重要性は変わらないと思われる。一般に常圧気液平衡と高圧気液平衡は概ね 1 MPa を境界に分類されることが多い。常圧気液平衡データは蒸留の基本データとなることから定圧、特に大気圧近傍で測定されることが多い反面、高圧気液平衡関係のデータは定温がほとんどである。一方で定温データが主流の P-V-T 関係のように実験データそのものから、他の物性値、状態方程式を構築することは少なく、また、常圧気液平衡データのように共沸点の有無が蒸留塔の段数を決める際の決定的要因となるようなこともない。しかし、高圧気液平衡関係は測定そのものが難しいことがしばしばあり、測定精度や再現性は重要なる。極端な場合、測定者間で傾向が一致しない場合も見受けられる。その一つは原因の 1 つは高圧特有の相挙動である。高圧気液平衡データは成分の少なくとも 1 つがその物質の気液臨界点に近づくと複雑な相平衡を示すようになる。2 成分系相図の分類は、van Konynenburg and Scott[1]、外岡[2]などの論文や解説に譲るが、相挙動の把握はプロセス設計上重要となる。最も単純な 2 成分系の高圧気液平衡でも、臨界点近傍は液相と気相の密度が近接してそれぞれの相に分離する際、長い時間を要することは容易に想像がつく。相挙動を観察するにはガラス製の容器を使用するのが望ましいが、高圧状態では安全性を確保するためにステンレスが用いられる。そのため、観察窓のないものも珍しくなく、また、ステンレス容器の一部に観察窓や攪拌機を取り付けると装置は高価なものとならざるを得ない。もう一つは組成分析の難しさに起因する。高圧気液平衡は確かに高圧領域になるが、常温で液体あるいは固体のものと高圧の気体からなる系を考えると気相組成の大半は高圧気体成分であり、液体組成も場合によっては大半が液体成分となる。たとえば、2 成分の定温気液平衡関係は圧力(P)、液相組成(x_1)、気相組成(y_1)の 3 つがそろった P-x_1-y_1 が望ましい。しかし、すべてを正確かつ精度良く測定することは難しいこともあり、P-x_1、P-y_1 のみを報告するものもある。そのため、本稿では、まず、超臨界成分を含む気液 2 相状態で、かつ気液平衡（P-x_1-y_1）、気体の溶解度（沸点ともよぶ、P-x_1)、気体への溶解度（露点ともよぶ、P-y_1）を考えることにする。

近年の測定系の傾向

最近の高圧気液平衡に関するデータベースは Fornari ら[3]が 1978～1987 年、Dohrn and Brunner[4]が 1988～1993 年、Christofv and Dohrn[5]が 1994～1999 年、Dohrn ら[6]が 2000～2004 年、Fonseca ら[7]が 2004～2008 年の高分子への気体溶解度を含めた高圧気液平衡、高圧の気体溶解度、高圧気体への溶解度を摘録して、測定系、温度、圧力範囲、測定方法を摘録したものを Fluid Phase

Equilibria に掲載している。本摘録では和文誌などは対象外であるものの、測定系は代表的な化合物を含む 2 成分の分類がなされ、いわゆる印刷物のデータベースとしては充実している。1 つの系を 2 つの装置で測定した場合、1 つの文献から複数の摘録がされる。また、二酸化炭素＋水系の報文の場合、二酸化炭素を含む 2 成分系と水を含む 2 成分系で重複して摘録されるなどの点もあるが充実したものであることは変わりない。ここでは、この摘録について特に測定系について概説をしたい。実を言うとこの一連の摘録は著者も以前から注目していたことは事実であるが、ギリシャのアテネで開催された Thermodynamic 2011 において、中心人物の Dohrn が Invited lecture[8]で講演され、近年データの報告例が急速に増加しつつあることを強調していたことが印象的であった。また、同時に我国の物性測定者人口の減少傾向を考えると耳を疑ったが、それは事実である。表 1 は Dohrn らの摘録結果の抜粋である。P-V-T 関係以上に特定雑誌の報告が多く、ACS の Journal of Chemical & Engineering Data、Industrial & Engineering Chemical Research 、Elsevior の Fluid Phase Equilibria、The Journal of Supercritical Fluids、The Journal of Chemical Thermodynamics、Springer の International Journal of Thermophysics の 6 誌がほぼすべてといっても過言ではない。また、報告数をみると確かに Fornari らは 10 年分、Dohrn and Brunner、Christofv and Dohrn は 6 年分、Dohrn ら、Fonseca らが 5 年分であるから、摘録期間が短くなっているにも関わらず摘録数は増えている。確かにこの間 J. Supercritical Fluids が刊行されたり、J. Chem. Eng. Data が季刊から隔月刊になったりした要因もあるが、Can. J. Chem. Eng.、J. Chem. Eng. Japan などは明らかに減少傾向にある。この 1980 年代から 1990 年代初めによく見ていたが、前者は軽質炭化水素、後者は超臨界二酸化炭素に関するものが多かった印象を受ける。この頃は Ind. Eng. Chem. Res. 並の掲載件数もあったことも事実である。

表 1　主な雑誌の高圧気液平衡報告件数

Name of Journal	Citation period				
	1978-1987	1988-1993	1994-1999	2000-20004	2005-2008
Journal of Chemical & Engineering Data	92	115	214	231	283
Fluid Phase Equilibria	69	158	182	206	169
The Journal of Supercritical Fluids	0	43	73	115	143
The Journal of Chemical Thermodynamics、			30	26	48
Industrial & Engineering Chemical Research	15	18	30	58	44
International Journal of Thermophysics				23	14
The Canadian Journal of Chemical Engineering	3	13	8	1	3
Journal of Chemical Engineering of Japan		14	4	0	2

また、ここには記載されていないが、一方で J. Phys. Chem. B、Chem. Eng. Sci.、Thermochem. Acta.、Green Chem.などは増加傾向にある。表 2 は、著者が Dohrn らの 2000～2004 年、Fonseca らの 2004～2008 年の摘録結果のうち測定系を比較したものである。化合物としては 2 成分系のうち、二酸化炭素、水、アンモニア、硫化水素、水素、窒素、酸素、一酸化炭素、一酸化二窒素などの無機気体、メタン、エタン、プロパン、ブタン、ヘキサン、エチレン、プロピレン、1-ブテンなどの軽質炭化水素、メタノール、エタノール、ジメチルエーテルなどの含酸素化合物、R22、R23、R32、R125、R134a、R143a、R152a などのフロン類を含むものの測定温度、測定圧力、セル容積、測定法なども列挙しており、Dohrn らの 2000～2004 年、Fonseca らの 2004～2008 年の対象化合物は同じである。ただし、プロパンニトリル、ブタンニトリル、ペンタン、シクロヘキサン、アルゴン、Tetrakis(trimethylsilyl)silane は Dohrn and Brunner の 1988～1993 年版まで存在したが、以降は摘録対象から外れている。また、Christov and Dohrn の 1994～1999 年版からヘリウム、キセノン、R32、R125、R134a、R143a、R152a が新たに増えた一方で、Dohrn らの 2000～2004 年版では、ヘリウム、キセノンに代わり、ジメチルエーテルが新たに摘録対象に加わった。これについていえることはこの期間に冷媒がクロロフルオロカーボンからクロロフルオロカーボン、ハイドロフロロカーボン、さらには HFE-170(ジメチルエーテル)へと変化して社会の要望に対応していることがわかる。2 成分系はこれらがすべてではないが、二酸化炭素を含む系が圧倒的に多く、ここに列挙

表 2　主な 2 成分系高圧気液測定系に含まれる化合物

Component in binaries	Period	
	2000-2004	2005-2008
CO_2	681	744
H_2O	116	133
NH_3	5	15
H_2S	6	8
H_2	20	24
N_2	20	43
O_2	9	9
CO	5	8
N_2O	7	8
CH_4	41	45
C_2H_6	52	33
C_3H_8	70	65
C_4H_{10}	10	32
C_6H_{14}	23	15
C_2H_4	14	16
C_3H_6	14	11
C_4H_8	5	13
CH_3OH	17	23
C_2H_5OH	23	14
CH_3OCH_3	27	32
R22	9	8
R23	11	17
R32	43	35
R125	26	12
R134a	30	42
R143a	13	8
R152a	10	13
Total	1307	1426

した測定系の半数が二酸化炭素を含む系である。水、アンモニア、窒素、ブタン、ジメチルエーテルを含む系が増加している傾向にある。一方、エタン、プロパン、エタノールなどは減少する傾向にある。また、フロン類はあまり変化がない。さらに、ここでもイオン液体の物性が注目されている。著者の大まか感覚ではあるが 2004〜2008 年版において二酸化炭素を含む 2 成分系沸点、気液平衡測定の 744 系の報告のうち、90 系以上の報告が二酸化炭素＋イオン流体系の測定例である。アンモニアを含む系 4、硫化水素を含む系 1、水素を含む系 3 、酸素を含む系 4、一酸化炭素を含む系 2、一酸化二窒素含む系 1 系など無機気体すべてにおいて活発な測定が行われている。

近年の測定方法の傾向

図 1 および 2 に、それぞれ著者らの高圧気液平衡関係の分類および簡単な原理を示す。P-V-T 関係に比較して、高圧気液平衡関係測定法は多くの研究者間であまり大きな違いはなく、静置法、循環法、流通法、シンセチック法の 4 法に分類されることが多い。当然、一部の研究者は、流通経路数や組成分析で分類することもあり、Fonseca ら [7]も図と異なる分類を行っている。ただし、静置法と循環法が Analytical isothermal methods、流通法が Analytical isobaric-isothermal methods、シンセチック法は Synthetic methods に対応し、Fonseca らは、さらに、循環経路、分析方法などさらに細かな分類を行っている。

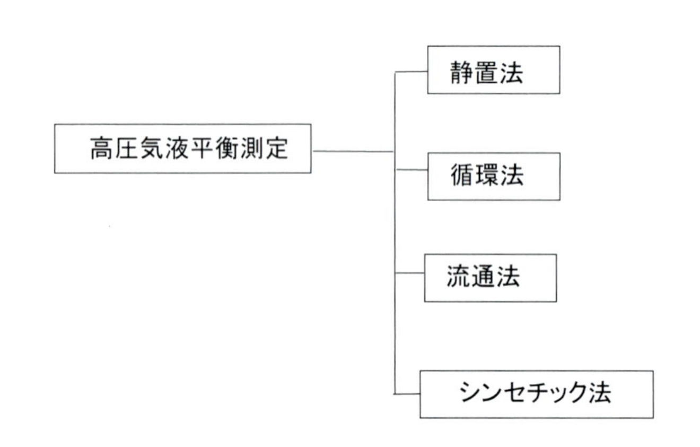

図 1　高圧気液平衡関係の測定法の分類

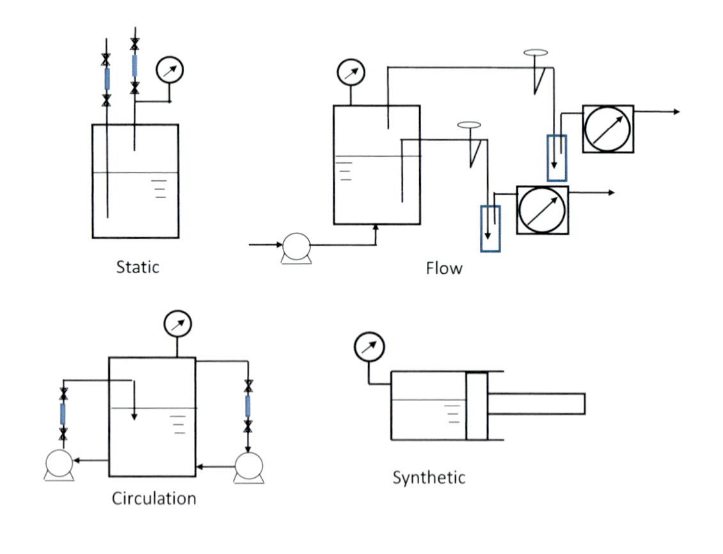

図 2　高圧気液平衡関係の測定法の原理

静置法は常圧でも用いられ、気液平衡の中で最も単純な方法である。また、形状が単純なので 4 MPa 程度であればガラス製可視型セルも市販されている。測定では、セルを真空にした後、試料を充填する。充填方法は低沸点の場合は液化させてポンプで注入したり、セルを冷却して温度差により蒸留しながら充填したりする。試料の温度および圧力が一定になった後、気相および液相の組成分析を行うものである。図には、試料採取する場合の際の一般的な採取位置を■で示す。試料採取を行うと一時的に平衡破壊は避けられないが、気相の体積を極力少なくすると、仕込組成を液相組成に近似できるので非採取型にして沸点や溶解度を測定することもある。一般に静置法は測定時間を要するように思われがちであるが、重量法で組成を決定してしまえば、圧力計や温度センサを接続したまま振とうできるので、比較的迅速な測定も可能である。また、非採取型組成決定法として、気相および液相の吸光スペクトル分析する方法も見受けられる。

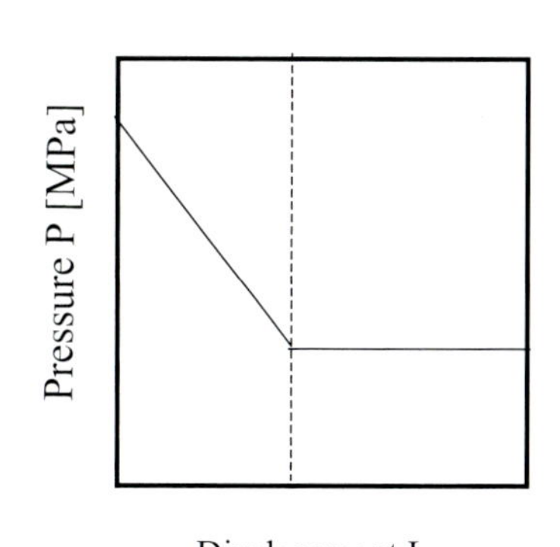

図 3　シンセチック法における沸点決定例

循環法は高圧気液平衡関係の測定では最も一般的なものである。セルは静置法と同様に定容積のセルを用いることが多く、セル内の気相および液相を個別に循環させるポンプが備付られている。また、ポンプの吸入口の位置と気液界面の位置を確認するため、耐圧窓付きのセルを用いることも多い。試料の充填法も静置法とほぼ同じであり、脱気したセルに順次試料をポンプなどで充填する。ただし、試料採取する場合、静置法と同様に採取位置を■で示した気液各相に対する循環経路を、温度、圧力が一定となったところで遮断して一部を採取する。そのため平衡破壊はなく、測定時間も大幅に短縮できる。さらに循環経路に密度計や粘度計などのプロセスメータを設置してオンライン計測も可能である。なお、採取した試料は、6 方管などでガスクロマトグラフに送られることが多い。一方、欠点としては循環経路がある分、装置の大型化は避けられない点が挙げられる。

流通法はポンプにより、低沸点成分をセルに圧入し、出口の調圧弁で圧力を調整する。そのため、定温定圧のデータを得ることができので、Fonseca ら [7]も Analytical isobaric-isothermal methods と呼んでいる。静置法が気相組成分析を省略する場合があることはすでに述べたが、流通法は逆に液相組成を省略することも多い。装置の操作は比較的単純であり、他の方法と異なりセルを真空にする必要がない。また、組成分析については 2 成分系であればガスクロマトグラフのような分析機器を必要とせず、大部分は□で示したコールドトラップとガスメータにより求める場合が多い。したがって、気相濃度が小さいもの、熱分解しやすくガスクロマトグラフによる分析が困難なものなどにも適用できる。言い換えればガスクロマトグラフでの検出限界以下の濃度も分析可能となる。そのため、気相組成のみを報告している同一装置で固気平衡も測定しているものも見受けられる。シンセチック法は P-V-T 関係の測定に用いる変容セルと類似のものを用いる。シンセチック法は真空にしたセル内に試料を順次導入する点は静置法や循環法と同じであるが、温度を一定にした後フリーピストンで体積を変化させ、完全な均一液相となった際の沸点圧を求めるものあり、気相組成は求めることができない。ただし、組成は仕込時の値が維持される。そのため、静置法、循環法、流通法では同一圧力における気相および液相組成が求められるのに対して、シンセチック法では同一組成における沸点圧力が求められる。沸点圧力の決定は耐圧窓を介しての目視による方法、図 3 のようにフリーピストン変位に対する圧力をプロットし、屈曲点から決定する方法などが一般的である。また、シンセチック法では試料採取することは少なく、仕込組成を殆ど重量法で決定するために比較的小型である。同時に圧力範囲も広くなる傾向にあり、沸点および必要不可欠な観察窓も十分な耐圧性が要求される。なお、露点についても測定は可能であるが、圧縮率変化がほとんどないので目視に限定されることが多い。また、超臨界流体で成分を含む場合、気相でも非圧縮性を示すことがあり、この場合も屈曲点が検知され難い。一方、P-V-T 関係の測定での変容法の手法を併用し、ピストン変位とセル容積の関係を検定しておけば飽和密度の測定も比較的容易にできる。

表 3　高圧気液平衡測定法の最近の傾向

Method	Period	
	2000-2004	2005-2008
Static, Circulation	27.6%	19.7%
Flow	15.4	11.2
Synthetic	53.3	62.4

表 3 は Dohrn らの 2000～2004 年版、Fonseca らの 2004～2008 年版における分類を、著者らの分類に変換したものである。大まかな傾向であるが流通法が減り、シンセチック法が増加していることがわかる。

測定の詳細と測定精度

著者らは、これまで静置法、循環法、シンセチック法に関する装置を用いて沸点測定などを行ってきた。ここでは、著者らの経験のない流通法については特徴的な報告例をとりあげるが、各方法の測定と精度について言及する。

図 4 に著者らの静置法に基づく装置[9]を示す。この装置は自作であり、温度 298.15 K、圧力 4.993 MPa までのエタン＋ジメチルエーテル、プロピレン＋メタノール、エチレン＋メタンノールに対して沸点を測定している。セルは東北大学反応化学研究所（現多元科学研究所）で作製した内容積 37 cm^3 のガラス製であり、298.15 K において HPLC ポンプにより 7 MPa の水を 24 時間加圧して、安全性を確認している。圧力は測定領域に応じて 1 MPa および 10 MPa ゲージ圧計を使用し、前者は 0.1 kPa、後者は 0.01 MPa までの分解能で測定している。測定は単純であり、冷却・脱気したセルを試料ボンベに接続すると、いわゆる蒸留されながらセルに導入される。続いて HPLC ポンプで高沸点成分を充填し、全体積が 9 割程度になるようにする。重量法

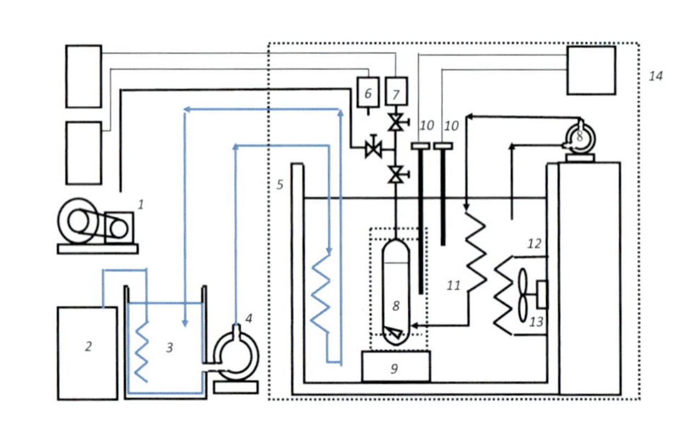

1: Vacuum Pump 2: Handy Refrigerator 3: Cooling Water 4: Magnetic Pump 5: Water Bath 6: Absolute Pressure Sensor 7: Pressure Sensor 8: View Cell 9: Magnetic Stirrer 10: Thermistor Thermometer 11: Heat Exchanger 12: Programmable Heater 13: Agitator 14: Air Chamber

図 4　著者らの静置型装置

により仕込組成を計算するが、これを液相組成と見なす。セルを装置に設置して、温度および圧力が一定となったところを平衡と見なす。精度は概ね下記と推測される。

温度　0.03 K

圧力　1 kPa　($P<1$ MPa)、0.01 MPa　(1 MPa$<P<$10 MPa)

組成　$1.0\text{x}10^{-3}$ (試薬純度、天秤分解能、状態方程式から予測される飽和気相密度から推測)

図5には著者らの循環法に基づく装置[10)]を示す。この装置は温度523 K、圧力15 MPaまでの油脂あるいは高級脂肪酸に対する水素およびプロパン溶解度を測定するために開発した装置である。装置設計は業者にイメージを提示して、製作を依頼したものである。循環法に基づく装置は、配管が複雑なばかりかポンプも有するので通常はオーダーメードの装置を使用することが多い。セルは150 cm^{3}の観察窓付のステンレス製のものである。装置の最大の特徴は、気体試料が可燃性気体であるために、漏洩を検知しやすいように装置全体をシリコンオイルで満たした90 Lの恒温油槽に浸漬している。また、気相は揮発性の小さい化合物との2成分系混合物を想定しているために液相のみ採取して、組成分析行っている。組成分析は、著者らが独自に考案したものであり、質量法と体積法を併用して、ガスクロマトグラフを使用することなく溶解度測定が可能である。液相試料は内容積150 cm^{3}の小型ボンベを用い、恒温油槽の外部からバルブの開閉を行いうことができる。液相試料は天秤で秤量して、次にセルをガス容積測定システムに装着する。ここでバルブを開放して、放散される気体を積算流量計で計量する。この装置の精度は概ね下記と推測される。

温度　0.005 K

圧力　0.001 MPa

組成　1.0～$2.0\text{x}10^{-3}$ (実際には室温・大気圧における溶解度の比が求まる)

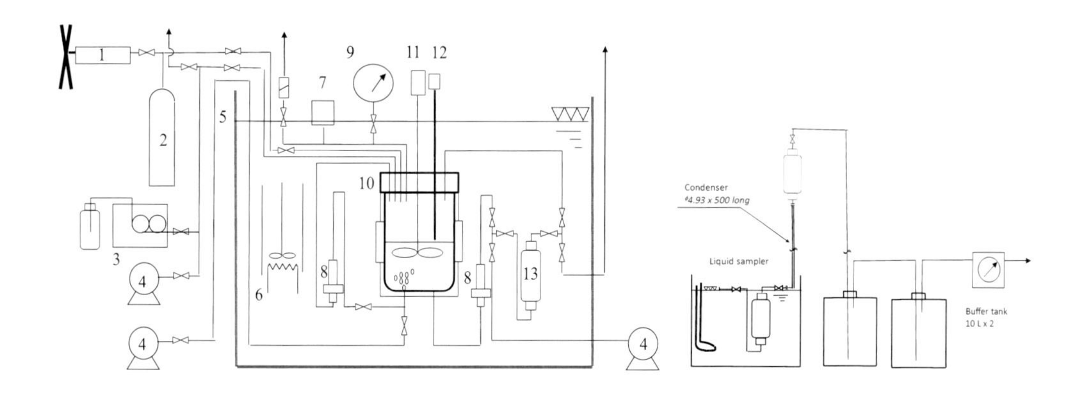

1: Pressure Generator 2: H_2 Cylinder 3: HPLC pump 4: Vacuum Pump 5: Oil Bath 6: Heating Unit 7: Pressure Sensor 8: Circulation Pump 9: Burdon tube Gauge 10: High Pressure Cell 11: Agitator 12: Pt resistance Thermometer 13: Liquid Sampler

図5 著者らの循環型装置

図6に1例としてデカンへの水素溶解度とほぼ同一の条件の Connolly and Kandalic の文献値[11]との比較を示す。

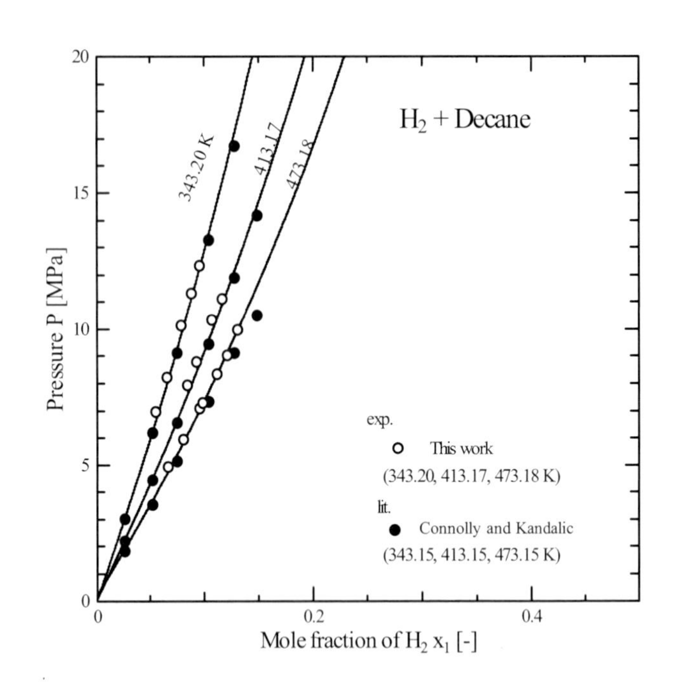

図6　デカンに対する水素溶解度

図7には Shimoyama らの流通法に基づく装置[12]を示す。Shimoyama らは温度 493、523、543K、圧力 7.09 MPa までのエタノール＋ラウリン酸エチル、エタノール＋ミリスチン酸エチルの気液平衡関係を測定している。測定では試料はポンプにより逆止弁を経て予熱管に送られ所定温度にする。ここで気液2相状態となり、ラインミキサで十分に攪拌する。次にサファイヤ窓付きのセル内で気液分相させて、背圧弁で圧力を保ちつつ界面レベルを一定にする。液相および気相採取は膨張弁を用いる。装置の構成を考えると、セルと称しているが、実際にはラインミキサが平衡セル、セルが分離器として機能している。なお、セルの内径は 20 mm、体積は 31 cm^3 である。また、液相および気相の採取量は 10 cm^3 程度であり、組成分析はガスクロマトグラフを用いている。この装置の精度は概ね下記と推測される。

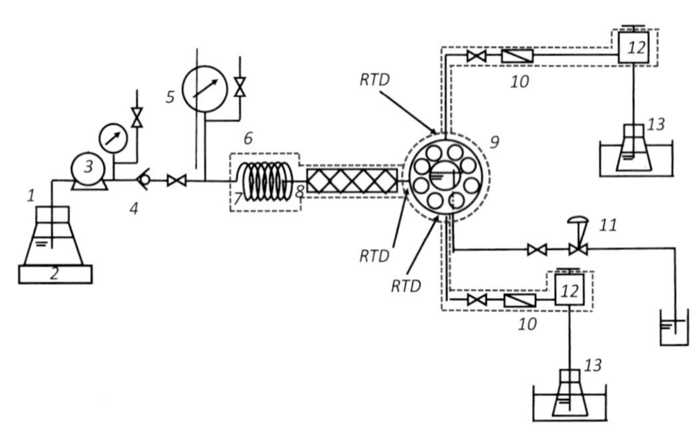

1: Feed Reservoir 2:Electoronic balance 3:Feed pump 4:Check valve 5: Precision Pressure Gauge 6: Heater 7: Preheating coil 8: Line mixer 9:Equilibrium cell 10:Filter 11:Back pressure regulator 12: Expansion valve 13:Sampling bottle

図7　Shimoyama らの流通型装置

温度　0.5 K

圧力　0.02 kPa　(P<1 MPa)　、0.01 MPa　(1 MPa<P<10 MPa)

組成　$1.0x10^{-3}$

流通法は、動的な測定であるから、ある程度の温度および圧力のふらつきは避けられないので、場合によってはデータロガーを使用することもある。

図 8 に著者らのシンセチック法に基づく装置[13)]を示す。この装置は自作であり、温度 344.1～345.0 K、圧力 10.99 MPa までの二酸化炭素＋デカンに対して沸点を測定している。セルは最大容積 52.5 cm^3、最大使用圧力 75 MPa であり、溶着ガラスを使用した観察窓が備付られている。試料充填はあらかじめ容積 40 cm^3 の 2 本の携帯ボンベにそれぞれ二酸化炭素およびデカンを充填し質量を記録する。次に脱気したセルに試料を吐出させる。ピストンを高沸点成分と同じデカンを HPLC ポンプで定流量送液し、時間と圧力をデータロガーを介してパーソナルコンピュータに記録する。屈曲点が不明瞭な場合は、加圧して均一相を確認した後、ドレインバルブを少し解放して降圧し、気相が出現する際の圧力を記録する。この装置の精度は概ね下記と推測される。

温度　0.8 K

圧力　0.01 MPa

組成　$1.0x10^{-4}$

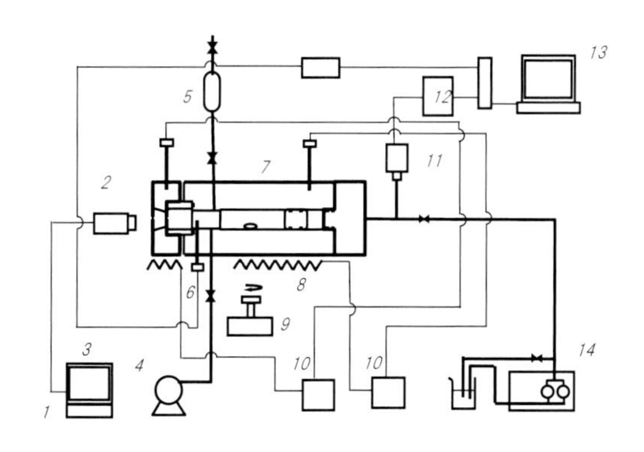

図 8　著者らのシンセチック型装置

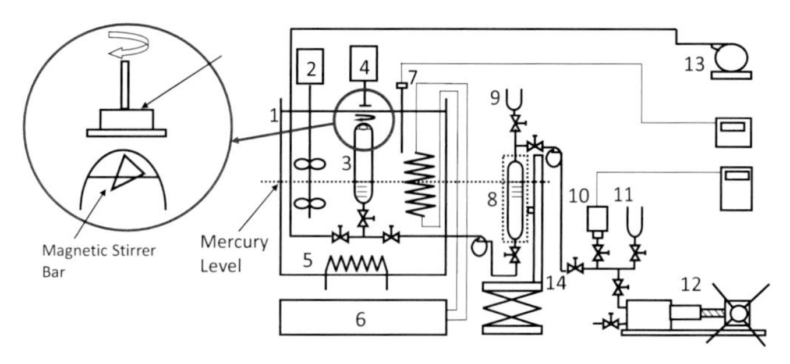

図 9　著者らの水銀圧入シンセチック型装置

シンセチック法に基づく装置も動的な過程を測定するものであり、流通法と再現性や精度は概ね同じであると思われる。

著者ら他にも水銀圧入により体積を変えるシンセチック法に基づく装置を使用している[14-16)]。図 8 に装置の概略を示す。この装置も自作であり、温度 303.15 K、圧力 4.743 MPa までのシクロヘキサン、ベンゼン、トルエン、メチルシクロヘキサンへの水素溶解度を測定している[14)]。セルは静置法に基づく装置で説明したガラス製のものを使用している。ただし、内容積は窒素を充填して、最小感量 0.1 mg の天秤で秤量し、2 %の精度で検定してある。装置の特徴は水銀を圧入して体積を変化させるため、摩擦の影響を最小限にしている。測定は水素を充填し、温度、圧力から内容量を求める。次に試料液体を HPLC ポンプで充填し、こちらは秤量により内容量を求める。セルを転置状態で装置に接続する。気液界面を希土類磁石で懸吊しながら攪拌し、均一液相にした後、降圧させ気相が現れる点を溶解圧力とする。この装置の精度は概ね下記と推測される。

温度　0.03 K

圧力　0.003 MPa

組成　$1.0x10^{-3}$

このシンセチック法に基づく装置は温度および圧力精度はやや向上する一方で、水素充填量は体積精度による誤差がやや大きくなってしまう。図 9 に、この装置で測定したシクロヘキサン、ベンゼン、トルエン、メチルシクロヘキサンへの水素溶解度を示す。

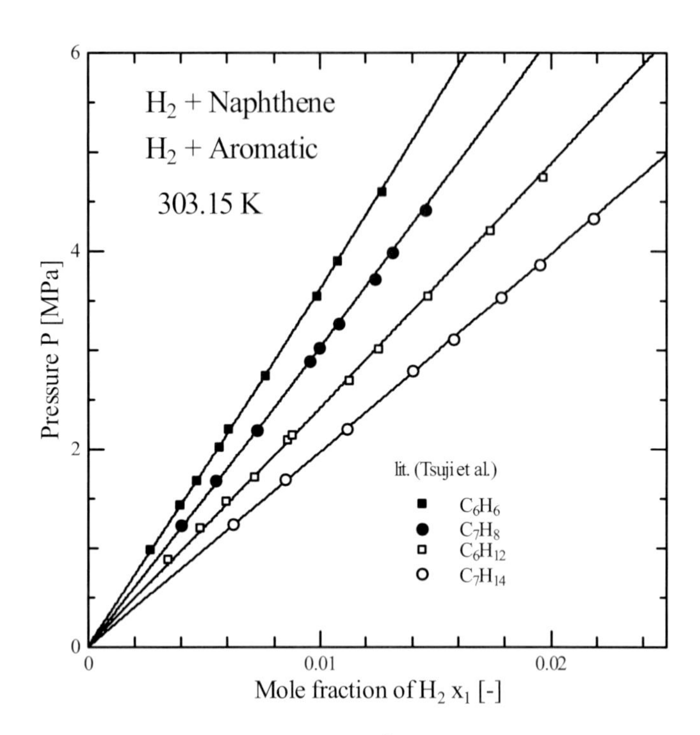

図 9 シクロヘキサン、ベンゼン、トルエン、メチルシクロヘキサンへの水素溶解度

測定に関わる費用

最後に著者らの所有する静置法、循環法、水銀圧入シンセチック法に基づく装置を作製した際の費用の概算を以下に示す。

静置法

定容セル（1 本、特注品）	¥100,000
温度センサ	¥700,000
圧力センサ	¥160,000 x2
恒温水槽	¥970,000
CCD カメラ	¥500,000
HPLC ポンプ	¥700,000
架台、配管部品など	¥200,000

循環法

装置一式	¥2,300,000
HPLC ポンプ	¥700,000
湿式流量計	¥150,000
配管材料など	¥500,000

水銀圧入シンセチック法

定容セル（1 本、特注品）	¥100,000
温度センサ	¥200,000
圧力センサ	¥160,000

恒温水槽	¥100,000
攪拌機	¥200,000
架台、配管部品など	¥350,000

引用文献

1) van Konynenburg, P. H. and R. L. Scott: Phil. Rrans., A298, 495-540(1980)
2) 舛岡: 熱物性, 7, 41-45(1993)
3) Fornari, R. E., P. Alessi, I. Kikic: Fluid Phase Equilib. 57, 1-33(1990)
4) Dohrn, R. and G. Brunner: Fluid Phase Equilibria. 106, 231-282 (1995)
5) Christov, M. and R. Dohrn: Fluid Phase Equilibria. 202, 153-218 (2002)
6) Dohrn, R., S. Peper and J. M. S. Fonseca: Fluid Phase Equilibria, 288, 1-54 (2009)
7) Fonseca, J. M. S., R. Dohrn and S. Peper: Fluid Phase Equilibria, 300, 1-69(2011)
8) Dohrn R.: Experimental methods for phase equilibria at high pressures, Invited lecture on Thursday, 1st September, Thermodynamics 2011 (2011)
9) 辻, 日秋: 日本大学生産工学部研究報告 A, 37(2), 27-32(2004)
10) Tsuji, T., K. Ohya, T. Hoshina, T. Hiaki, K. Maeda, H. Kuramochi and M. Osako: Fluid Phase Equilibria, 362, 383-388 (2014)
11) Connolly, J. F. and G. A. Kandalic: J. Chem. Eng. Data, 31, 396-406(1986)
12) Shimoyama Y., Y. Iwai, T. Abeta and Y. Arai: Fluid Phase Equilibria, 364, 228-334 (2008)
13) Tsuji, T., S. Tanaka, T. Hiaki and N. Itoh: Fluid Phase Equilibria, 219, 87-92 (2004)
14) Tsuji, T., Y. Shinya, T. Hiaki and N. Itoh: Fluid Phase Equilibria, 228-229, 449-503 (2005)
15) Tsuji, T., K. Sue, T. Hiaki and N. Itoh: Fluid Phase Equilibria, 257, 183-189 (2007)
16) Tsuji, T., T. Hiaki and N. Itoh: Fluid Phase Equilibria, 228-229, 375-381 (2007)

2.2.3a　熱力学物性（P-V-T 関係）

辻智也・高木利治
（マレーシアエ科大学・京都工芸繊維大学）

はじめに

熱力学物性とは広義にはP-V-T関係、比熱、蒸気圧、蒸発潜熱、密度、音速などの純物質の物理的性質を示すものである。機械工学的にも、化学工学的にも重要かつ基本的な物性であり、熱力学物性そのものを使用することもあるが、熱力学物性の最終目標は機械工学的にはモリエ線図、化学工学的には状態方程式であると著者らは考えている。また、蒸気圧、蒸発潜熱、密度などの熱力学物性は状態方程式のみから算出される一方で、比熱、エンタルピー、エントロピーなどの熱力学物性は理想気体状態の定容あるいは定圧比熱が必要である [1)]。定容比熱と定圧比熱を関係付ける熱力学物性の音速については2.2.3bで述べる。

図1は流体すなわち気体および液体のP-V-T関係の測定領域を示したものである。P-V-T関係とは、広義には●で示した臨界点そのもの、------および------のそれぞれ飽和気相および飽和液相密度も含まれるが、狭義には赤色あるいは青色斜線の液相または気相均一領域の密度を示し、実線で示した等温線であれば気相と液相の2相にわたるものでもかまわない。さらに、等圧線、等密度線もデータとして必要となる場合もある。この場合、実際に測定されることは少なく等エンタルピー線、等エントロピー線と同様に計算線が示される。

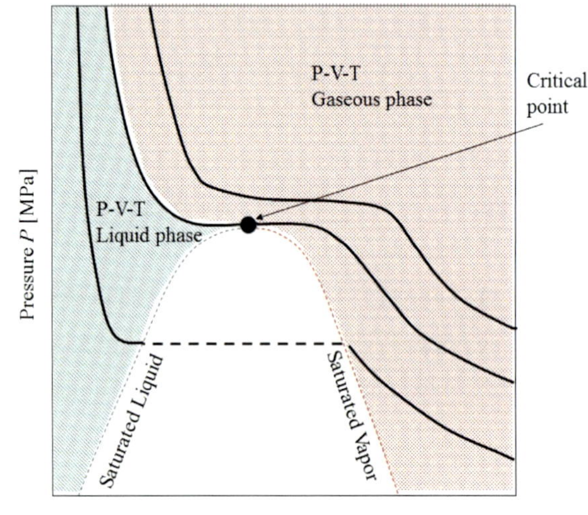

図1　気体および液体のP-V-T関係の測定領域

また、厳密には熱力学物性とは、純物質の物性を指す。しかし、混合物についても熱力学物性と呼ぶ場合もある。広義の P-V-T 関係を考えると混合物の臨界点は組成に依存するものであり、臨界温度、臨界圧力の組成依存性を測定すれば臨界軌跡と呼ばれる。臨界軌跡はむしろ平衡物性として考える場合が多く、混合物の P-V-T 関係とは狭義には等組成の流体の均一領域の密度測定を示すことが一般的である。

ここでは純物質あるいは混合物の均一領域の密度測定を中心に説明し、一部、広義のP-V-T関係にも言及する。

測定系と測定方法

著者らは以前に Journal of Chemical & Engineering Data、Industrial & Engineering Chemical Research 、Fluid Phase Equilibria、The Journal of Supercritical Fluids 、The Journal of Chemical Thermodynamics の 5 誌に対して 2008 から 2013 年の 5 年間分を摘録した結果について述べている [2)]。5 年間で狭義の P-V-T 関係の報告例は概ね 60 程度であり、決して多くはない。図 2 は報告例の内容を分類したものである。測定系の状態とは、気体か液体かを分類したものである。圧倒的に均一液体が多く、報文の 75%に達する。これは、イオン液体の測定が増えたことが一因である。一方、均一気相に関して数は減ったが依然として 15%程度の報告がある。次に測定系の分類について述べる。これは、その系が純物質か混合物かを分類したものである。なお、擬純成分とは天然ガスのような事実上の多成分であるが、均一相で測定するために擬純成分として扱った。現在は、約半数が純物質である。擬混合物は、まだまだ少ないが、重質油、ビチューメン、シェールオイルなどの開発が進むと、今後は擬純成分のデータは増大すると考えられる。次に、報告の測定法に従って分類を行った。分類を行うまえに、まず、どのような測定法があるかを述べる必要がある。気体および液体の P-V-T 関係の測定法は、研究者によって呼称はことなるが、ここでは、Hongo[3)]および筆者 [4)]によって分類したがって説明を行う。

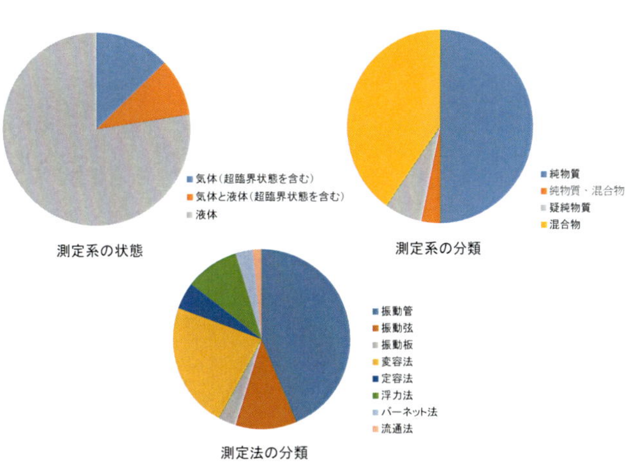

図 2　P-V-T 関係の最近の測定傾向

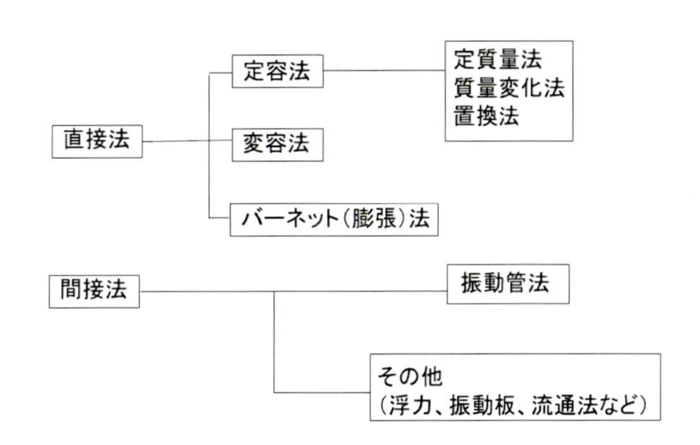

図 3　P-V-T 関係の測定法の分類

図 3 に測定法の分類を示した。大別すると直接法と間接法に分けられる。

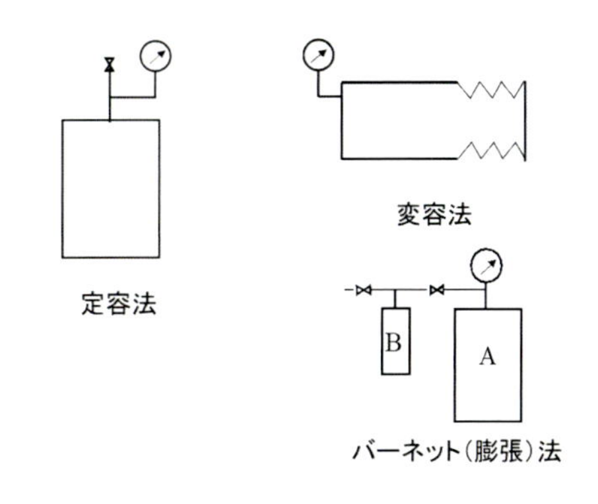

図 4　直接法の測定原理

図 4 および 5 には、それぞれ直接法の測定原理、気体および液体の P-V-T 関係の測定領域を示

した。直接法は図のように定容法、変容法、バーネット法に分類される。定容法は定容セルの内部に充填された流体質量を変化させない（封入する）場合と変化させる（放散あるいは追充填する）場合がありそれぞれ、定質量法と質量変化法にわけられる。また、定容セル中に金属球体などを入れる置換法もあるが、これは厳密には定質量法と次に説明する変容法の併用とも考えられる。変容法は一定の質量の試料流体を封入し、ピストンにより体積を変化させるものである。この方法はピストン変位と体積の検定が必要となるが、体積を大きく変化させることができるため広範な圧力範囲を測定することができる。膨張法はバーネット法とも呼ばれ、同様に体積変化させる。すなわち、定容セルを 2 つ使用して、一定の比率で流体を膨張させ圧力を変化させる。最大の特徴はセルの容積検定を必要としないことであるが、気体に対してのみの測定法といえる。そのため、膨張法は変容法に比較して圧力範囲が低いものが多く、第 2 ビリアル係数を測定する際によく用いられる。純物質というより、混合物に適用され交差ビリアル係数を算出するデータと考えられる。一方、間接法で 1990 年代初頭には浮力法や屈折法など、興味深い装置が登場したが、現在は振動管よるものが圧倒的に多く、ほぼ過半数を占める[5-16]。振動管密度計は高圧用のものが Anton Paar 社から市販されていて、急速に普及した。512P と呼ばれる 70MPa まで測定可能であったものが、512HPM となり、温度領域は 473K 以下であるが、圧力 140MPa まで測定可能となった。測定例が増加しつつあるのは振動弦法があげられる[17]。振動弦法は、一般化されているものではないが、密度と粘度を同時に測定できる利点がある。

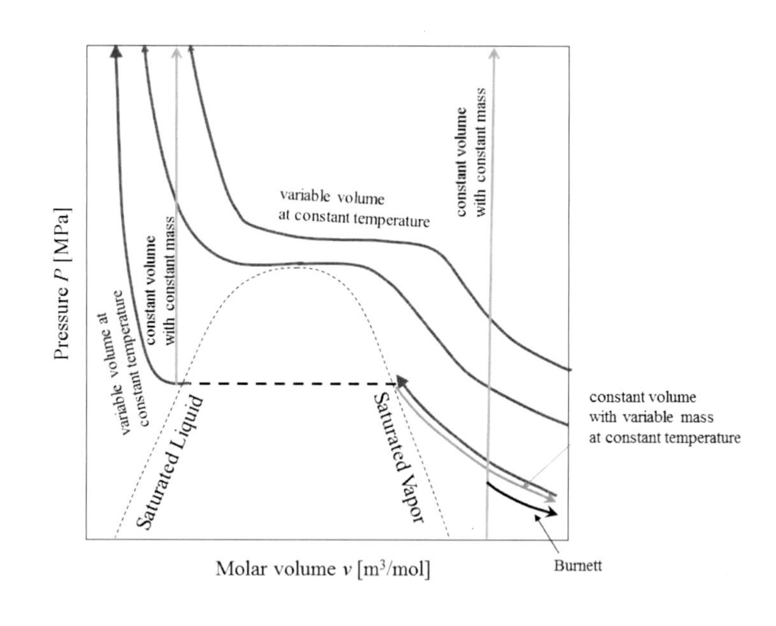

図 5　直接法の測定領域

図 6 に振動源法に基づく装置の概略を示す。周波数ωで y 軸方向の弦振動を与えると速度のゲイン u と位相ϕは次式となる。

$$u=\frac{F}{\rho_s\pi R^2[\omega^2(\beta'+2\Delta_0)^2+\{\omega(1+\beta)-\omega_0{}^2/\omega\}^2]^{0.5}} \quad (1) \qquad \tan\phi=\frac{\omega^2(1+\beta)-\omega_0{}^2}{\omega^2(\beta'+2\Delta_0)} \quad (2)$$

ただし

$$\omega_0{}^2=\omega_{0,VAC}{}^2-\frac{\pi\rho g M_w}{4L^2\rho_s R^2\rho_w} \quad (3)$$

$$\beta' = 2(\rho / \rho_s)\mathrm{Re}(A) \ (6) \quad \beta = (\rho / \rho_s)(-1 + 2\,\mathrm{Im}(A)) \ (7) \quad A = i\left(1 + \frac{K_1(\sqrt{i\Omega})}{\sqrt{i\Omega}K_0(\sqrt{i\Omega})}\right) \qquad (4)$$

ここでFは加振変位、Lは弦の半長、Rは弦半径、ρ_sは弦密度、ρ_wは錘密度、M_wは錘質量である。$K_0(x)$、$K_1(x)$は変形ベッセル関数、Ωは振動レイノルズ数（$\Omega = \rho\omega R^2 / \eta$）である。すなわち、真空中の振動周波数$\omega_0$と弦の減衰率$\Delta_0$を決めれば周波数のゲインと振動弦を取り巻く流体の粘度と密度を同時に定めることができる。また、振動管法とは異なるがGoodwin[18-20]は振動板と呼ばれる新しい方法を提案している。その反面、Deng ら[21]のように落液法、Egorov ら[22]のようにAdams変容法など古典的な手法も見受けられる。

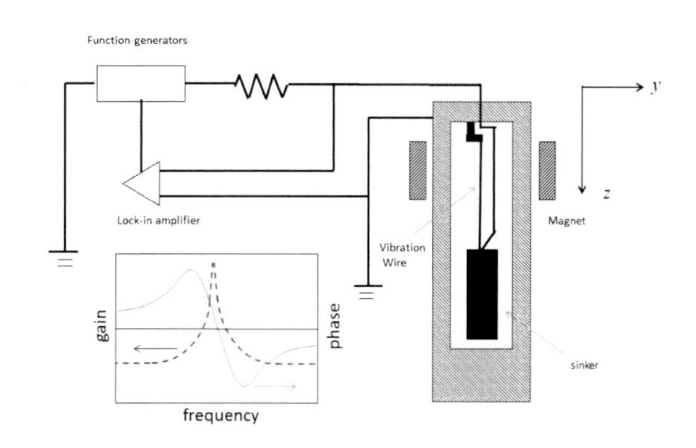

図6　振動弦法による密度測定装置

測定の詳細と測定精度

現在では、直接法としては変容法、間接法としては振動管法が最も一般的な方法といえる。ここでは変容法に基づくMiyamotoらの装置、振動管法に基づくMazzoccoliらの装置、また、最も単純な直接法の一例として、定容法に基づく著者らの装置を取り上げ、原理と精度について言及する。図7にMiyamotoらの装置を示した。Miyamotoらは温度280～440K、圧力1～200MPaまでのプロパン＋イソブタン[23]、ブタン＋イソブタン[24]、プロパン＋ブタン＋イソブタン[25]などの混合物に対してP-V-T関係を測定している。装置そのものはKabataらの装置[26]を継承している。装置は増圧機、圧力測定に応じた3つのフローピストン型死荷重圧力計、恒温槽内に設置されたベローズの変容セル、ベローズの位置を検知する作動トランスからなる。この装置の特徴は精密なベローズと3つのフリーピストン型死荷重圧力計にある。ベローズ拡大図も図に併記した。ベローズはインコネル718製であり、ベローズ厚さは0.15mm、コルゲート数は50であり、容積は14から22cm^{3}で変化させることができる。最も系が複雑なプロパン＋ブタン＋イソブタンでも下記の精度を維持している。

温度　0.003K

圧力　1.4kPa　(P<7MPa)、0.06%　(7MPa<P<50MPa)、 0.1%　(50MPa<P<150MPa)
　　　0.2%　(P>50MPa)

組成　4.4x10^{-4}

密度　0.09%　(0.01kg/cm^3)

図8はMazzoccoliらの振動管法による装置を示した[27]。Mazzoccoliらは二酸化炭素、二酸化炭素＋窒素、二酸化炭素＋酸素、二酸化炭素＋アルゴンについて温度273.15、283.15、293.15K、

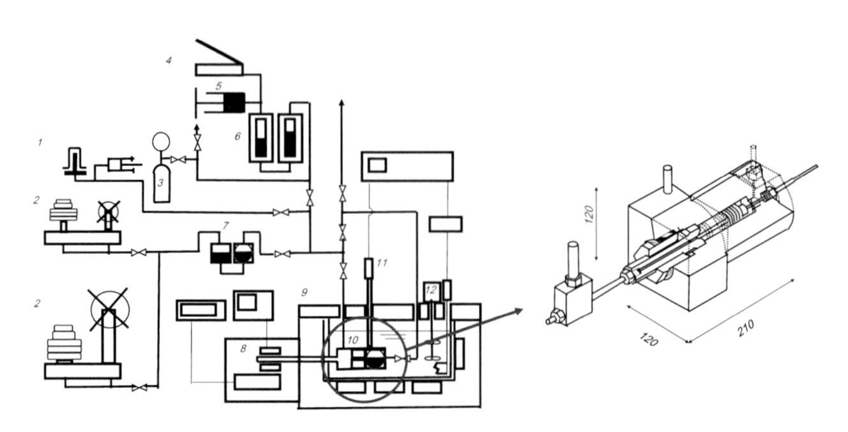

1: Air piston gauge 2:Dead weight pressure gauge 3: N_2 Cylinder 4: Hand pump 5: Screw pump 6: Pressure Intensifier 7: Separator Differential manometer 8: Differential Transformer Pirani gauge 9:Thermostatted bath 10: Pressure vessel with bellows 11: Pt resistance thermometer 12: Stirrer

図 7　Kabata らの装置

圧力 1～25MPa の P-V-T 関係を測定している。本装置は振動管密度計として Anton Paar 512HPM を使用しているため、まだまだ圧力範囲は余裕がある。ただし、振動管密度計は恒温ジャケットに格納されているので循環水を循環させざるを得ない。旧形式の Anton Paar 512P については国内に空気恒温槽や恒温水槽に設置できるように改造してくれる機器メーカーもあったので 512HPM についても今後期待したい。なお、圧力センサは Miyamoto ら同様に圧力範囲に応じて 0.6、6、26MPa の 3 つを使用し、さらに真空到達度確認のためピラニゲージも接続されている。本装置の精度については下記の通りである。

温度　0.02K

圧力 0.03%　(0.001MPa)

組成　$2x10^{-4}$

振動周期　0.01μs

密度　0.1kg/m^3 (液相領域)

　　　0.3kg/m^3(気相領域)

図 7 に著者らの内容量を変えながら等温測定を行う定容法に基づく装置[28,29]を示す。著者らは、二酸化炭素、二酸化炭素＋ブタン、二酸化炭素＋イソブタンに対して 360.00K、圧力 10.562MPa までの P-V-T 関係を報告している[28]。セルはステンレス製のものを容積は

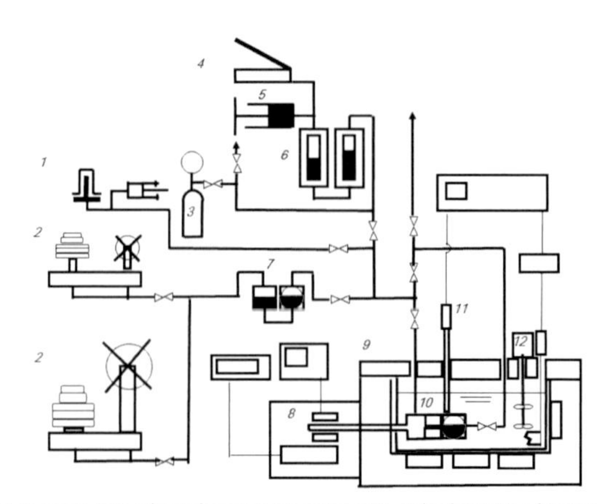

1: Air piston gauge 2:Dead weight pressure gauge 3: N_2 Cylinder 4: Hand pump 5: Screw pump 6: Pressure Intensifier 7: Separator Differential manometer 8: Differential Transformer Pirani gauge 9:Thermostatted bath 10: Pressure vessel with bellows 11: Pt resistance thermometer 12: Stirrer

図 8　Mazzoccoli らの装置

水を用いて検定し、63.9358±0.0004cm³としている。実は、この容積検定を行うにおいて3ヶ月を要している。セルはシリコーンオイルを熱媒体とした恒温油槽に浸漬して使用する。圧力はセンサで変動がなくなるのを確認して、ガラス製高圧水銀マノメータを介して接続した死荷重圧力計で検定する。ガラス製マノメータは東北大学反応化学研究所（現多元科学研究所）に依頼して作製した特注品である。本装置の精度については下記の通りである。

温度　0.03K

圧力　2kPa

組成　$1x10^{-3}$

密度　$0.01kg/m^3$

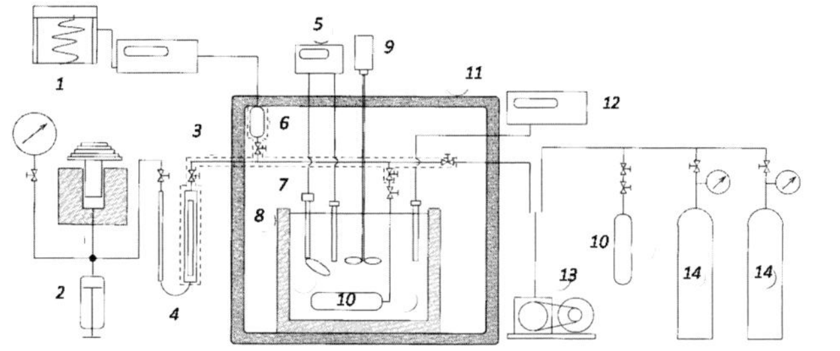

1: Pen Recorder 2: Dead Weight Tester 3: Ribbon Heater 4: Mercury U-Tube
5: Programmable Temperature Controller 6:Diaphragm-Type Pressure Sensor 7: Heater
8: Constant Temperature Bath 9: Agitator 10: High Pressure Cell 11: Air Chamber
12: Thermistor Thermometer 13: Vacuum Pump 14: Sample Cylinder

図9　著者らの装置

図9に本装置における測定結果の1例として360Kにおける二酸化炭素のP-V-T関係[28]を示す。Kobataら、Mazzoccoliらの装置に比べると、構造も単純で、精度はやや低いが、少なくともGilgenらの標準値[30]と同程度の精度の密度測定値が得られる。

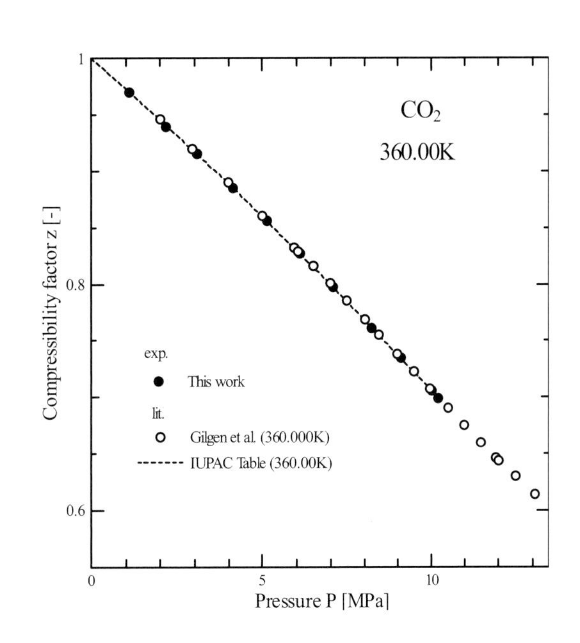

図10　二酸化炭素のP-V-T関係(360.00K)

測定に関わる費用と期間

実際にP-V-T関係を測定しようとすると、当然、費用が発生する。著者らは図7に示した装置を作製した際の機器とその費用の概算を以下に示す。

定容セル（1本、特注品）
¥100,000

温度センサ
¥700,000

圧力センサ
¥360,000

高圧マノメータ
¥100,000

死荷重圧力計　¥400,000　　恒温油槽　¥400,000

シリコーンオイル(40L)　¥280,000

架台、配管部品、保温材料

（スライダックス、投込ヒータ、リボンヒータ、温度制御器など）　¥200,000

さらに、重量検定のため天秤、真空乾燥器なども必要である。また、測定期間はセル内容積検定に少なくも 3 ヶ月、測定点は 1 日 1 点が限度であり、等組成線を得るのであれば、連続測定が必要である。

引用文献

1) Abbott, M. M. and H. C. Van Ness 著, 大島訳: マグロウヒル大学演習化学熱力学, pp.58-64, オーム社 (1996)

2) 辻: 化学工学, 77, 471-473(2013)

3) 化学工業社編: 化学工学物性定数 vol.19, pp.39-78, 化学工業社(1998)

4) 化学工学会超臨界流体高度利用特別研究会編: ワーキンググループ活動報告書 No.3, pp.46-59(1999)

5) Leron, B. and M. Li.: J. Chem. Thermodyn., 54, 293-301(2012)

6) Esperanca, J. et al.: J. Chem. Eng. Data, 53, 867-870(2008)

7) Ihmels, C. and E. Lemmon : Fluid Phase Equilibria, 260, 36-48(2007)

8) Alaoui, F. et al. : J. Che. Emg. Data, 56, 595-600(2011)

9) Comunas, M. et al.: J. Chem. Eng. Data, 53, 986-994(2008)

10) Ndiaye E. et al. : J. Chem. Eng. Data, 57, 2667-2676(2012)

11) Abreu, S. et al.:J. Chem. Eng. Data, 55, 3525-3531(2010)

12) Outcalt, S. : J. Chem. Eng. Data, 56, 4239-4243(2011)

13) Costa, H. et al.: J. Chem. Eng. Data, 54, 256-262(2009)

14) Fandino, O. et al.: J. Supercritical Fluids, 58, 189-197(2011)

15) Mantovani, M. et al.: J. Supercritical Fluids, 61, 34-43(2012)

16) Mazzoccoli, M. et al.: J. Chem. Eng. Data, 57, 2774-2783(2012)

17) Audonet, F. and A. Padua: Fluid Phase Equilibria, 181, 147-161(2001)

18) Goodwin, A. et al.: J. Chem. Eng. Data, 51, 190-208(2006)

19) Goodwin, A. et al.: J. Chem. Eng. Data, 53, 1436-1443(2008)

20) Goodwin, A.: J. Chem. Eng. Data, 54, 536-541(2009)

21) Deng, H. et al.: J. Chem. Eng. Data, 56, 2980-2986(2011)

22) Egorov, G. et al.: J. Chem. Eng. Data, 55, 3481-3488(2010)

23) Miyamoto, H. et al.: J. Chem. Thermodyn., 39, 1423-1431(2007)

25) Miyamoto, H. et al.: J. Chem. Thermodyn., 40, 567-572(2008)

25) Miyamoto, H. et al.: J. Chem. Thermodyn., 40, 558-566(2008)

26) Kabata, Y. et al.: J. Chem. Thermodyn., 24, 1019-1026(1992)

27) Mazzoccoli, M. et al.: J. Chem. Eng. Data, 57, 2774-2783(2012)

28) Tsuji, T. et al.: J. Supercritical Fluids, 29, 215-220(2004)

29) Tsuji, T. et al.: J. Supercritical Fluids, 13, 15-21(1998)

30) Gilgen, R. et al.: J. Chem. Thermodynamics 24, 1243-1250 (1992)

2.2.3b　測定法と測定精度　（熱力学物性—音速）

高木利治・辻智也
（京都工芸繊維大学・マレーシアエ科大学）

【はじめに】

流体中を粗密波によって伝播する超音波の速度（音速）は、系の熱力学的性質（熱物性）と密接な関係がある。近年、流体中の音速は広範囲の温度・圧力下においても高精度で測定でき、様々な分野で研究されている。ここでは、高圧液体中の音速測定法および有機液体中音速測定例を概説する。

【概説】

分散の影響がない低振動数の音波が流体中に励起されたとき、音波長λの1/2を周期として粗密波が存在する。音波の周期 t_W [$=\lambda/u$, u:音速] が温度の伝導時間 t_D [$=L^2/D$, L:距離, D:熱拡散率] より大であれば、流体中での熱伝導による影響は無視でき、音波伝播は断熱的である。その速度である音速 u は断熱圧縮率 κ_S との間で次式が成立する (Laplace equation) [1]。

$$\kappa_S = \frac{1}{\rho}\left(\frac{d\rho}{dP}\right)_S = \frac{1}{\rho u^2} \tag{1}$$

ここで、ρ は密度、P は圧力、S はエントロピーである。κ_S の直接測定は至難であり、音速から誘導されるのが一般である。熱力学的関係から、等温圧縮率 κ_T は次式で得られる。

$$\kappa_T = \gamma\kappa_S = \frac{1}{\rho u^2} + \frac{T\alpha^2}{\rho C_P} \tag{2}$$

式中、T は温度、α は熱膨張係数、γ は定圧熱容量 C_P および定容熱容量 C_V の比 $(= C_P/C_V)$ である。この式は、(3)式を経て (4)式が導かれる。

$$\left(\frac{\partial\rho}{\partial P}\right)_T = \frac{1}{u^2} + \frac{T\alpha^2}{C_P} \tag{3}$$

$$\rho_{(P,T)} - \rho_{(P_0,T)} = \int_{P_0}^{P}\frac{1}{u^2}dP + T\int_{P_0}^{P}\frac{\alpha^2}{C_P}dP \tag{4}$$

ここで、P_0は大気圧または飽和蒸気圧である。また、α および C_Pは、(5)、(6)式のように表すことができる。

$$\left(\frac{\partial\alpha}{\partial P}\right)_T = -\left(\frac{\partial\kappa_T}{\partial T}\right)_P \tag{5}$$

$$\left(\frac{\partial C_P}{\partial P}\right)_T = -\left(\frac{T}{\rho}\right)\left[\left(\frac{\partial\alpha}{\partial T}\right)_P + \alpha^2\right] \tag{6}$$

これらの関係を併用することによって、高圧下の音速測定値から任意の温度 T, 圧力 P における密度 $\rho_{(T,P)}$ を、さらには熱膨張係数 $\alpha_{(T,P)}$、定圧熱容量 $C_{P(T,P)}$を見積もることができる。

1975 年、Kell と Whalley [2] は 水の音速実験値から温度 : 273~373 K、圧力 : 大気圧~100 MPa の広範囲で密度 $\rho_{(T,P)}$ を見積り、実験値と±0.01 %以内の高精度一致することを報告した。近年、純水中のより広範囲の温度・圧力下において、より高精度の音速実験値を得るべき研究が Benedetto ら[3]、 Gedanitz ら[4]、Lin ら[5] によって行われている。それらは国際水蒸気性質会議が構築している状態方程式、IAPWS-95 [6] の改善に寄与している。

一方、高圧液体中の音速に関する研究は、1934 年に Swanson [7] が有機液体中の音速を音波干渉計法によって室温で 30MPa までの範囲で測定したのが最初である。1950 年代になってパルス法音速測定技術が開発されて以後、Caenevale ら[8]、Mifsud ら[9]、McSkimin ら[10] によってアルカン、アルコール、シリコンオイルなど液体中の音速圧力効果に関する研究が盛んに行われるようになった。近年、パルス法音速測定技術はさらに改良されるとともに、デジタル計測機器の飛躍的な進歩とも相まって、音速測定精度は格段に向上している。そして、種々有機液体および混合溶液、石油・バイオ関連物質、冷媒など様々な物質（分野）について、広範囲の温度・圧力下での音速関連研究が報告されている。

【高圧下のおけるパルス法音速測定】

試料中に設けられた振動子でパルス状超音波が励起されたとき、音波は試料の性質に影響を受けて距離 L を伝播する。このパルス状信号が L を伝播するに要する時間 t を測定すると、音速 u $(=L/t)$ は決定される。ところが、試料（液体）中を伝播する超音波は、試料の性質（粘度や誘電率など）によって、温度・圧力などの測定環境によって異なった音波吸収を伴い、音速測定誤差の要因となる。それら音波吸収などに起因する誤差を改善する方法として、① 励起信号と反射信号を重ね、重ねるに要する遅延時間を測定する pulse-echo overlap 法 [11、12]。② 振動子前後の異なった距離 L_1、L_2 に反射板を設け、音波伝播の時間差を測定する dual path pulse-echo 法[13~15]。③ 音波伝播の繰り返し周期を測定する sing-around 法 [16]などの改良型音速測定法が提案されている。

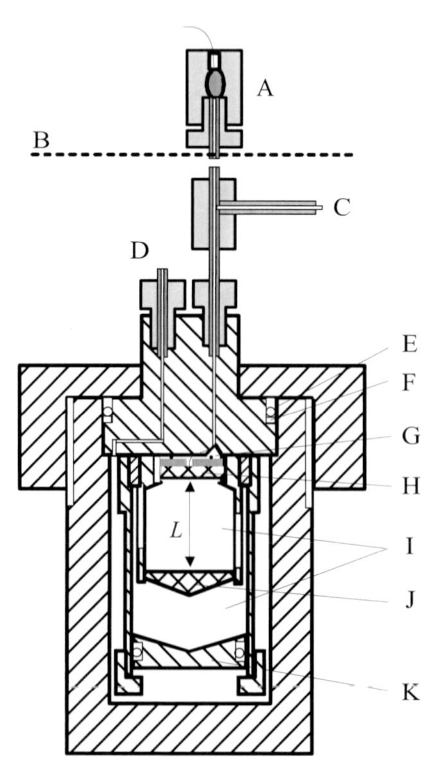

Fig.1 Acoustic interferometer employing a free piston [17] : (A) electrode, (B) water level, (C) to sample injection, pressure transducer, (D) to pressure generator line, (E) o-ring, (F) back up ring, (G) spring, (H) piezoelectric transducer, (I) sample chamber, (J) reflector, (K) free piston.

Takagi ら[16,17] は sing-around 法によって高圧下における種々有機液体や冷媒液相中の音速を測定している。音速測定（回路）装置は超音波工業社製 (hhp://www.cho-onpa.co.jp/)：UVM-2 を用いた。Fig. 1 は高圧音速測定セルである。高圧容器（SUS306）は温度：230~350 K、圧力：大気圧~約 50 MPa の範囲で測定できるよう設計されている。試料室 (I) 内に超音波発生用磁歪振動子 (H) (PZT, lead zircontitanate, 2 MHz, 20 mm$^{\phi}$) がスプリングによって固定されている。振動子で励起されたパルス状超音波は試料中を伝播し、距離 L に固定された反射板 (J)で反射する。音波は再び振動子に戻り、伝播に要した時間信号(e_1)が得られる。信号の重畳を避けるために、一定の遅延時間(d)を経たのち、次のパルス状音波を励起させて、その信号の繰り返し周期 (sing-around) から $t_1(=e_1+d)$ を得る。次に試料内を２往復したときの信号(e_2)から $t_2\ (=e_2+d)$ を測定し、それらの繰り返し周期 (1000 周期の平均) の差 (t_2-t_1) と伝播距離 L から音速 u $[=2L/(t_2-t_1)]$ は決定される。遅延時間は d=511.272±0.002 μs に固定されている。振動子(H)−反射板(J)間距離 L の精密測定は、構造上物理的に不可能である。そこで、高精度の音速が知られている四塩化炭素：u=921.1 m·s^{-1} やベンゼン：u=1299.9 m·s^{-1} (at 298.15 K, 0.1 MPa) 中の周期を測定し、L (=25.370±0.005 mm)を決定している。

高圧容器はエチレングリコールと水 (45/65 vol%)で満たされた恒温漕内 (±20 mK 以内に制御) に固定され、その温度は白金抵抗温度計 ITS-95 (±0.05 mK) によって補正された水晶温度計で観測している。電極 (A) は結露による信号への影響を避けるため、水面 (B) より上に位置してある。試料は注入口 (C) より排気したのち、試料室 (I) へ置換し、充填される。圧力媒体には低粘度のシリコンオイルを用い、加圧ポンプで発生させた圧力はピストン(K)を介して試料に伝達される。圧力の測定には補正された精密歪圧力計：(5±0.003) MPa および (35±0.005) MPa によって測定した。シールには測定媒体に、低温に耐えられるフッ素入りシリコンゴム製 0-リングを用いている。この装置によって測定した音速の不確かさは、低密度域を除いて±0.3 %以内である。

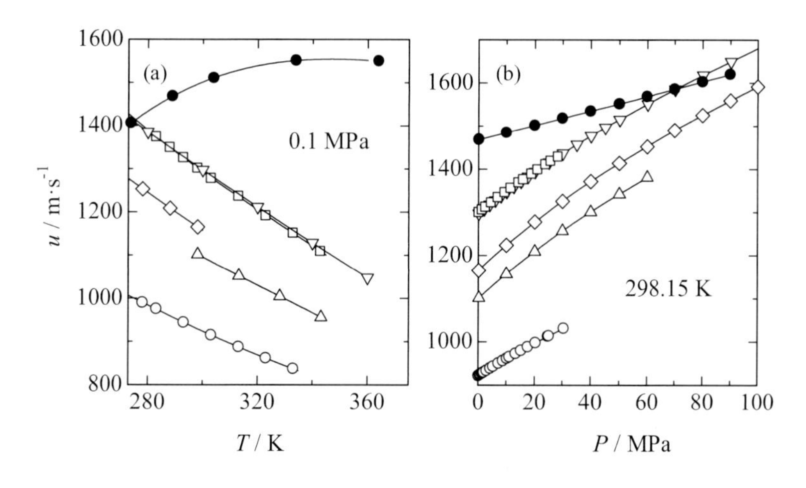

Fig.2 Temperature (a) and pressure (b) dependence of speed of sound, u in the liquid phase of several compounds.
●,Water[5], ○ ,Carbon tetrachloride[24], △,Methyl alcohol[39], ◇ ,Acetone[25], ▽ , Toluene[33], □,Benzene[24].

【高圧下のおける液体中の音速】

液体中の音速の圧力効果に関する研究は Oakley ら [18]、Neruchev ら [19]、 Takagi ら [20, 21] によって総説されているように、膨大な数の論文が報告されている。Fig.2 は水および有機液体中の音速の温度 Fig.2 (a)および圧力 Fig.2 (b) 依存性である。図中で見られるように、各化合物中の音速は異なった温度または圧力依存性を示し、各物質が持つ特質を示唆している。特に水中の音速は有機液体に比べ特異な温度・圧力挙動を示している。水の熱力学性質については文献 [22] 中で解説されている。Fig.2 中に示した液体は高純度の試料が比較的容易に入手でき、物性研究においては標準物質として比較されるものである。ベンゼンや四塩化炭素は凝固圧力が低い。例えばベンゼンのそれは 70.81 MPa (at 298.15 K) [23]である。

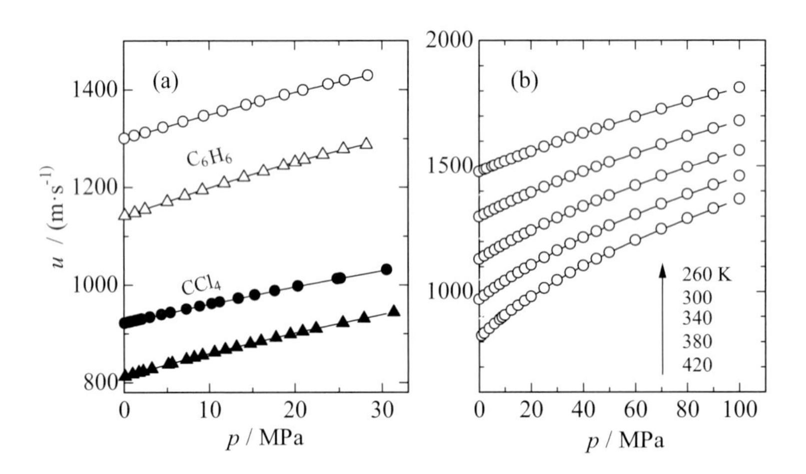

Fig.3 Pressure dependence of speed of sound, u in the liquid phase: (a) benzene, ○, △ and carbon tetrachloride, ● ▲. ○, ● at 298.15 K, △ ▲ at 333.15 K [24], (b) acetone [26].

Fig.3(a)は Takagi ら[24]が sing-around 法よって温度：283.15~333.15 K、圧力：大気圧~30 MPa の範囲で測定した四塩化炭素およびベンゼン中の音速圧力効果である。最近, Wegge ら[25]は dual path pulse-echo 法によってベンゼン中の音速を 253.2~ 353.2 K、大気圧~30 MPa の範囲で測定し、その不確かさは 0.036 %以内であると報告している。これら両者の値を比較すると、その差は高温域：333.21 K において幾分大きいが、高密度域では 0.05 %以内でよく一致している。アセトンは溶媒や精密機器の洗浄剤などとして重要な物質である。Fig.3(b)は Lago ら[26]によって測定されたアセトンの音速である。ここでは、広範囲の温度：248.15 ~ 298.15 K、圧力：大気圧~ 100 MPa で 0.1 %以内の不確かさで音速を測定し、それらの結果から密度、熱膨張率および定圧熱容量を見積もり、状態方程式について考察されている。

1980年代、塩素系フロンによるオゾン層破壊が警鐘されるとともに、非塩素系フロンが開発され、その熱物性・毒性などについての研究が盛んに行われるようになった。図 4 は HFC32 (CH_2F_2) : T_C=351.26 K、P_C=5.777 MPa [27,28] および HFC125 (CHF_2CF_3) : T_C=339.17 K、 P_C=3.618 MPa [29,30] の液相中の音速圧力依存性である。これら化合物の臨界温度 T_C、臨界圧力 P_C は比較的低く、臨界点近傍での音速の温度・圧力挙動を顕著に示している。しかし、C_P が無限大になる臨界点に近づくとともに、音波吸収が増大し、測定が困難になる。点線は飽和蒸気圧へ補外した音速である。Leipertz ら[31,32]のグループは dynamic light scattering 法によって種々流体の飽和蒸気・液体中の音速を測定している [Fig.4(b) ●]。このように他の熱物性値に比べ臨界点付近においても精度よく測定できる音速の温度・圧力挙動は状態方程式の信頼性確認に大きく寄与してきた。近年、HFC32 は我が国において家庭用小型エアコンの冷媒として普及している。

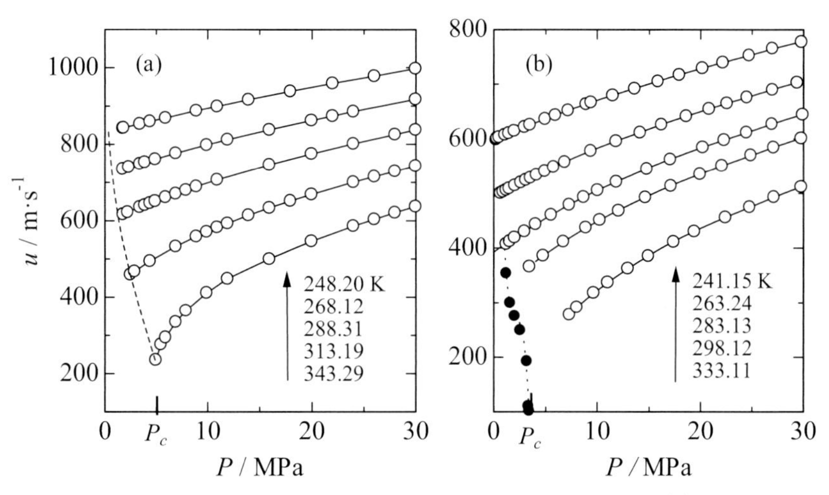

Fig.4 Pressure dependence of speed of sound in the liquid phase of (a) difluoromethane, CH_2H_2 (R32)[27] and (b) pentafluoroethane, CHF_2CF_3,R125)[29]. ●: Saturated liquid obtained by a dynamic light scattering method. [32],-----: saturation line, Pc: Critical pressure.

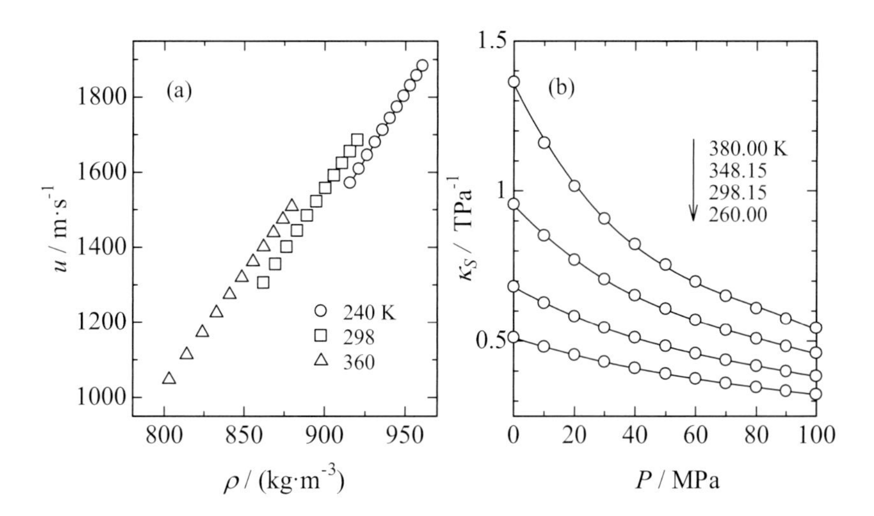

Fig. 5 The relationship between speed of sound u [33] and density, ρ [35] (a), and isentropic compressibility, κ_S and pressure p (b) in the liquid phase of toluene.

トルエンは標準物質として、また化学工学的に重要な物質であり、その熱力学的性質に関する研究は数多く行われている。最近、 Meierと Kabelac [33] はトルエン中の音速を温度 : 240～420 K、圧力 : 大気圧～100 MPaの広範囲において±0.03 %の不確かさで測定した。既報実験データとはよく一致しているが、状態方程式から誘導した値とは1～2 %の差違があり、その式の改良の余地を示唆している。Fig.5(a) 中には音速 u ー密度 ρ 関係を示した。図中に見られるように、音速は密度に大きく依存し、大気圧～100 MPaの広範囲の圧力においても両者は直線関係が得られている。このことは、音速の圧力効果は P-ρ-T 関係と同様に Tait 式 [34]によって見積もれることを示している。高圧液体の密度に関する研究報告は膨大な数がある。CibulkaとTakagi [35,36] はそれらの実験値を評価し、信頼できる P-ρ-T を抽出している。Fig.5中のトルエンの密度は評価値を用いた。また、式(1)から断熱圧縮率 κ_S を誘導し、その圧力依存性を Fig.5(b) に示した。

本稿では、高圧液体中の音速の熱力学的性質の背景、実験法および幾つかの測定例を紹介した。他に高圧液体中の音速から系の内部エネルギー、混合溶液の過剰エンタルピー(分子間相互作用)などについて議論されている [38,39]。一方、化学工業分野では、超音波（音速）は衣服などのクリーニング、精密機器の洗浄、不織布・断熱材・発泡材などの製造過程で、バイオ関連物質では乳化過程で、さらにはエンジンへの燃料噴射機構などを解明するために重要である。これら音速の圧力効果に関連する分野の更なる研究の発展が嘱望される。

【文献】

[1] A. J. Matheson, Molecular Acoustics, John Wiley & Sons Ltd., London, 1971.

[2] G. S. Kell and E. Whalley, *J. Chem. Phys.*, **62**, 3496, 1975.

[3] G. Benedetto, R. M. Gavioso, P. A. G. Albo, S. Lago, D. M. Ripa and R. Spagnolo, *Int. J. Thermophys.,* **26**, 1667, 2005.

[4] H. Gedanitz, M. J. Davila, E. Baumhogger and R. Span, *J. Chem. Thermodyn.*, **42**, 478, 2010.

[5] C.-W. Lin and J. P. M. Trusler, *J. Chem. Phys.*, **136**, 094511 (2012）

[6] The International Association for the Properties of Water and Steam (IAPWS-95 formulation).

[7] J. C. Swanson, *J. Chem. Phys.*, **2**, 689, 1934.

[8] E. H. Carnevale and T. A. Litovitz, *J. Acoust. Soc. Am.*, **27**, 547, 1955.

[9] J. F. Mifsud and A. W. Nolle, *J. Acoust. Soc. Am.*, **28**, 469, 1966.

[10] H. J. McSkimin, *J. Acoust. Soc. Am.*, **29**, 1185, 1957.

[11] J. L. Daridon, *Acoustica*, **80**, 416, 1994.

[12] A. Zak, M. Dzida, M. Zorebski and S. Ernst, *Rev. Sci. Inst.*, **71**, 1756, 2000.

[13] M. J. P. Muringer, N. J. Trappeniers, and S. N. Biswas, *Phys. Chem. Liq.*, **14**, 273, 1985.

[14] K. Meier and S. Kabelac, *Rev. Sci. Inst.*, **77**, 123903, 2006.

[15] S. J. Ball and J. P. M. Trusler, *Int. J. Thermophys.*, **22**, 427, 2001

[16] T. Takagi and H. Teranishi, *J. Chem. Thermodyn.*, **19**, 1299, 1987.

[17] T. Takagi, *J. Chem. Eng. Data*, **41**, 1061, 1996.

[18] B. A. Oakley, G. Barber, T. Worden and D. Hanna, *J. Phys. Chem. Ref. Data*, **32**, 1501, 2003.

[19] Yu. A. Neruchev, M. F. Bolotnikov and V. V. Zotov, *High Temp.*, **43**, 266 2005.

[20] T. Takagi and E. Wilhelm, in Heat Capacities : Liquids, Solutions and Vapours, E. Wilhelm, T. M. T. Letcher (Eds), RSC Publishing, Cambridge, 218-237, 2010.

[21] T. Takagi, in Volume Properties : Liquids, Solutions and Vapours, E. Wilhelm, T. M. T. Letcher (Eds), RSC Publishing, Cambridge, 395-413, 2014.

[22] 鈴木啓三，水および水溶液，共立全書 235，共立出版。

[23] R. D. Goodwin, *J. Phys. Chem. Ref. Data*, **17**, 1541, 1988.

[24] T. Takagi, K. Sawada, H. Urakawa, M. Ueda and I. Cibulka, *J. Chem. Thermodyn.*, **36,** 659, 2004.

[25] R. Wegge, M. Richter and R. Span, *J. Chem. Eng. Data*, **60**, 1345, 2015.

[26] S. Lago and P. A. G. Albo, *J. Chem. Thermodyn.*, **41**, 506, 2009.

[27] T. Takagi, *High Temp.-High Press.*, **25**, 685, 1993.

[28] P. F. Pires and H. J. R. Guedes, *J. Chem. Thermodyn.*, **31**, 55, 1999.

[29] T. Takagi, *J. Chem. Eng. Data*, **41**, 1325, 1996.

[30] J. M. S. S. Esperaca, P. F. Pires, H. J. R. Guedes, N. Ribeiro, T. Costa and A. A. Ricardo, *J. Chem. Eng. Data*, **51**, 2161, 2006.

[31] A. Leipertz, *Int. J. Thermophys.*, **9**, 897, 1988.

[32] K. Kraft and A. Leipertz, *Int. J. Thermophys.*, **15**, 387, 1994.

[33] K. Meier and S. Kabelac, *J. Chem. Eng. Data*, **58**, 1398, 2013.

[34] J. H. Dymond and R. Malhotra, *Int. J. Thermophys.*, **9**, 941, 1988

[35] I. Cibulka and T. Takagi, *J. Chem. Eng. Data*, **44**, 411, 1999.

[36] T. Takagi and I. Cibulka, 高圧力の科学と技術, **13**, 173, 2003.

[37] M. J. Davila and J. P. M. Trusler, *J. Chem. Thermodyn.*, **41**, 35, 2009.

[38] W. Marezak, M. Dzida and S. Ernst, *High Temp.-High Press.*, **32**, 283, 2000.

[39] M. Dzida and M. Cempa, *J. Chem. Thermodyn.*, **40** 1531, 2008.

2.2.4 輸送物性

船造俊孝
（中央大理工）

2.2.4.1 はじめに

熱、物質、運動量は値の高い方から低い方に移動する。各移動量について、単位時間、単位面積当たりに通過する物理量を流束（flux）といい、流束は各物理量の勾配に比例する。この比例定数は熱（温度）の場合は熱伝導率、物質（濃度）の場合は拡散係数、運動量の場合は粘度（粘性係数）である。移動方向が一次元の場合、それぞれ以下の式で表される。

$$q_z = -k\frac{dT}{dz} \qquad (1) \qquad \text{Fourier の法則}$$

$$j_z = -D\frac{dC}{dz} \qquad (2) \qquad \text{Fick の法則}$$

$$\tau_{yz} = -\eta\frac{du_z}{dy} \qquad (3) \qquad \text{Newton の法則}$$

ここで、q_z, j_z, τ_{yz}はそれぞれ熱流束、物質流束、剪断力、また、k、D、ηはそれぞれ熱伝導率、拡散係数、粘度である。いずれも移動量は（比例定数）×（勾配）として表され、熱、物質、運動量の相似則[1,2]がなりたつ。プロセス設計では平衡物性だけでなく、これら輸送物性も移動量を算定する上で、不可欠な物性値である。また、熱移動と物質移動に係る無次元数 Prandtl 数（$=\nu/\alpha$：$\nu=\eta/\rho$、α:熱拡散率 $=k/\rho C_p$、ρ：密度、C_p: 定圧熱容量）と Schmidt 数（$=\nu/D$）はそれぞれ粘性と熱拡散率の比、粘性と拡散係数の比で表される物性値である。各輸送物性の測定法については、多くの優れた成書があるが、特に、最近の測定法を除き、文献[3]に原理、装置、精度等が、また、超臨界流体については文献[4]に詳しい。測定法として定常法と非定常法に大別されるが、非定常法の方が圧倒的に高精度で、また、最近のナノ材料等の微細な試料について、移動距離が短いので、その変化量も小さく、高精度の測定の難しさは飛躍的に増大する。そのため、定常法では限界があり、必然的に非定常測定法となる。

また、この章では表面張力も粘性係数と相関され、その測定についても触れる。

2.2.4.2. 研究動向

2006 年から 2015 年 8 月末までに出版された文献について SciFinder ®により検索した論文数を表 **1** に示す。いずれも、文献の種類は journal, 言語は英語で measurement を含む各キーワードについての文献数である。ionic liquid や nano fluid の熱伝導率と粘度についての報告が多い。また、それぞれの物性について、review 文献も多い。2006 年以降で熱伝導率、粘度、拡散係数、表面張力についての review 文献はそれぞれ 185, 465, 62, 115 件で多数ある。

表 1.　各キーワードについての文献数

年	2006年以降
文献の種類	journal
言語	English
3番目のキーワード	measurement

1番目のキーワード	文献数	2番目のキーワード	文献数
thermal conductivity	10354	high pressure	319
		nano fluid	347
		ionic liquid	64
		transient	803
		steady state	358
		3ω	347
		transient hot wire	202
		solid	1481
		fluid	833
		mixture	518
		heterodyne	4
viscosity	28968	nano fluid	413
		ionic liquid	1085
		high pressure	989
		colloid	734
		gas	1636
		liquid	6099
		mixture	3591
		vibrating	666
		falling boll	66
		rolling ball	73
		rotating disk	63
		capillary tube	102
diffusion coefficient	3401	self-diffusion	541
		binary diffusion	91
		gas	346
		liquid	684
		supercritical	24
		polymer	511
		high pressure	93
		nano fluid	3
		ionic liquid	57
surface tension	6576	gas	770
		liquid	2314
		polymer	1075
		high pressure	170
		nano fluid	65
		ionic liquid	374

2.2.4.3 熱伝導率

古くから種々の方法により測定されているが、流体の熱伝導率の測定法として、過渡（非定常）熱線法(Transient hot wire, THW)が最も精度の高い測定法とされ[3]、低圧から高圧域、特に臨界点近傍の臨界点異常のデータの測定[5,6]も報告されている。近年、微細な試料の高精度測定が求められ、3ω法[7-11]による報告も増加している。また、新しい測定法として熱・物質の同時移動の Soret 効果についてヘテロダイン検出法[12-14]がある。

a. 過渡熱線法

セル内に白金の長い細線と短い細線を張り、通電により加熱された細線より周囲の流体に熱が移動し、流体の温度変化より、流体の熱伝導率を測定する方法である。長い細線と短い細線の応答の差により、細線を固定した両端の影響を相殺でき、臨界点近傍の非常に高い測定精度を要求される測定にも採用されている。文献[3]には測定原理、装置、装置改良の変遷、測定誤差など詳細に解説されている。

b. 3ω法

周波数応答法の一種で、測定原理は 1980 年代後半に提案され[7,8]、急速に普及した測定法である。導電性ワイヤーを熱源とセンサーとして同時に使用し、流体の熱伝導率と熱拡散率を同時に測定でき、測定精度が高いと考えられる。測定装置の概略を図 1 に示す。測定装置は研究者によってほぼ類似の構成であるが、熱伝導率の決定の手順や基礎式の導出は研究者や系によって差異がある。図 2 に温度振幅の実部の周波数依存性を示すが、直線部分から熱伝導率を決定している[9]。

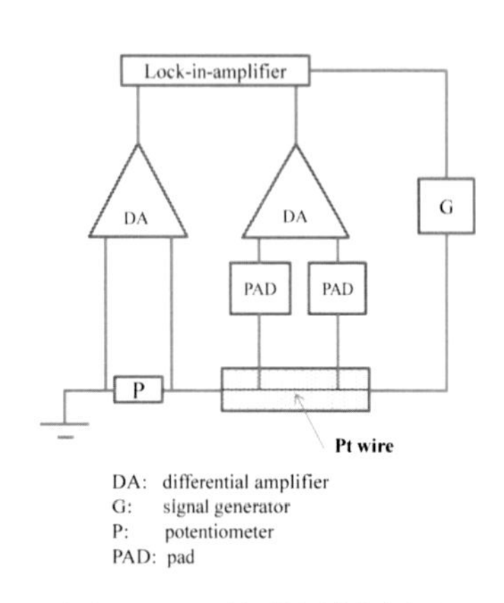

図 1. 3ω法装置概略図

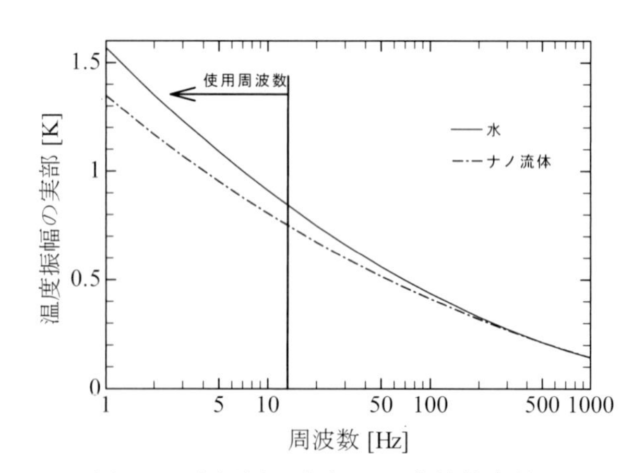

図 2. 温度振幅の実部の周波数依存性

c. 両方法の比較

図 3 は SciFinder®で 2006 年以降、journal, English, measurement の条件で検索した THW 法と 3ω法で (a)全般と(b)ナノ流体についての論文数の比較である。THW 法はコンスタントに発表されているが、3ω法は THW 法のほぼ 3 倍近くある。ナノ流体については THW 法の方が多い。

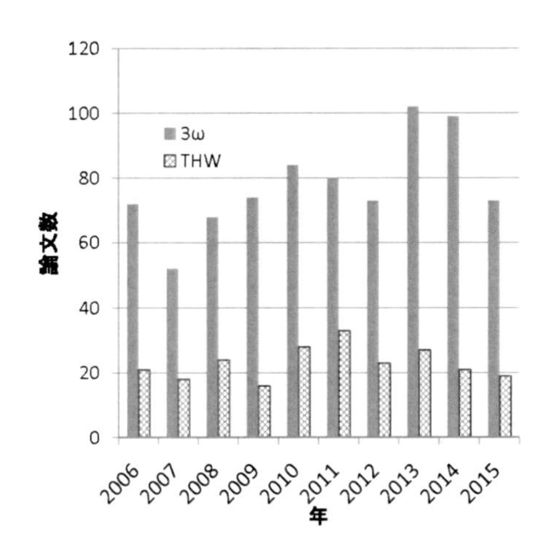

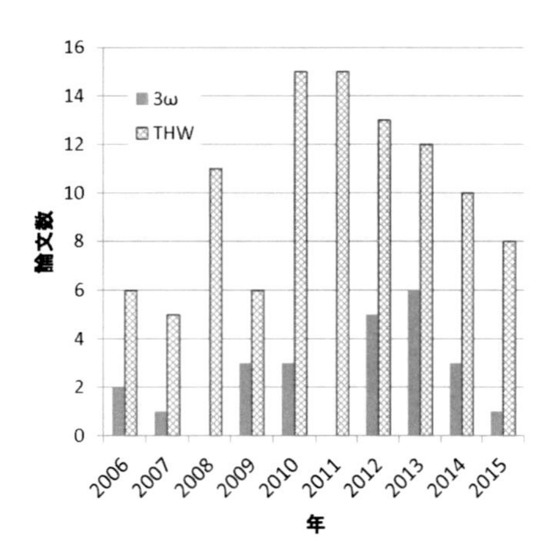

図 3. THW 法と 3ω 法による熱伝導率測定の報告数 (a) 測定全般、(b)ナノ流体についての測定。

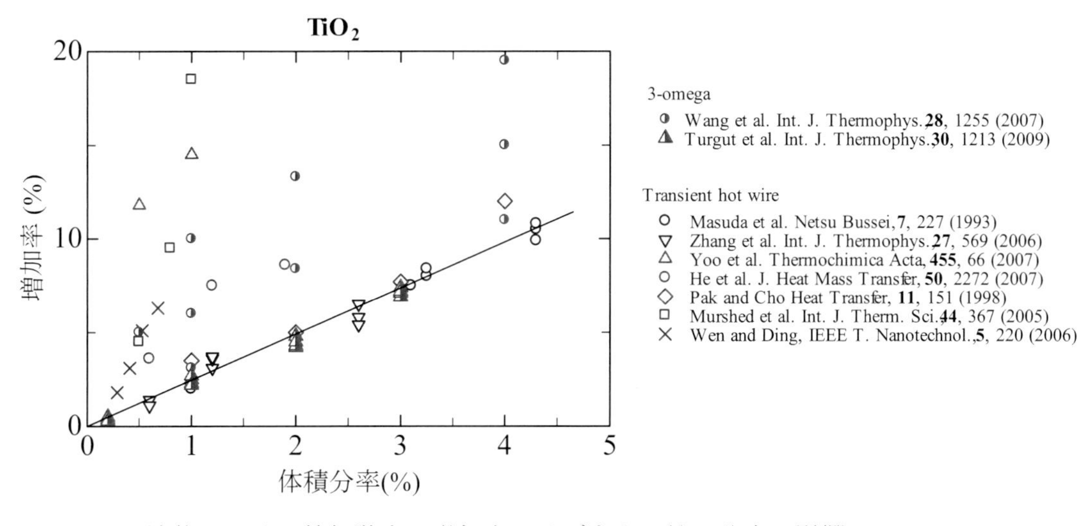

図 4. TiO_2 ナノ流体における熱伝導率の増加率に及ぼすナノ粒子分率の影響

図 4 に THW 法と 3ω 法による熱伝度率の増加率に対するナノ粒子体積分率依存性を示す。両測定法の優劣はほとんど見られず、研究者間の差異の方がはるかに大きい。

d. その他の測定法

近年、過渡応答法の一種として、ヘテロダイン検出法[12-14]があり、熱・物質同時移動がある系、例えば Soret 効果についての測定で用いられている。定常法での測定は難しい系であり、また、微小空間での測定が可能なので、マイクロ流路などにも応用されている。

2.2.4.4 粘度（粘性係数）

粘度の測定は、流体が落下する細管粘度計、流体中をペンダント型、針状、球形等の物体が落下する落球式、流体中に振動子を設置した粘度計、流体中で円盤を回転させる回転粘度計に大別できる。高精度な測定が可能な振動式などの市販品も普及している。落球式、振動式について文献[3]に詳しく述べられている。落球式の改良形として球体が傾斜面を転がり落ちる Rolling ball 粘度計も使用されている[15-17]。これは傾斜角度を変えることにより球体の落下速度を変えられるので、粘度の値が大きく変わる広範囲な圧力範囲での測定や CO_2 加圧液体の CO_2 の圧力を変化させた測定等に適している。窓板が設置されていれば相状態が確認でき、また、ピストンの位置を正確に測定することで、流体の密度も同時に測定できるように工夫させている。測定法としてかなり前に提案されている[18,19]が、普及してきたのは比較的最近である。それぞれ、精度や測定粘度範囲、測定圧力等の制限などがあり、種々の方法が用いられている。また、近年、微量試料を高精度な迅速測定が求められることも多く、太さの異なる 8 本の針を順次流体中に落下させる装置も開発されている[20]。特に、ナノ流体や懸濁液、コロイド溶液などの(3)式が成り立たない非 Newton 流体についての測定需要も多い。また、測定対象の流体を細管中に層流で流し、Hagen-Poiseuille 流れの基礎式による２点間の圧力損失から測定したもの[21,22]もある。

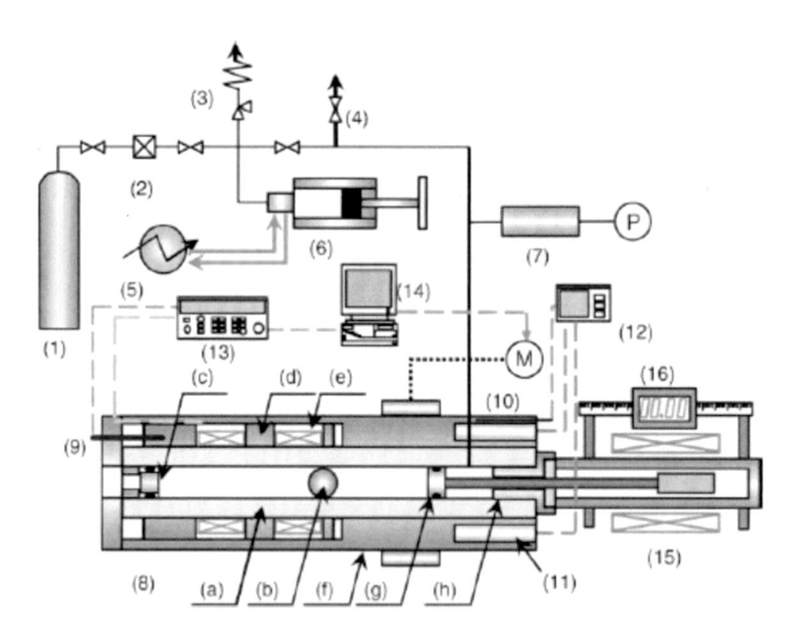

(1) CO_2ボンベ、(2) フィルター, (3) 解放バルブ、 (4) 排出バルブ、(5) 冷却器、(6) 手押しポンプ、(7) バッファー、 (8) 粘度計セル、(9) 4 芯 Pt 温度センサー、(10) 3 芯温度センサー、(11) カートリッジヒーター、(12) 温度制御器、(13) データロガー、(14) コンピューター、(15) 差動変圧器, (16) 目盛付き定規、(a) セル本体、(b) 落球、(c) サファイア窓、(d) 巻き器、(e) コイル、(f) 加熱ジャケット、(g) ピストン、 (h) ピストン抑え

図 5. Rolling ball 粘度計の詳細図 [17]

図 5 は Sato らによる Rolling ball 粘度計の詳細図[17]である。サファイア窓を装備し、密度はピストンの位置から、bubble point 圧力は synthetic 法により求める。測定は 60℃、CO_2 加圧 THF の CO_2 モル分率 0〜0.3 までの液相の密度と粘度を同時測定している。この系のように CO_2 加圧液体の系の粘度測定では、密度も同時に測定することが不可欠である。この装置の健全性の検証としてオクタン、デカンの粘度測定で、文献値と 1.1 %, 0.5%の精度で一致したとあり、高精度測定が可能となる。

2.2.4.5. 拡散係数

拡散係数について、非電解質についての自己拡散係数 D_s は NMR 法、相互拡散係数 D_{12} は Taylor 法あるいは CIR(Chromatographic Impulse Response)法[23,24]による測定が多い。高圧流体中については、D_s についてはイオン液体[25-27], イオン液体+CO_2[28]、D_{12} については CO_2+共溶媒中についての測定が増えている[29,30]。また、Taylor 法により CO_2 加圧液体メタノール中の D_{12} の測定も報告[31]されている。電解質については cyclic voltammetry 法[32,33]および chronoamperometry 法 [34,35] がある。電解質系については、測定原理は古くから確立されているが、微細な電極の開発により、高感度測定が可能となり、また、イオン化されにくい系では電解質の添加が必要とされたが、古くはその添加量が多く、測定対象の物性や相状態が変化してしまつた例があった。近年、添加物の減量や添加が不要であったりして、格段に測定精度は向上している。

D_{12} の測定のほとんどは Taylor 法であり、その測定原理およびその精度については古くから詳細に検討されており[36]、注意深く行えば、高精度での測定が可能となる。しかし、超臨界二酸化炭素($scCO_2$)中の極性溶質や、臨界点近傍の温度・圧力における溶質、水中の CO_2 などの気体の拡散係数の測定では、溶質の拡散管内壁への吸着が起こり、応答ピークがテーリングする。Taylor 法での基礎式にはこの効果が考慮されておらず、テーリングは直接、算出される拡散係数の値に影響を与える。テーリングが激しいほど、真の値より拡散係数は小さく算出される。低圧下の測定ではステンレス管ではなく、内壁を不活性化したフューズドシリカ製の拡散管が用いられている。

筆者らは内壁にポリエチレングリコール薄膜をコーティングしたキャピラリーカラムを用い、Taylor 法によるこの誤差を検証した[37]。vitamin K_3 を溶質とし、308.2 K における $scCO_2$ 中の拡散係数を測定した結果を図 6 に示す。その結果、吸着を考慮しない Taylor 法では、圧力の減少に伴って D_{12} は減少するが、吸着を考慮した CIR 法では圧力の減少とともに D_{12} は増加した。両測定方法による D_{12} の値がほぼ一致するのは、11 MPa 以上の圧力であった。図 7 に示すように、8.5 MPa 以下では Taylor 法では圧力の上昇に伴い D_{12} の値は増加するが、CIR 法では逆の結果になっている。これは図 6 に示すように、溶質の管壁への吸着等による応答曲線の歪みに起因する。Taylor 法は優れた測定法であり、多くの研究者により、気体から液体までさまざまな系に用いられているが、極性溶質について管壁への吸着が無視でいない系には注意を要する。CIR 法は極性溶質についての測定に適している。

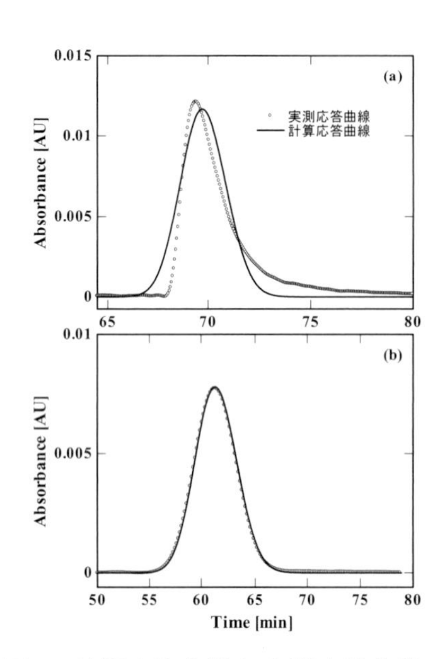

図 6. 計算応答曲線と実測応答曲線
(308.2 K, 8.0 MPa)[37]
(a) Taylor 法、(b) CIR 法

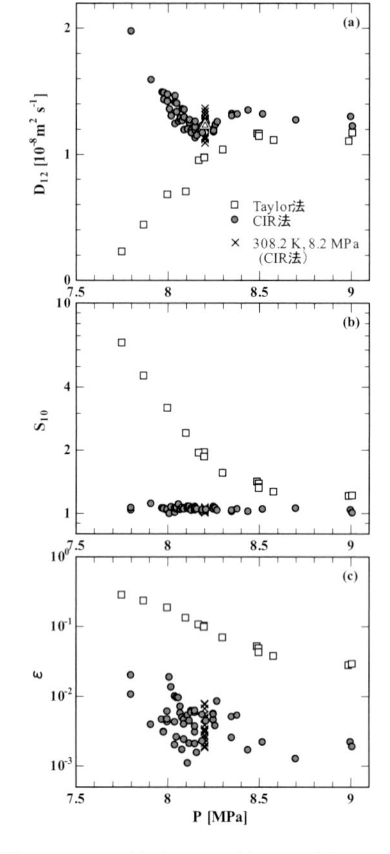

図 7. Taylor 法と CIR 法の比較 (308.2 K)[37]
(a) D_{12}, (b) S_{10}, (c) フィッティング誤差 ε

Taylor 法の改良として超臨界水中における phenol の D_{12} を測定した報告がある[38]。図 8 に示すように、常温での溶媒（水）の流路を２つに分岐させ、一方を予熱管のみ、他方を予熱管＋拡散管に流し、下流で２つの流れを合わせ、検出器へと導かれる。予熱管のみを通った溶質は先に検出器に到達し、その応答を入力、他方を出力として、D_{12} を算出するもので、非定常応答の２点測定法[39]の応用である。測定結果の精度について、他に測定データがないので検証できないが、低温での測定値から求めた相関式でほぼ表され、ある程度の精度が得られていると考えられる。

また、興味深い測定として、Supercritical Fluid Deposition 法による高温高圧下の $scCO_2$ 中でのナノ構造体への金属原子の埋め込みについて、拡散律速として反応物である金属錯体の $scCO_2$ 中の拡散係数を算出した報告がある[40]。

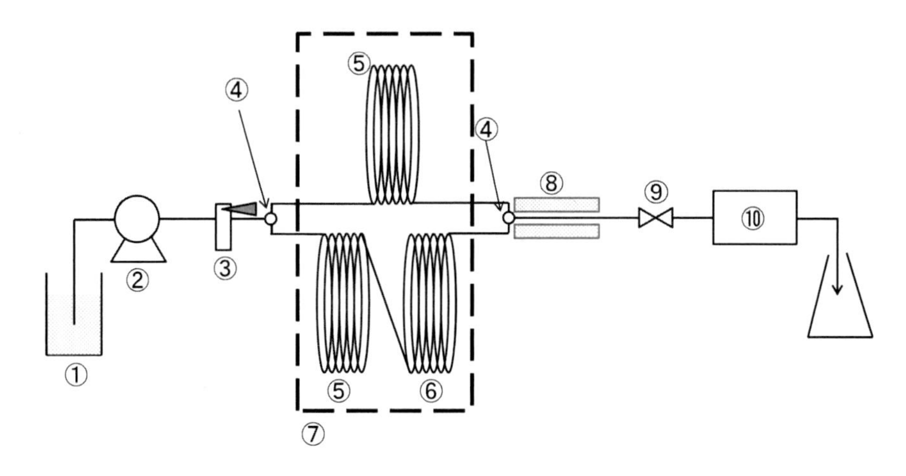

① 溶媒、② HPLC ポンプ、③ インジェクター、④ T-継手、⑤ 予熱管、⑥ 拡散管、⑦ オーブン、⑧ 冷却ジャケット、⑨ 背圧弁、⑩ UV-Vis 検出器

図 8. スプリットカラムを用いた改良 Taylor 法測定装置概略[38]

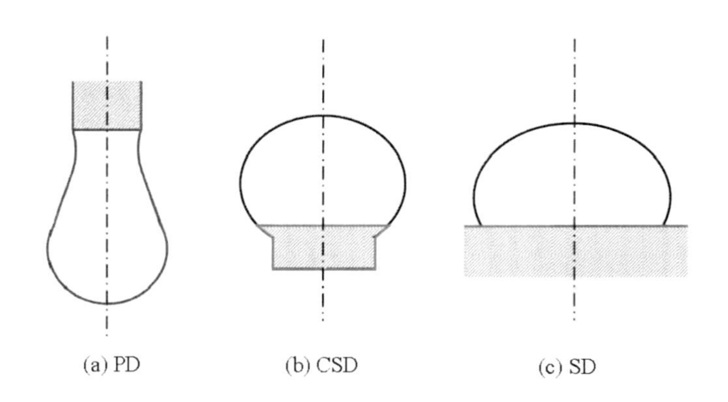

図 9. 液滴形状の分類 [43]

(a) pendant drops(PD), (b) constrained sessile drops (CSD), (c) sessile drops (SD)

2.2.4.6. 表面張力

表面張力は種々の測定法があるが[41,42]、一般的には液滴を写真撮影し、簡易的には接触角の測定する方法と、より正確には Young-Laplace 方程式を解くことにより求める方法がある。また、比較的、簡便な方法として、測定対象の溶液中にキャピラリー細管を垂直に立て、液の上昇から測定する方法(Capillary rise method)も提案されている。種々の方法による測定法の測定精度はあまり議論されてこなかったが、Saad と Neumann[43]は図 9 に示す 3 種類の形状の液滴について、液滴のガウス曲線の数値解から、測定精度とパラメータ感度について詳細に検討した。その結果、PD の形状の液滴が最も測定精度が高く、次に CSD、SD の順であった。そして、球状の液滴は測定精度が低いことが分かった。

流体中にナノ粒子の濃度によって表面（界面）張力が大きく変化することが知られており、ナノ流体は物性が tunable な流体として知られており、近年、さまざまなナノ粒子についてのナノ流体の粘度と表面張力が測定されている[44,45]。しかし、その結果は一致しておらず、さらなる研究成果が求められている。

引用文献

1. Bird, R. B., W. E. Stewart, E. N. Lightfoot, *Transport Phenomena*, John Wiley & Sons, New York (1960).
2. 超臨界流体入門、化学工学会超臨界流体部会編、丸善（2008）.
3. M. J. Assael, C. A. Nieto de Castro, H. M. Roder, W. A. Wakeham, *Measurement of the Transport Properties of Fluids*, edited by W. A. Wakeham, A. Nagashima, J. V. Sengers, Chapt. 7. pp. 165-194, Blackwell Scientific Publishers, Oxford (1991).
4. *Supercritical Fluids*, Y. Arai, T. Sako, Y. Takebayashi edt., Chapt. 3.2 Thermal conductivity by H. Tanaka, Chapt. 3.1 Viscosity by C. Yokoyama, Chapt. 3.3. Diffusion coefficient by T. Funazukuri, Springer-Verlag, Berlin 2002.
5. A. A. Clifford, J. Kestin, W. A. Wakeham, *Physica A*, **97**A, 287-95 (1979).
6. A. O. S. Maczek, M. K. Davies, *Ber. Bunsen-Ges*., **94**, 420-424 (1990).
7. D. G. Cahill, R. O. Pohl, *Phys Rev. B*., **35**, 4067-4073 (1987).
8. D. G. Cahill, *Rev. Sci. Instrum*. **61**, 802-808 (1990).
9. Z. L. Wang, D. W. Tang, S. Liu, X. H. Zheng, N. Araki, *Int. J. Thermophys*, **28**, 1255-1268 (2007).
10. D. W. Oh, A. Jain, J. K. Eaton, K. E. Goodson, J. S. Lee, *Int. J. Heat and Fluid Flow*, **29**, 1456-1461 (2008).
11. A. Turgut, I. Tavman, M. Chirtoc, H. P. Schuchmann, C. Sauter, S. Tavman, *Int. J. Thermophys*, **30**, 1213-1226(2009).
12. M. Hartung, W. Koehler, *Eur. Phys. J. E: Soft Matter*, **17**, 165-179 (2005).
13. D. V. Voronine, D. Abramavicius, S. Mukamel, *J. Chem. Phys*., **126**, 044508/1-044508/8 (2007).
14. T. Sakai, Tadatsugu, J. Hotta, Y. Nagasaka, *Netsu Bussei* **26**(4), 196-202 (2012).
15. D. Tomida, A. Kumagai, C. Yokoyama, *Int. J. Thermophys*., **28**, 133-145 (2007).
16. D. Tomida, A. Kumagai, K. Qiao, C. Yokoyama, *J. Chem. Eng. Data*, **52**, 1638-1640 (2007).
17. Y. Sato, H. Yoshioka, S. Akikawa, R. L. Smith, *Int. J. Thermophys*., **31**, 1896-1903 (2010).
18. E. M. Stanley, R. C. Batten, *Anal. Chem*., **40**, 1751-1753 (1968).
19. K. Nishibata, M. Izuchi, *Physica B+C*, **139**, 903-906 (1986).
20. H. Yamamoto, K. Kawamura, K. Omura, S. Tokudome. *Int. J. Thermophys*., **31**, 2361-2379 (2010).
21. M. Yousfi, S. Alix, M. Lebeau, J. Soulestin, M. F. Lacrampe, P. Krawczak, *Polym. Testing*, **40**, 207-217 (2014).
22. A. Allmendinger, L. H. Dieu, S. Fischer, R. Mueller, H. C. Mahler, J. Huwyler, *J. Pham. Biomed.*

Anal., **99**, 51-58 (2014).
23. T. Funazukuri, C. Y. Kong, N. Murooka, S. Kagei, *Ind. Eng. Chem. Res.*, **39**, 4462-4469 (2000).
24. T. Funazukuri, C. Y. Kong, S. Kagei, *J. Chromatogr. A*, **1037**, 411-429 (2004).
25. H. Tokuda, K. Hayamizu, K. Ishii, M. A. B. H. Susan, M. Watanabe, *J. Phys. Chem. B.*, **108**, 16593-16600 (2004).
26. T. Umecky, M. Kanakubo, Y. Ikushima, *Fluid Phase Equilib.*, **228-229**, 329-333 (2005).
27. K. R. Harris, M. Kanakubo, *Phys. Chem. Chem. Phys.*, **17**, 23977-23993 (2015).
28. T. Umecky, M. Kanakubo, T. Makino, T. Aizawa, A. Suzuki, *Fluid Phase Equilib.*, **357**, 76-79 (2013).
29. O. Suarez-Iglesias, I. Medina, C. Pizarro, J. L. Bueno, *Ind. Eng. Chem. Res.*, **46**, 3810-3819 (2007).
30. Y. Yang, H. Yan, B. Su, H. Xing, Z. Bao, Z. Zhang, X. Dong, Q. Ren, *J. Supercrit. Fluids*, **83**, 146-152 (2013).
31. T. Funazukuri, Proc. of ISSF2012, San Francisco, (2012).
32. E. I. Rogers, D. S. Silvester, D. L. Poole, L. Aldous, C. HArdacre, R. G. Compton, *J. Phys. Chem. C*, **112**, 2729-2735 (2008).
33. M. J. A. Shiddiky, A. A. Torriero, C. Zhao, I. Burgar, G. Kennedy, A. M. Bond, *J. Am. Chem. Soc.*, **131**, 7976-7989 (2009).
34. H. Ikeuchi, K. Naganumra, M. Ichikawa, H. Ozawa, T. Ino, M. Sato, H. Yonezawa, S. Mukaida, A. Yamamoto, T. Hashimoto, *J. Soln Chem.*, **36**, 1243-1259 (2007).
35. T. L. Ferreira, T. R. L. C. Paixao, E. M. Richter, O. A. E. Seoud, M. Bertotti, *J. Phys. Chem. B.*, **111**, 12478-12484 (2007).
36. A. Alizadeh, C. A. Nieto de Castro, W. A. Wakeham, *Int. J,. Thermophys.*, **1**, 243-284 (1980).
37. C. Y. Kong, T. Funazukuri, S. Kagei, *J. Supercrit. Fluids*, **44**, 294-300 (2008).
38. A. Plugatyr, I. M. Svishchev, J. Phys. Chem., B., **115**, 2555-2562 (2011).
39. T. Funazukuri, C. Y. Kong, S. Kagei, *Fluid Phase Equilib.*, **194-197**, 1169-1178 (2002).
40. Y. Zhao, T. Momose, Y. Shimoyama, Y. Shimogaki, Proc. of ISSF2015, Korea (2015).
41. Surface tension in Wikipedia, https://en.wikipedia.org/wiki/Surface_tension.
42. R. S. Chun, G. T. Wilkinson, *Ind. Eng. Chem. Res.*, **34**, 4371-4377 (1995).
43. S. M. I. Saad, A. W. Neumann, *Adv. Colloid & Inter. Sci.*, **222**, 622-638 (2015).
44. G. Lu, Y. Y. Duan, X. D. Wang, *J. Nanopart. Res.*, **16**, 2564 (2014).
45. X. Zhong, F. Duan, *J. Phys. Chem. B*, **118**, 13636-13645 (2015).

2.3 オンラインデータベースの活用例

松田　弘幸
(日本大学)

はじめに

物性データの所在や物性値を効率よく調べるためには，物性データベースが必要不可欠である．国内では，化学工学会物性定数調査委員会が中心となって，化学・化学工学をめぐって世界各国で刊行されている主要な学術雑誌を対象に，化学工業のプロセス開発および装置設計に必要な物性データの所在および理論・装置・レビューに関する論文題名を収録した「化学工学物性定数」(2006 年からは「エンジニアのための流体物性データ」)[1,2]を 1977 年から 2009 年まで刊行した．しかし，オンラインジャーナルなどの充実とともに，個人でも容易に文献検索が行える状況を鑑みて，この活動は終了した．

一方，オンラインジャーナルなどによる物性値の検索では，「玉石混淆で膨大な量の文献が検索され，目的の物性値までたどり着かない」「補間や推算をしないと目的の条件の物性値が得られない」「文献値間の差異が大きく，どの文献値を使ったら良いか分からない」などの問題点がある．そこで，物性に特化したオンラインデータベースは非常に有用なツールになる．また，コンピュータのみならず，タブレットやスマートフォンを用いて誰もが容易にインターネットに接続できる現状において，OS (Windows, Mac, Linux, iOS, Android など) に依存しない Web ブラウザベースのオンラインデータベースは今後重要になると思われる．

本稿では，近年開発されているオンラインの物性データベースについて紹介する．まず，世界最大級の物性データベースである Dortmund Data Bank (DDB)の紹介ならびにその活用例を紹介する．次に，Web ブラウザベースで無料で利用できるオンライン物性データベースのうち，NIST ならびに産業技術総合研究所（産総研）によって開発されているデータベースの紹介を行う．

DDBSP データベース (URL: http://www.ddbst.de)

Dortmund Data Bank (DDB)は，1973 年にドイツの Gmehling 教授により構築が始められ，現在は世界最大の熱物性データベースとして国際的に広く知られている．DDB はドイツ・オルデンブルクにおいて，Gmehling 教授により起業された DDBST 社によって物性データの収集・登録が行われている．DDB には 2015 年現在，純物質は 273967 データセットの物性値が収録されている．一方，混合物については表 2.3.1 に示す通りであり，気液平衡・共沸点・液液平衡・固液平衡などの相平衡データのほかに，粘度や表面張力などの輸送物性，1-オクタノール－水分配係数などの各種物性値が収録されている．

表 2.3.1　DDB 2015 年版に登録されている物性の一例

混合物の物性	記号	データセット（ポイント）数
気液平衡（正常沸点系）	VLE	36526 data sets
気液平衡（低沸点系）	HPV	38404 data sets
気液平衡（電解質系）	ELE	10951 data sets
共沸点	AZD	56179 data points
無限希釈活量係数（純溶媒）	ACT	84904 data points
無限希釈活量係数（混合物）	ACM	1592 data sets
ガス溶解度（非電解質系）	GLE	22394 data sets
ガス溶解度（電解質系）	EGLE	2575 data sets
液液平衡	LLE	29592 data sets
固液平衡	SLE	53078 data sets
混合物の P-V-T データ	MPVT	11313 data sets
混合物の臨界データ	CRI	3207 data sets
塩溶解度	ELSE	38802 data sets
オクタノール－水分配係数	POW	14059 data points
ポリマーを含む混合物の熱力学データ	POLYMER	20021 data sets
過剰エンタルピー（混合熱）	HE	22478 data sets
過剰熱容量	CPE	6063 data sets
密度ならびに過剰容積	VE	67822 data sets
混合物の粘度	VIS	36801 data sets
混合物の表面張力	MSFT	5010 data sets
混合物の音速	MSOS	15550 data sets
ガスハイドレートの物性	GHD	3401 data sets

DDBST 社では，Gmehling 教授らが開発された修正 UNIFAC (Dortmund) や PSRK モデルなどの物性推算モデル，物性データのパラメータフィッティング，また分子デザイン機能を持った総合型データベースソフト DDB Software Package (DDBSP)を開発している．このソフトはソフトウェアパッケージであり，Windows に対応している．DDBSP は有償のソフトであるが，無料で利用できる Explorer Version がある．これは，30 の純物質ならびにその組み合わせによる混合物の物性データの検索・閲覧のほか，グループ寄与法や状態方程式による物性値の推算，物性データのモデルフィッティング，Joback 法などによる純物質の臨界定数の推算などを行うことができる．本稿では Explorer Version の活用例について，一部であるが紹介する．なお，長崎大学の山口朝彦氏による文献[3, 4]に詳細が記載されているので，参考されたい．

DDBSP の「Dortmund Data Bank」を起動すると，図 2.3.1 のウィンドウが開く．次に目的の物質の検索を行う．物質の検索には，物質名や CAS 番号のほかに，目的の物性値（蒸気圧，沸点，臨界定数など）を満たす物質を探し出すこともできる．図 2.3.2 の画面ではアセトン，メタノール，クロロホルムの 3 つの物質を選んでいる．図 2.3.3 のように物質名をクリックすると，アントワン定数，臨界定数，密度などの純物質の基本的な物性値を閲覧することができる．アセトン＋メタノール＋クロロホルム系の気液平衡の検索結果を図 2.3.4 に示す．図中の”VLE”のタブをクリックすると，気液平衡の検索結果の一覧が表示される．各データセットをクリックすると，気液平衡データの詳細が文献情報とともに表示される．また，グラフのアイコンをクリックすると，図 2.3.5 のようなグラフが表示される．

物性推算は，図 2.3.2 の画面の”Predict”のボタンから，また，図 2.3.4 の検索結果からも行うことができる．修正 UNIFAC (Dortmund) や ASOG などのグループ寄与法，また PSRK や VTPR といった 3 次型状態方程式ベースの推算モデルを用いて混合物の物性値の推算を行うことが可能である．推算モデルの選択画面およびアセトン＋メタノール＋クロロホルム系の気液平衡推算結果の画面を図 2.3.6 に示す．

DDBSP のフルバージョンは高額ではあるが，Explorer Version でも豊富な機能を有するので，物性のツールとして活用することができ，またフルバージョンを購入する際の判断材料にもなる．

図 2.3.1　DDB の物質検索画面

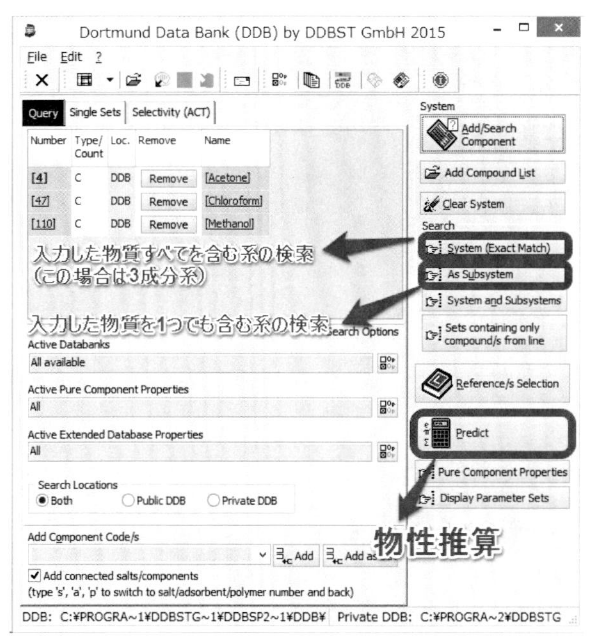

図 2.3.2　DDB の起動画面

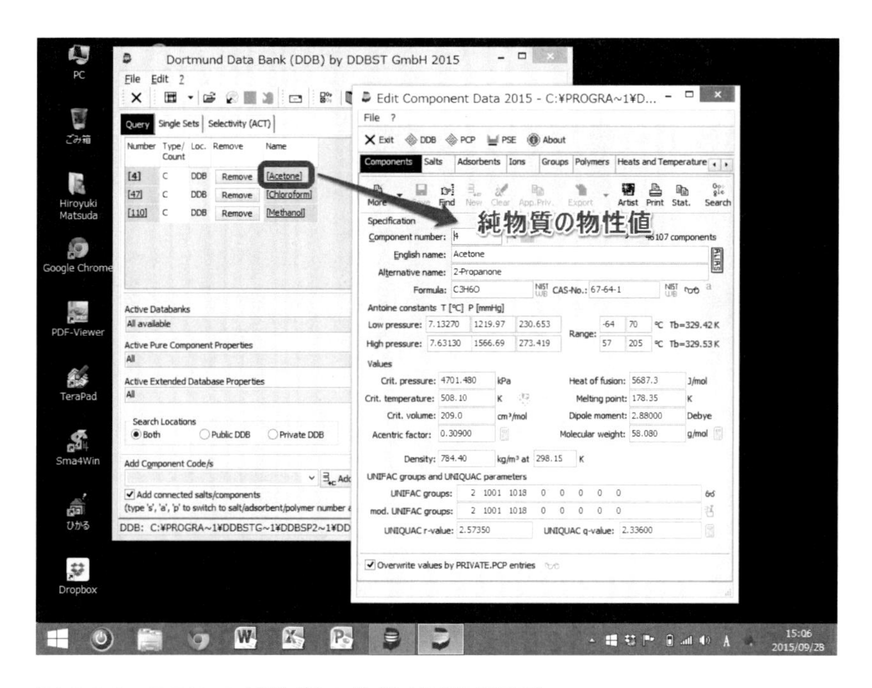

図 2.3.3　DDB の純物質の物性値表示画面

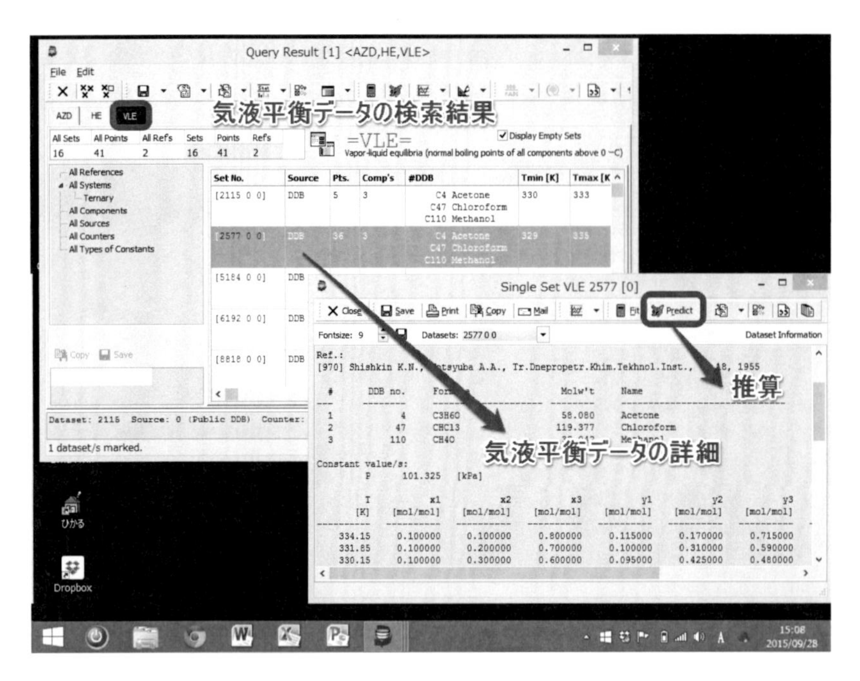

図 2.3.4　DDB の気液平衡の検索結果画面

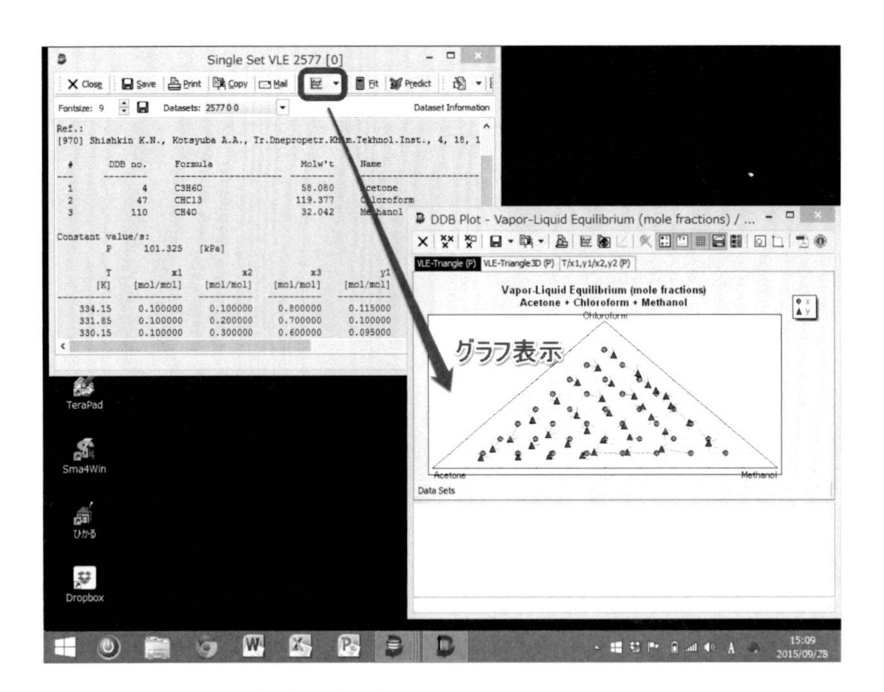

図 2.3.5　DDB の気液平衡データの図示

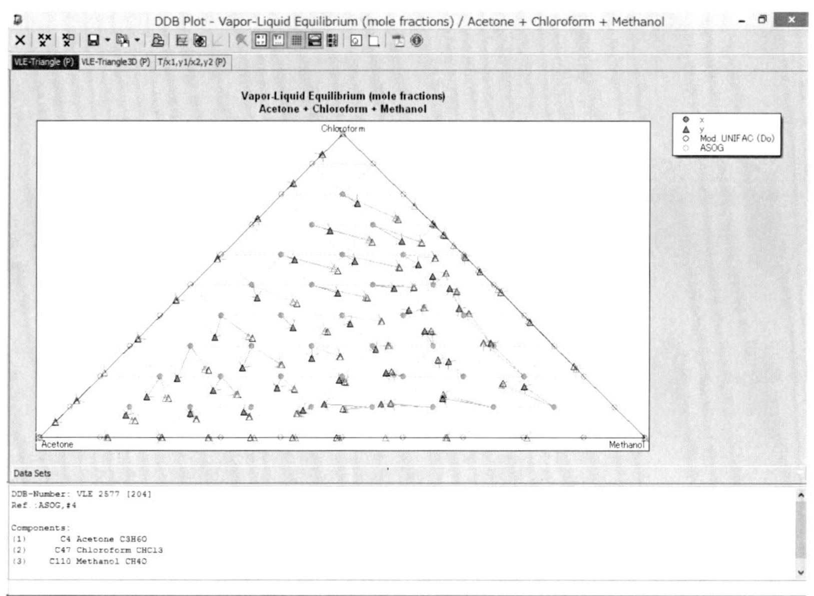

図 2.3.6　DDB の気液平衡推算結果

NIST データベース (URL: http://www.nist.gov)

アメリカ標準局 (NIST) の標準参照プログラムによって構築されているデータベースである．この中には Web 上にて無料で利用可能なデータベースがいくつかあるので，以下に本稿に関連の深いデータベースを紹介する．

・NIST Chemistry WebBook (URL: http://webbook.nist.gov/chemistry/)

本データベースには 7000 種以上の純物質の熱力学的物性（熱容量，相転移温度，蒸気圧（アントワン定数）等）が収録されている．トップページを図 2.3.7 に示す．また，水，二酸化炭素，アルカン，冷媒などの 74 種の純物質については，P-V-T 関係，密度，熱容量，粘度，熱伝導度等の正確な物性が計算でき，計算結果は数値データまたは図として表示が可能である．一例として収録されている二酸化炭素の臨界定数を図 2.3.8 に，飽和曲線の計算結果を図 2.3.9 に示す．

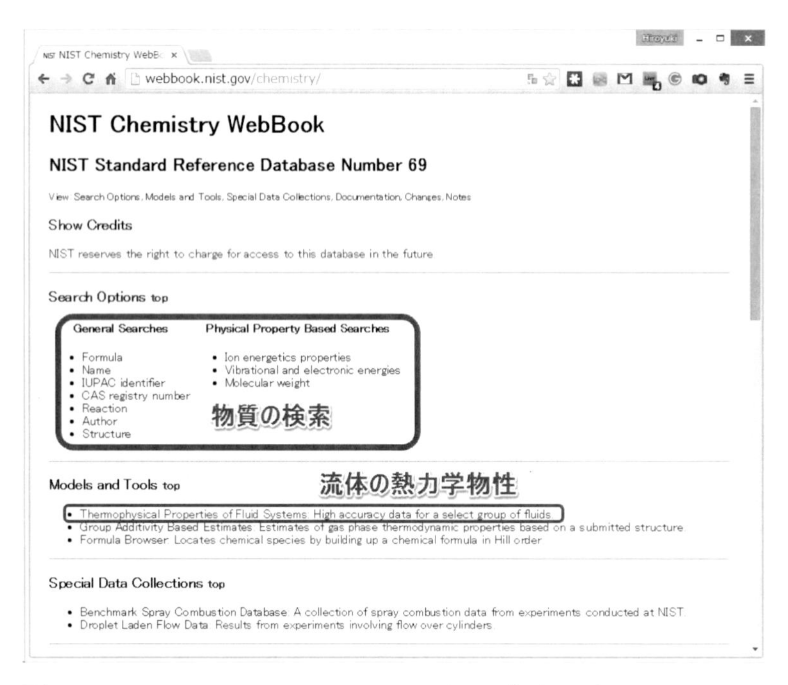

図 2.3.7　NIST Chemistry Webbook トップページ

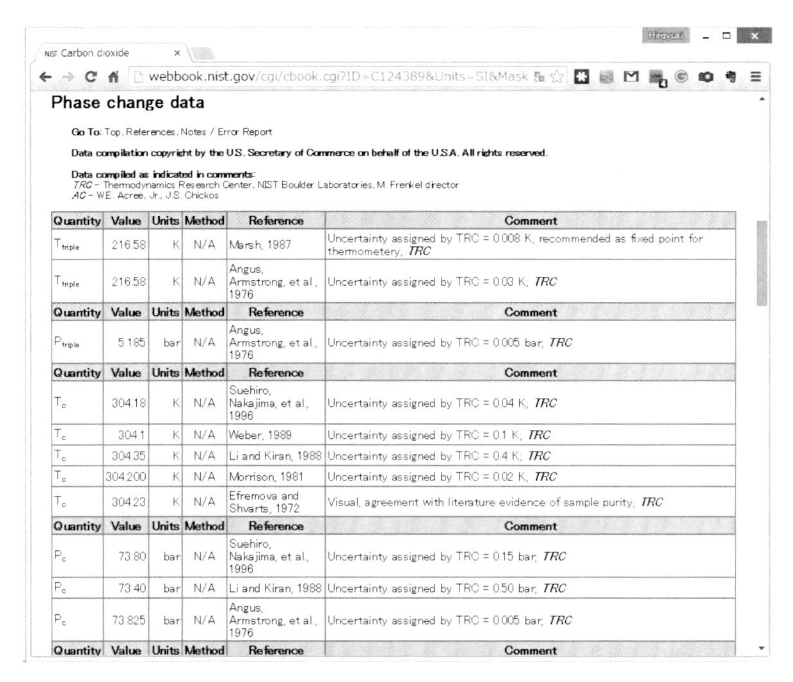

NIST Carbon dioxide

webbook.nist.gov/cgi/cbook.cgi?ID=C124389&Units=SI&Mask

Phase change data

Go To: Top, References, Notes / Error Report

Data compilation copyright by the U.S. Secretary of Commerce on behalf of the U.S.A. All rights reserved.

Data compiled as indicated in comments:
TRC – Thermodynamics Research Center, NIST Boulder Laboratories, M. Frenkel director
AC – W.E. Acree, Jr., J.S. Chickos

Quantity	Value	Units	Method	Reference	Comment
T_{triple}	216.58	K	N/A	Marsh, 1987	Uncertainty assigned by TRC = 0.008 K; recommended as fixed point for thermometery; *TRC*
T_{triple}	216.58	K	N/A	Angus, Armstrong, et al., 1976	Uncertainty assigned by TRC = 0.03 K; *TRC*
Quantity	**Value**	**Units**	**Method**	**Reference**	**Comment**
P_{triple}	5.185	bar	N/A	Angus, Armstrong, et al., 1976	Uncertainty assigned by TRC = 0.005 bar; *TRC*
Quantity	**Value**	**Units**	**Method**	**Reference**	**Comment**
T_c	304.18	K	N/A	Suehiro, Nakajima, et al., 1996	Uncertainty assigned by TRC = 0.04 K; *TRC*
T_c	304.1	K	N/A	Weber, 1989	Uncertainty assigned by TRC = 0.1 K; *TRC*
T_c	304.35	K	N/A	Li and Kiran, 1988	Uncertainty assigned by TRC = 0.4 K; *TRC*
T_c	304.200	K	N/A	Morrison, 1981	Uncertainty assigned by TRC = 0.02 K; *TRC*
T_c	304.23	K	N/A	Efremova and Shvarts, 1972	Visual, agreement with literature evidence of sample purity; *TRC*
Quantity	**Value**	**Units**	**Method**	**Reference**	**Comment**
P_c	73.80	bar	N/A	Suehiro, Nakajima, et al., 1996	Uncertainty assigned by TRC = 0.15 bar; *TRC*
P_c	73.40	bar	N/A	Li and Kiran, 1988	Uncertainty assigned by TRC = 0.50 bar; *TRC*
P_c	73.825	bar	N/A	Angus, Armstrong, et al., 1976	Uncertainty assigned by TRC = 0.005 bar; *TRC*
Quantity	**Value**	**Units**	**Method**	**Reference**	**Comment**

図 2.3.8　NIST Chemistry Webbook　二酸化炭素の臨界定数

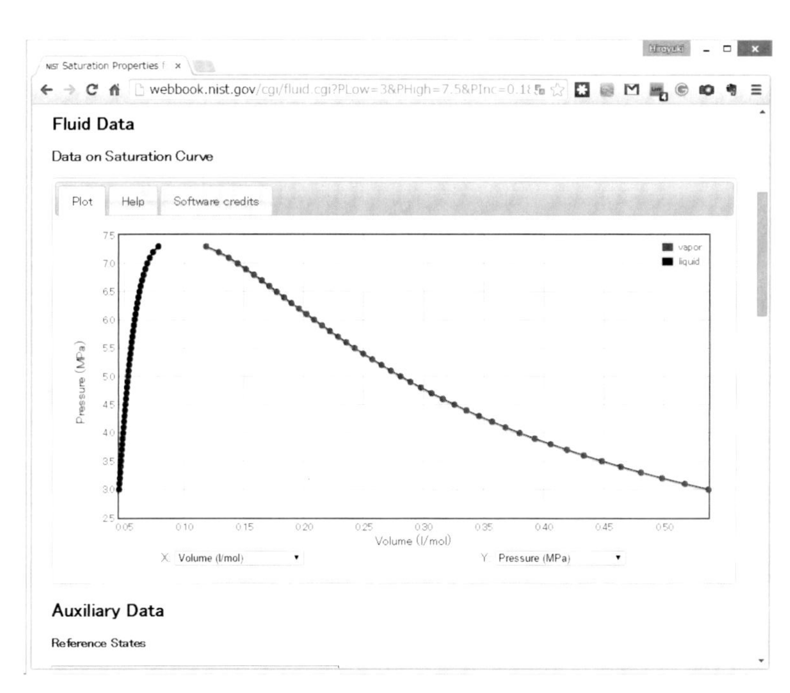

図 2.3.9　NIST Chemistry Webbook　二酸化炭素の飽和曲線

・Ionic Liquids Database (IL Thermo) (URL: http://ilthermo.boulder.nist.gov/ILThermo/)

IL Thermo は，イオン液体を含む物性値のデータベースを基礎として構築されている．ホームページを図 2.3.10 に示す．純物質，2 成分系ならびに 3 成分系の混合物についての各種物性値が収録されており，イオン，イオン液体，物性，文献情報から検索が可能である．検索結果の一例として，イオン液体 1-hexyl-3-methyl-imidazolium bis(trifluoromethanesulfonyl) imide ([HMIM] [TFSI]) を含む液液平衡データの検索結果を図 2.3.11 に示す．

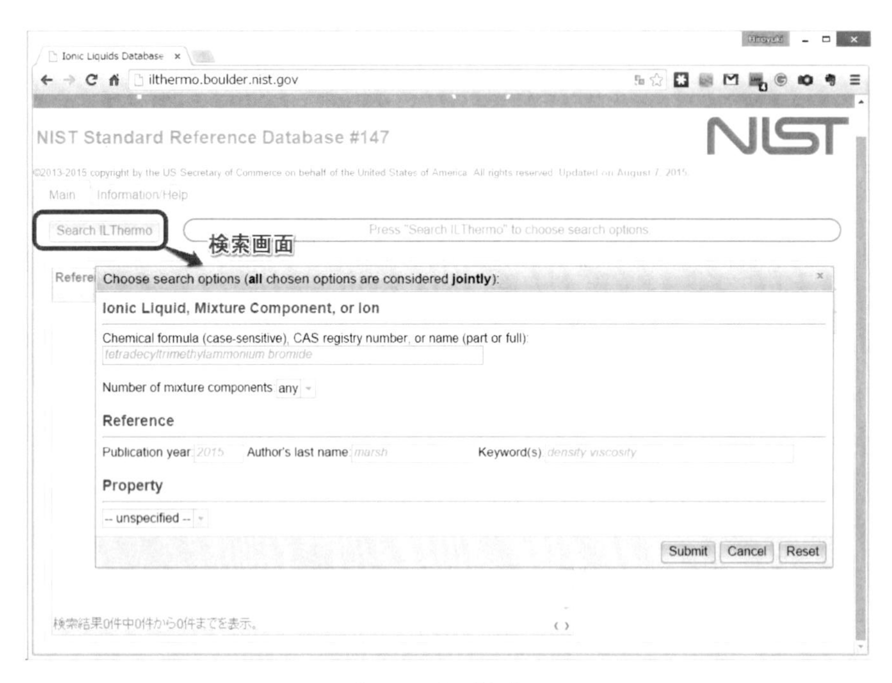

図 2.3.10　IL Thermo トップページ，検索画面

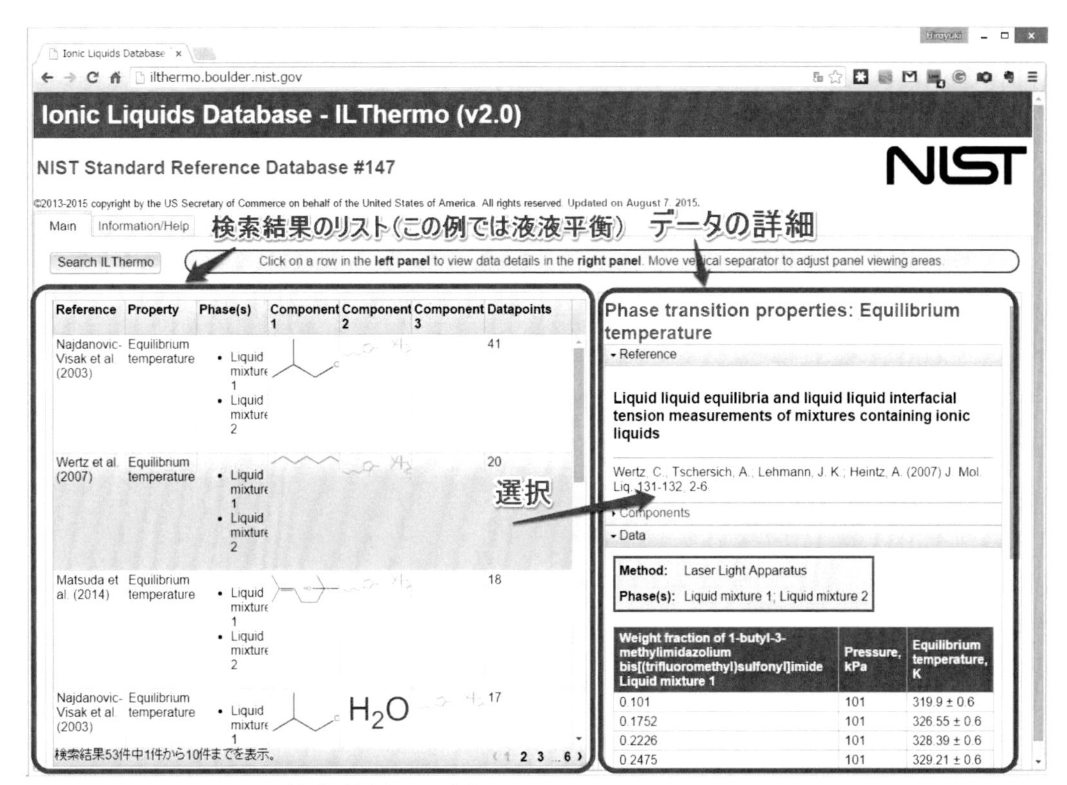

図 2.3.11　IL Thermo 検索結果の一例

・分散型熱物性データベース (URL: http://tpds.db.aist.go.jp/)

分散型熱物性データベースは，液体・固体・高温融体・流体に関する熱伝導率，比熱容量，熱拡散率，密度，表面張力，蒸気圧など，合計約 11300 件（2014 年度末現在）の熱物性値が収録されているデータベースであり，産総研物質計測標準研究部門熱物性標準研究グループにより開発・整備が進められている．データベースは無料で公開されており，Web ブラウザで閲覧できる．

本データベースは，一般的なデータベースのように一箇所のデータセンターでデータの管理・入力を行ういわゆる「集中型」ではなく，独立した分散された熱物性データベースを統合した形で開発が進められているのが特徴である．

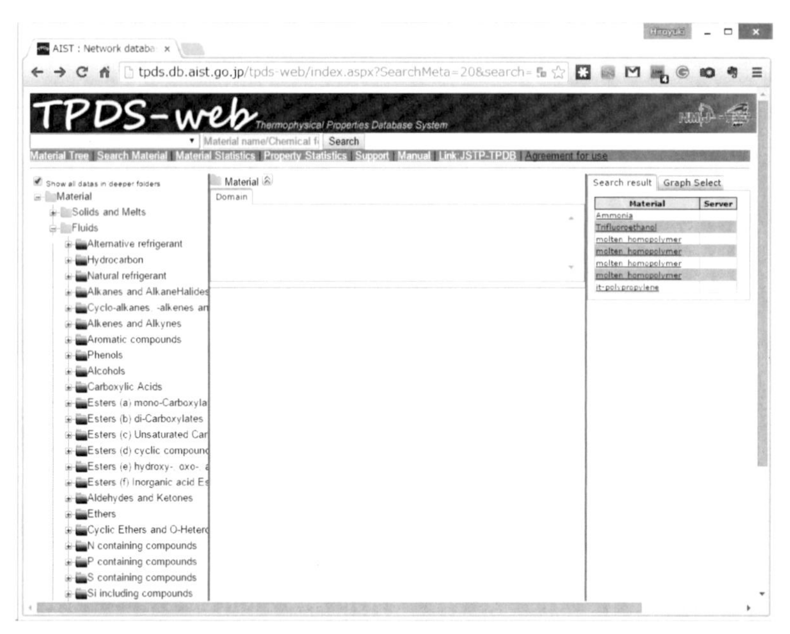

図 2.3.12　分散型熱物性データベース　トップページ

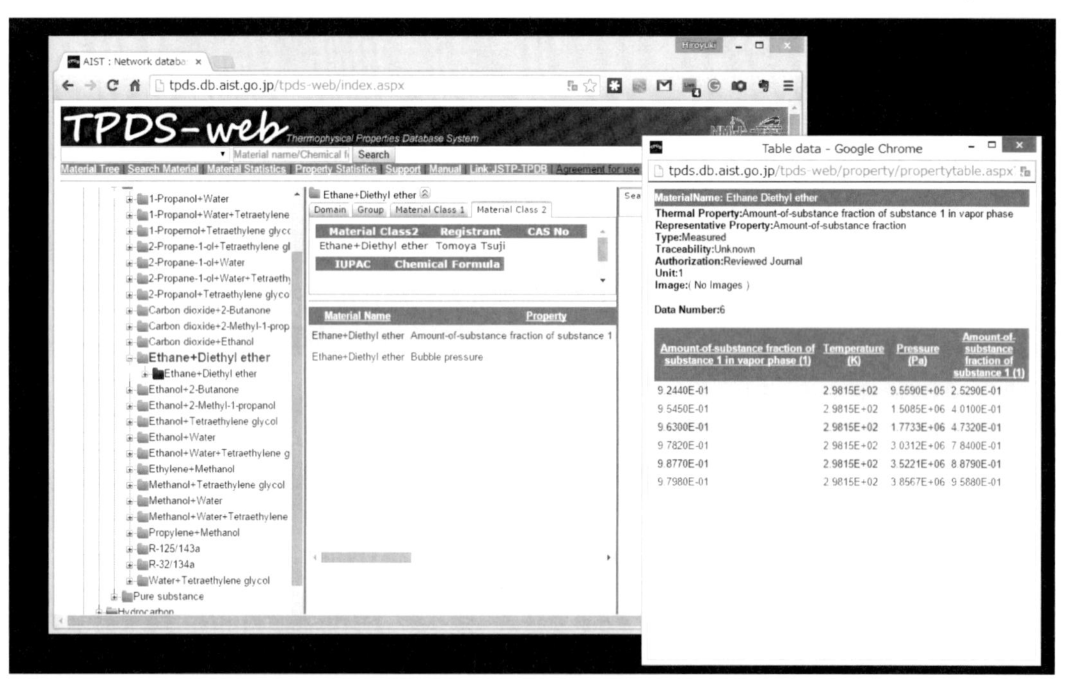

Amount-of-substance fraction of substance 1 in vapor phase (1)	Temperature (K)	Pressure (Pa)	Amount-of-substance fraction of substance 1 (1)
9.2440E-01	2.9815E+02	9.5590E+05	2.5290E-01
9.5450E-01	2.9815E+02	1.5085E+06	4.0100E-01
9.6300E-01	2.9815E+02	1.7733E+06	4.7320E-01
9.7820E-01	2.9815E+02	3.0312E+06	7.8400E-01
9.8770E-01	2.9815E+02	3.5221E+06	8.8790E-01
9.7980E-01	2.9815E+02	3.8567E+06	9.5880E-01

図 2.3.13　分散型熱物性データベース　検索結果の一例

参考文献

(1) 化学工学会編：化学工学物性定数 Vol. 1 – 24, 化学工業社, 1977 - 2003

(2) 化学工学会編：エンジニアのための流体物性データ Vol. 1 – 2, 化学工業社, 2006, 2008
(3) 山口朝彦：世界最大級の流体熱物性データベース DDBSP, 熱物性, 28, 185-187, 2014
(4) 山口朝彦：DDBSP の活用例, 熱物性, 29, 135-141, 2015

2.4 シミュレータによる物性推算法・シミュレータ未登録成分の推算方法

佐々木　正和
（東洋エンジニアリング株式会社）

1 プロセスシミュレータの発展経緯

プロセスシミュレータは、計算機の発展、化学工学単位操作理論および物性推算法の開発、物性データバンクの整備と共に、広く市場で受けいれられるようになってきた。その萌芽的な技術は1960年代から認められ、主に、エネルギー（ガス・石油）、石油化学、一般コモディティケミカル、石炭などの分野への適用を考慮して開発が進められてきた。

表1に化学プラント向けの市販プロセスシミュレータに関する主な商品をまとめた。一様にこれらのシミュレータは、多数の成分が登録された純物質物性データバンクを持ち、多様な種類の物性推算法を用意し、実験値に基づく異種分子間相互作用パラメータのデータバンクを有している。さらに化学工学上の単位操作理論に基づく各種単位操作モデルを準備しており、プロセスフロー図上の各単位操作の接続関係をグラフカル・ユーザー・インターフェース上で模式図を書くように入力することができる。さらにシミュレータ上には、リサイクルなど複雑な各単位操作の接続関係を効率よく解くための数学的なソルバーが準備されている。一部例外はあるが、大部分の単位操作モデルは平衡論を基本としており、相平衡、エンタルピー、エントロピー、密度などの平衡物性がフローシートの物質・熱収支を決定するために物性として必要である。一方、粘度や熱伝導率、表面張力、拡散係数などの輸送物性は、物質・熱収支の決定以降に行われる各機器のサイジングに使用されることが多い。表1に取り上げた市販のシミュレータ群は、先にも述べたエネルギー、石油化学、一般コモディティ化学などの伝統的な分野へ広く適用されており、この分野に必要な機能がよく整備されている。さらに、スペシャリティケミカル分野への適用を念頭に置いた機能も搭載されている。

そもそも表 1 に示した市販シミュレータ群は、気液連続操作プラントを念頭に置いたものであり、特定の固体ハンドリング用の単位操作モデル（例えばサイクロン等）を持つシミュレータは存在するが、物性面での固体の取り扱い機能は強力ではない。従って、食品や製薬分野への適用は限定的である。また、発電プラントと電力配送グリッドの同時解析用のシミュレータや電子材料向け電解質シミュレータも存在するが、これらの分野については本稿では除外し、石油・ガス・バルクケミカルなどのシミュレータの伝統的市場に着目して、シミュレータが持つ物性推算法について解説することとする。

表1　主な化学プラント向け市販プロセスシミュレーションソフトウェアの一覧

開発元	国	定常状態	非定常状態
ASPEN Technology	米国	Aspen Plus	Aspen Dynamics
		Aspen HYSYS	Aspen HYSYS
Bryan Research & Eng'g	米国	PROMAX	
Chemstation	米国	CC-Steady state	CC-Dynamics
Honeywell	米国	UNISIM Design	UNISIM Design / Operations
Schneider Electric, SimSci	米国	PRO/II	Dynsim
Virtual Material Group	カナダ	VMGSim	VMGSim Dynamics
WinSim	米国	Design II for Windows	
オメガシミュレーション	日本		Visual Modeler

2 純物質物性データバンクと純物質物性データ推算

2.1 シミュレーションに必要な純物質物性と純物質データバンク

化学プラントのフローシートを対象としたプロセスシミュレーションを実行するためには、平衡物性および輸送物性における多様な物性値計算が必要である。表2に代表的な物性推算法毎に必要な純物質物性値をまとめた。純物質物性値は、各成分の個性・性格を表すものとして、フローシートシミュレーション上、きわめて重要である。

ところで、表2に示したように、物性推算法毎に計算に必要とされる純物質物性の種類が異なる。例えば、工業的に頻繁に活用されているSRK[1]やPR[2]に代表される三次式型状態方程式、COSTALD[7]やRackett[8]などの液密度推算法では、三変数対応状態原理を使用しているので、臨界特性値と偏心係数が必要である。一般化相関法であるChao-Seader[5]や気相会合計算に使用されるHayden-O' Connell[6]も同様である。一方、液相活量係数式の中でも、局所容積分率理論に基づくNRTL[3]やWilson[51]では各成分の飽和蒸気圧以外は特に特定の純物質物性を必要としないが、準化学平衡近似理論に基づくUNIQAUC[4]では、Van der Waals 面積および体積が追加の純物質物性として必要である。また、気相における二量体会合を取り扱うHayden-O' Connellでは、他の物性推算法ではあまり使われない双極子モーメントや旋回半径が必要である。

表2 シミュレーションに必要な純物質物性一覧

	三次式型状態方程式	液相活量係数式		一般化相関法	ラウール則	気相会合	液密度	
	SRK[1], PR[2]	NRTL[3]	UNIQUAC[4]	Chao-Seader[5]	Ideal	Hayden-O'Connell[6]	COSTALD[7]	RACKETT[8]
温度依存性がない純物質物性								
分子量	○	○	○	○	○	○	○	○
臨界特性値								
臨界温度	○			○		○	○	○
臨界圧力	○			○		○		○
臨界体積							△	
臨界圧縮係数								△
偏心係数	○			○			○	
液モル比容		△	△	○				
溶解度パラメータ				○				
Van der Waals面積および体積			○					
双極子モーメント						○		
旋回半径						○		
温度依存性がある純物質物性								
飽和蒸気圧		○	○	○	○			
理想気体のエンタルピー	○							
液相または気相飽和エンタルピー					○			
蒸発潜熱					○			

注釈 ○:必須,△:ｵﾌﾟｼｮﾝ

多種多様な物性推算法に対応するため、多様な純物質物性が必要であり、プロセスシミュレータでは、様々なデータソースを活用した固有の純物質物性データバンクを予め備えていることが通常である。データソースとして、AIChE DIPPR 801 project データバンク,DECHEMA データバンク(Gesellschaft fuer Chemishe Technik und Biotechnology, ドイツ化学工学会),NEL PPDS データバンク (National Engineering Laboratory, 英国, 現在 TUEV SUED グループ),NIST TRC データバンク(National Institute of Standards and Technology, Thermodynamic Research Center, 米国)などが著名である。

これらのデータバンクに記載されている個々の純物質物性値であるが、各々、複数の実験値を吟味したデータであったり、複数の推算法から吟味した推算値であったり、そのデータソースは様々である。従って、データバンク毎に純物質物性値に個性が認められ、フローシートシミュレーション結果が、厳密にはデータバンク毎で異なる。実際、著者の経験では、異なるデータバンクを適用したフローシートシミュレーション結果上の違いが、プロセス設計や運転解析上、無視できない事例があった。従って、シミュレータを活用する上で、重要な成分については、純物質データバンク上の値の妥当性を確認する必要があるだろう。

2.2　シミュレータ未登録成分の推算

シミュレーションに必要な成分の内、成分がデータバンクに登録されていない場合には、プロセスシミュレーションに必要な純物質物性を推算する必要がある。図1にシミュレータのデータバンクに未登録な成分の純物質物性の決定方法を示した。

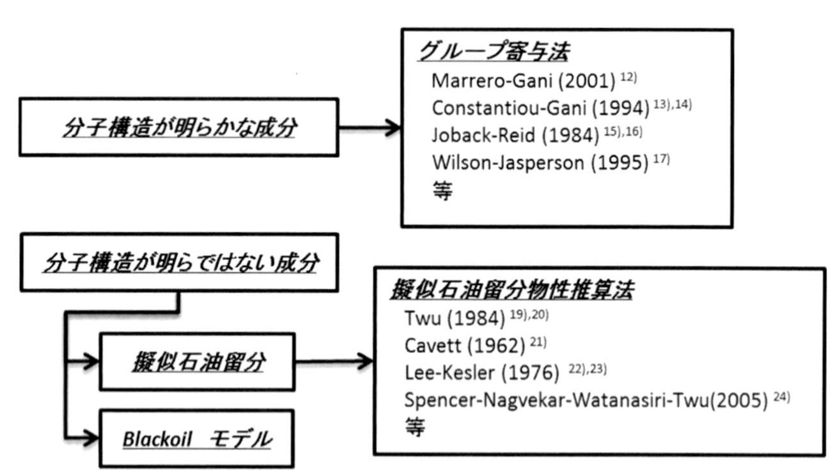

図1 シミュレータのデータバンクに未登録成分の純物質物性決定方法

もし該当成分の分子構造が明確な場合には、グループ寄与法を用いることが一般的である。純物質物性推算法としてのグループ寄与法の歴史は長く、数多くの手法が提案されてきており、Prausnitz らの成書の各エディション[9),10),11)]を見比べると分かりやすい。

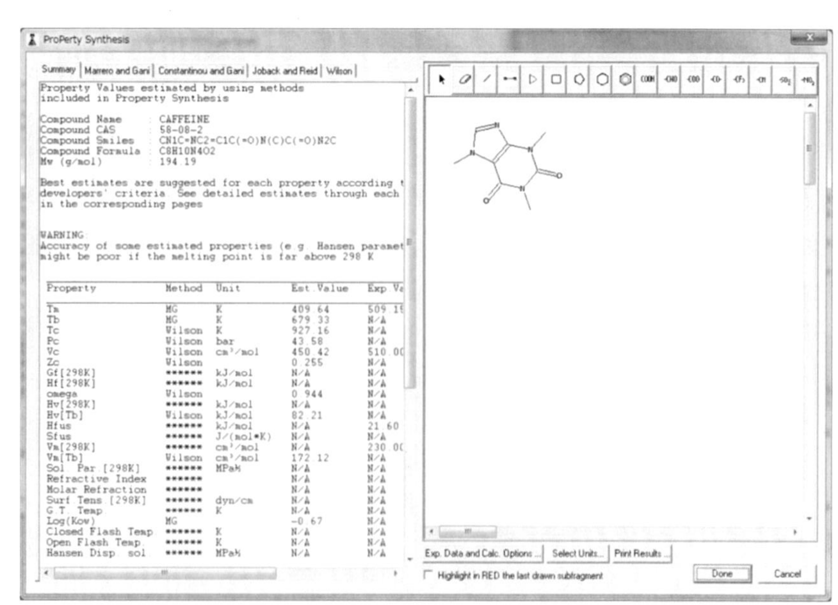

図2 純物質物性合成ユーティリティ 'ProPred'の入出力画面
(Schneider Electric, SimSci様、ご提供)

本書では、比較的新しい方法であるMarrero-Gani[12)] および Constantinou - Gani[13),14)], Joback-Reid[15),16)], Wilson - Jasperson[17)]を取り上げる。これらの方法は、Schneider Electric, SimSci のプロセスシミュレータ’PRO/II’にユーティリティとして取り込まれている物性値合成ツール’ProPred’に組み込まれている方法である。ProPred

はDTU(Danmarks Tekniske Universitet)のGani教授が主催する研究開発組合で開発されたツールである。

図2にProPredの入出力画面のコピーを示した。ProPredは現代風の洗練されたグラフィカル・ユーザー・インターフェースを持ち、複雑な分子構造を持つ成分についてはSimles標記での入力も可能である。

Joback-Reidは、かつてのLydersen法[9),18)]の流れを汲む方法であり、グループ寄与法として、現在広く使用されている。しかし、この方法では、分子量の大きな物質については、誤差が大きくなる傾向がある[I]。また、各種異性体の区別がつかない等の問題点がある。一方、比較的新しい方法であるMarrero-GaniやConstantinou-Ganiでは、Joback-Reid並みに官能基毎に細かい単位で定義したグループを1次構造、複数の官能基を抱合する比較的な大きなグループを2次または3次構造と定義し、それらを組み合わせることによって、推算精度を担保しようという考え方であり、異性体の区別ができる場合がある。

表3にProPred上の各グループ寄与法で推算が可能な純物質物性の一覧を示した。特に表3中にPrimaryと標記した物性は、そのグループ寄与法で、直接算出される物性であり、その他の物性は、Primaryと標記した物性値を使用して計算される物性である。

表3 グループ寄与法で推算可能な純物質物性

	Marrero-Gani[12)]	Constantinou-Gani[13),14)]	Joback-Reid[15),16)]	Wilson-Jasperson[17)]
温度依存性がない物性				
Tm	**X**	**X**	**X**	
Tb	**X**	**X**	**X**	**X**
Tc	**X**	**X**	X	**X**
Pc	**X**	**X**	**X**	X
Vc	**X**	**X**	**X**	X
Zc	X	X	X	**X**
Gf(298K)	**X**	**X**	**X**	
Hf(298K)	**X**	**X**	**X**	
Hv(298K)	**X**	**X**	X	X
Hv(Tb)	**X**	X	**X**	X
Vm(298K)	X	**X**	X	X
Vm(Tb)	X	X	X	X
Hfus	**X**		**X**	
log(Kow)	**X**			
log(Ws)	**X**			
SolP(298K)	**X**	X	X	X
ω	X	**X**	X	X
Refractive Index	X	X	X	X
Molar Refraction	X	X	X	X
Surf. Tens.(298K)	X	X	X	X

	Marrero-Gani[12)]	Constantinou-Gani[13),14)]	Joback-Reid[15),16)]	Wilson-Jasperson[17)]
Sfus	X		X	X
Closed Flash Temp.		X		
Open Flash Temp.		X		
Hansen Disp. Sol.		X		
Hansen Polar Sol.		X		
Hansen Hydr. Sol		X		
Dipolar moment		X		X
Dielectric const.		X		X
Henry (298K)		X		X
Glass Transition Temp.		**X**		
温度依存性がある物性				
Diffusivity at infinite dilution in water	X	X	X	X
Liquid density	X	X	X	X
Thermal conductivity	X	X	X	X
Vapor pressure	X	X	X	X
Latent heat	X	X	X	X
Solubility parameter	X	X	X	X
Liquid viscosity		X	X	
Liquid heat capacity			X	
Ideal gas heat capacity			X	

Remarks) **X**: Primary

比較的重質な直鎖パラフィン類、C6ナフテン、含酸素化合物であるアセトンについて、標準融点および標準沸点、臨界温度、臨界圧力、偏心係数についての推算結果を表4に示した。表4にはベンチマークとして、DIPPR 801 DBに記載されている値を示したが、これらの数値はDIPPR

[I] グループ寄与法モデルを決定する際、外挿領域の信頼性を担保するため、できるだけ多次項を使用せず、線形モデルを適用したためではないかと考えられる。

801 Project にて吟味はされているが、必ずしも実験値ではない。従って、実験事実として必ずしも証明されたデータではない。

各成分および各グループ寄与法毎のベンチマークからの偏倚についてはまちまちであるが、傾向的にはJoback-Reidは分子量の大きい成分には誤差が大きそうであること、各グループ寄与法で直接推算されるPrimary物性とその他の物性の間では信頼性に差異がありそうであることなどが読み取れる。表4には示していないが、同様のテストを、試みに生体ホルモンおよび植物性アルカロイドなど複雑な構造を持つ成分について検討を行ったところ、多次構造を持つMarrero-GaniやConstantinou-Ganiで合理的と見られる結果が得られている。

表4　純物質データバンク(DIPPR 801 DB)と純物質物性推算法の比較
（ProPredを使用して算出）

	AIChE DIPPR 801	Marrero - Gani	Constantinou - Gani	Joback - Reid	Wilson - Jasperson
i) n-Decane (nC10) (Mw=142.28)					
Tm [K]	243.5	180.6	217.1	202.0	-
Tb [K]	447.3	445.8	452.6	428.2	MG法の値を使用
Tc [K]	617.7	612.9	623.7	590.7	618.1
Pc [kPa]	2110	2141	2121	2108	2133
ω [-]	0.492	0.525	0.468	0.498	0.474
ii) n-Hexatriacontane (nC36) (Mw=506.97)					
Tm [K]	349.1	338.7	356.1	495.0	-
Tb [K]	770.2	724.9	715.4	1023.1	MG法の値を使用
Tc [K]	874.0	899.1	870.3	1309.4	813.4
Pc [kPa]	680	870	539	458	513
ω [-]	1.526	0.709	1.468	計算不能	1.619
iii) Cyclohexane （Mw=84.16)					
Tm [K]	273.7	181.3	201.0	168.5	-
Tb [K]	353.9	355.5	356.8	360.9	MG法の値を使用
Tc [K]	553.8	564.5	558.2	565.4	549.7
Pc [kPa]	4080	4129	3774	4130	3893
ω [-]	0.21	0.187	0.198	0.207	0.233
iv) Acetone (Mw=58.08)					
Tm [K]	178.5	191.1	171.6	173.0	-
Tb [K]	329.4	306.7	305.4	321.9	MG法の値を使用
Tc [K]	508.2	501.7	490.1	500.3	480.9
Pc [kPa]	4701	4879	4880	4802	5514
ω [-]	0.307	0.125	0.332	0.283	0.293

特に、臨界点については、該当の成分が妥当な臨界点を持つ成分であるのか、または、熱分解や重合によって、臨界点が存在しないのかを見極める必要があり、グループ寄与法の適用に際しては、そのような観点からの配慮もあわせて必要である。

現在のグループ寄与法では、例えばイオン結合を有する物質については、取り扱いが不可能であり、純物質物性を決定することができない。このような物質については、計算化学的な方法を試みる必要があると考えられる。

高分子については、独自のグループ寄与法が発表されており、Van Krevelen[65]が著名である。特定の市販シミュレータには、この方法が高分子用のグループ寄与法として組み込まれている。

2.3　擬似石油留分としての取り扱い

原油や原油由来の石油留分、ガスコンデンセートなど処理する炭化水素資源開発・精製分野では、モデリング上、独特な方法が伝統的に用いられている。石油は極めて多様な成分から成り立っているため、詳細な成分分析は難しい。このため、分子構造が不明な状態でのモデリングが必要とされる。図1には、分子構造が明らかではない成分の純物質物性決定方法として、蒸留操作やフラッシュ計算を念頭に置いた擬似石油留分と、パイプラインや井戸のチュービング内の圧力損失の検討を念頭に置いたBlackoilモデルを各々取り上げた。しかし、Blackoilモデルは最小限の油の分析でモデリングを行う方法であり、特定の分野には使用されているが、相挙動は取り扱えない等の問題点があるため、本書では省略する。

擬似石油留分としての取り扱い方法は、歴史的には、先の世界大戦中および終戦後、米国が中心となり確立した手法である。このため、米国石油学会(American Petroleum Institute)がその手法を体系化している。詳細については、API Technical Data Book - Petroleum Refining を参照するとよいが、このデータブックはかなり高価な書物であり、代わりに、クウェート大学のRiazi 教授の著書[25]を副読本としてお勧めする。

擬似石油留分では、対象の成分の標準沸点、液比重(60degF/60degF)、分子量の内、最低限二種類の物性を測定することで、プロセスシミュレーションに必要な純物質物性を決定することができる。図1には、Twu 法[19),20)]、Cavett 法[21)]、Lee-Kesler 法[22),23)]、Spencer - Nagvekar - Watanasiri - Twu 法[24)]（通称 Heavy Oil 法または Extended Twu 法）を取り上げた。かつては、Cavett 法やLee-Kesler 法が頻繁に使われていたが、現在は Twu 法が標準的な擬似石油留分物性推算法である。その後、超重質留分(NBP850degC 以上)の推算精度改善のために Extended Twu 法が発表された。

擬似石油留分の物性を決定する上で、重要なインデックスとして、Watson K Factor, Kw を次式に示す。

$$K_w = \frac{(1.8T_b)^{1/3}}{SG(^{60degF}/_{60degF})} \qquad (1)$$

ここで、Tb = 標準沸点 [K],　SG(60degF/60degF) =60degF における比重[-]

このインデックスは UOP(the Universal Oil Products)の Watson によって定義されたものである。例えば、パラフィンと芳香族のような分子構造の異なる成分間では、標準沸点と比重の関係が異なるため、異なる値の Watson K Factor が算出される。従って、Watson K Factor を経由して、物性値を決定することによって、標準的な在来型油種の場合には、ある程度の分子構造の違いを物性推算上考慮したこととなる。但し、例えば非在来型超重質油には、この方法では不十分であり、現在様々な研究者がさらなる改良を行っている。

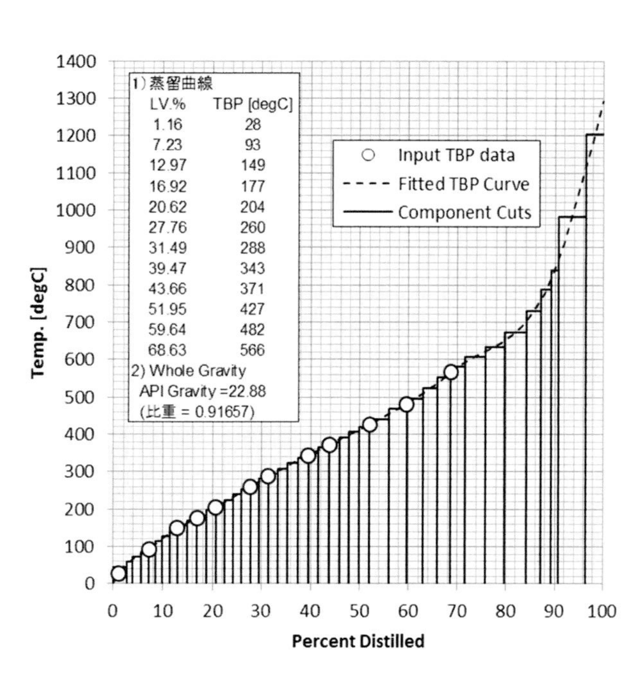

図3　マヤ原油の蒸留曲線と生成した擬似石油留分

さらに原油のように各成分の標準沸点が幅広く分布している連続留分

の混合物の場合には、分析値として、最低限、蒸留曲線と全体の比重が必要である。図3に、在来型重質原油の代表銘柄であるメキシコのマヤ原油の蒸留曲線を示した。蒸留曲線は、原油中の該当留分の存在率の積算値(図中ではLiquid Volume %で示している)に対する各留分の沸点(図中ではTrue Boiling Point で示している)の測定値を示している。図3中に○で示した実測値を、まず破線で相関し、破線を使用して図中にヒストグラムで示した各留分でカットする。この際、拘束条件として、各留分のWatson K Factorが一定であると仮定し、全体の比重が測定値と一致するように外挿する。もちろん、大まかでも各留分の比重の測定値（比重曲線）をあわせて与えることができれば、物性推算の精度は向上する。

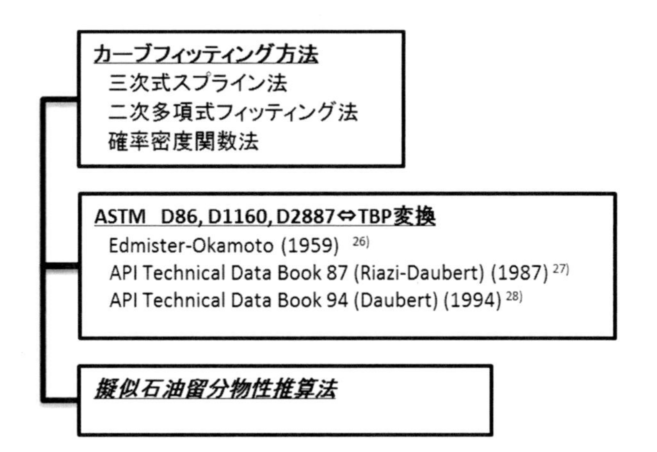

図4　石油アッセイデータのハンドリングに必要な要素技術

原油を取り扱う場合、図1に示した擬似石油留分物性推算法以外に、図4に示したカーブフィッティング方法と蒸留曲線の変換方法が必要である。図3に示した事例では、蒸留曲線が初めからTBPで示されていたが、実際は、工業規格に基づく蒸留曲線測定方法で測定されたもの、例えば単蒸留装置を使用したASTM D86, D1160, ガスクロマトグラフを使用したASTM D2887などがあり、物性推算上はTBPが必要であるため、これらの蒸留曲線を一旦TBPへ変換する必要がある。また、プロセスシミュレーション上で、例えば、ケロシンと軽質軽油間の蒸留のきれをASTM D86上の蒸留曲線で議論することがあり、この場合は、混合物のTBPデータから、カーブフィッティングを行い、さらにD86変換が必要となる。かつては、API Technical Data Book 87[27]が広く使われていたが、沸点差の小さい石油留分の取り扱いに問題があったため、API Technical Data Book 94[28]が新たに提案された。

3　プロセスシミュレータに組み込まれている物性推算法と推算法の選択

3.1　プロセスシミュレータに組み込まれている混合物性の推算法の概要

表1で紹介した市販プロセスシミュレータは、1000成分以上の多様な純物質のデータバンクを持ち、成分の種類や、運転条件、シミュレーションの目的に応じて、純物質および混合物の物性計算において適切な推算法を選択できるように、多種多様な物性推算法がシミュレータに組みこまれている。プロセスシミュレーションには、平衡物性（相平衡、PvT計算、エンタルピー・エントロピーなど）と輸送物性（粘度、熱伝導率、表面張力、拡散係数など）が必要であるが、本書では、主に状態方程式や、液相活量係数式、一般化相関法などの相平衡について、シミュレータに組み込まれている推算法について紹介する。

図5,6,7に、状態方程式。液相活量係数式、一般化相関法で、シミュレータに搭載されているモデルの事例を示した。但し、図5中のBACK式[42]、図6中のGibbs-Duhem式およびGuggenheim

式[52]が、シミュレータには搭載されている事例はないが、各モデルの成り立ちを理解する上で、重要であるため、各々図中に取り上げた。現在では、図5に挙げた状態方程式や、図6に挙げた液相活量係数式を活用することが増えている。図7に挙げた一般化相関法は比較的古いモデルであり、石油精製の特定の単位操作のモデリングに使用される以外は、使用頻度は少ないだろうと考えられる。

分類		モデル
三次式型		SRK [1], PR76 [2]
混合則改良	非対称性kij	Kabadi-Danner [29], SimSci mod. Harvey-Prauznitz [30]
	過剰ギブス自由エネルギー型	Huron-Vidal [31], Wong-Sandler [32], PSRK [33], MVH2 [34], TBC [35], predictive PR78 [36]
α関数改良（蒸気圧推算精度）		Boston-Mathias [37], Twu-Bluck-Cummingham-Coon [38]
Volume Shift（液相密度計算精度）		Peneloux [39]
SRK/PR76 kij 推算		Gao [56], Cheuh-Prausnitz [57]
ビリアル展開型		BWR-Starling [40], Lee-Kesler-Ploeker [41]
半経験的摂動型		BACK [42], PC-SAFT [43),44]
ヘルムホルツ自由エネルギー展開型		Wagner [45], NIST REFPROP (NIST23) [46]

図5 プロセスシミュレータに搭載されている状態方程式の一例

状態方程式については、多種多様なモデルが、シミュレータに搭載されており、図5では、大雑把に、三次式型、ビリアル展開型、半経験的摂動型、ヘルムホルツ自由エネルギー展開型に分類した。

まず、三次式型についてであるが、これは斥力項を著名なvan der Waals式[42),60]とし、引力項を経験的に修正した実用式であり、SRK式[1]やPR76式[2]が工業的には軽質炭化水素系を中心に頻繁に活用されている。一方、斎藤は、その著書[42]で、単純なSRK式やPR76式が一応の成功を収めた理由は、経験的な引力項の補正によって、van der Waals斥力項の誤差を相殺したためであろう、また、誤差の大きい項を他の項の誤差で相殺すると言うことは、本質的には、状態式の適用可能な領域が狭い範囲に限定されるのではないかと指摘している。

混合物に対して、SRK式やPR76式では、引力パラメータについては幾何平均則、排除体積パラメータに対しては、線形平均則を適用するLorentz-Berthelot則を適用し[II]、二成分相平衡実験データを相関するために、異種分子間相互作用パラメータkijを実験パラメータとして引力パラメータ側に導入している。プロセスシミュレータに搭載されているSRK式やPR76式上のkijには温度の多項式が組み込まれており、実質的に拡張された式となっている。

シミュレータ上のSRK式やPR76式を活用する上において、実験パラメータであるkijの有無およびその質が極めて重要である。このことは、実験パラメータを必要とする他の推算式にも同様であるが、工業的に多用されている著名な推算モデルについては、プロセスシミュレータでは実験パラメータのデータバンクを用意していることが一般的である。特に、SRK式、PR76式、NRTL

[II] SRK式やPR76式に適用されている混合則は、厳密にはLorentz-Berthelot則ではないが、ほぼLorentz-Berthelot則に従う。

式、UNIQUAC 式については、プロセスシミュレータ上、比較的大規模な異種分子間相互作用パラメータのデータバンクを用意していることが多い。しかし、ツールを活用する上で、仮にデータバンク上に実験パラメータが存在していたとしても、プロセス設計上重要な二成分系については、データバンク上の実験パラメータの質について自らで検証する姿勢が重要である。

Lorentz-Berthelot 則に基づく単純な混合則では、液相活量係数式のような自由度が少なく、性質の異なる成分から成り立つ非対称系については、相平衡データをうまく相関できない。そこで、三次式型状態式の混合則の改良が連綿と行われてきた。図 5 には、非対称性 kij と過剰ギブス自由エネルギー型混合則を紹介した。

まず、非対称性 kij では、kij に組成依存性を導入している。Kabadi-Danner[29]は、非対称性の強い水と炭化水素の混合物専用に開発された。SimSci modified Harvey-Prausnitz[30]は Schneider-Electric, SimSci の’PRO/II’に組み込まれているが、大規模な異種分子間相互作用パラメータバンクがシミュレータ上に準備されている。

次に、過剰ギブス自由エネルギー型混合則は、Huron と Vidal によって開発されたもので、適切な基準点の下で、三次式型状態式の混合則から導出した過剰ギブス自由エネルギーに、液相活量係数から導出した過剰ギブス自由エネルギーを代入することで、状態式の混合則に液相活量係数式を結合させると言うものである。1990 年代以降に多数の研究成果が報告されている。Huron-Vidal[31]では修正 NRTL 式、PSRK[33]では UNIFAC 式、MVH2[34]では Lyngby-UNIFAC、TBC[35]ではオリジナル NRTL 式、predictive PR78[36]では、グループ寄与法型 Lan Laar 式を各々組み合わせている。Wong-Sandler[32]では、組み合わせる液相活量係数式に制限はない。PSRK, MVH2, predictive PR78 ではグループ寄与法型活量係数式を組み込んでおり、実験パラメータは必要ない。TBC ではオリジナル NRTL 式を組み込んでいるため、NRTL 式用のデータバンクを直接活用できる。なお、グループ寄与法については、本書 2.1.1 節に詳細に解説されている。

ところで、SimSci modified Harvey - Prausnitz と Huron - Vidal は、古典的な Lorentz - Bertherot 型混合則を各々内部に完全に抱合している。このため、SRK 式や PR78 式のために営々と構築された kij データバンクを修正なしに取り込むことが可能であり、工業的な実用上の利点は大きい。つまり、これらのモデルでは、非対称性の弱い二成分系については、古典的な kij をそのまま使い、非対称性の強く問題が多い二成分系について、各々の関数系に基づいた混合則で精密に相関を行うといったことが可能である。

SRK 式や PR76 式では三変数対応状態原理を適用し、純物質の蒸気圧計算を一般化している。しかし、特に低圧で状態式を適用する上で、計算精度に問題が起こることが多い。このため、蒸気圧の計算に関与しているモデル中の α 関数の改良が行われた。図 5 中に取り上げている Boston-Mathias[37]や Twu-Bluck-Cummingham-Coon[38]では、蒸気圧計算に際しては対応状態原理による一般化を放棄し、純物質の蒸気圧を決定する実験パラメータを導入している。

三次式型状態式では、相平衡計算に必須である圧力-温度関係の計算精度に重きを置いており、特に液相の密度については一般的に精度が低い。このため、プロセスシミュレータ上では、液密度の計算には別のモデルを組み合わせることが通常である。Peneloux[39]は、シフトパラメータで状態式からの計算値を補正することで液密度を精度よく推算する方法である。

さらに、三次式型状態式は、工業的には炭化水素系の混合物に頻繁に使用されており、連続熱力学的な手法で、異種分子間相互作用パラメータを決定する方法がシミュレータに組み込まれていることがある。Gao[56]やCheuh-Pransinitz[57]はその一例である。

ビリアル展開型状態式は、理想気体を基準として数密度を摂動パラメータとした摂動型状態式と考えてよいが、実用的には、純物質パラメータを吟味すれば、圧力-比容-温度(PvT)関係を精度よく表現することが可能である。PvT 関係を精度良く表現できるということは、PvT 関係の微分から求めるエンタルピーやエントロピーについて良好な計算精度を期待できることを意味している。このため、極低温プロセスや精度を要求される圧縮機の計算などに活用されている。図5 には、純物質パラメータの計算が一般化された BWR-Starling[40]と Lee-Kesler-Ploeker[41]を示した。

最近、プロセスシミュレータでも、新しい推算法として、半経験的摂動型状態式である PC-SAFT 式[43),44)]や、Wagner 式[45)]に代表されるヘルムホルツ自由エネルギー展開型状態式が注目されている。PC-SAFT 式については本書 2.1.3 節において、ヘルムホルツ自由エネルギー展開型状態式は、2.1.4 節において、各々詳細に解説されている。

一方、液相活量係数式については、図6にまとめたが、これらの式全てが、熱力学第一および第二法則から仮定なしに導かれる Gibbs-Duhem 式を満たしている。シミュレータには用途別に様々なモデルが搭載されており、ランダム混合を仮定したモデルとしては、Margules[47],Van Laar[48], Hidebrand-Scatchard[49]などが挙げられる。特に、Hildebrand-Scatchard 式は正則溶液モデルとも呼ばれ、純物質の溶解度パラメータがあれば、混合物の計算が可能なモデルスキームとなっている。

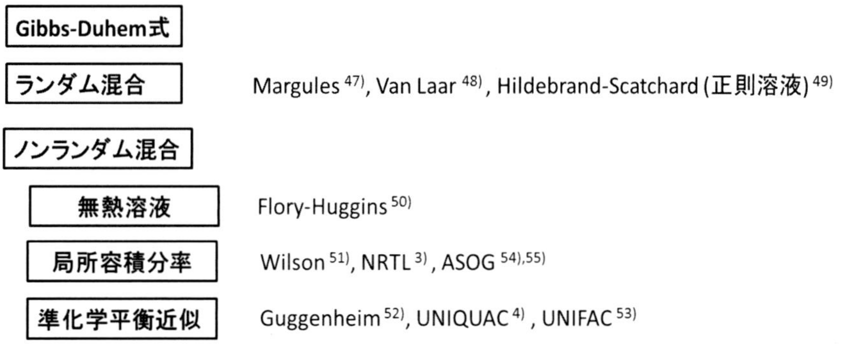

Gibbs-Duhem式

ランダム混合　Margules [47], Van Laar [48], Hildebrand-Scatchard (正則溶液) [49]

ノンランダム混合

無熱溶液　Flory-Huggins [50]

局所容積分率　Wilson [51], NRTL [3], ASOG [54,55]

準化学平衡近似　Guggenheim [52], UNIQUAC [4], UNIFAC [53]

図6 プロセスシミュレータに搭載されている液相活量係数式の一例

液相において非理想性が強い系について、ノンランダム混合を仮定した液相活量係数式が用意されており、大まかに分類すると、無熱溶液、局所容積分率、準化学平衡近似に各々分類できる。Flory-Huggins[50]は混合熱が無視できる系について、格子理論から導かれたものであり、溶媒—ポリマー液系のように、主に分子間の形状の違いが支配的な系に適用される。

図 6 上で、局所容積分率に分類した Wilson 式[51]や NRTL 式[3]、準化学平衡近似に分類した UNIQUAC 式[4]は、圧力がそれほど高くない条件で、液相の非理想性が強い場合に頻繁に使われており、シミュレータ上には、実験値を相関した異種分子間パラメータデータベースが準備されていることが多い。ちなみに Wilson 式と UNIQUAC 式は、Flory-Huggins 式を内部に包含している。

最後に図7に一般化相関法の一例を示した。Chao - Seader[5)]やGrayson-Streed[58)]は、液相活量係数式にHildebrand-Scatchard式(正則溶液)、気相フガシチー係数には、Redlich-Kwong式を各々適用している。さらに、液相フガシチー係数を液相中の純物質i成分のフガシチーと全圧の比として定義し、これをCurl-Pizterの対応状態原理から偏心係数の一次展開とした基準項と偏倚項を温度と圧力の多次式として、実測の気液平衡比を相関したモデルである。

正則溶液モデルを活用した高圧相平衡計算モデル	Chao-Seader [5)], Grayson-Streed [58)]
K値チャート	Braun K10 [59)]

図7 プロセスシミュレータに搭載されている一般化相関法の一例

図5,6,7には取り上げていないが、市販プロセスシミュレータは、目的に応じて様々な専用モデルを提供している。例えば、一例として、アルカノールアミンを用いた吸収プロセス用物性モデル、サワー・ウォーター・ストリッパー用物性モデル、エチレングルコール溶媒を用いた脱水プロセス用物性モデル、フッ化水素の6量体モデルなどが挙げられる。

本節では、相平衡に関連したモデルのみを紹介したが、液密度計算、エンタルピー・エントロピー計算、気相会合モデル、種々の輸送物性モデル、石油精製における種々の製品インデックスなどを算出するモデルも多数搭載されている。

3.2 推算モデル選定の基本的方法

3.1節においてプロセスシミュレータに搭載されている物性推算法で、相平衡に関係する推算法の概要を述べた。現在の物性推算理論では、どのような条件にも対応可能な唯一の実用物性推算法は残念ながら存在しない。従って、シミュレーションの目的や、シミュレーションの対象とする系、運転条件に応じて、最も適した物性推算法を選択する必要がある。本節では、気液平衡に限定して、推算モデル選定についての基本的な方法を解説する。

図8に理想系、一般化相関法、液相活量係数法についてのモデル選定についての基本的な考え方を示す。図8はきわめて定性的な模式図であり、図中の縦軸は蒸気相または気相の非理想性について定性的な度合いを示している。原点近傍では、蒸気相または気相の挙動は、理想気体に近く（つまり、気相フガシチ

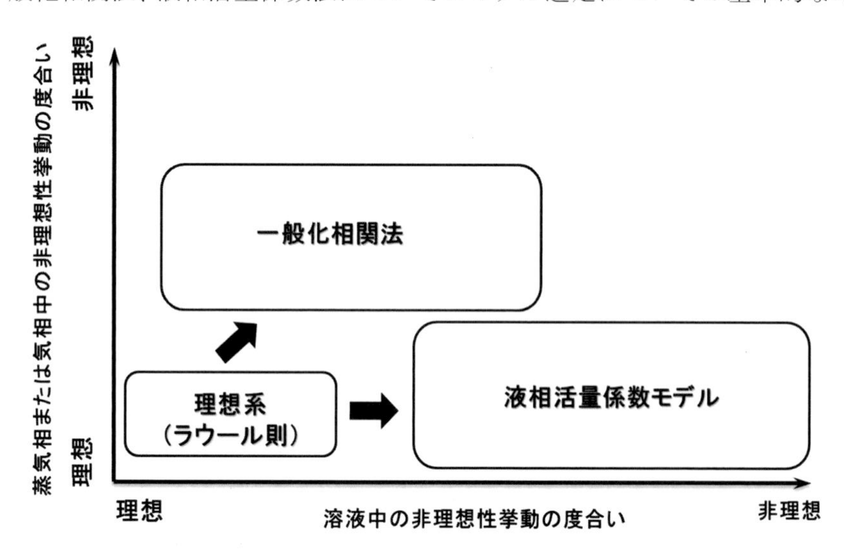

図8 相平衡計算における物性の使い分け（理想系,一般化相関法,液相活量係数）

一係数が 1 を示す)、原点から外れるのに従って理想気体からは外れてゆくものとする。一方、横軸は、液相の非理想性について定性的な度合いを示しており、原点に近いと、ラウール則に従い（つまり、液相活量係数が 1 を示す)、原点から外れるのに従って、ラウール則から外れてゆくものとする。

気相会合やイオン化反応など特殊な状況を想定から除外した場合、蒸気相または気相の非理想性は、運転圧に依存していると考えてよい。一方、液相の非理想性は、異種分子間の分子表面電位の違いや分子形状違いなどに起因する異種分子間の対称性に依存している。つまり、液相の非理想性は、各分子の極性（エンタルピー効果）や、分子の大きさや形（エントロピー効果）に関係している。

式(2)にラウール則における気液平衡式を、式(3)に液相活量係数式における気液平衡式を各々示した。

$$y_i P = x_i P_i^o \tag{2}$$

ここで、$y_i, x_i =$ 蒸気相および液相の成分 i のモル分率

P = 系の全圧

$P_i^o =$ 純物質成分 i の飽和蒸気圧

$$y_i P \varphi_i = \gamma_i x_i P_i^o \varphi_i^o \exp\left[\int_{P_i^o}^{P} \frac{v_i^L}{RT} dP\right] \tag{3}$$

ここで、$\varphi_i =$ 蒸気相における成分 i のフガシチー係数

$\gamma_i =$ 成分 i の液相活量係数

$\varphi_i^o =$ 純物質成分 i の液相におけるフガシチー係数

Exponential 項 = ポインティング効果項（通常は 1 とする）

蒸気相挙動が理想気体の状態式に従い、かつ液相中の挙動が式(2)の右辺に従うならば、気液平衡の計算に必要な物性は各成分の飽和蒸気圧のみであり、図 8 中の理想系に対応する。しかしながら、異種分子間の極性の違いや、分子形状の違いが無視できない系については、式(3)によって気液平衡を計算すべきであり、これが図中の液相活量係数モデルおよび一般化相関法に対応する。

理想系が適用できる系としては、異種分子間で分子構造が極めて近く、同程度の蒸発潜熱を示す系で、運転圧が常圧から減圧である場合が考えられ、例えば、Benzene-Toluene 系や、Xylene 異性体などの蒸留などが具体的事例として挙げられる。

一方、工業的には、理想系が成立する系は比較的まれであり、例えば、水と炭化水素のように極性が著しく異なる系や、芳香族とパラフィンのように分子形状が著しく異なる系では、実用上、液相活量係数モデルが好ましい。この場合、式(3)中の液相活量係数を計算する方法が液相活量係数モデルであって、加圧下での補正計算に必要なフガシチー係数は状態方程式から算出する。大気圧下や減圧下でのシミュレーションでは、フガシチー係数による補正計算は必要なく、これらの項は 1 となる。従って、液相活量係数モデルは、常圧から減圧下で液相中の非理想性が強い系に対して、現在でも幅広く使用されている。但し、加圧下において、特に高圧下では、フガシチー係数による気相の非理想性の補正では、気液平衡計算精度に問題が残る。また、純物質の飽

和蒸気圧を必要とするため、超臨界成分（つまり気体成分）が系に存在する場合、シミュレータは、式(3)に従って、系の温度に応じて、飽和蒸気圧を臨界点以上に外挿するため、気体成分の液相への溶解度は正確ではない。例えば、蒸留操作で、塔頂限界成分が、塔頂コンデンサーの運転条件では液化できるが、塔底リボイラーの運転温度では、既にその成分の臨界温度を超えている場合、液相活量係数モデルでシミュレーションを強行すると、塔内温度分布の計算値が、運転値から大きく外れることがある。

超臨界成分については、液相中への溶解度が小さいことが多いため、ヘンリー則を液相活量係数と組み合わせて使用することが一般的である。但し、ヘンリー則では、ヘンリー定数の実測値が必要であり、信頼できるデータがない場合には、ヘンリー則を適用できない。また、ヘンリー則は無限希釈状態から溶解度が分圧に応じて直線的に変化することを仮定しており、例えば、気体成分の分圧が大きく、液相中への溶解度が、溶解度と分圧の直線関係から外れる場合には、液相活量係数モデルの適用をあきらめるべきであろう。

一般化相関法である Chao-Seader や Grayson-Streed は液相活量係数の計算に Hildebrand-Scatchard(正則溶液モデル)を使用し、気相のフガシチー係数には Redlich-Kwong 状態式を使用している。活量係数に正則溶液モデルを使用しているため、異種分子間相互作用パラメータは必要ない。その代わり、実験値とのフィッティングには液相フガシチー係数を使用している。水や酸性ガス、不活性ガスなどについて特別な取り扱いを行うことによって、一般化相関法は、伝統的に石油精製分野で活用されてきた。しかし、このモデルフレームワークでは、過剰エントロピーおよび過剰体積を無視している正則溶液を使用しているため、極性の強い系には適用できない。従って、一般化相関法は、適用分野を限定し、常圧から中圧程度のシミュレーションに適用される。

図 9 に三次式型状態方程式について、モデル選定についての基本的な選定方法を示す。図の構成としては、図 8 と同じ主旨であり、縦軸が蒸気相または気相の非理想性の度合い、横軸が液相の非理想性の度合いを各々定性的に示している。

ここでは、SRK 式や PR76 式を従来型三次式型状態式と呼称する。これらの方法は、天然ガス処理など高圧下での軽質炭化水素のモデリングで、良好な結果を示すことが知られており、工業的にも頻繁に使用される方法である。しかしながら、低中

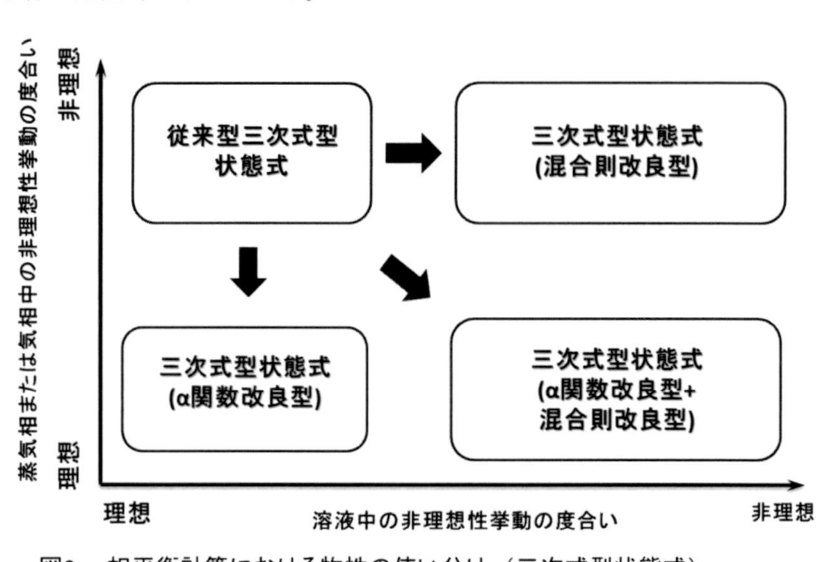

図9　相平衡計算における物性の使い分け（三次式型状態式）

圧領域での純物質の蒸気圧計算の誤差が無視できない場合や、非炭化水素成分や重質炭化水素成分の飽和蒸気圧計算の精度が不十分である場合などについては、α関数改良型の適用が推奨される。一方、高圧下で、液相の非理想性が大きく、従来型三次式型状態式の Lorenz-Bertherot 混合則で、実験値を良好に表現できない場合には、図5に示した非対称性 kij または過剰ギブス自由エネルギー型混合則の適用を検討することとなる。

低中圧領域で、飽和蒸気圧の計算精度と液相の非理想性の双方を担保する必要がある場合には、α関数改良型と混合則改良型の組み合わせを検討すればよい。しかし、高圧領域で、特に純物質としては超臨界領域にある成分が存在する場合の相平衡計算には、安易にα関数改良型を適用することには注意を要する。このような領域では、従来型三次式に組み込まれている偏心係数を使用した対応状態原理型α関数か、α関数改良型か、どちらかを決め、決めたα関数スキームを持つ状態式で相平衡データを相関したものでなければ、計算値を信用することはできない。この理由は、α関数自体の本来の目的は純物質の飽和蒸気圧の相関であり、超臨界領域では与えられた関数系が外挿されているのに過ぎず、外挿域での物理化学的な根拠が希薄であるためである。

一般的には、計算に必要な実験値の相関パラメータである異種分子間相互作用パラメータのシミュレータ上のデータバンクについて、従来型三次型状態式のそれが最も充実している傾向にあり、一方、種々の混合則改良型では、データバンクが存在していたとしても、規模は比較的小さい傾向にある。また、図5において紹介したα関数改良型は一般化していないため、パラメータのデータバンクが必要であり、データバンクにない成分については、個別に対象成分の蒸気圧データを相関する必要がある。このため、混合則改良型に必要な異種分子間相互作用パラメータデータバンクとα関数改良型の飽和蒸気圧パラメータデータバンクの有無とデータバンクの充実度合いは、個々のプロセスシミュレータによって異なり、これは市販シミュレータ間の個性の一つと考えられる。

3.3　推算方法の諸問題

プロセスシミュレーションを行う上で、最近のプロセスシミュレータは、使い勝手のよいグラフィカル・ユーザー・インターフェースを持ち、種々の物性モジュールが組み込まれており、極めて便利な検討用ツールとなっている。しかしながら、個別の問題ではシミュレータを使用する際に注意を要する点がいまだ存在する。本節では、物性面について、問題点を列挙したい。但し、以下に示す問題点は著者の興味の範囲であり、個々のユーザーが抱える問題点を網羅的に取り上げたものではない。

（1）臨界点を基準とした対応状態原理の問題

状態式や一般化相関法では、臨界点を基準とした対応状態原理が使用されている。この方法論は、物性モデル開発において過去数十年に渡って活用されてきた考え方であり、現在プロセスシミュレータに搭載されているかなりの種類の物性モデルで使用されている。この方法は、臨界点を測定できる成分については、極めて合理的な方法である。

しかし古くから指摘されていた問題点ではあるが、例えば、熱的に不安定であるため、物理的に臨界点を測定することが困難な成分については、グループ寄与法等で推算した臨界点を使用せざるを得ない。実際のところ、2.1節で紹介した純物質物性データバンクに登録された各成分の臨界点のかなりの部分は推算値である。実用上、推算値である臨界点を使用しても、プロセスシミュレーション上それなりの成功を収めているが、厳密には意識せざるを得ない問題点と言える。

一方、臨界点を物性モデル上のひとつの熱力学パラメータとしてとらえて、モデリングを行うという考え方をとることができるが、その場合は、シミュレーションの目的に応じて、臨界点の値を変えるという確固たる認識が必要であろう。

著者は、現在のプロセスシミュレータの限界の一つとして、生体および生体由来の薬効成分の取り扱いの困難さを考えているが、そのような成分を取り扱う場合には、臨界点を基準とした対応状態原理の問題を意識せざるを得ない。

（2）SAFT 式のプロセスシミュレータへの取り込み上の違和感

本書でも紹介されているが、半経験的摂動型状態方程式である PC-SAFT 式およびこれに関連した物性モデルの開発が現在注目を集めている。このモデルは、回転楕円剛体や剛体球についての統計熱力学な解を基準項とし、さらに半経験的な摂動項を加えるといった方法論から導かれており、第1原理に近いモデルである。さらに、最近は、会合に関する摂動項を加えて、適用範囲を拡張している。元々は、ポリマー系に適用される事例が多かったが、Chapman ら[61]や Sadowski ら[43),44]によって、低分子系への適用事例が報告され、近年、活発に開発が行われている。

SAFT 式では、個々の分子を規定する特性パラメータとして、（1）で議論した臨界点ではなく、Lenard-Jones 分子ポテンシャル上の LJ 衝突直径、LJ エネルギーパラメータ、分子中のセグメント数などを使用する。これらのパラメータは、PvT 関係などの実験値を相関することで決定されるが、研究者によってパラメータの値が異なる。シミュレータへ SAFT 式を取り込む上では、個々の成分の特性パラメータが、個々の式または研究者で異なることは、臨界点を基準点に取っていた従来の物性モデルに対して、純物質物性データバンク構築の点から違和感が残る。

このモデルは、現在急速に発展中であり、例えば、2.3 節で紹介した擬似石油留分用の特性パラメータの推算方法の開発なども行われている。従って、純物質データバンク構築上の違和感についても合理的な形で将来解決されるものと考えている。

（3）超高圧領域での推算精度

例えば、エネルギー資源開発に関連する井戸元およびその生産設備のモデリングを考慮する場合、幅広い種類の炭化水素を超高圧領域まで取り扱う必要がある。さらに、地球環境保全の観点から二酸化炭素の地層への封じ込めについての新たな市場が立ち上がりつつあり、この場合、地層圧に相当する超高圧まで二酸化炭素を圧縮する必要がる。

このような事例では、物性モデル上の従来の方法論では不十分な場合があり、新たな物性モデルが必要である。例えば、Jaubert ら[36]は、超高圧領域の相平衡データを相関したグループ寄与法型状態式(predictivePR78)を開発した。また、二酸化炭素について、超高圧領域まで PvT 関係を精度よく相関した Span-Wagner[45]が極めて有用である。今後とも、市場のニーズに対応して新たなモデルが提案されることとなろう。

（4）液相活量係数モデルにおける気液平衡および液液平衡

液相活量係数モデルは液相非理想性が強い混合物系で、運転圧が比較的低い場合に使用されるが、現在組み込まれている物性モデルでは、同じ異種分子間相互作用パラメータを使用して、気液および液液平衡双方を精度よく推算することは一般的に困難である。従って、実用上は、気液平衡用異種分子間相互作用パラメータと、液液平衡用異種分子間相互作用パラメータを別個に用意して、使い分けているのが実態である。気液平衡および液液平衡双方をうまく表現できるより実用的に使いやすい物性モデルの開発が期待される。

（5）臨界点の判定

特に混合物の臨界軌跡は極めて複雑な挙動を示す場合がある。Prausnitz はその著書[62]で、二成分系混合物について、臨界軌跡の挙動を六種類のカテゴリーに分けて解説している。

プロセスシミュレータには、Michelsen が考案した臨界点の探索方法[63),64]が組み込まれているものと推測しているが、各ストリームの相判定で、常に臨界点の場所を正確に把握しているわけではないし、計算の手間や収束性を考慮するとストリーム毎に厳密に臨界点を算出することは合理的ではない。プロセスシミュレータでは、各ストリームの相判定を独特な簡易的な方法で行っている場合が通常であり、さらに、その相の区別は、基本的には蒸気相と液相、固相の三種類しかない。従って、超臨界相（または気相）としての相判定がなく、このため、蒸気相と液相の物性計算モジュールに別々のモデルを使用している場合、不連続に計算結果が変化するような不具合を起こす場合があり、注意が必要である。

参考文献

1. Soave, G.: *Chem. Eng. Sci.*, 27, 1197-1203 (1972)

2. Peng, D.-Y. and D.B. Robinson : *Ind. Eng. Chem. Fundam.*, 15(1), 59-64 (1976)

3. Renon, H. and J.M. Prausnitz : *AIChE J.*, 14, 135-144 (1968)

4. Abrams, D.S. and J.M. Prausnitz : *AIChE J.*, 21, 116-128 (1975)

5. Chao, K.C. and J.D. Seader : *AIChE J.*, 7(4), 598-605 (1961)

6. Hayden, J.G. and J.P. O'Connell : *Ind. Eng. Chem. Proc. Des. Dev.*, 14(3), 209-216 (1975)

7. Hankinson, R.W. and G.H. Thomson : *AIChE J.*, 25(4), 653 (1979)

8. Spencer, C.F. and R.P. Danner : *J. Chem. Eng. Data*, 17, 236-241 (1972)

9. Reid, R.C, Prausnitz, J.M. and T.K. Sherwood : 'The Properties of Gases and Liquids 3rd Ed.', McGRAW-HILL, New York (1977)

10. Reid, R.C, Prausnitz, J.M. and B.E. Poling : 'The Properties of Gases and Liquids 4th Ed.', McGRAW-HILL, New York (1987)

11. Poling, B.E., Prausnitz, J.M. and J.P. O' Connell : 'The Properties of Gases and Liquids 5th Ed.', McGRAW-HILL, New York (2000)

12. Marrero, J. and R. Gani : *Fluid Phase Equil.*, 183-184, 183-208. (2001)

13. Constantinou, L. and R.Gani : *AIChE. J.*, 10, 1697-1710 (1994)

14. Constantinou, L., Gani R. and J.P. O'Connell : *Fluid Phase Equilib.*, 103, 11-22 (1995)

15. Joback, K.G. :'A Unified Approach to Physical Property Estimation using Multivariate 5tatistical Techniques', S.M. Thesis, Dept. of Chem. Eng., MIT, Cambridge, MA. (1984)

16. Joback, K. G. and R.C. Reid : *Chem. Engng. Commun.*, 57, 233-243 (1987)

17. Wilson, G. M. and L.V. Jasperson :'Critical Constants Tc, Pc - Estimation Based on Zero, First, Second-Order

Methods', AIChE Meeting, New Orleans, LA (1996)

18. Lydersen, A.L. : 'Estimation of Critical Properties of Organic Compounds', Univ. Wisconsin Coll. Eng., Eng. Exp. Stn., Rep.3, Madison, Wis., April 1955

19. Black, C., and C.H. Twu : 'Correlation and Prediction of Thermodynamic Properties for Heavy Petroleum, Shale Oils, Tar Sands and Coal Liquids', paper presented at AIChE Spring Meeting, Houston, TX (1983)

20. Twu, C.H. : *Fluid Phase Equilib.*, 16, 137-150 (1984)

21. Cavett, R.H. : 27th Mid-year Meeting of the API Division of Refining, 42[III], 351-357 (1962)

22. Kesler, M.G. and B.I. Lee : *Hydrocarbon Proc.*, 53(3), 153-158 (1976)

23. Lee, B.I. and M.G. Kesler : *AIChE J.*, 21, 510-527 (1975)

24. Spencer, C., Nagvekar, M., Watanasiri, S. and C.H. Twu : "Petroleum Fraction Characterization - A Viable Approach for Heavier, Highly Aromatic Fractions", Paper presented at AIChE Spring Meeting, New Orleans, LA (2005)

25. Riazi, M.R., 'Characterization and Properties of Petroleum Fractions 1st. Ed.', ASTM, West Conshohocken, PA (2005)

26. Edmister, W.C. and K.K. Okamoto : *Retroleum Refiner*, 38(8), 117-132 (1959)

27. Riazi, M.R. and T.E. Daubert : *Oil & Gas Journal*, 84, August 25, 50-57 (1986)

28. Daubert, T.E. : *Hydrocarbon Proc.*, 73(9), 75-78 (1994)

29. Kabadi, V.N. and R. P. Danner : *Ind. Eng. Chem. Process Des. Dev.*, 24, 537-541 (1985)

30. Harvey, A. H. and J.M. Prausnitz : *AIChE J.*, 35, 635-644 (1989)

31. Huron, M-J. and Jean Vidal : *Fluid Phase Equilib.*, 3, 255-271 (1979)

32. Wong, D.S. and S. I. Sandler : *AIChE J.*, 38, 671-680 (1992)

33. Holderbaum T. and J. Gmehling : *Fluid Phase Equilib.*, 70, 251-265 (1991)

34. Dahl S. and M.L. Michelsen : *AIChE J.*, 36, 1829-1836 (1990)

35. Twu, C.H., Coon, J.E. and D. Bluck : *Fluid Phase Equilib.*, 139, 1-13 (1997)

36. Jaubert, J.-N. and F. Mutelet : *Fluid Phase Equilib.*, 224, 285-304 (2004)

37. Boston, J. F. and P.M. Mathias : 'Phase Equilibria in a Third Generation Process Simulation', Proc. of the 2nd Inter. Conf. on Phase Equil. & Fluid Properties in the Chemical Process Industries, Berlin (West), March 17-21 (1980).

38. Twu, C.H., Bluck, D., Cunningham, J.R. and J.E. Coon : *Fluid Phase Equilib.*, 69, 33-50 (1991)

39. Peneloux, A., Rauzy, E. and R. Freze : *Fluid Phase Equilib.*, 8, 7-27 (1982)

40. Starling, K. E., and M.S. Han : *Hydrocarbon Proc.*, 51(5), 129 (1972)

41. Ploeker, U., Knapp, H. and J.M. Prausnitz, J.M. : *Ind. Eng. Chem. Proc. Des. Dev.*, 17, 324-332 (1978)

42. 斎藤正三郎 : '統計熱力学による平衡物性推算の基礎 初版補訂版', 培風館, 東京 (1983)

43. Gross J. and G. Sadowski : *Ind. Eng. Chem. Res.*, 40, 1244-1260 (2001)

44, Gross J. and G. Sadowski : *Ind. Eng. Chem. Res.*, 41, 5510-5515 (2002)

45. Span, R. and W. Wagner : *J. Phys. Chem. Ref. Data*, 25(6), 1509-1596 (1996)

46. http://www.nist.gov/srd/nist23.cfm

47. Margules, M., Sitzber : *Acad. Wiss. Wien*, 104, 1234 (1895)

48. Van Laar, J.J. : *Z. Phys. Chem.*, 72, 723 (1910); 83, 599 (1913)

49. Hildebrand, J.H., Prausnitz, J.M. and R.I. Scott : 'Regular and Related Solutions', van Nostrand Reinhold, New York (1970)

50. Flory, P.J. : 'Principles of Polymer Chemistry', Cornell University Press, Ithaca, N.Y. (1953)

51. Wilson, G.M. : *J. Amer. Chem. Soc.*, 86, 127-130 (1964)

52. Guggenheim, E.A. : *Proc. Roy. Soc.*, A183, 203 (1944)

53. Fredenslund, A., Jones, R.L., and J.M. Prausnitz : *AIChE J.*, 27, 1086-1099 (1975)

54. Derr, E.L. and C.H. Deal : *Inst. Chem. Eng. Symp. Sr. London*, 32(3), 40 (1969)

55. Kojima, K. and K. Tochigi : 'Prediction of Vapor-Liquid Equilibria by the ASOG Method', Physical Sciences Data 3, Kodansha Ltd., Tokyo, Elsevier Scientific Publishing Company (1979)

56. Gao, G., Daridon, J.-L., Saint-Guirons, H., Xans, P. and F. Montel : *Fluid Phase Equil.*. 74, 85-93 (1992)

57. Cheuh, P.L. and J.M. Prausnitz : *AIChE J.*, 13(6), 1099-1107 (1967).

58. Grayson, H.G., and C.W. Streed : 'Vapor-Liquid Equilibria for High Temperature, High Pressure Hydrocarbon-Hydrocarbon Systems', Proc. Of 6th World Congress, Frankfurt am Main, June 19-26 (1963)

59. Cajander, B. C., Hipkin, H. G. and J.M. Lenior : J. Chem. Eng. Data, 5(3), 251-259 (1960)

60. van der Waals, J.D. : 'Doctoral Disseration', Leiden (1873)

61. Chapman, W.G., Gubbins, K.E., Jackson G. and M. Radosz : *Ind. Eng. Cgem. Res.*, 29, 1709-1721 (1990)

62. Prausnitz, J.M., 'Molecular Thermodynamics of Fluid-Phase Equilibria Second Edition', P T R Prentice-Hall, Englewood Cliffs, New Jersey (1986)

63. Michelsen, M.L. : *Fluid Phase Equilib.*, 4, 1-10 (1980)

64. Michelsen, M.L. : *Fluid Phase equilib.*, 16, 57-76 (1984)

65. van Krevelen, D.W. : 'Properties of Polymers Third Edition', Elsevier Science B.V., Amsterdam (1990)

第３章
産業応用編

3.1　エネルギー産業

3.1.1　液化天然ガス

田口　智将、汐崎　徹

（千代田化工建設株式会社）

1 はじめに

日本を含む東アジア圏は最大の液化天然ガス（LNG）消費地である。中東や東南アジア・豪州に存在する大規模ガス田からの天然ガス輸送には約 1/600 に体積圧縮された液化天然ガスによるタンカー運搬方式が採用されている。ガス田から採掘された天然ガスは精製・液化の過程で硫黄分などが除去されて軽質なメタン、エタン、プロパン、ブタンなどから構成されるクリーンなガスになり大気汚染低減や CO_2 排出量削減に貢献してきた。大都市を中心にパイプライン網で供給される容易に利用可能な都市ガスとして、また、ガスタービンを用いた高効率電力転換特性や優れた受給調整機能を有する重要な発電エネルギー源として日常生活の質の向上に寄与し大量消費されている。本稿では、液化天然ガス全体プロセスの概要を紹介し、特に重要となる冷凍サイクル・主冷凍熱交換器に関して、熱力学的な見地から物性推算の重要性について述べる。

2 液化天然ガスプロセスの概要

図 1 に液化天然ガスの全体プロセス概略図を示す。

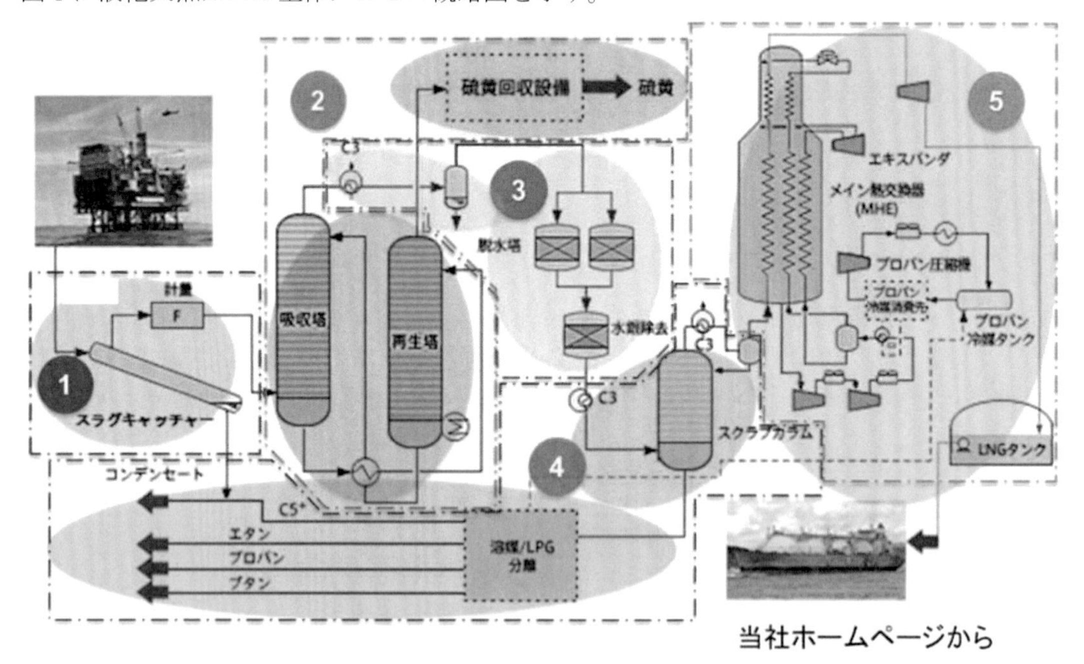

図 1　液化天然ガスの全体プロセス概略図（当社ホームページから引用）

液化プラントは（1）前処理工程（2）酸性ガス除去工程（3）水分除去工程（4）重質分分離工程（5）液化工程の 5 つの工程に大別される。

(1) 前処理工程ではガス田から採掘された天然ガスに随伴する固形物、油、水を粗分離する。ガス田からのパイプライン輸送は二相流となることが多く、パイプラインで大量の油水分(スラグ)が発生する場合には分離除去のためにスラグキャッチャーを設置する。

(2) 酸性ガス除去工程では天然ガスを燃料として使う際に大気汚染物質の元になる硫化水素や液化工程で固化閉塞の原因となる二酸化炭素などの酸性ガスをアミンで吸収除去する。除去された硫化水素は硫黄回収装置で硫黄として回収する。

(3) 水分除去工程では前工程のアミン吸収操作により飽和したガス中の水分が液化工程で凍結閉塞することを防止するためにモルキュラーシーブにより吸着除去する。また、天然ガス中に存在する水銀は微量でも主冷凍装置を構成するアルミニウムとアマルガムを形成し装置耐久性を損なうため活性炭等によって吸着除去する。

(4) 重質分分離工程では液化工程で固化閉塞する重質炭化水素を除去すると共にエタン、プロパン、ブタン等の NGL(Natural Gas Liquid)を回収する。より低温の蒸留分離が必要な場合にはガスエキスパンダーによる自己冷熱プロセスを使う。この場合、伝熱面積を確保して熱回収を行うためにプレートフィン型熱交換器を採用し空気深冷分離ユニットに類似した工程となる。

(5) 液化工程では冷凍サイクルにより供給される 0℃から-160℃の冷媒を用いて天然ガスを液化する。冷凍サイクルの所要エネルギー（大部分は冷凍圧縮機の仕事）は全体工程を通して割合が高く、この工程の高効率化が OPEX(Operation Expenditure)改善のカギとなる。そのために様々な工夫をしたプロセスが提案され商業化されている。

また、主な液化プロセスとしては、カスケード方式(ConocoPhillips)、C3-MR 方式(Air Product)、AP-X 方式（Air Product)、Double-MR 方式（Shell、Air Product)、Single-MR 方式（Black&Veatch他）などがある。これらについては参考資料[1]などに詳しい。どの方式も冷凍圧縮機が必要でその駆動機として発電所で使用されるガスタービンが使われることが多い。

図 2 に当社が手掛けた液化プラント建設工事の変遷を示す。

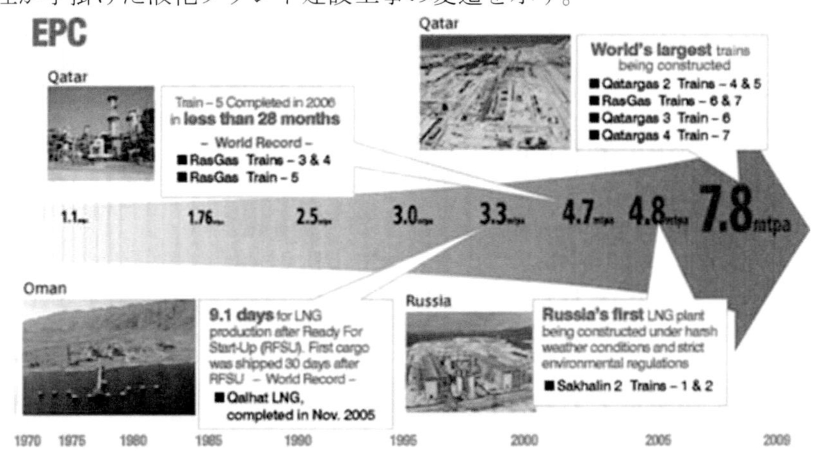

(Photo : Courtesy of Qatar Liquefied Gas Co., Ltd. Oman LNG L.L.C., Qalhat LNG S.A.O.C., Sakhalin Energy Investment Co., Ltd., Ras Laffan Liquefied Natural Gas Co., Ltd. (Ⅱ), Qatar Liquefied Gas Co., Ltd. (2) and Qatar Liquefied Gas Co., Ltd. (3) & (4))

図 2　液化天然ガスプラント建設の変遷（当社ホームページから引用）

液化天然ガスプラントの建設規模は草創期である 1950 年代後半から現在に至るまで大型化の歴史を歩んでいる。一般に、大型化によるコストは装置能力に単純に比例するのではなく、装置能力が 2 倍となっても、その建設費は 2 倍以下となる「スケールメリット」があるといわれている。図 3 に世界の LNG 貿易量[2)]の伸びと当社建設実績の推移を比較して載せたが、当社の建設プラント規模は世界の需要に応じて着実に推移してきていることが分かる。

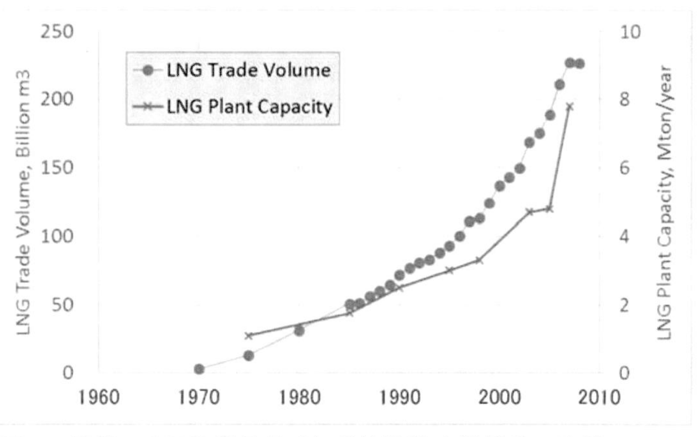

図 3　世界の LNG 貿易量[2)]と当社建設実績推移の比較

3 冷凍サイクルと熱力学

前章で述べたように液化天然ガスプラントには様々な工程が存在しているが、本章以下では「冷凍サイクルと冷凍熱交換器」に対象を限定して解説していく。

冷凍サイクルは「仕事を投入して低位熱源から高位熱源に熱を汲み上げる逆熱機関（ヒートポンプ）のこと（図 4 参照）」であり、冷媒の圧縮、冷却・液化、膨張、冷熱利用の各工程で構成されるプロセス（図 5 参照）である。冷凍サイクルの熱効率を考える上では、エネルギー保存式（$dU = dQ - dW$）およびエントロピーの定義式（$dQ = TdS$）への理解が重要である。

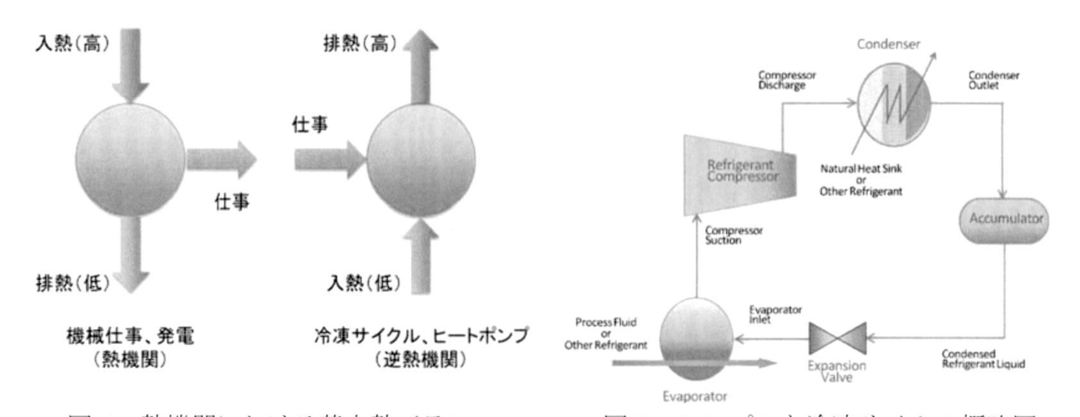

図 4　熱機関における基本熱バランス　　図 5　シンプルな冷凍サイクル概略図

液化天然ガスプロセスで利用される冷凍サイクルは冷媒が配管・機器内部に封止されたクローズドサイクルで構成されることが多い。クローズドサイクルではどの工程から考えても一周すれば定常内部状態は同じであるから $\oint dU=0$ であるので、エネルギー保存式から $\oint dQ = \oint dW$ となり、これは冷凍サイクルに必要となる仕事を示す。

図 5 で示す冷凍サイクルの状態変化は、図 6 の P-V ダイアグラム、図 7 の T-S ダイアグラム上で把握することができる。さらに冷媒の飽和状態包接線を同図上に示すと各工程と状態変化との関係が判り易い。図 6 では P-V ダイアグラムで塗りつぶしされた部分の面積（=∫VdP）が仕事になる。この図では作業流体の状態変化は判り易いが、熱量の関係が視覚的に判りにくい。図 7 の T-S ダイアグラムでは∫TdS で高温排熱と低温入熱がそれぞれ計算できる。A＋B 領域の面積が高温排熱に相当し、A 領域の面積が低温入熱に相当する。高温排熱と低温入熱の差である B 領域が冷凍サイクルで必要とされる仕事である。このとき、図 7 に示される 2 つの“足”は膨張・圧縮過程の非理想性を示す。図 7 では入熱、排熱の温度レベルが一目瞭然であり、その状態によって仕事がどのように変化するか視覚的に理解しやすい。例えば、より低温での冷熱供給を実現しようとすると B 領域の“腹”が下に出て仕事が増加してしまうことがすぐに判る。

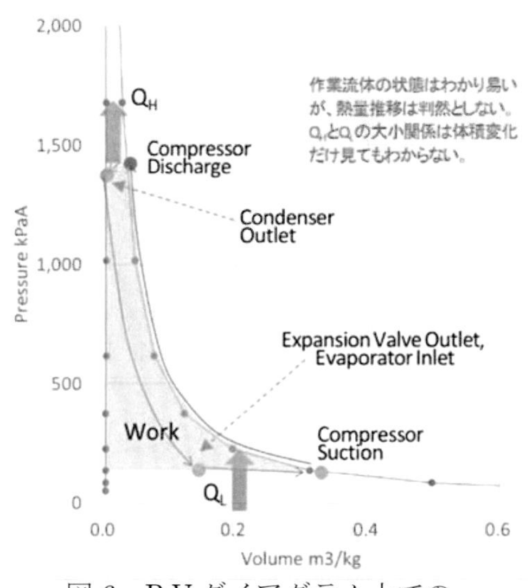

図 6　P-V ダイアグラム上での
冷凍サイクル状態推移

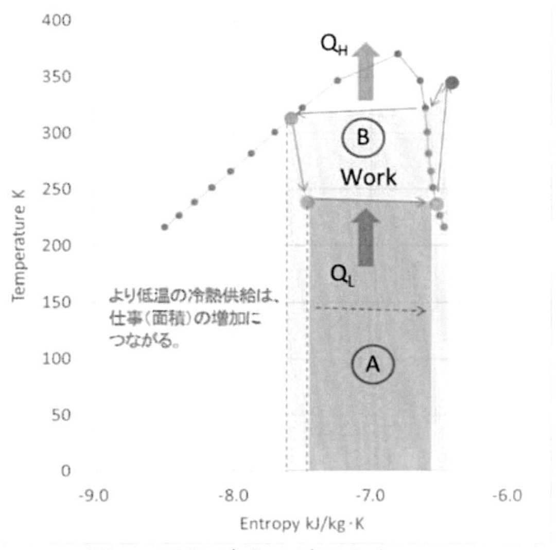

図 7　T-S ダイアグラム上での
冷凍サイクル状態推移

図 8 に P-H ダイアグラム上に冷凍サイクルの状態を示した。低温部の入熱 Q_L と仕事 W の合計が高温部の排熱 Q_H に等しく、エネルギー保存式から導いた $\oint dQ = \oint dW$ の関係（$Q_H - Q_L = W$）が一目瞭然で確認できるが、温度レベルとの関係は分かり難い。

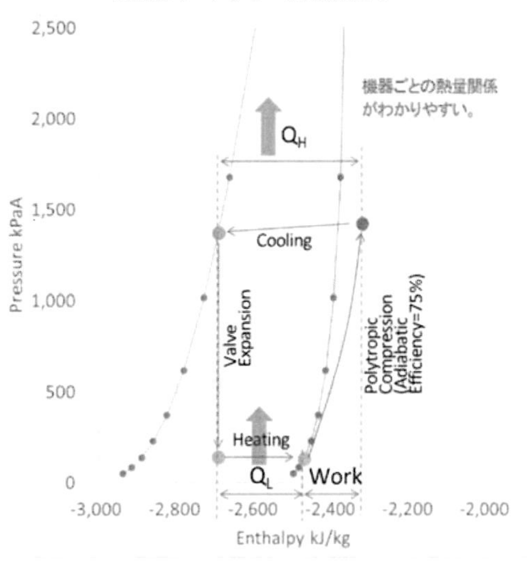

図 8　P-H ダイアグラム上での
冷凍サイクル状態推移

図 9 の T-S ダイアグラム上に、熱交換器内の冷却対象のプロセス流体（天然ガス）と冷媒の伝熱時に生じるエネルギー損失（正確には環境温度を 300K としたときのエクセルギー損失。エンタルピーは損失しない）を示す。斜線で網掛けした部分が伝熱時における損失を示し、図 9（左）は単一の温度レベルの冷媒、図 9（右）は３つの温度レベルの冷媒の例である。天然ガスと冷媒の温度差が大きいほど網掛け部の面積が大きく、損失が大きいことが分かる。効率の向上には冷却対象と冷媒の温度差を小さくすることが重要である。

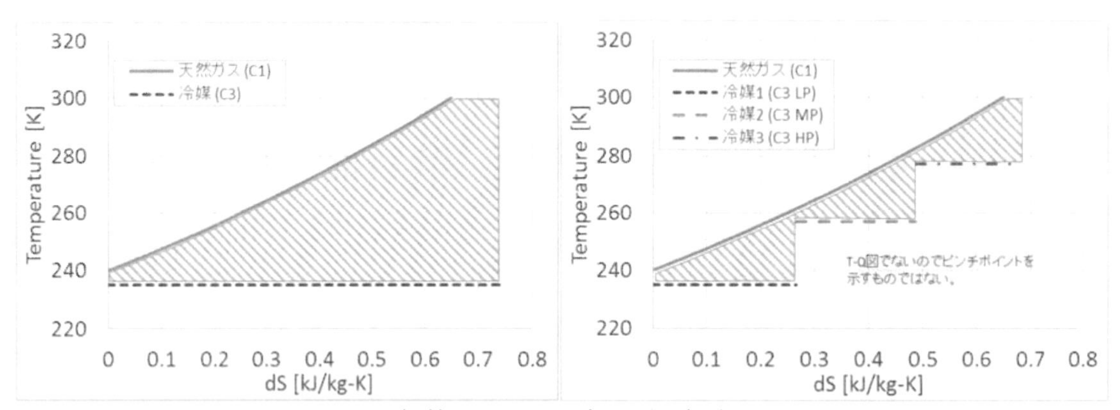

図 9　伝熱におけるエネルギー損失、

横軸は天然ガス側のエントロピー変化量を基準としている。

実際の冷凍サイクルでは、複数の冷媒を用いることや、図 10 に示すような多段式冷凍圧縮機を採用してサイドストリームの圧力をうまく調整することで図 9（右）に示すような複数の温度レベルを実現することができる。また混合冷媒の組成を調整し、天然ガスと冷媒の温度差を小さくすることで損失を低減する設計も可能である。その場合、冷媒の温度は階段状ではなく滑らかに推移する。

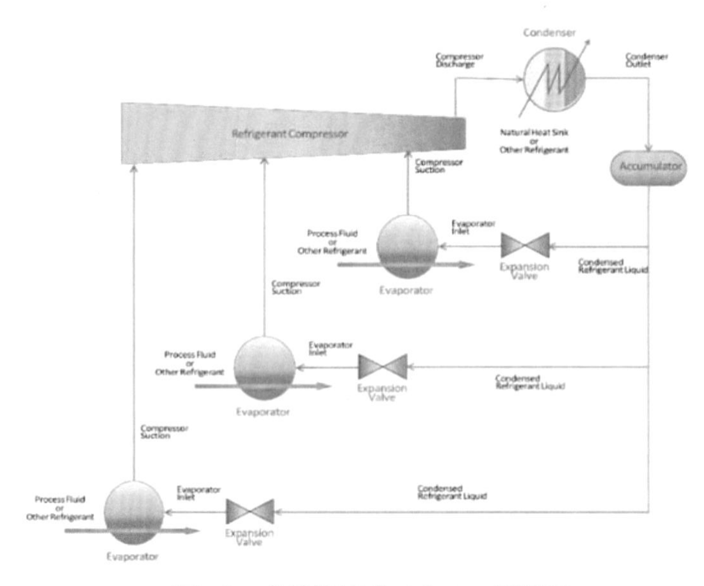

図 10　多段冷凍サイクルの概略図

4 使用物性と熱力学的健全性

液化天然ガスプロセスの冷凍サイクルでは、その操作条件が高圧（～10MPa）・低温（～170℃）であり、非理想性が強く、純物性臨界点を超えた状態での気液平衡操作も考慮するため、状態方程式を用いた物性推算式が良く使用される。代表的なものはRedlich-Kwong式の分子間力補正項aを修正したSoave-Redlich-Kwong (SRK式、1972年)[3]、さらに精度向上に寄与したPeng-Robinson式（PR式、1976年）[4]である。両者とも組成が窒素、メタン、エタン、プロパン、ブタンといったシンプルなプロセスであれば非常に精度よく物性推算ができる。SRK式やPR式は多くの汎用シミュレーターに搭載され設計の現場でさかんに利用されている物性推算手法である。

以下では天然ガス液化プロセスでよく用いられるPR式を例に物性推算式の役割を考える。天然ガス中には窒素も含まれるが、液化工程までに窒素が除去されることはなく、LNGとして出荷するまえに大気圧近傍でフラッシュすることで放散する。また、液化温度（約-160℃）を作り出す冷媒には窒素を混合し使用している。メタン-窒素2成分系と対象を簡素化し、PR式を用いた臨界圧力の混合物性推算結果を図11に示した。混合物の臨界圧力は純物質のものよりも高くなる傾向があることが知られているが、そのような挙動がPR式でも算出されていることがわかる。ただし、メタン55%程度の推算結果に若干の乱れが見て取れたため、その熱力学的健全性をチェックした。

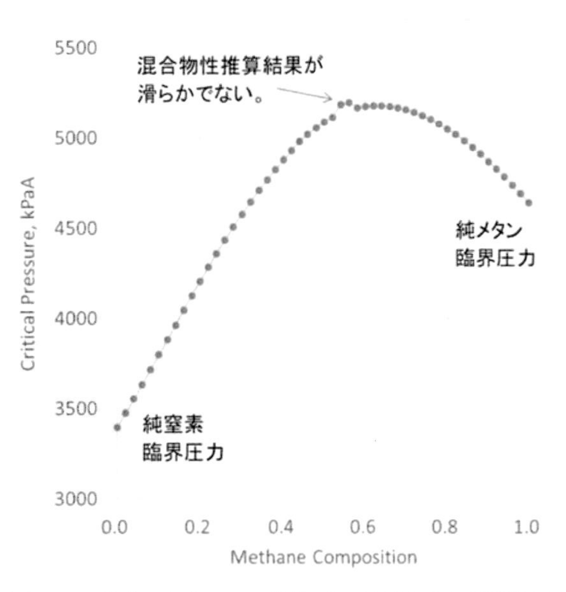

図11　窒素-メタン2成分系の臨界圧力推算結果

混合物性のP-Hダイアグラムを確認し、臨界点に向かう等エンタルピー線上（図12参照）の数点の検査圧力において微小圧力差を生じるバルブ膨張操作前後の状態値（気相/液相組成、圧力、温度、モル体積、エントロピー）を汎用シミュレーターで出力させ、結果をGibbs-Duhem式で評価する手法を取った。メタン-窒素2成分系の組成比は図11で臨界圧力推移に乱れが確認されたメタン55%および、メタン5%、メタン95%の3点を評価した。

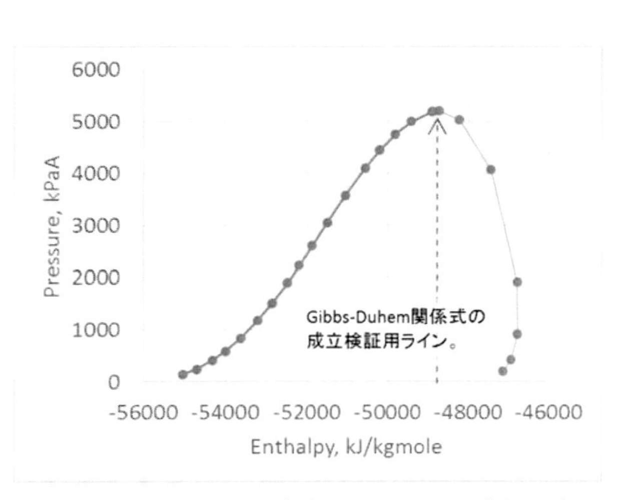

図12　メタン55%、窒素45%のP-Hダイアグラム、Gibbs-Duhem関係式を満足しているかどうか検証するため、微小圧力差の等エンタルピー過程を臨界点に向かう線上で数点確認した。

Gibbs-Duhemの関係式は2成分系では次のように与えられる。

$$x_1 \mathrm{dln}(x_1\gamma_1) + x_2 \mathrm{dln}(x_2\gamma_2) = VdP - SdT \tag{4.1}$$

式(4.1)は過剰ギブスエネルギーの形式ではなく、全エネルギー形式で表示してある。

活量γはラウルの法則で示される気相・液相組成の関係式の非理想性を表現するファクターであり、次のように与えられる。

$$\pi y_i = \gamma_i P^*{}_i x_i \tag{4.2}$$

ここでπは全圧、P*は成分 i の蒸気圧である。バルブ膨張前後の気相組成を yn, yn+1 とすれば、式(4.1)の$\mathrm{dln}(x_i\gamma_i)$はπ、P*がキャンセルされ、$\mathrm{dln}\left(y_{n+1,i}/y_{n,i}\right)$となり、式(4.1)は式(4.3)のようになる。

$$x_1 \mathrm{dln}\left(y_{n+1,1}/y_{n,1}\right) + x_2 \mathrm{dln}\left(y_{n+1,2}/y_{n,2}\right) - (VdP - SdT) = \epsilon \tag{4.3}$$

この式(4.3)のεを熱力学健全性の評価指標とした。結果を図13に示す。臨界圧力推移に乱れが見られたメタン55%において高圧化とともに健全性が悪化していく傾向が確認できた。しかしながら、(4.3)式で発生している誤差は臨界点近傍においても1kJ/kgmole程度であり、臨界点近傍という物性測定データを得ることが甚だ難しい領域に適用した計算であることを考えると良好な推算結果であるといえる。

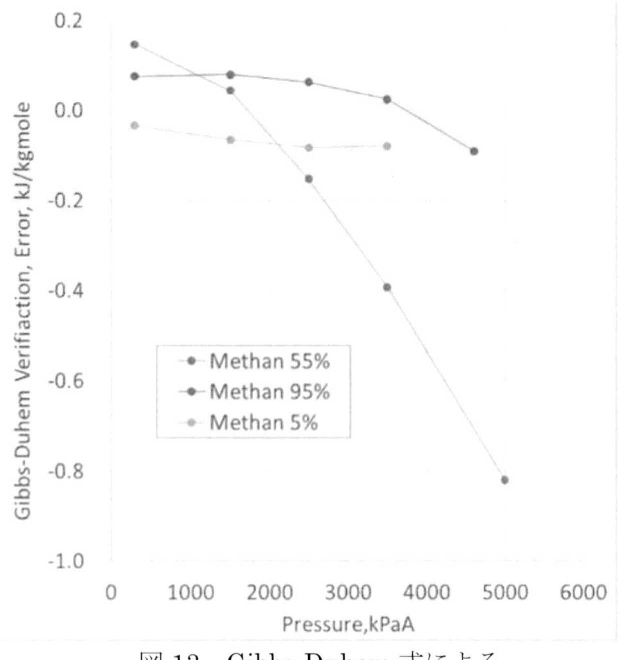

図13　Gibbs-Duhem式による
PR式健全性の評価結果

このようにPR式による物性推算は、使用者も多く改良も施されてきている”成熟した技術”である。

5 プロセスシミュレーションによる感度解析事例

本章では冷凍サイクルのプロセスシミュレーション事例を通じてPR式の有用性について考える。

図 14 に液化天然ガスプロセスの心臓部である主冷凍熱交換器の概念図を示す。天然ガス（NG）を冷却し LNG とするためには極低温冷媒（約-160℃）が必要であり、窒素、メタン、エタン、プロパンなどから構成される混合冷媒（Mixed Refrigerant＝MR）が冷凍サイクルに使用されている。MR や NG の予冷にプロパンが使用される場合、C3-MR 方式と呼ばれる。C3 で予冷された MR(約-30℃)はその構成組成にもよるが気液分離され軽質分、重質分に分けて MR 自身の膨張冷熱により冷却されていく。図 14 に示した熱交換部位で、下部が NG の第 1 段冷却過程および重質分 MR の予冷過程、上部が NG の第 2 段冷却過程および軽質分 MR の予冷過程である。第 3 章で述べたように、冷凍サイクルの仕事を低減するには冷媒温度を高く利用できた方が有利である。すなわち冷却対象のプロセス流体から冷媒温度は極力温度差を小さくすることで熱効率が良くなる。そのため、Spiral Wound Coil 形式の熱交換器により大伝熱面積を確保している。

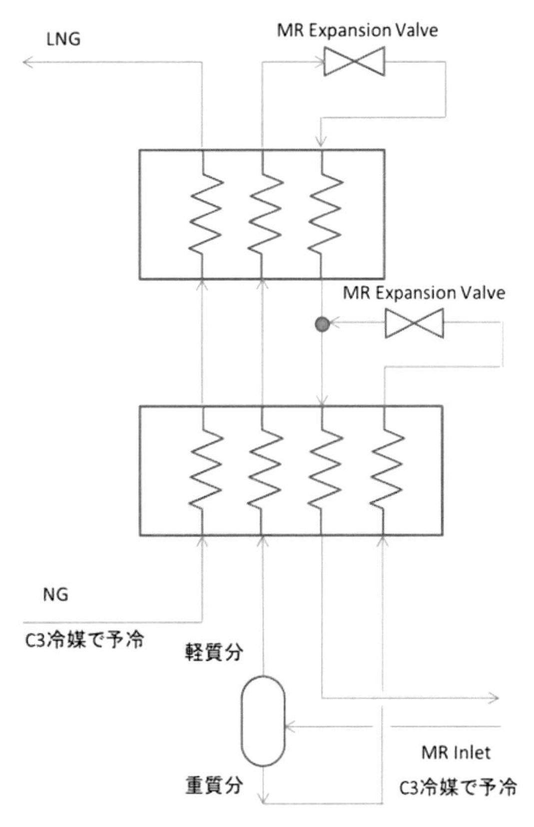

図 14　主冷凍熱交換器の概念図

本章ではこの C3-MR 方式の混合冷媒の冷凍サイクルの感度解析事例を紹介するが、説明をわかりやすくするために第 1 段と第 2 段冷却過程のモデル化を省略し、図 15 のように簡素化したモデルで感度解析を行った。図 15 にはシミュレーションの境界条件も示してある。

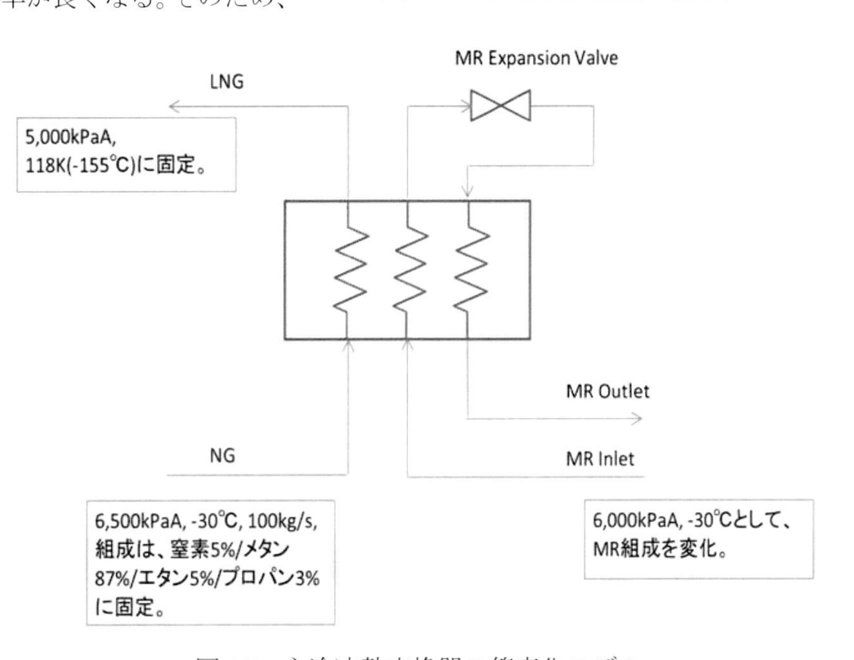

図 15　主冷凍熱交換器の簡素化モデル

液化対象の天然ガス組成は窒素5%、メタン87%、エタン5%、プロパン3%とした。このガスを-30℃から-120℃程度まで冷却した場合のT-Qダイアグラムを図16に示す。除熱量と温度降下の関係を示すこの線をCooling Curveと呼んでいる。高圧化した方が相対的に高温領域で除熱がすすみ、かつ、傾きdT/dQが大きくなりLNGとMRのCooling Curveをフィットでき、熱交換温度差を小さくすることが可能となるため、天然ガス操作圧力は6,500kPaAとしてシミュレーションを実行した。MRの組成を表1のように変化させることで、熱交換状況の変化を確認した。組成変化はケースごとに窒素/メタンを+2%、エタン/プロパンを-2%ずらしたものとしている。

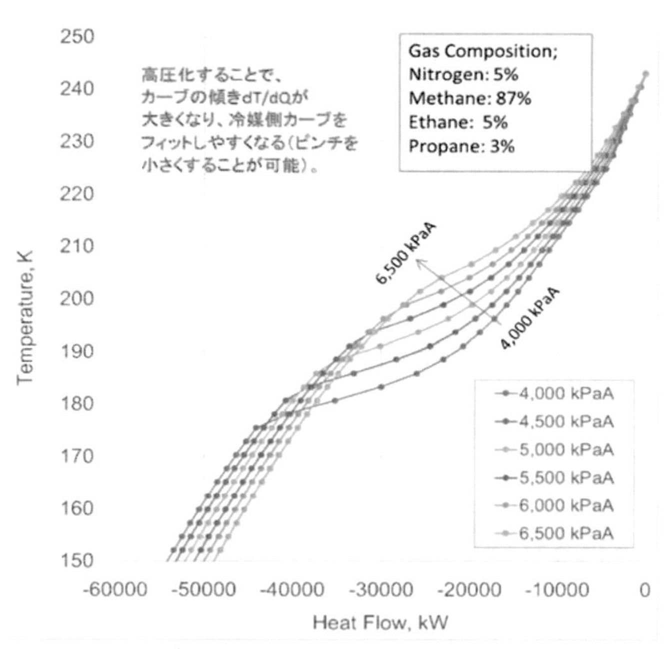

図16　モデル組成の天然ガスT-Qダイアグラム

表 1　感度解析に使用したMR組成表

	Case−1	Case−2	Case−3	Case−4
窒素	11 %	13 %	15 %	17 %
メタン	37 %	39 %	41 %	43 %
エタン	38 %	36 %	34 %	32 %
プロパン	14 %	12 %	10 %	8 %

MRの相互熱交換のT-Qダイアグラムを図17に示す。

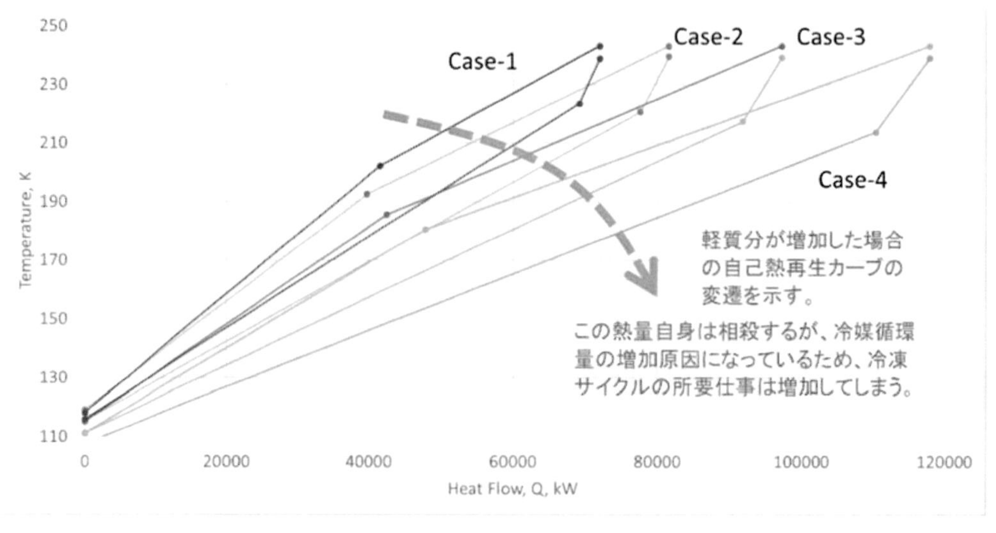

図17　MR−MR熱交換のT-Qダイアグラム

Case-1 から Case-4 まで軽質成分（窒素、メタン）を増加させていくと、自身の冷却に必要な熱量が増加していくことがわかる。この熱量自身は相殺し、正味の液化天然ガス冷却負荷には影響していないが、自身を冷やすために冷媒循環量が増加（図 18 参照）しており、冷凍サイクルの所要仕事は増加してしまう。

また、MR-LNG の熱交換 T-Q ダイアグラムを図 19 に示す。Case-1 から Case-4 まで軽質成分（窒素、メタン）を増加させていくと、LNG Cooling Curve と MR Cooling Curve の温度差が大きくなることがわかる。これは 3 章で述べたようにより低いレベルの冷媒を用意する冷凍サイクルとなることを示しており、所要仕事が増加することにつながる。

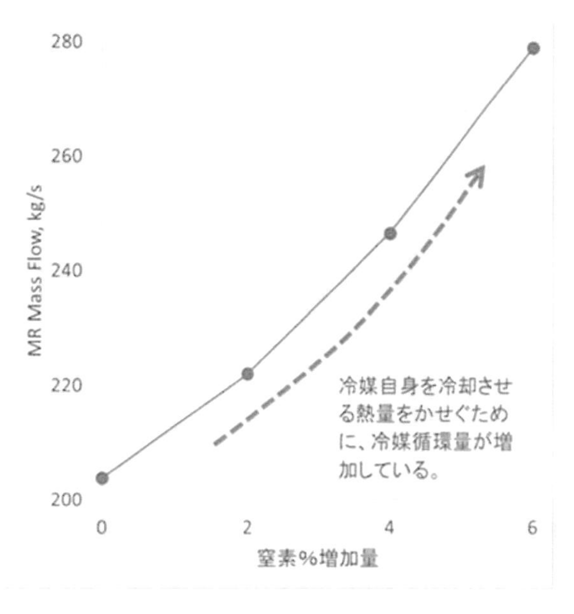

図 18　MR 循環量の増加傾向

実際の設計では、図 14 に示す気液分離器をうまく利用し、LNG と MR Cooling Curve を図 19 中の点線のようにフィットさせることを狙っている。気液分離により生じた軽質分 MR と重質分 MR の Cooling Curve の変化により LNG Cooling Curve との温度差を全熱交換領域で判断する最適化が必要となり、本章で説明した内容よりも複雑となるが検討方針は同様である。

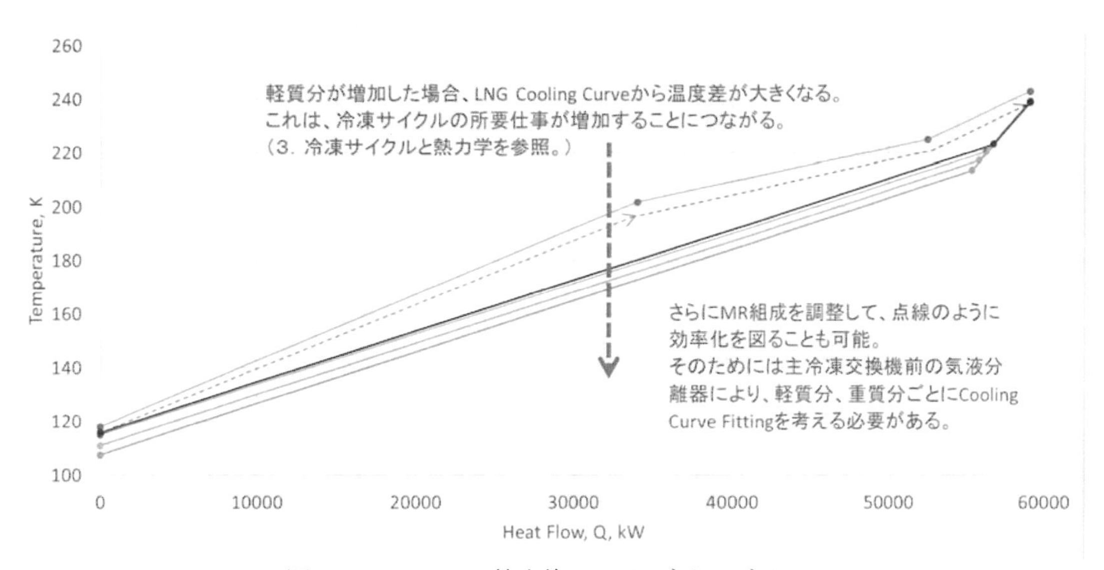

図 19　MR-LNG 熱交換の T-Q ダイアグラム

6 おわりに

液化天然ガスプロセスの冷凍サイクル、主冷凍熱交換器を対象にした幾つかの説明をした。SRK式、PR式などの状態方程式型物性推算は液化天然ガスプロセスの歴史においてはカスケード方式（メタン、エタン、プロパン純成分サイクルからなる天然ガス液化方式）から混合冷媒方式へ高効率化していく過程とともに、データベースの拡充、多くの設計での実用を経て”成熟した技術”となっているからこそ、繊細な経済性設計に資することができている。

・省エネルギー性と初期投資額の最適設計

・機器設計の基本情報（バルブ、配管、熱交換器、ベッセル、回転機械、計装）

といった、多くの便益を現代プロセス設計にもたらしているといっても過言ではない。

また、本稿では詳述できなかったが、液化天然ガスプロセスは対象組成ガスやプラント立地条件がプロジェクト毎に異なることから、常に新しい設計コンセプトの導入に挑戦している。また、洋上船上にコンパクトに収まるような制約条件のもとでの設計も必要とされている。設計者がフローシート構造の意思決定へ注力化できているということはこれらの物性推算精度の高さに拠ることが大きい。水、アルコール、酸性物質といった極性物質も推算範囲に捉える研究開発も成されており、今後の展開に大きく期待したい。

参考資料

1. 吉川, “最近の液化プラント・プロセス技術”, 配管技術 2004年2月増刊号 天然ガス・LNGの将来と最新技術, p22-26
2. 平成21年度エネルギーに関する年次報告（エネルギー白書2010） 第1部エネルギー, 資源エネルギー庁ホームページ, http://www.enecho.meti.go.jp/about/whitepaper/2010html/1-1-2.html
3. G. Soave, “Equilibrium constants from a modified Redlich-Kwong equation of state”, Chem. Eng. Sci., **27**, 1197-1203 (1972)
4. D. Peng and D. B. Robinson, “A New Two-Constant Equation of State”, Ind. Eng. Chem., **15**, 59-64 (1976)

3.1.2 CO_2吸収

佐々木　正和
（東洋エンジニアリング株式会社）

1　CO_2分離プロセスの概略

1.1　CO_2分離プロセスのプロセスポートフォリオ

産業界では様々な分野でCO_2の分離が行われている。例えば、エネルギー・資源分野では、LNG製造の前処理、ガスプロセッシング、都市ガス製造など、石油精製分野では、水素化脱硫における酸性ガス(H_2S および CO_2)分離、クラウス法によるイオウ回収におけるテールガスプロセッシング、石油化学分野では、エチレンプラントにおける脱炭酸、肥料分野では、アンモニアプラントにおける脱炭酸など、極めて広範囲な分野でCO_2分離が行われている。さらに、新規分野として、地球環境保全に関連したCO_2の地下貯留、メタン発酵から得られる消化ガスからの脱炭酸などが挙げられる。本書では、吸収、特にアルカノールアミンを溶媒に使用した化学吸収法に焦点を当てるが、本節では、現在活用されているまたは開発中のCO_2分離技術全般を概観したい。

図1に現在利用可能または開発中のCO_2分離プロセスのプロセスポートフォリオを示した。また、図2には、本書で焦点を当てる吸収法のポートフォリオを示した。

性能向上のため継続して研究開発が行われているが、基本的には図1に示した物理吸着、膜分離、吸収、深冷蒸留は、既に確立された技術であり、実際のコマーシャルプラントが存在する。個々のプロセスの使い分けについては1.2節で議論したい。

物理吸着は固体吸着剤へのCO_2の物理吸着による分離法であり、膜分離はガス分離膜を意味している。一方、深冷蒸留において既に確立している技術として、天然ガスからのCO_2分離を想定したRyan-Holmesプロセス[1),2)]を取り上げた。天然ガスの主成分であるメタンからCO_2を蒸留で分離することを想定した場合、深冷蒸留にならざるを得ず、この場合、CO_2は容易にドライアイスとなり固化するため、運転ができない。そこでRyan-Holmesプロセスでは、天然ガスに含まれるNGL[I]留分を深冷蒸留塔へリサイクルす

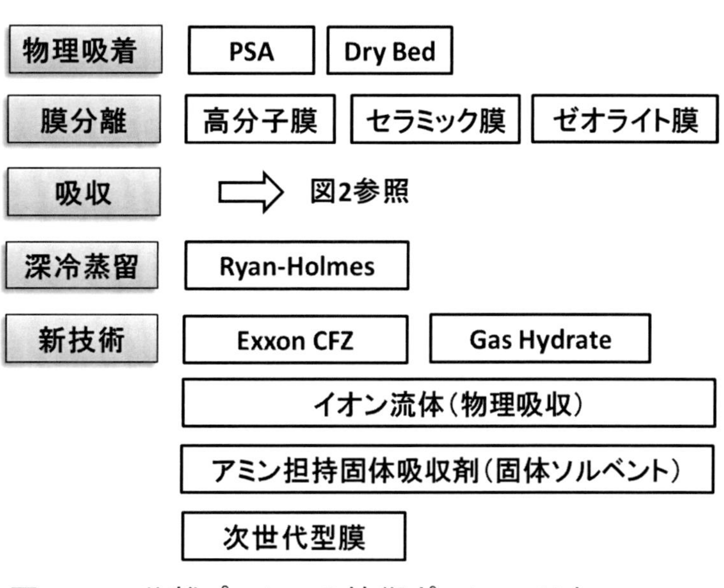

図1　CO_2分離プロセスの技術ポートフォリオ

[I] NGL : Natural Gas Liquids, 天然ガスに含まれる成分の内、LPGおよびそれ以上の重質な炭化水素の総称。

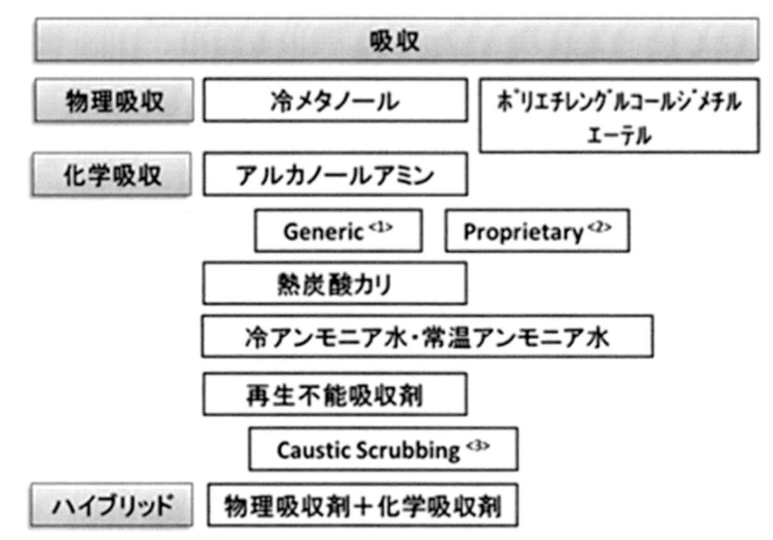

注 <1>：プロセスライセンサーがいないアミン吸収プロセス。EPCコントラクターやプラントオーナーが性能を保証する。一般的には、アクティベータ等の第3成分が入っていないことが多い。
<2>：プロセスライセンサーが提供するアミン吸収プロセス。溶液のレシピは秘密とされていることが多い。
<3>：強塩基である苛性ソーダ(Caustic Soda)や、廃苛性ソーダ(Spent Caustic Soda)でCO_2を吸収する。

図2　CO_2吸収プロセスのプロセスポートフォリオ

ることで、CO_2の凝固点降下を促し、固化を起こさない条件で蒸留を行う。

新技術として、取り上げたExxon CFZは、Exxon Mobil Upstream Research Companyから発表された技術で、深冷蒸留とCO_2固化のハイブリッドである。興味深いことに、Ryan-HolmesではCO_2が固化しないようにインヒビターを添加する発想に対して、Exxon CFZでは積極的にCO_2を固化させるという意味から各々対極の発想にある技術である。また、Exxon CFZの商業プラントは存在しないが、Martら[3]は、大規模LNG設備を想定し、高濃度のCO_2を含む酸性天然ガス貯留層からのCO_2分離については、このような技術が有望であると報告している。

さらに、地球温暖化対策に関連した新技術開発として、イオン流体を吸収剤に使用した物理吸収法や、アミン担持固体吸収剤、次世代膜などの研究が盛んに行われている。

次に、本書で焦点を当てる吸収法を、図2に示すように、物理吸収および化学吸収、ハイブリッドに分類わけした。

まず、物理吸収は、CO_2と物理吸収剤との間の物理溶解が作動原理である。古くは、水を吸収剤に使用していた時代もあると聞くが、現在ではより大きな溶解度を示す冷メタノールやポリエチレングリコールジメチルエーテルなどが溶媒として活用されている。

次に、化学吸収は、CO_2が水に溶解・電離してできた炭酸イオンまたは重炭酸イオンと、吸収剤である塩基との間で塩を形成することを作動原理としている。アルカノールアミン法および熱炭酸カリ法、冷アンモニア水法では、吸収工程で形成された炭酸塩または重炭酸塩を放散工程で加熱し、塩を分解することで、CO_2と溶媒を分離し、再生された溶媒を吸収工程へ循環する。かつては、熱炭酸カリ法がよく使用されていたが、腐食性、省エネ性、環境負荷、溶液のハンドリングのしにくさ等の問題点から、現在ではアルカノールアミン法が頻繁に使用されている。さらに、CO_2 地下貯留における燃焼後 CO_2 分離に関連して、冷アンモニア水を使用した化学吸収法の開発が Alstom 社で進められている。

一方、弱酸である CO_2 を強塩基で吸収させると、CO_2 を痕跡まで除去することが可能であるため、CO_2 分離におけるダメ押しとして、苛性ソーダ水溶液などで吸収させる場合がある。しかし、強塩基性炭酸塩を加熱操作で分解し溶媒を再生することは不可能であるため、常にフレッシュな苛性ソーダを供給する必要がある。

最後に、ハイブリッド溶媒は、天然ガス処理向けに物理吸収剤と化学吸収剤（アルカノールアミン）を混合したものである。これは、天然ガス中に含まれる CO_2 や H_2S をアルカノールアミンで化学吸収に基づいて分離することは可能であるが、メルカプタン類はアルカノール水溶液中への物理溶解分しか除去できない。そこで、メルカプタン類の溶解度が高い物理吸収剤を溶液中に混ぜ合わせて、CO_2 や H_2S と同時にメルカプタン類も除去しようとするものである。

1.2　プロセス選択のキーポイント

図 1 および 2 で紹介した CO_2 分離のためのプロセスポートフォリオの中で、現在商業的に適用可能な物理吸着、膜分離、吸収、深冷蒸留から、どのプロセスを選択すべきかについて、本節で考察したい。

CO_2 分離は、工業的なニーズが高く、対象も極めて多岐にわたっている。つまり、何から CO_2 を分離するのか、どの程度の量の CO_2 を含む原料からどこまで CO_2 を分離するのか、CO_2 についての回収率はどの程度必要なのか、分離した CO_2 について高純度が要求されるのか、原料中に含まれる CO_2 以外の成分についての損失はどの程度許容されるのか等、対象によって、分離プロセスに要求される条件は様々である。そこで、図 3 に CO_2 分離についてのプロセス選択におけるキーポイントをまとめた。

- **規模（処理量）**
- **CO_2回収率と処理ガス中のCO_2残存量**
- **分離したCO_2の純度**
- **CO_2以外の成分のロス量**
- **経済性（初期投資と運転コスト）**
- **運転性**
- **保守管理**
- **廃棄コスト**

図3 プロセス選択のキーポイント

図 3 には、まず、規模すなわち処理量をキーポイントの一つとして挙げた。実績面から述べると PSA や膜分離は中小規模の処理量についての実績例が多い。但し、近年、膜分離については、例えばオフショアプラットホーム上での天然ガスからの CO_2 の粗取りで、大規模な処理量の実施例が見受けられるようになってきた。

しかし、基本的に大規模な処理量を必要とする分野へは、現在、吸収法が適用されることが多い。また、Ryan-Holmes に代表される深冷蒸留の実績は多くはないが、成熟した技術であり、運転中の商業プラントも存在する。この方法は、中規模から大規模の処理を要求される分野で、特に大量の CO_2 を含む原料の処理に向いている。

別のキーポイントとして、図 3 に CO_2 回収率と処理ガス中の CO_2 残存量、分離した CO_2 の純度、

CO_2以外の成分のロス量を取り上げた。PSAやDry Bedは処理ガス中のCO_2残存量については、低濃度まで期待することができるが、大量のCO_2を処理することには機器的な制約やコスト面から向いていない。

ガス分離膜については、膜の非透過側と透過側におけるCO_2分圧差を推進力としており、自ずと1段分離膜でのCO_2回収率は制限される。回収率を特に上げたい場合には、透過側へイナートガスをスイープガスとして流す方法があるが、プロセス上不利な点もあり、あまり一般的ではない。また、処理ガス中のCO_2残存量や分離したCO_2の純度、CO_2以外の成分のロス量について、現在利用可能なガス分離膜の性能からは、低濃度化、高純度化、低ロス化については、他の方法に比べて不利である。しかし、原料ガスの全圧が十分高く、あくまでもCO_2の粗取りを目的とした場合、膜の寿命がコスト的に合理的な期間担保され、機械的な強度が保障される運転圧である場合には、省エネ性や運転性の観点から、ガス分離膜は極めて魅力的なプロセスである。

吸収については、個々の溶媒ごとに特徴が異なるので、後ほどまとめて論じることとする。

最後に深冷蒸留であるが、作動原理が蒸留であるので、処理ガス中のCO_2残存量については調整可能である。しかし、当然、超臨界状態では運転できないため、天然ガスの処理を想定した場合、元圧を臨界点以下までレットダウンする必要がある。また、CO_2とエタンは共沸を起こすため、エタン等を多く含む’ウエット‘な天然ガス(Wet Natural Gas)[II]の処理には向かないと考えられる。

商業プラントの建設および運転を考慮する場合、経済性および運転性、保守管理コスト、廃棄コストなどがプロセス選定のキーポイントとしてきわめて重要である。例えば、物理吸着法の吸着剤、膜分離法の膜本体、吸収法の吸収溶媒などは、各々プラントライフサイクル中に、劣化の度合いに応じて、一定の期間ごとに交換が必要である。これらのコストを当然考慮する必要がある。また、例えば、高分子膜においては、膜を構成する高分子に対して良溶媒となる成分や、アルカノールアミン吸収においては、アルカノールアミンの劣化の原因となる酸素やカルボン酸など、素材を劣化させる恐れがある成分が原料中に含まれる場合には、当然、前処理として劣化促進物質を除去する工程がプロセス選択の上でコストアップ要因として考慮されるべきである。

さらに、最近の技術では少なくなってきているが、かつては、吸収法で腐食防止剤や吸収活性化剤として環境負荷の大きな物質を使用していたプロセスもあり、一応、廃棄コストもプロセス選定時に考慮しておく必要がある。

図2に吸収法に基づくCO_2分離プロセスのポートフォリオを示したが、吸収法では、基本的には再生可能な溶媒を使用してCO_2を分離する方法であり、中小規模の処理から大規模な処理まで幅広く現在使用されている。CO_2回収率や処理ガス中のCO_2残存量、分離したCO_2の純度についても、ある程度、柔軟に対応が可能である。

吸収法の中でも、工業的には、物理吸収剤と化学吸収剤が使い分けられている。図4に化学吸収法（アルカノールアミン法を想定する）と物理吸収法の各々の吸収特性を定性的に比較した。

[II] ほぼメタンから成り立つ天然ガスをDry Natural Gas, メタンの含有率が85mol.%以下で、比較的大量のエタンおよびNGLを含む天然ガスをWet Natural Gasと呼ぶ。

図中の横軸は気相中の CO_2 分圧を示し、縦軸は吸収液中の CO_2 平衡ローディング、すなわち平衡溶解度を示している。

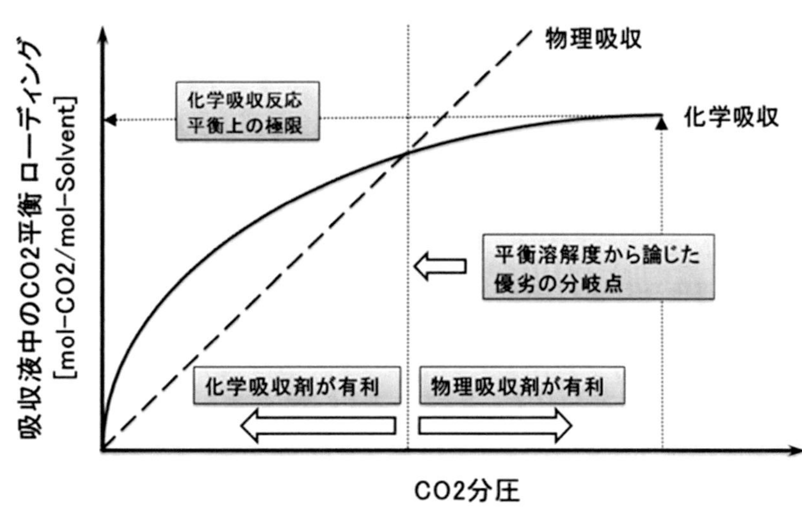

図4 化学吸収法と物理吸収法の比較

化学吸収法は、アニオンである水と反応し生成した炭酸イオンまたは重炭酸イオンと、やはりカチオンであるプロトン化されたアルカノールアミンイオンの間での塩の形成を作動原理としているため、CO_2 の平衡溶解度は反応平衡に基づいて一定の CO_2 分圧以上では飽和する。一方、物理吸収法では、CO_2 に対して良溶媒の吸収剤を選択すれば CO_2 分圧の増加に伴い、CO_2 の平衡溶解度は増加し飽和することはない。従って、定性的には図 4 に示したように、溶液循環量の多寡の観点から、原料中の CO_2 分圧上に優劣の分岐点が存在する。詳細な条件を決めないで、一概に、分岐点の CO_2 分圧を議論することは難しいが、乱暴な言い方をすれば、CO_2 分圧で 500 k Pa から 1000kPa 程度の間で分岐点が存在すると言える。但し、化学吸収法では、商業的にはコストダウンのため、安価な炭素鋼を構造材として多用したいがため、腐食対策の観点から平衡溶解度以下の点でローディングを設定することがあり、この観点から化学吸収法と物理吸収法の優劣の分岐点が決まる場合もある。

一般的に、在来型井戸からの天然ガス処理や石油精製、石油化学、アンモニア合成などで現在行われている CO_2 分離工程の条件は、一様に化学吸収法に有利なプロセス条件であり、アルカノールアミン法が CO_2 分離に頻繁に使用されている。一方、地球環境保全関連技術のひとつであるガス化発電と水性ガスシフト反応工程、CO_2 地下貯留を組み合わせた燃焼前 CO_2 吸収スキームでは、CO_2 分圧を高く設定することが可能であり、物理吸収剤に有利な条件となる。

運転温度条件については、物理吸収法では低温・高圧条件が、溶解度を高めるという観点から有利であり、冷水またはそれ以下の温度条件で吸収が行われることが多い。従って、冷熱源が必要である場合は、物理吸収剤の不利な点となる。一方、化学吸収法、特にアルカノールアミン法でも平衡論的には低温・高圧条件が有利ではあるが、常温以上でも十分に実用的な平衡溶解度が設定できる点と、常温以下では吸収反応速度が遅くなり機器が大きくなるため、吸収は常温から 80degC 程度の範囲で行われる。従って、アルカノールアミン法では、冷熱源を必要としない。

2 アルカノールアミン吸収メカニズムと平衡溶解度

2.1 プロセスフローと吸収メカニズム

図 5 にアルカノールアミン吸収プロセスのフロースキームの一例を示した。吸収塔で、CO_2 を含む原料ガスが、CO_2 溶解量が少ないリーンアルカノールアミン水溶液と接触し、ガス中から CO_2

を選択的に吸収する。吸収塔塔底からは大量にCO_2を溶解したリッチ溶液が排出される。CO_2吸収反応は発熱反応であるため、リッチ溶液は加熱され、吸収塔から排出されることが通常である。

吸収溶液を再生するためにリッチ溶液を加熱するが、放散塔塔底部から排出される加熱されたリーン溶液が持つ顕熱を、リーン・リッチ熱交換器で回収することで加温されたリッチ溶液は放散塔へフィードされる。長期間の運転を想定した場合、アルカノールアミンは、比較的低い温度で熱劣化を起こし始めるため、対策が必要である。熱劣化防止の目安として、溶液バルク温度の上限は132degC程度である。従って、溶液の温度が最も高くなる放散塔塔底リボイラーで溶液のバルク温度が許容温度を超えないようにするため、通常のアルカノールアミン種では、放散塔は常圧近傍で運転される。

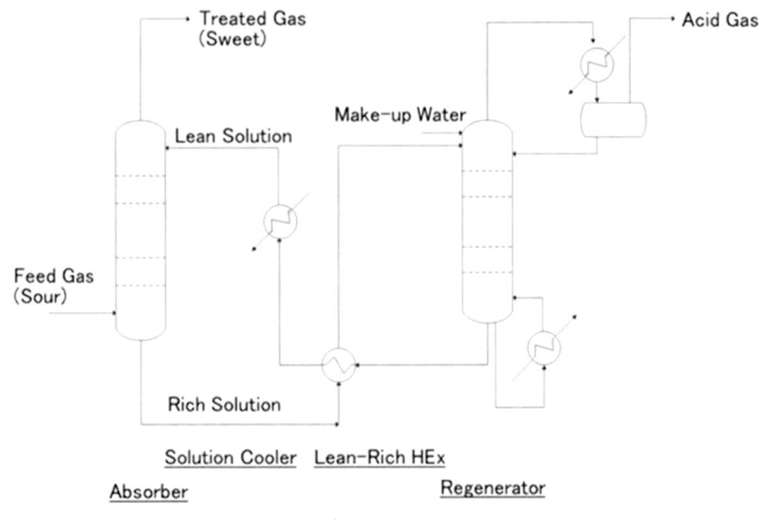

図5 アルカノールアミン吸収プロセスフロースキームの一例

放散塔では、塔底リボイラーでリッチ溶液を加熱することによって、再生に必要な温度まで溶液を加温し、吸熱反応である放散反応に必要な反応熱を供給し、さらに放散反応を促進するために必要な塔内ストリッピングスチームを生成する。放散塔塔底部から、CO_2を分離し十分に再生されたリーン溶液が排出され、リーン・リッチ熱交換器およびリーン溶液クーラーで、吸収操作に適した温度まで降温され、吸収塔運転条件まで溶液ポンプで昇圧されたリーン溶液が吸収塔に供給される。

表 1 に代表的なアルカノールアミンを紹介した。アルカノールアミンは、アミン骨格中の窒素原子に結合している水素原子の数で、1 級、2 級、3 級に区別される。つまり、1 級アミンでは窒素原子に結合している水素原子数が 2、2 級アミンでは 1、さらに 3 級アミンでは水素原子は結合していない。この窒素原子に結合している水素原子の数は、CO_2吸収反応の反応速度に大き

表1 アルカノールアミンの物性

		MEA	DEA	DIPA	MDEA
CAS登録番号		141-43-5	111-42-2	110-97-4	105-59-9
名称		ﾓﾉｴﾀﾉｰﾙｱﾐﾝ	ｼﾞｴﾀﾉｰﾙｱﾐﾝ	ｼﾞｲｿﾌﾟﾛﾊﾟﾉｰﾙｱﾐﾝ	ﾒﾁﾙｼﾞｴﾀﾉｰﾙｱﾐﾝ
アミンタイプ		1級	2級	2級	3級
分子式		$HO\text{-}(CH_2)_2\text{-}NH_2$	$(HO\text{-}C_2H_4\text{-})_2NH$	$(CH_3\text{-}CHOH\text{-}CH_2\text{-})_2NH$	$(HO\text{-}C_2H_4\text{-})_2N\text{-}CH_3$
分子量	[-]	61.09	105.14	133.19	119.17
標準沸点	[degC]	170.5	269.0	248.7	247.2
相対CO2吸収反応速度	[-]	1174 [4)]	174 [4)]	81 [4)]	1 [4)]
相対H2S平衡溶解度	[-]	4.3	2.2	-	1
H2S分圧=0.1kPa		(15wt.%, 40degC)	(25wt.%, 100degF)		(48.8wt.%, 40degC)

く影響する。

表2に2級および3級アルカノールアミンの吸収反応の量論式を示す。H_2S の吸収反応については、2 級アミンと 3 級アミンの間で大きな違いはない。しかし、CO_2 吸収については、2 級アミンでは、比較的反応速度が速いカーバメートアミン塩を作る反応と、反応速度が遅いカーボネートアミン塩が共存しているのに対して、窒素原子に水素原子が結合していない3級アミンではカーバメートアミン塩を形成することができない。このため、3 級アミンのみでは、反応速度論上、CO_2 吸収には向いていない。つまり、表1に相対 CO_2 吸収反応速度を示したが、3級アミンである MDEA の CO_2 吸収反応速度を基準とした場合、2級さらに1級の順番で、反応速度が増加している。

表2 2級および3級アルカノールアミンの吸収反応

2級アルカノールアミン塩		反応速度
	$H_2S + R_2NH = R_2NH_2^+ + HS^-$	速い
カーバメートアミン塩	$CO_2 + 2R_2NH = R_2NH_2^+ + R_2NCOO^-$	中程度
カーボネートアミン塩	$CO_2 + R_2NH + H_2O = R_2NH_2^+ + HCO_3^-$	遅い

3級アルカノールアミン塩		反応速度
	$H_2S + R_3N = R_3NH^+ + HS^-$	速い
カーバメートアミン塩	カーバメート塩を形成することができない	−
カーボネートアミン塩	$CO_2 + R_3N + H_2O = R_3NH^+ + HCO_3^-$	遅い

表3 アルカノールアミン水溶液の常用使用域

		MEA	DEA	MDEA
常用アミン濃度	[wt.%]	15-20	25-30	25-50
ローディング	[mol/mol]			
リッチ（常用・最大値）		0.30-0.35	0.35-0.40	0.45-0.50
リーン (常用)		0.10-0.15	0.03-0.07	0.007-0.01

このため、3級アミンである MDEA 単体では、主に、CO_2 を含まない原料からの脱硫と、H_2S と CO_2 が共存する原料からの H_2S の選択吸収に使用される。しかし、3級アミンである MDEA は、CO_2 吸収に対しても、平衡溶解度が十分高い実用的な値を示し、アミン塩の解離反応熱が 1 級や 2 級アミンに比べて小さく、溶媒劣化頻度も低いことが知られている。この MDEA の優れた特性を CO_2 吸収へ生かすために、MDEA を CO_2 吸収に使用する場合には、CO_2 吸収反応速度を補うために、第3成分をアクティベータとして添加することが通常行われており、アクティベータの種類は、各々のライセンサーの秘密事項とされる。

表3に主なアルカノールアミン種を吸収剤に使用した場合のアミン濃度、リッチおよびリーンローディングの常用使用域を示した。表 1 中に H_2S の相対平衡溶解度を示したが、CO_2 吸収に対しても反応性は、MDEA ＜ DEA ＜ MEA の順番に増加する。しかし、溶媒の劣化および劣化から誘引される腐食リスクも、MDEA ＜ DEA ＜ MEA の順番に増加する。従って、反応性が高い MEA の溶液中の濃度の上限は、反応性が低い MDEA に比べて、低く制限される。同様の理由で、MEA の場合のリッチローディングの上限値は、MDEA に比べて、低く抑えられることが常である。また、反応性が高い MEA や DGA（ジグリコールアミン）では、CO_2 の存在によって、溶媒劣化が引き起こされるため、溶媒劣化物を吸収液から除去するために、バッチ蒸留に基づくリクレーマーを併設することが通常である。

アミン濃度とリッチローディングの上限値は溶液循環量に強く関係しており、1級アミンである MEA に比べて、3級アミンである MDEA では、溶液循環量を削減できることが多い。これが MDEA を骨格とし、特定のアクティベータを添加した脱炭酸プロセスが工業的に頻繁に使用される理由のひとつである。

吸収塔において、リーンローディングの値は、処理ガス中の残存CO_2量に大きく影響し、より低いリーンローディング値を示すきれいな溶液を使用すると、残存CO_2量は大きく低下する。しかし、放散塔で溶媒再生に必要な加熱量が急激に増加するため、表3に示した常用リーンローディング値が工業的には用いられている。

2.2 平衡溶解度データとプロセス性能の概略計算

図6および図7に15wt.%MEA水溶液および30wt.%DEA水溶液中へのCO_2の溶解度を各々示した。図6には、Lawsonら[5], Leeら[6),7)], Isaacsら[8], Janeら[9], Austgenら[10], Jonesら[11], Maddoxら[12]の実験データをプロットし、それらのデータの平滑線を著者が決定した。また、同様に図7には、Huangら[13], Seoら[14], Kennardら[15]のデータをプロットした。

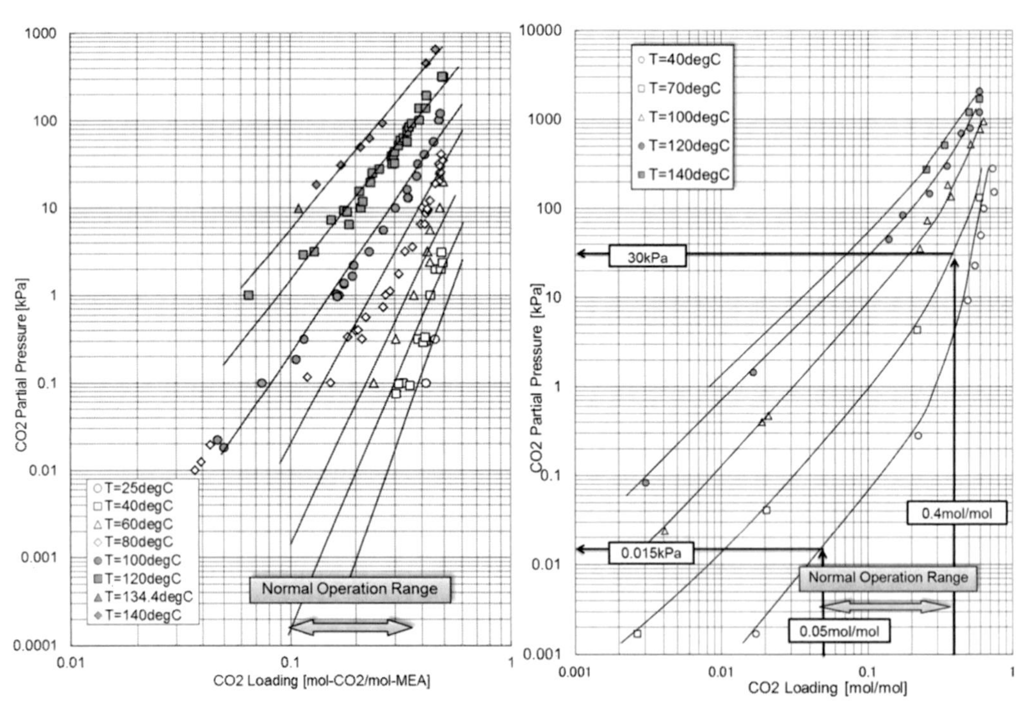

図6 15wt.%MEA水溶液中へのCO_2の平衡溶解度（図中の線は著者による平滑線）

図7 30wt.%DEA水溶液中へのCO_2の平衡溶解度（図中の線は著者による平滑線）

平衡溶解度データは、概念設計段階で吸収プロセスの概略の性能を大まかに把握する、基本設計段階で吸収プロセスのプロセス設計を行う上で、極めて重要な物性情報である。

ここで、1000kPaの全圧を示し、5mol.%のCO_2を含むガス100,000Nm^3/Hから、30wt.%DEA水溶液の吸収液を使用して、CO_2を100ppm(V/V)まで分離する吸収プロセスを検討するものとする。表3よりリーンおよびリッチローディングを各々0.05mol/mol, 0.4mol/molとする。水クーラーを使用することを前提とし吸収塔塔頂温度を40degCとする。さらに吸収塔内でのCO_2吸収反応に伴って、吸収塔塔底部の温度が70degCとなると仮定する.

これらの前提条件から、図7より塔頂および塔底において平衡CO_2分圧は、各々0.015kPa, 30kPa

と平衡溶解度曲線より読み取れる。

与えられたプロセス条件より、

原料ガス中の CO2 分圧 $= 1{,}000 \cdot 0.05 = 50kPa$

処理ガス中の CO2 分圧 $= 1{,}000 \cdot 100 \cdot 10^{-6} = 0.1kPa$

従って、(平衡溶解度曲線より得られた CO_2 分圧) < (プロセススペックから要求される CO_2 分圧)であるので、仮定したプロセス条件で、プロセス構築が可能であると判断できる。但し、前述の大小関係が成立したとしても、平衡からどの程度離れた点を設計点にするかは、設計者のノウハウに属する。

次に、吸収溶液循環量の推定を行う。物質収支より、

$$\text{原料ガス中に含まれる CO2} = \frac{100{,}000}{22.414} * 0.05 = 4461 * 0.05 = 223kgmol/h$$

$$\text{処理ガス中に含まれる CO2} = \frac{100 \cdot 10^{-6}\left(\frac{100{,}000}{22.414} - 223\right)}{1 - 100 \cdot 10^{-6}}$$

$$\cong 100 \cdot 10^{-6}(4461 - 223) = 0.4kgmol/h$$

吸収すべき CO2 $= 223 - 0.4 \cong 223kgmol/h$

1 トンあたりの吸収液に含まれる DEA=300*kg*/105.14=2.85*kgmol/T*

リーンローディング=0.05mol/mol, リッチローディング=0.4mol/mol は先の平衡溶解度からの検討結果から実現可能であると判断されたので、必要な吸収溶液循環量は、

$$\text{吸収液循環所要量} = \left(\frac{223}{0.4 - 0.05}\right)\left(\frac{1}{2.85}\right) = 224T/h$$

となる。

吸収液循環所要量を求めることにより、必要な設備の概略を想定することが可能である。

2.3 平衡溶解度計算モデル

2.2 節で説明したように酸性ガスのアルカノールアミン水溶液中への平衡溶解度は、プロセス選定および設計を遂行する上で極めて重要な物性である。従って、様々な研究者が平衡溶解度について特徴ある熱力学モデルを公表している。本書では、市販のシミュレーションソフトウェアに組み込まれているモデルとして、Kent-Eisenberg モデル[16)]および Li-Mather モデル[17)]を取り上げ、その熱力学モデルフレームワークを紹介する。なお、本節に記載した内容は、著者が化学工学誌に投稿した記事[18)]の一部を修正・加筆したものである。

(1) Kent-Eisenberg モデル

1976 年に Exxon Research and Engineering 社(現 Exxon Mobil Research and Engineering 社)の Kent らは、酸性ガス溶解に関与する電離反応の解離定数を相関パラメータとして、MEA (1 級アミン) および DEA (2 級アミン) 中のへ CO_2 および H_2S の平衡溶解度の相関を行った。

彼らの考慮した電離反応を以下に示す。

$$RR'NH_2^+ \overset{K1}{\longleftrightarrow} H^+ + RR'NH \tag{1}$$

$$RR'NCOO^- + H_2O \overset{K2}{\longleftrightarrow} RR'NH + HCO_3^- \tag{2}$$

$$H_2O + CO_2 \overset{K3}{\longleftrightarrow} H^+ + HCO_3^- \tag{3}$$

$$H_2O \overset{K4}{\longleftrightarrow} H^+ + OH^- \tag{4}$$

$$HCO_3^- \overset{K5}{\longleftrightarrow} H^+ + CO_3^{2-} \tag{5}$$

$$H_2S \overset{K6}{\longleftrightarrow} H^+ + HS^- \tag{6}$$

$$HS^- \overset{K7}{\longleftrightarrow} H^+ + S^{2-} \tag{7}$$

一方、解離定数の定義式より以下の関係が与えられる。

$$K_j = \prod_{i=1}^{n} a_i^{v_{i,j}} = \prod_{i=1}^{n} (x_i \gamma_i)^{v_{i,j}} \tag{8}$$

ここで、

K_j ： j 反応の解離定数

a_i ： i 成分の活量

x_i ： i 成分の液相中のモル分率

γ_i： i 成分の活量係数

$\nu_{i,j}$： j 反応における i 成分の量論定数

Kent らは、活量係数を 1 と仮定し、さらに CO_2 および H_2S の溶液中へ溶解は、本来、溶液の pH に大きく依存するが、H_2S 系については K1、CO_2 系については K2 を相関パラメータとして、アルカノールアミン系での溶解度測定データを相関している。従って、他の解離反応定数(K3～K7)については、文献値を使用している。

このように比較的単純化された熱力学モデルフレームワークではあるが、その後、3 級アミンにも拡張され、工業的には単一アミン系について一定の成功を収めているモデルである。

(2) Li-Mather　モデル

1994 年にアルバータ大学の Li と Mather が本モデルを発表した。Kent-Eisenberg モデルでは活量係数を 1 と仮定したが、Li-Mather モデルでは電解質系活量係数モデルを導入している。解離定数を使用する点は同様であるが、Li-Mather モデルでは、Kent-Eisenberg モデルのように解離定数自身を相関パラメータとして取り扱わず、これらには文献値を使用している。

式(9)は、電解質系活量係数モデルで通常仮定される式であり、電解質系では、分子-分子対やイオン-分子対で支配的な短距離で作用する力を表す過剰自由エネルギー項 g^S と、イオン-イオン対に対して比較的長距離で作用する力を示す Debye-Hueckel 項 g^{DH} の総和が系の過剰自由エネルギーg^E に等しいと考える。

$$g^E = g^S + g^{DH} \quad (9)$$

Li-Mather モデルでは g^S に拡張 Margules 型の Pitzer-Simonson 活量係数式を使用している。また g^{DH} には Clegg-Pitzer 活量係数式を使用している。

Li-Mather 熱力学モデルフレームワークでは、g^S 項中の分子–分子対相互作用パラメータ $A_{nm'}(n \neq m')$、イオン–分子相互作用パラメータ W_{nca}、g^{DH} 項中のイオン–イオン対分子間相互作用パラメータ B_{Ma} を各々相関パラメータとして、溶解度データを相関する。

また、Debye-Hueckel 項には溶媒について誘電率が必要であるが、これには既知の文献値を使用する。さらに分子として溶解している酸性ガスのヘンリー定数については文献値を使用する。

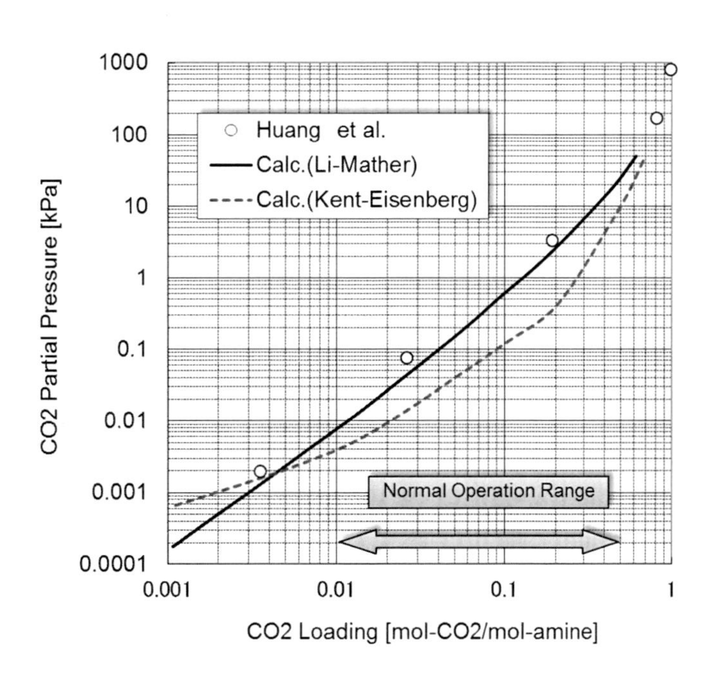

図8 40degCにおける混合アミン（DEA 5wt.%+ MDEA 35wt.%)中へのCO_2平衡溶解度

図 8 に DEA 5wt.%, MDEA 35wt.% の混合アミン溶液中への 40degC における CO_2 の溶解度データと Kent-Eisenberg モデルおよび Li-Mather モデルによる計算値の比較を示す。実験値は Huang ら[13]より引用した。上述のように、Li-Mather 熱力学モデルフレームワークでは電解質系活量係数モデルを導入したことにより、Kent-Eisenberg モデルでは計算精度に問題があった混合アミン系を良好に説明することが可能となっている。

3 アルカノールアミン吸収プロセスのモデリング

プロセスモデリングを検討する上で、アルカノールアミン吸収プロセス特有の問題として、平衡溶解度に対する電解質および反応平衡を考慮した熱力学モデルフレームワークに加えて、物質および熱移動現象モデルに基づく吸収・放散モデルに対する考慮が必要である。そこで、表 4 にアミン吸収モデリング向け基本モデルフレームワークの一覧を示した。

市販プロセスシミュレータでは、実段数を入力して行う平衡段計算に成分効率を加味して物質移動速度および反応速度を考慮した成分効率型のシミュレータと、厳密物質移動モデルに化学反応速度を加味した複合型のシミュレータが見受けられる。

表 4 中に示した市販シミュレータ A, B, C, D, E を使用して、プラントの運転解析を行った結果を表 5 に示す。但し、本プラントは脱炭酸プラントではなく、H_2S と CO_2 が混在するガスからの選択的な H_2S の除去を目的とした選択吸収プラントであり、石油精製におけるクラウスユニット

表4 アミン吸収モデリング向け基本モデルフレームワークの一覧

名称	概要	市販シミュレータ
成分効率型	基本的なモデルフレームワークは、平衡段に基づく逐次段計算に従う。但し、酸性ガス(CO2およびH2S)の各段の成分効率を修正することによって、吸収または放散速度を調整する。酸性ガス種、アミン種、温度、圧力およびトレイ上の液相の滞留時間に基づき、成分効率を自動的に推定する。	A, B, C
物理吸収速度型	充填塔に対する物質移動係数に基づく古典的な物理吸収理論に従う。物質移動係数をフィッティングパラメータとして扱い、吸収実験結果を相関する。従って、相関で得られる物質移動係数は化学吸収部分も込みの見かけの値となる。アミン吸収系の場合、吸収熱が大きいため、等温系近似は適切ではなく、充填塔の高さ方向について積分する際、熱収支式と連立して解く。	
化学反応速度型	アミン吸収の場合には、酸性ガスが水に溶解して電離する反応、電離した酸性ガスとアミンが反応して塩を形成する反応が考えられるが、これらの反応の反応速度を実験的に求めることは可能である。しかし、現実の吸収装置上では、総合的に判断すると、吸収速度が支配的であるため、純粋に反応速度論的なモデルは適切ではない。但し、特定の酸性ガスおよびアミン種では、液相物質移動境膜内での反応速度を考慮しないと良好に現象を説明できないことがある。	
厳密物質移動モデル型	物質移動論上、二重境膜説や浸透説などが基本的なモデルとして著名である。これらの基本的なモデルを適用する上で、近年、棚段塔や充填塔の各々のハイドロリクスデバイスに対応した特有な接触界面の算出法が提案されており、それらを組み込んだ速度論型蒸留計算モデルが発表されている。浅野[18]は物質移動流束を考慮する上で、界面の拡散流に加えて、対流項を考慮する必要がある場合があることを解説しているが、速度論型蒸留計算モデルでは、対流項の影響も考慮されていることが多い。	
複合型	上述の厳密物質移動モデル型に、液相内で化学反応速度を考慮した複合型。最新の市販シミュレータにはこのタイプのモデルフレームワークを持つものが多い。	D, E

(硫黄回収プラント)の一部であるテールガス処理プラントである。本プラントは、溶媒濃度4M(約50wt.%)で添加剤を含まないGeneric MDEA水溶液を吸収溶媒としており、運転圧はほぼ大気圧、原料中に各々1.3vol.%のH2Sと3.8vol.%のCO_2が存在する。吸収塔は実段数10段の棚段塔で構成されている。吸収塔塔頂から排出されるスウィートガス中に残存するH2Sは109ppm(V/V)、CO_2は3.27vol.%であった。また、原料中に含まれるCO_2とスウィートガス中に残存するCO_2の比であるCO_2スリップ率は84.6%であった。このプラントの目的からは、スウィートガス中のH_2Sの残存濃度が低く、CO_2スリップ率が高い場合、プラントの分離性能が高いと考えてよい。

運転データのトレースには異なる市販プロセスシミュレータA,B,C,D,Eを使用し、成分効率または物質移動チューニングパラメータについては、手動で運転値をフィッティングした場合と自働計算させた場合の結果について、表5に示した。

パラメータの自働計算によるトレース結果は、シミュレータの種類に応じて個性はあるものの、運転値が実プラントのものであり、ラボ試験のような精密なデータではないことを考慮すると、運転値に対してまずまずの一致を示している。

もちろん、パラメータを手動で決定すると、運転値をほぼ完全に相関することは可能であるが、条件が異なる場合の成分効率の物理的な意味が希薄であるため、成分効率型では、異なる条件ごとに成分効率を決めなおす必要があろう。一方、複合型では、モデルフレームワークの物理的意味合いが比較的明確であるため、今後の検討課題ではあるが、例えば、同じハイドロリクスデバイスを使用する場合には、一旦決めたパラメータの使い回しがある程度可能ではないかと考えている。

表5　4M Generic MDEA選択吸収塔運転データのトレース結果

	運転値	ケース1	ケース2	ケース3	ケース4	ケース5	ケース6	ケース7	ケース8
シミュレータ	-	A	B	B	C	C	D	E	E
シミュレータ吸収モデル	-	成分効率型	成分効率型	成分効率型	成分効率型	成分効率型	複合型	複合型	複合型
実段数 [-]	10	→	→	→	→	→	→	→	→
塔効率 [%]	-	100	→	→	→	→	→	→	→
成分効率の設定	-	手動設定	自働設定	手動設定	自働設定	手動設定	-	-	-
物質移動チューニングパラメータ	-	-	-	-	-	-	自働設定	自働設定	手動設定
塔頂圧力 [kPaG]	2.2	→	→	→	→	→	→	→	→
サワーガス									
H2S濃度 [vol%(dry)]	1.3	→	→	→	→	→	→	→	→
CO2濃度 [vol.%(dry)]	3.8	→	→	→	→	→	→	→	→
リーン溶液									
H2S ローディング [mol/mol]	0.00737	→	→	→	→	→	→	→	→
CO2 ローディング [mol/mol]	NILL	0	→	→	→	→	→	→	→
スウィートガス									
H2S濃度 [ppm(V/V)(dry)]	109	108	380	110	198	107	204	166	170
CO2濃度 [vol.%(dry)]	3.27	3.27	3.54	3.15	3.41	3.15	3.17	3.56	3.26
CO2スリップ率 [%]	84.56	84.41	91.64	84.46	88.29	84.44	81.9	92.2	84.2

参考文献

1. Holmes, A.S. and J.M. Ryan: ‘Cryogenic Distillative Separation of Acid Gases from Methane’, US Patent 4318723, Mar.9 (1982)

2. Ryan, J.M. and J.V. O’Brien: ‘Distillative Separation Employing Bottom Additives’, US Patent 4428759, Jan. 31 (1984)

3. Mart, C.J., Valencia, J.A. and P.S. Northrop: ‘Controlled Freeze Zone™ Technology for Developing Sour Gas Reserves’, presented at Gas Tech 2009, Abu Dhabi, UAE (2009)

4. Tomcej, R, A., Otto, F.D., Rangwala, H. A. and B. R. Morrell: ‘Tray Design for Selective Absorption’, presented at Laurence Reid Gas Conditioning Conference, Norman, OK, USA, March 2-4 (1987)

5. Lawson, J.D. and A. W. Garst: *J. Chem. Eng. Data*, 21, 1, 20-30 (1976)

6. Lee, J.I., Otto, F.D. and A.E. Mather: *J. Appl. Chem. Biotechnol.*, 26, 10 541-549 (1976)

7. Lee, J.I., Otto, F.D. and A.E. Mather: *Can. J. Chem. Eng.*, 52, 803-805 (1974)

8. Isaacs, E.E., Otto, F.D. and A.E. Mather: *J. Chem. Eng. Data*, 25, 2, 118-120 (1980)

9. Jane, I.S.; and M.H. Li: *J. Chem. Eng. Data*, 42, 1, 98-108 (1997)

10. Austgen, D.M., Rochelle, G.T. and C.C. Chen: *Ind. Eng. Chem. Res.*, 30, 3, 543-555 (1991)

11. Jones, J.H., Froning, H.R. and E.E. Clayter: *J. Chem. Eng. Data*, 4, 1, 85-92 (1959)

12. Maddox, R.N., Bhairi, A.H., Diers, J.R. and P.A. Thomas: *GPA Research Report*, RR-104, March (1987)

13. Huang, S. H. and H.J. Ng: *GPA Research Report*, RR-155, Sept. (1998)

14. Seo, D.J. and W.H. Hong: *J. Chem. Eng. Data.*, 41, 2, 258-260 (1996)

15. Kennard, M.L. and A. Meisen: *J. Chem. Eng. Data*, 29, 3, 309-312 (1984)

16. Kent, R.T and B. Eisenberg: *Hydrocarbon Processing*, Feb., 87-90 (1976)

17. Li, Y.-G and A.E. Mather: *Ind. Eng. Chem. Res.*, 33 (8), 2006-2015 (1994)

18. 佐々木正和: ‘アルカノールアミン吸収プロセスのモデル化’, *化学工学*, 72(4), 226-229 (2008)

19. 浅野康一 : ’物質移動の基礎と応用　Fick の法則から多成分系蒸留まで’, 丸善, 東京 (2004)

3.1.3　ハイドレート

清野文雄
（産業技術総合研究所）

はじめに

ハイドレートは、包摂化合物の一種であり、水分子が形成する籠の中にガス分子が取り囲まれて存在するという特異な構造を示す。籠の中に包摂される分子はゲスト分子と呼ばれ、メタン、エタン、プロパン等の天然ガス成分、または二酸化炭素、フロン等の地球温暖化物質がハイドレートのゲスト分子となり得る。図 1 に水分子が作るハイドレートの籠構造（ケージ）の模式図を示す。多角形の頂点の位置に水分子が配置され、各水分子は水素結合、すなわち正負の電荷が引き合う静電気的な力により結合される。このケージには幾つかの種類と組み合わせが存在し、空隙の大きさや構成する水分子の数が異なっている。現在良く知られているハイドレート構造はI型、II 型があり、ケージの基本構造は、五角 12 面体・五角 12 面六角 2 面体・五角 12 面六角 4 面体の 3 つである。また、より大きなゲスト分子を包摂することができる H 型と呼ばれるハイドレート構造も存在する。

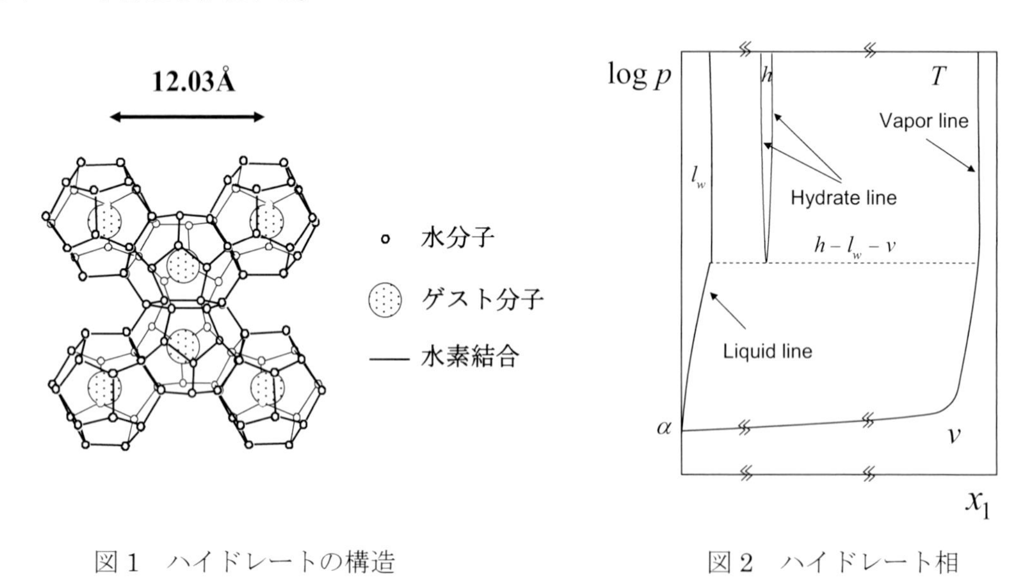

図 1　ハイドレートの構造　　　図 2　ハイドレート相

さて、籠の中に包摂されたガス分子はハイドレートが分解しない限り籠の外へ出ることがなく、ハイドレートはガス分子の貯蔵機能を有する。一般にハイドレートは自己の体積の 164 倍のガス(標準状態)を包蔵可能である。近年、このようなハイドレートのガス貯蔵機能を有効活用したシステムの研究開発が盛んである。例えば、LNG に替わる天然ガスの輸送手段として期待が高まっている。このシステムにおいては、天然ガスからハイドレートペレットを製造して専用の輸送船で運搬する[1]。また、地球温暖化物質である二酸化炭素を分離回収してハイドレートとして海底下に固定しようという計画も存在する。

一方、籠構造を形成する水分子とゲスト分子の間の分子間相互作用の相違によりハイドレートの生成条件が異なることを利用して、燃焼排ガスからの二酸化炭素の分離、空気中からのフッ素化合物の分離等を行うことが可能である。ハイドレートの１つの籠の中には１個の分子が含まれるが、この分子がすべて同一種である必要性はない。すなわち、混合物ハイドレートが存在する。混合物ハイドレートは、バルクのハイドレートを形成する多数の籠の中に種類の異なる分子が混在している状態を指す。このような混合物ハイドレートの平衡状態においては、ハイドレート相と気相とでその成分のモル分率が異なり、ハイドレートを利用したガス分離を行うことができる。

また、ハイドレートの生成条件は一般に低温高圧であるが、常圧下で0℃以上の温度でハイドレートを生成する物質も知られている。ハイドレートの生成は発熱反応であり、分解は吸熱反応であるので、ハイドレートを冷熱源として使用することができる。ゲスト分子に臭化テトラ n-ブチルアンモニウムを用いたハイドレートが実用に供されている[2]。

以上、ハイドレート技術が、ガス貯蔵、ガス分離、潜熱貯蔵に利用されていることを紹介したが、その他の試みとしては、海水淡水化への応用がある。これは海水とガスからハイドレートを生成する場合、海水中に含まれるイオン等の不純物はハイドレート結晶に取り込まれずに排除されることを利用したものである。海水から生成したハイドレートを分解すれば、純水を得ることができる。

ハイドレートのこれらの機能を利用した装置を設計・運転する際には、ハイドレートの各種物性データが必須であり、実験または各種推算法により得られている。ハイドレートの製造に際しては、まず対象とするハイドレートの生成温度・圧力条件を知る必要がある。このためには気相、液相、ハイドレート相の３相平衡条件を求め、3～4 度過冷却側に温度を設定すればよい。分離装置を設計する際には、混合物ハイドレートの p-x 線図が用いられる。ハイドレートを冷熱源として利用する際には、熱容量とともに、ハイドレートの生成熱または分解熱のデータが必要となる。生成熱は３相平衡条件のデータからクラジウスークラペイロンの関係式を用いて推算することができる。

1　古典統計力学に基づくハイドレートの平衡物性推算法

図２にハイドレート相を含む典型的な相図を示す。ハイドレート相は、水とガスから成る混合物がなす相の１つであり、３相平衡条件等は通常の気液平衡計算と同様にして求めることができる。相違点はハイドレート相中の各成分のフガシティの値が必要になることのみであるので、ここでは、ハイドレート相のフガシティの計算法について概説する。

フガシティの定義から、ハイドレート相中の水分子のフガシティは、次式で表される。

$$f_w^H = f_w^\beta \exp\left(\frac{-\Delta\mu_w^{\beta-H}}{RT}\right) \qquad (1)$$

ここで、上付き添字 β は空のハイドレート相を示す。μ は化学ポテンシャルであり、 $\Delta\mu_w^{\beta-H}$ は $\mu_w^\beta - \mu_w^H$ を意味する。以下 Δ は、同様に用いる。一方、空のハイドレート相中の水分子のフガ

シティは、

$$f_w^{\beta} = f_w^{L^0} \exp\left(\frac{\Delta\mu_w^{\beta-L^0}}{RT}\right) \qquad (2)$$

として与えられる。ここで、上付き添字 0 は純物質を意味する。(2)式を(1)式へ代入すれば、

$$f_w^{H} = f_w^{L^0} \exp\left(\frac{\Delta\mu_w^{\beta-L^0}}{RT} - \frac{\Delta\mu_w^{\beta-H}}{RT}\right) \qquad (3)$$

を得る。van der Waals and Platteeuw [3] は、古典統計力学に基づき、ハイドレートの大分配関数をハイドレートのケージを形成する水分子の分配関数とゲスト分子の大分配関数の積として定義し、ハイドレート中の水分子の化学ポテンシャルを求めた。水分子 1 個当たりの i 型のケージの数を ν_i、i 型のケージにおけるゲスト分子のラングミュア定数を C_{1_i} とおけば、

$$\frac{\Delta\mu_w^{\beta-H}}{RT} = \sum_{i=1}^{2} \nu_i \log\left(1 + C_{1_i} f_1^{H}\right) \qquad (4)$$

が成り立つ。

Holder et al. [4] は、温度 T、圧力 p の状態における化学ポテンシャルの差を、温度 T_0、圧力 0 の参照状態における化学ポテンシャルの差の値を用いて

$$\frac{\Delta\mu_w^{\beta-L^0}}{RT} = \frac{\Delta\mu_w^{\beta-L^0}(T_0, 0)}{RT} - \int_{T_0}^{T} \frac{\Delta h_w^{\beta-I} + \Delta h_w^{I-L^0}}{RT^2} dT + \int_0^{p} \frac{\Delta v_w^{\beta-I} + \Delta v_w^{I-L^0}}{RT} dp \qquad (5)$$

と表した。ここで、T_0 は 273.15K、h はモルエンタルピー、上付き添字 I は氷相である。

(4)式と(5)式を(3)式へ代入して整理すれば、

$$\frac{\Delta\mu_w^{\beta-L^0}(T_0, 0)}{RT} - \int_{T_0}^{T} \frac{\Delta h_w^{\beta-I} + \Delta h_w^{I-L^0}}{RT^2} dT + \int_0^{p} \frac{\Delta v_w^{\beta-I} + \Delta v_w^{I-L^0}}{RT} dp - \sum_{i=1}^{2} \nu_i \log\left(1 + C_{1_i} f_1^{H}\right) = \log\frac{f_w^{H}}{f_w^{L^0}} \qquad (6)$$

が導かれる。平衡状態においては、$f_1^{H} = f_1^{V}$、$f_w^{H} = f_w^{V}$ が成り立ち、(6)式は、

$$\frac{\Delta\mu_w^{\beta-L^0}(T_0, 0)}{RT} - \int_{T_0}^{T} \frac{\Delta h_w^{\beta-I} + \Delta h_w^{I-L^0}}{RT^2} dT + \int_0^{p} \frac{\Delta v_w^{\beta-I} + \Delta v_w^{I-L^0}}{RT} dp - \sum_{i=1}^{2} \nu_i \log\left(1 + C_{1_i} f_1^{V}\right) = \log\frac{f_w^{V}}{f_w^{L^0}} \qquad (7)$$

と書き換えられる。

(4)式中のラングミュア定数 C_{1_i} は、次のように定義される。

$$C_{1_i}=\frac{4\pi}{kT}\int_0^\infty e^{-\frac{\omega(r)}{kT}}r^2dr \qquad (8)$$

ここで、k はボルツマン定数, r はハイドレートの格子の中心からの距離、$\omega(r)$はセルポテンシャルである。セルポテンシャルの表式は Mckoy and Sinanoglu [5]により与えられている。計算に必要なハイドレート格子の物性値は Handa and Tse [6]に詳しい。

(5)式において、$\Delta\mu_w^{\beta-L^0}(T_0,0)$、$\Delta h_w^{\beta-I}$、$\Delta v_w^{\beta-I}$、$\Delta v_w^{I-L^0}$ は定数として取り扱われ、$\Delta\mu_w^{\beta-L^0}(T_0,0)$と$\Delta h_w^{\beta-I}$の値は Handa and Tse に、$\Delta v_w^{\beta-I}$ と $\Delta v_w^{I-L^0}$ の値は Parrish and Prausnitz [7]に与えられている。氷相の水と液相の水のエンタルピー差$\Delta h_w^{I-L^0}$ は、

$$\Delta h_w^{I-L^0}=\Delta h_w^{I-L^0}(T_0)+\int_{T_0}^{T}\Delta c_p^{I-L^0}dT \qquad (9)$$

として計算される。ここで、c_pはモル熱容量である。$\Delta h_w^{I-L^0}(T_0)$の値は Parrish and Prausnitz、$\Delta c_p^{I-L^0}$ の表式は Yoon et al. [8]に与えられている。

2　ガス貯蔵への応用

ハイドレートをガス貯蔵に利用する場合には、対象とするガスのハイドレートを製造する必要がある。このためには、まず、ハイドレートの３相平衡条件とハイドレートの生成量を知らなければならない。ここでは図 3 に示すようなバッチ式の反応槽を用いて二酸化炭素ハイドレートを製造するものとし、その推算法を説明する[9]。

体系の温度を T、圧力を p、体積を V、モル体積を v、モル数を n、モル分率を x、フガシティをfとする。上付き添字の Hはハイドレート相を、Lは液相を、Vは気相を示すものとする。下付き添字の w は水を、1 は二酸化炭素を表わす。

質量保存則から

$$x_1^Hn^H+x_1^Ln^L+x_1^Vn^V=n_1, \qquad (10)$$

$$x_w^Hn^H+x_w^Ln^L+x_w^Vn^V=n_w. \qquad (11)$$

体系の体積は Vであるので、

$$n^Hv^H+n^Lv^L+n^Vv^V=V. \qquad (12)$$

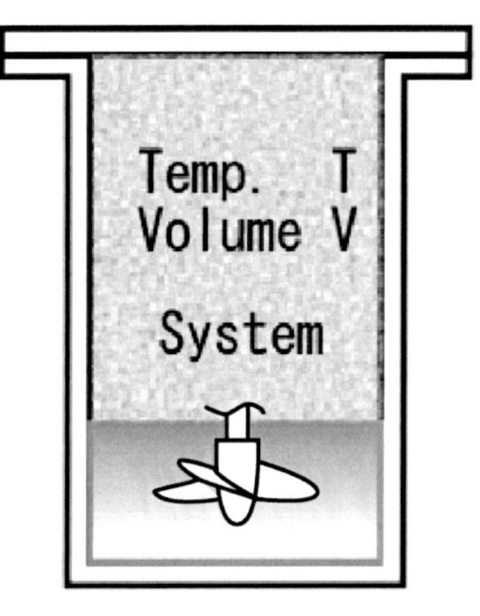

図 3　バッチ式反応槽

各相においては、モル分率の和は1でなければならない。したがって、

$$x_1^H + x_w^H = 1, \quad (13) \qquad x_1^L + x_w^L = 1, \quad (14) \qquad x_1^V + x_w^V = 1. \quad (15)$$

平衡状態においては、各成分の各相におけるフガシティの値は等しいので、

$$f_1^H = f_1^V, \quad (16) \qquad f_w^H = f_w^V, \quad (18)$$

$$f_1^L = f_1^V, \quad (17) \qquad f_w^L = f_w^V. \quad (19)$$

未知数は$T, V, p, n^H, n^L, n^V, x_1^H, x_w^H, x_1^L, x_w^L, x_1^V$と$x_w^V$であり、その数は12である。一方、方程式の数は10であるので、体系の温度と体積が指定されれば、体系の状態は決定される。

液相と気相のフガシティは、状態方程式と混合則と活量係数の推算法の適当な組み合わせ、例えば、PR EOS + MHV2+ modified UNIFACから求められる。

図 4 に反応槽内の原料の仕込み量を様々に変化させた場合の反応槽内の温度・圧力の変化の計算結果と実験結果との比較を、図 5 にハイドレート生成量の計算結果をそれぞれ示す。本推算法は、三相平衡条件のみならずバッチ式反応槽内におけるハイドレートの生成量の予測が可能であることに特徴がある。

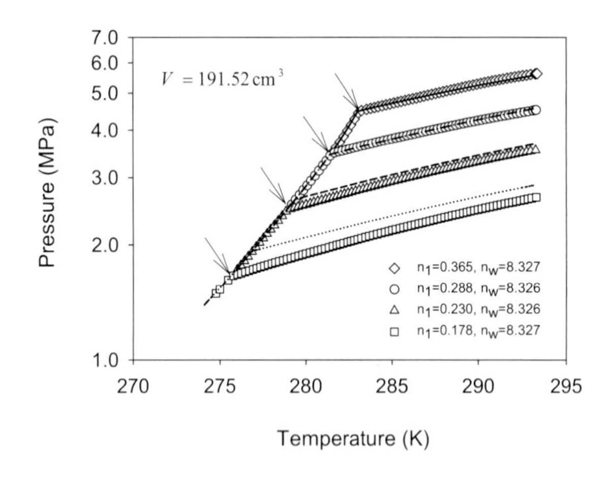

図 4　反応槽内での温度・圧力変化

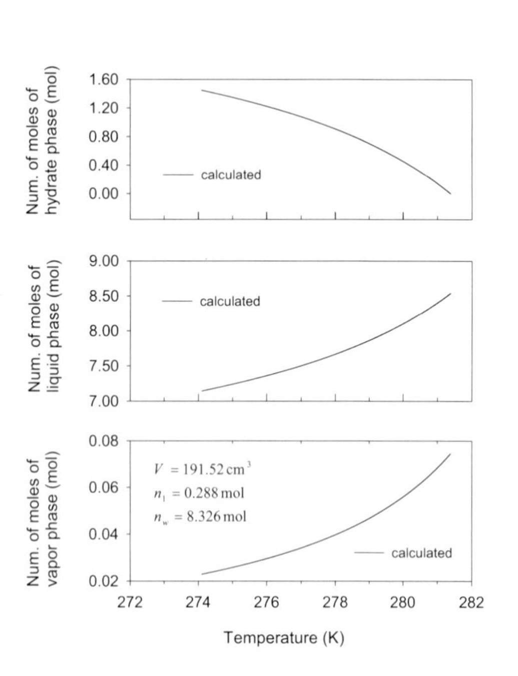

図 5　ハイドレート生成量の予測

3　ガス分離への応用

窒素と HFC-134a の混合ガスを例にとり、バッチ式の装置によるガス分離の仕組みを図 6 に示す。

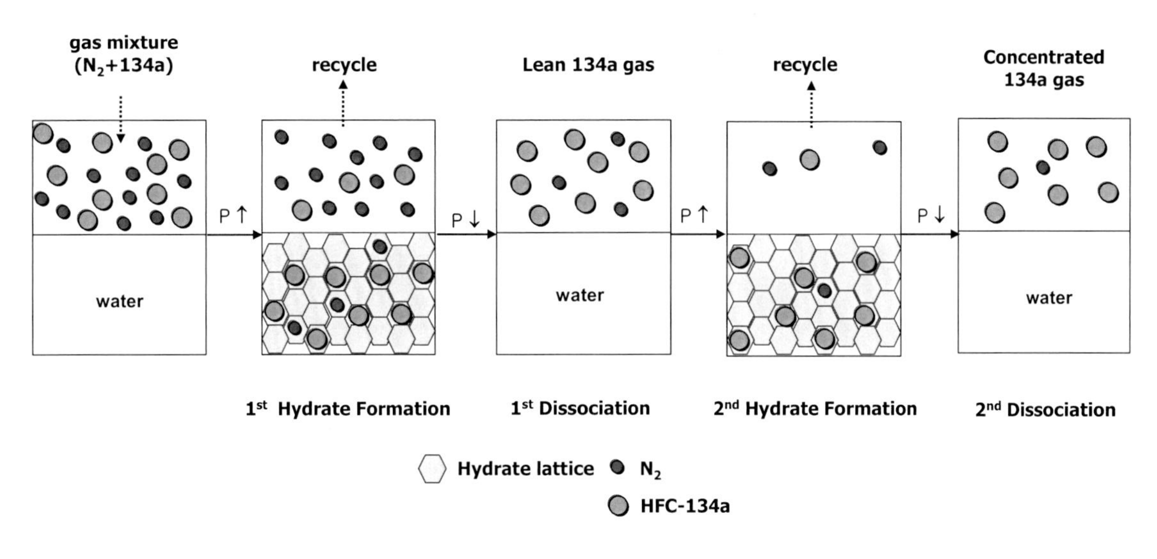

図 6　ガス分離の仕組み

与えられた混合ガスに対するハイドレートによるガス分離法の分離効率を明らかにするため、様々な混合ガス組成、温度、圧力条件下でハイドレート生成平衡測定を行った[10]。

HFC-134a の気相組成を 10、20、40、60、80%と変化させ、HFC-134a-N_2-水 3 成分系の H-Lw-V 3 相平衡条件をまず測定した。測定は温度 275-285K、圧力 0.1-2.7MPa の範囲で行った。その結果を図 7 に示す。図から明らかなように、HFC-134a-N_2-水 3 成分系の H-Lw-V 3 相平衡線は、N_2-水 2 成分系の 3 相平衡線よりも HFC-134a-水 2 成分系の 3 相平衡線寄りに位置する。N_2 はII型のハイドレートを生成することが知られており、HFC-134a もまたII型のハイドレートを生成する。しかしながら、HFC-134a は分子径が大きくII型のラージケージを占有するのみであり、一方、N_2 はスモールケージにもラージケージにも包摂される。純窒素ハイドレートの平衡圧力は非常に高いが、HFC-134a がラージケージを占有することにより、HFC-134a-N_2 混合物ハイドレートは安定化され、低圧で生成することとなる。このことは、HFC-134a のハイドレート分離にとって非常な利点をもたらす。図 8 に温度 278.15K ならびに 282.15K における HFC-134a-N_2-水 3 成分系の p-x 線図を示す。本研究で使用した体系は 3 相（ハイドレート相，液相，気相）から成り、3 成分（HFC-134a，N_2，水）を含むので自由度は 2 である。したがって、体系の温度と圧力が定まれば、ハイドレート相と気相の組成は確定する。図 8 を用いて，ハイドレートの生成と分解の各段階における HFC-134a のモル分率を推定することが可能である。例えば、気相中の HFC-134a の組成が 50%である場合、ハイドレート相中における HFC-134a の組成は温度 278.15K の場合 94%、温度 282.15K の場合 87%である。

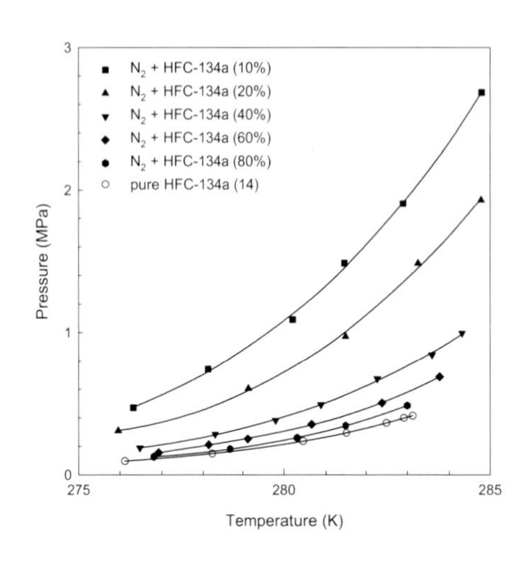

図7　H-Lw-V 3相平衡条件

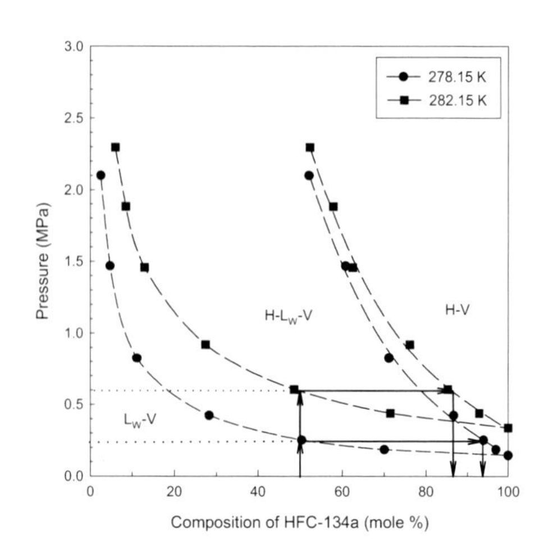

図8　*p-x* 線図

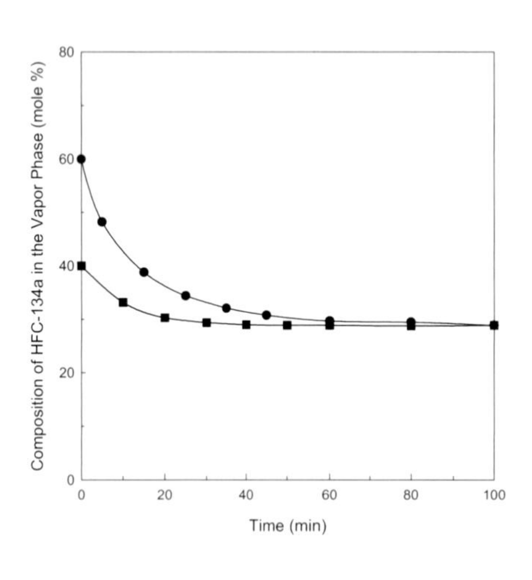

図 9　反応速度データ

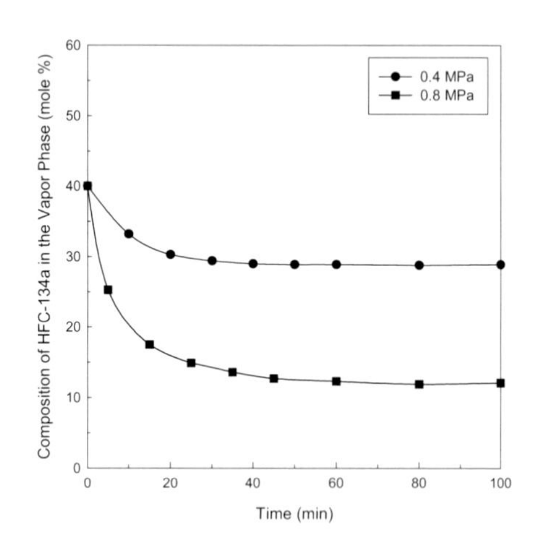

図 10　反応速度に対する圧力の影響

また、平衡圧力の値はそれぞれ、温度278.15Kの場合0.24MPa、温度282.15Kの場合0.6MPaである。温度が低いほうがハイドレート相中におけるHFC-134aの割合は高くなる。等モル組成の気体からHFC-134aを分離する場合には、一段の操作で90%以上にHFC-134aを濃縮することができ、さらにもう一段の操作によりほぼ純粋なHFC-134aを回収することが可能である。ハイドレート相に取り込まれたHFC-134aは、圧力を減少しハイドレートを分解すれば容易に回収することができる。

さらに、ハイドレート生成過程における気相の組成の変化、ならびに反応時間を測定するため、温度278.15K、圧力0.4MPaの条件で速度論データを取得した。結果を図9に示す。初期組成が異なる場合でも、温度圧力条件が同一であるならば最終的な気相の平衡組成は同一となる。

結晶核生成直後における気相の組成の変化の速度は非常に速いが徐々に低下し、約 60 分で反応は終了した。さらに、温度 278.15K の条件下で圧力が 0.4MPa と 0.8MPa の場合について同様な実験を行った。その結果を図 10 に示す。体系が H-L-V 3 相共存状態に保たれている限り、圧力が高くなるに従い、気相中の HFC-134a のモル分率は小さくなる。平衡に達するまでは約 60 分を要するが、図から明らかなように、反応の 80%以上は反応開始後 20～30 分以内に終了しており、実際の操業の際には反応時間として、この程度の時間を見積もれば十分であろうと考えられる。

さて、ハイドレートによる分離を連続的に効率よく行うためには、ハイドレートが生成する熱力学的条件を満たすと共に、気液接触界面を増やす必要がある。また気泡表面に一旦ハイドレートが生成すると今度は気液の接触が阻害されてそれ以上ハイドレートの生成が進まなくなる。したがって、装置内で常に気泡の表面を更新しなければならない。また生成した揮発性有機化合物のハイドレートと残存気体の分離を連続的に行わなければならない。

これらの課題を解決するため、対向二相流れを用いたハイドレートの連続生成分離装置を考案し、ベンチスケールの実験装置を用いてその性能評価を進めてきた[11],[12]。図 11 に装置の概要を示す。

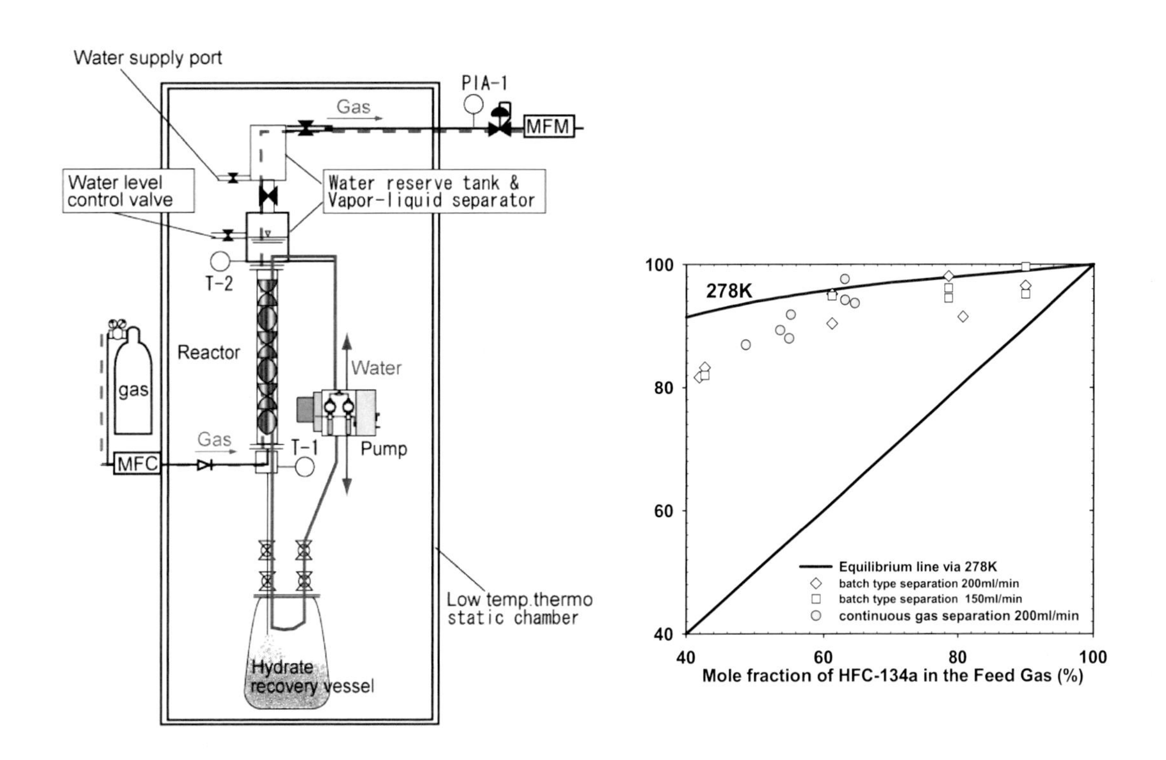

図 11　連続分離回収実験装置

図 12　分離効率

本装置は反応部、計測部、冷却部、ハイドレート回収部から構成される。反応部ではスタティックミキサーにより充分な気－液の混合が行われ、攪拌効果によりガス－水の直接接触界面積を増加させるとともに気泡の表面更新が行われる。ハイドレート生成の温度条件を一定に保ち、かつハイドレート生成熱の除去のため、装置の主要部分は冷却部内に格納されている。庫内は強制対流により温度が均一に保たれる。ハイドレート回収部では固液分離によりハイドレートが回収される。反応器となるスタティックミキサーは、ノリタケ製 1/2(1)-N40-174 を用いた。エレメントの材質は SUS316、エレメント数は 24、エレメントのピッチは 1.5 である。

図 12 に本研究で開発した連続分離回収装置による HFC-134a の分離比を示す。横軸は供給ガス中の HFC-134a のモル分率、縦軸は回収ガス中の HFC-134a のモル分率を示す。青色の実線は、温度 278K の三相平衡条件下における分離比を、また□と◇のプロットはバッチ式の装置を用いた場合の分離比を示す。三相平衡条件下における分離比は理論的に可能な上限を示すものであり、連続的な処理によってもほぼそれに近い性能を実現できることが示せた。

4　潜熱貯蔵への応用

最後に、ハイドレートの潜熱貯蔵機能を産業応用した例として、生越らの研究[2],[13]を紹介する。

先に述べたように、ハイドレートの生成条件は一般に低温高圧であるが、常圧下で 0℃以上の温度でハイドレートを生成する物質も知られている。例えば、臭化テトラ n-ブチルアンモニウム(TBAB)ハイドレートは常圧下で 5～9℃で生成する。図 13 に TBAB ハイドレートの生成条件を、表 1 にその熱物性を示す。生越らによれば、冷熱源として通常使用される氷の生成温度は 0℃であるので、冷凍機のエネルギー消費量を氷生成と比べて小さくできる。

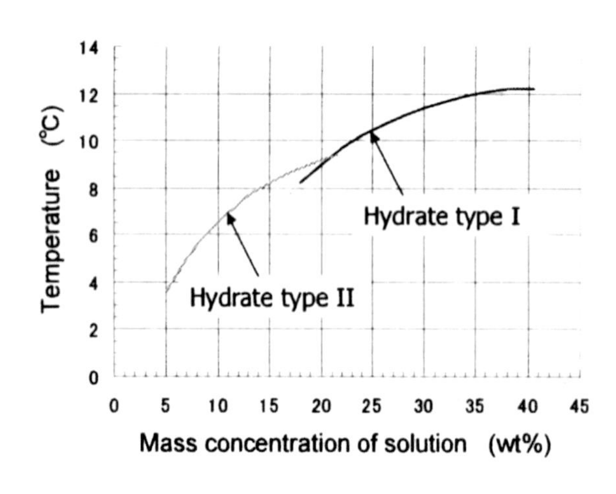

図 13　TBAB ハイドレートの生成条件[13]

表 1　TBAB ハイドレートの熱物性[13]

	Type I	Type II
Density[kg/m^3]	1086	1030
Specific heat [kJ/kgK]	2.22	--
Latent heat[kJ/kg]	193	205

生越らは、TBAB ハイドレートと水の固液混合物を TBAB 水和物スラリーと呼び、その比エンタルピー、密度等を実験的に求めるとともに、水和物スラリー製造装置、水和物スラリー蓄熱槽、室内空調機等から成る蓄熱式空調システムを開発している。このシステムは国内外で 8 件が稼働しているとのことである。

5　まとめ

ハイドレートは、水分子が形成する籠の中にガス分子が存在するという特異な構造を示し、ガス貯蔵機能を有する。ハイドレートは、その他にも、ガス分離機能、潜熱貯蔵機能を有し、様々な産業応用が図られている。本稿では、ハイドレートの物性推算法に触れながら、著者らの研究も交え、その応用の一端を紹介した。

文　献

[1] 野上朋範ら, 三井造船技報, No. 198(2009), 1-6

[2] 生越英雅, 高雄信吾, JFE 技報, No.3(2004), 1-5

[3] J. H. van der Waals, J. C. Platteeuw, Adv. Chem. Phys. 2(1959), 1-57.

[4] D. D. Holder, G. Corbin, K. D. Papadopoulos, Ind. Eng. Chem. Fundam. 19(1980), 282-286.

[5] V. Mckoy, O. Sinanoglu, J. Chem. Phys. 38(1963), 2946-2956.

[6] Y. P. Handa, J. S. Tse, J. Phys. Chem. 90(1986), 5917-5921.

[7] W. R. Parrish, J. M. Prausnitz, Ind. Eng. Chem. Process Des. Develop. 11(1972), 26-35.

[8] J. H. Yoon, M. K. Chun, H. Lee, AIChE J. 48(2002), 1317-1330.

[9] F. Kiyono, H. Tajima, K. Ogasawara, A. Yamasaki, Fluid Phase Equilib., 230(2005), 90.

[10] Y. Seo, H.Tajima, A. Yamasaki, F. Kiyono, Environ. Sci. Technol..38(2004), 4635.

[11] T. Nagata, H. Tajima, A. Yamasaki, F. Kiyono, Y. Abe, Sep. Purif. Technol., 64(2009), 351.

[12] H. Tajima, A. Yamasaki, F. Kiyono, Energy Fuels, 24(2010), 432.

[13] 生越英雅, 杉山正行, 第 3 回メタンハイドレート総合シンポジウム講演集(2011), 159-165

3.1.4　冷媒を含む作動流体の利用動向

田中勝之
（日本大学理工学部）

ヒートポンプと冷凍サイクル

ヒートポンプは動力から熱エネルギーを得る機械で、特に流体の潜熱を利用した冷凍サイクルが広く用いられている。冷凍サイクルの作動流体は、冷媒と呼ばれる。冷媒の蒸発熱によって周囲から熱を奪い、凝縮熱によって周囲へ熱を放出し、周囲の環境に対して冷却と加熱をおこなうことができる。用途は、エアコンの冷房・暖房、冷蔵冷凍庫、給湯機などが挙げられる。特に真夏日が多い近年では、エアコンによる冷房は必要不可欠であり、食品を保存するための冷蔵冷凍庫は、電子レンジの普及や冷凍食品の増加により、その必要性も既に不可欠であるといえる。

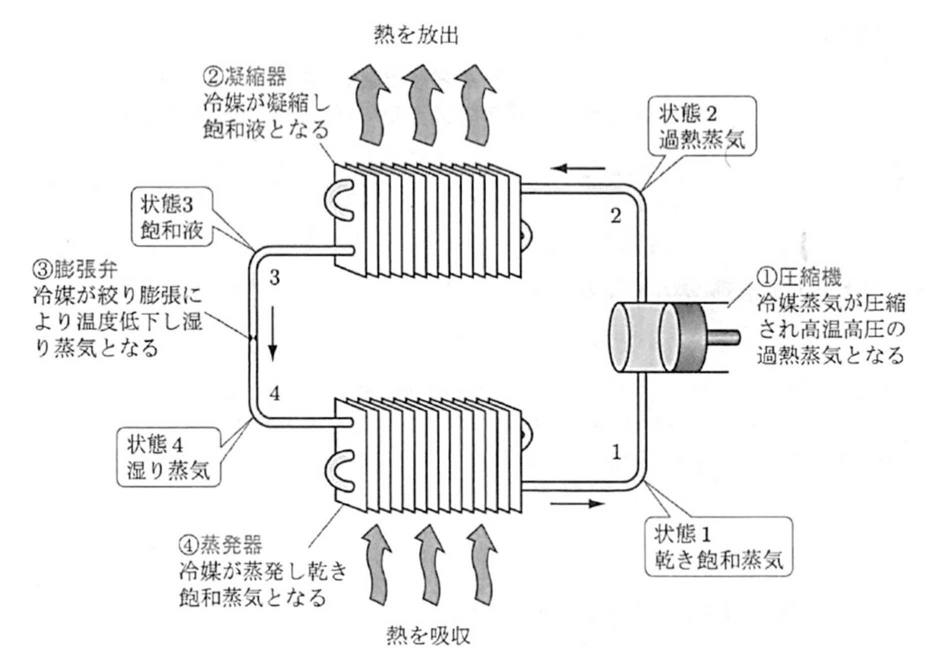

図1　冷凍サイクルを用いたヒートポンプの構成

[出典：平田哲夫、田中誠、熊野寛之、羽田喜昭、図解エネルギー工学、森北出版、2011]

加熱器としての冷凍サイクル

冷凍サイクルというと、上記の冷房や冷蔵冷凍での利用がすぐに挙げられるが、冷却と同時に冷媒からの放熱による加熱が可能なヒートポンプとなるので、給湯機のように加熱器としての利用が進んでいる。その理由として、エネルギー変換効率の高さがある。加熱器には、ボイラや電熱線などが既存の技術である。電熱線はジュール熱であるので、供給する電力1に対する熱エネルギーは、良くても1である。一方、冷凍サイクルでは使用する冷媒の種類は動作条件にも依るが、圧縮機に供給する電力1に対する熱エネルギーは6程度得られるのである。図2に示す *p-h*

線図上の冷凍サイクルで説明する。

冷凍サイクルは、蒸発した後の飽和蒸気 1 を圧縮機により断熱圧縮し、等エントロピー線に沿って過熱蒸気2にする。この過熱蒸気を凝縮器で放熱させることで冷媒を飽和液3まで凝縮させ、飽和液 3 を絞り膨張を用いて等エンタルピー変化をさせて湿り蒸気 4 に戻し、湿り蒸気内の飽和液が蒸発するという過程を繰り返している。*p-h* 線図では、横軸がエンタルピーであり、変化する状態の前後の横幅がそれぞれの過程でのエネルギー量となるので、

$$\text{圧縮機の動力}\quad w_c = h_2 - h_1$$

$$\text{放熱量}\quad q_1 = h_2 - h_3$$

$$\text{吸熱量}\quad q_2 = h_1 - h_4$$

となる。ここで圧縮機の動力に対する放熱量は、暖房モードにおける性能指数となり

$$\mathrm{COP_h} = q_1/w$$

この $\mathrm{COP_h}$ が 6 程度であるので、供給する電力に対して得られる熱エネルギーは 6 倍であることになり、電熱線のヒーターよりも同じ熱エネルギーを得るために必要な電力は 6 分の 1 となり、省エネ効果がある。また、冷房モードにおける性能指数も

$$\mathrm{COP_c} = q_2/w$$

と表すことができる。

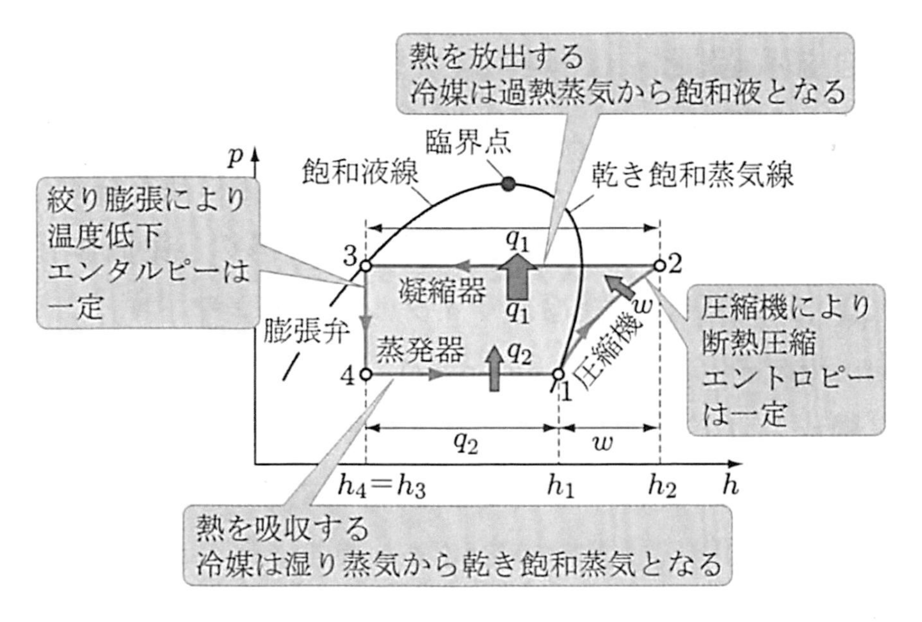

図 2 冷凍サイクルの *p-h* 線図

[出典：平田哲夫、田中誠、熊野寛之、羽田喜昭、図解エネルギー工学、森北出版、2011]

高温出力型ヒートポンプ

冷凍サイクルを用いたヒートポンプは、加熱器としての能力も高いことからボイラや電気ヒーターの代替として期待されている。給湯機の他にも、より高温の120℃程度の蒸気を生成可能な高温出力型ヒートポンプの開発が進められている。これは、産業用として食品の殺菌などに使用されるもので、大型となるためにその省エネ効果も大きくなる。ただし、使用する温度が高くなることで、ヒートポンプの機器の高温対応が必要なほか、冷媒の種類も高温用に開発する必要がある。エアコン用の冷媒（例えば HFC134a）では、沸点が−25℃程度であるが、図 3 の飽和蒸気圧曲線が示すように、エアコン用の冷媒を高温出力型ヒートポンプに使用すると高温域において圧力が高くなり、機器の耐圧性が必要となってしまうので、高温用では沸点が 15℃程度の物質（例えば HFC245fa）を使用することになる。沸点が高い物質は、相変化する限界温度である臨界温度も高く（HFC134a の臨界温度は約 101℃、HFC245fa の臨界温度は約 154℃）なるので、高沸点物質が高温出力型ヒートポンプでは必要となる。

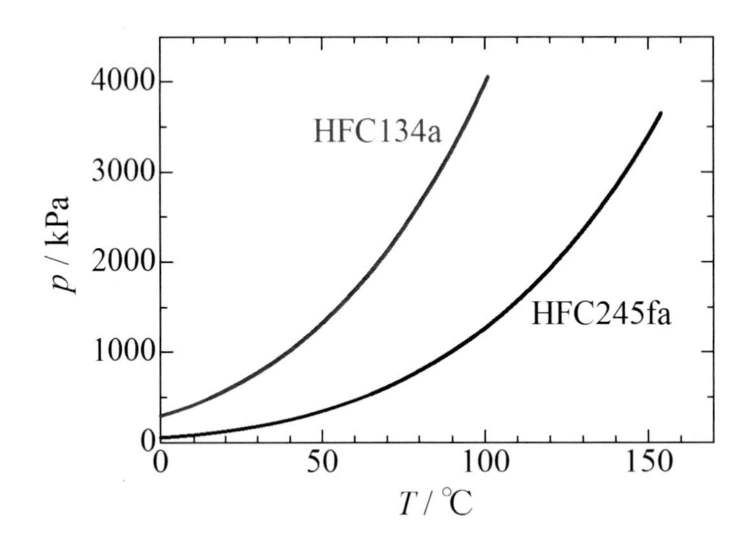

図 3　R134a と R245fa の飽和蒸気圧曲線

冷媒の動向

冷媒に求められる条件は、適度な沸点と適度な圧力、臨界点である。しかしながら、これはサイクルを構成するための条件であって、使用する冷媒の環境や人間に対する影響などは別に考える必要がある。アンモニアやプロパンなどは、冷媒の性能は優れている。しかしながら、アンモニアは毒性や金属への腐食性があり、プロパンは可燃性の問題がある。これらの問題点が問題とならない機器には使用されている。アンモニアは安価であり、冷媒を大量に必要とするような漁業用の大型の冷凍機では使用されている。もちろん、その冷凍機に使用する材質や漏れない構造の工夫が必要である。工場等の管理が行き届くような工業用の用途がある。プロパンは可燃性が強いので、工業用も注意を要する。しかし、家庭用で冷蔵庫であれば、使用する冷媒の量が少ないので、万が一の場合でも大きな事故にはならないため、使用できる。ただし、エアコンや特に自動車用のものとなると、冷媒の量が増え、さらに事故等の万が一の際の二次災害の危険が著しくなる。

フロンと呼ばれるフッ素化合物は、毒性がなく、不燃性のものが利用でき、また、沸点が異なる様々な物質があるので、広く冷凍サイクルに使用されてきた。しかしながら、当初は塩素を含んでいたため、オゾン層破壊の問題となった。そこで塩素を使用しない代替フロンが開発され、現在も使用されている。そして、それらの代替フロンも近年になって、地球温暖化問題に影響することが分かり、さらにその代替物の開発が必要なっているのである。

そこで、代替フロンの HFC 系冷媒に対して、地球温暖化係数が低い HFO 系冷媒の開発が進められている。HFO 系冷媒とは、二重結合を持つオレフィン物質であり、大気寿命が短いことから地球温暖化係数の値も低い値となるとのことである。HFO1234yf という物質が HFC134a とほぼ同じ沸点や臨界温度であることから、カーエアコンを始めとして交換される見通しである。

表 1　HFC134a と HFO1234yf の基本物性の比較

	HFC134a	HFO1234yf
Formula	CF_3CH_2F	$CF_3CF{=}CH_2$
Molar mass	102.03 g/mol	114.04 g/mol
Boiling point	-26.07 ℃	-29.45 ℃
Critical temperature	101.1 ℃	94.7 ℃
Critical pressure	4.059 MPa	3.382 MPa
Critical density	511.9 kg/m^3	475.6 kg/m^3
ODP	0	0
GWP_{100}	1300	1 以下

自動車のエアコン用冷媒として、不燃性である二酸化炭素も挙げられるが、二酸化炭素は圧力が高くなるため、エアコン機器を耐圧性のあるものに変更する必要があることと、重量が増し、コスト増で燃費が悪くなることが問題点である。

ランキンサイクル

ランキンサイクルは、熱エネルギーから動力を連続的に得る手段で、火力発電で古くから広く使用されており、水を作動流体として用いている。図 4 に示すように低温低圧の飽和液はポンプで低温高圧の圧縮液になり、ボイラからの入熱量で蒸発器と過熱器を経て高温高圧の過熱蒸気になり、タービンを回して発電した後の蒸気は復水器で放熱し、低温低圧の飽和液に戻るサイクルである。図 5 に T-s 線図上にランキンサイクルが示されている通り、冷凍サイクルと同様に相変化により周囲との受熱と放熱をおこない、タービンの前後におけるエンタルピー差からポンプ前後におけるエンタルピー差を差し引くことで正味の出力が求まる。

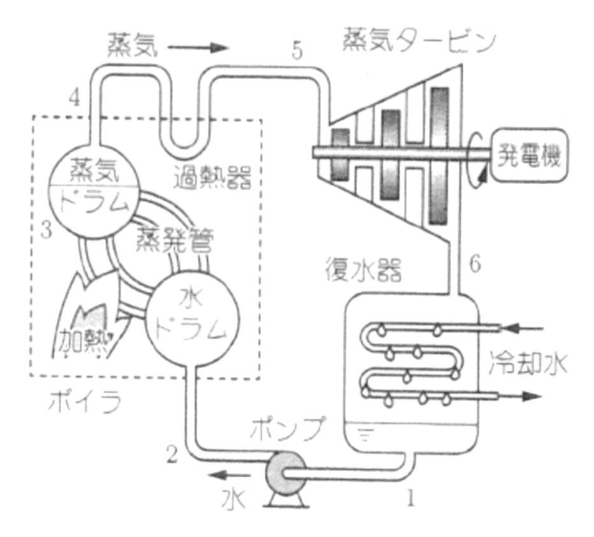

図 4　ランキンサイクルの構成

[出典：平田哲夫、田中誠、熊野寛之、羽田喜昭、図解エネルギー工学、森北出版、2011]

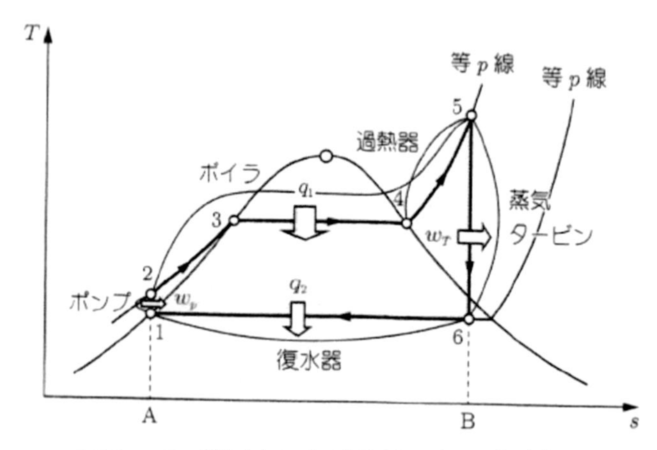

図 5　T-s 線図上におけるランキンサイクル

[出典：平田哲夫、田中誠、熊野寛之、羽田喜昭、図解エネルギー工学、森北出版、2011]

オーガニックランキンサイクル

水を作動流体としたランキンサイクルに対して、炭化水素やフッ素化合物等の有機物を作動流体としたオーガニックランキンサイクルを用いた小型発電機の開発が盛んになっている。その背景には、地球温暖化の他、東日本大震災による原子力発電所の事故などがあり、再生可能エネルギーとして地熱（温泉熱）や工場排熱の利用が期待されている。オーガニックランキンサイクルの作動流体は、炭化水素やアンモニア、フッ素化合物など多くの物質が候補となり、熱源の温度や機器の耐圧性に応じて作動流体を選ぶことができるので、地熱や製鉄所からの廃熱などの中低温の熱源から温泉の源泉や工場排熱、自動車からの廃熱や太陽熱、お風呂の残り湯などの比較的低温の熱源まで幅広い温度域でランキンサイクルによる発電の可能性があるといえる。

オーガニックランキンサイクルの作動流体の動向

実際に各メーカーによって、主に工場排熱を利用した発電機が開発されてきており、縦横高さがそれぞれ 2～3 m 程度の大きさで、出力が 2～100 kW 程度になっている。また、それらの作動流体は共通して HFC245fa を用いている。地熱発電では、炭化水素のペンタン（沸点 約 36℃、臨界温度 約 197℃）が使用されている。しかしながら炭化水素は、可燃性があるので、管理が行き届いた大規模な発電施設に限られてしまう。したがって、炭化水素の水素をフッ素に置換したフッ素化合物が候補となるが、フッ素化合物はエアコンや冷蔵冷凍庫の冷凍サイクルに使用されていて問題になるようにオゾン層破壊や地球温暖化係数を考慮する必要がある。冷媒で使用する物質の沸点は低く、メタン系やエタン系が主流だが、ランキンサイクル用作動流体の沸点は比較的高い物質も必要となるため、プロパン系やブタン系も候補となる。

冷媒においても述べたように、オゾン層破壊や地球温暖化問題の観点から、フッ素化合物は、既存の HFC 系から HFO 系や HCFO 系が次世代冷媒の候補として注目されている。HFC 系は、Hydro Fluoro Carbon であり、オゾン層を破壊する塩素がない代替フロンであるが、地球温暖化係数が千から数千のものが多く、HFC245fa も将来的に使用できなくなる。また、既にランキンサイクル発電機の開発に使用されている HFC245fa と沸点や蒸気圧曲線が近いものであると、そのまま作動流体のみを入れ替えるドロップインが可能となる。そこで、オーガニックランキンサイクル用作動流体の候補としては表 2 に示すように HFC245fa の沸点から炭化水素のプロペンと近いものが挙げられる。

HFO 系は、Hydro Fluoro Olefin であり、二重結合を持ち、大気寿命が短く、地球温暖化係数が 10 以下のものがあり、次世代冷媒の候補となっている。次世代冷媒の HFO1234yf と構造異性体の HFO1234ze(Z)は沸点が HFC245fa に近く、有力であり、日本のセントラル硝子株式会社が開発を進めている。また、沸点はやや高めだが、同じく HFO 系の HFO1336mzz(Z)が DuPont 社によって開発が進められており、250℃までの熱安定性があるのが特徴である。HFO1336mzz(Z)の異性体の HFO1336mzz(E)も沸点が HFC245fa に近いが、熱力学性質のデータが少なく開発は進んでいない。

HCFO 系は、Hydro Chloro Fluoro Olefin であり、塩素を含むが二重結合を持つので大気寿命が短く、オゾン層まで届かないので、オゾン層破壊への影響は無いとしている。Honeywell 社によって HFC245fa の沸点に近い HCFO1233zd(E)の開発が進んでいる。異性体の HCFO1233xf も沸点が HFC245fa に近いが、これも熱力学性質のデータが少なく、開発は進んでいない。以上より、HFO 系と HCFO 系のプロパン系とブタン系について可燃性や毒性のない物質が候補となっている。

HFE 系（Hydro Fluoro Ether）も 3M 社で開発されている HFE7000 や HFE7100 は、やや地球温暖化係数が高いものの、熱安定性に優れるので中低温の熱源利用には可能性がある。

表 2.1　オーガニックランキンサイクルの作動流体の候補例その 1

	HFC245fa	HFO1234ze(Z)	HCFO1233zd(E)	HCFO1233xf
Formula	$C_3H_3F_5$	$CF_3CF{=}CH_2$	$CHCl{=}CHCF_3$	$CF_3CCl{=}CH_2$
Molar mass	134.05 g/mol	114.04 g/mol	130.5 g/mol	130.5 g/mol
Boiling point	15.05 ℃	9.76 ℃	18.3 ℃	15 ℃
Critical temperature	153.86 ℃	153.65 ℃	165.6 ℃	-
Critical pressure	3.651 MPa	3.97 MPa	3.57 MPa	-
Critical density	519.4 kg/m^3	472.6 kg/m^3	476.3 kg/m^3	-
ODP	0	0	0	0
GWP_{100}	1030	Low	7	Low

表 2.2　オーガニックランキンサイクルの作動流体の候補例その 2

	HFO1336mzz(Z)	HFO1336mzz(E)	HFE7000	HFE7100
Formula	$CF_3CH{=}CHCF_3$	$CF_3CH{=}CHCF_3$	$C_3F_7OCH_3$	$C_4F_9OCH_3$
Molar mass	164.05 g/mol	164.05 g/mol	200 g/mol	250 g/mol
Boiling point	33.4 ℃	8.5 ℃	34 ℃	61 ℃
Critical temperature	171.3 ℃	-	165 ℃	-
Critical pressure	2.9 MPa	-	2.48 MPa	-
Critical density	-	-	553 kg/m^3	-
ODP	0	0	0	0
GWP_{100}	9	Low	370	320

冷媒を含む作動流体の熱力学性質の研究

著者の研究室では、冷媒ならびにランキンサイクル用作動流体の熱力学性質を実験的に研究している。現在の測定対象物質は、表 2 に挙げているものであり、室温付近～250℃、10MPa までの範囲で測定をおこなっている。冷媒としては比較的高温域になるので、高温出力型ヒートポンプ用冷媒が用途になり、中低温域のオーガニックランキンサイクル用作動流体と共に需要がある。表 3 に本研究室の実験装置を挙げる。自作の装置であり、比較的高温の装置となることから耐熱性や安全性を考慮し、また出来るだけシンプルで小型なものとしている。

表 3　本研究室における作動流体の熱力学性質測定装置

装置名	測定方法	測定範囲
飽和密度測定装置	抽出法	300K～400K，飽和蒸気圧
PVT 性質測定装置（高温用）	等容法	323K～523K，～10 MPa
PVT 性質測定装置（高密度用）	ベローズ変容法	300K～400K，～5MPa
臨界点測定装置	直視法	～473K，～8MPa

3.2　プロセス合成手法を用いた抽出蒸留用抽剤の選定

岡本 悦郎
（三井化学(株) 生産・技術企画部 プロセスシステム技術G）

<概要>

化学製品の製造プロセスに於いて、製品不純物分離や原材料リサイクルを担う蒸留・抽出分離の役割は大きい。 蒸留残渣曲線図上に共沸点等の特異点や蒸留境界を表現し、実現可能な蒸留フローを机上で効率良く構築する手法(プロセス合成手法)が提案されている[1]。図1に示した様に初期の段階で物性に基づくプロセスフロー案を作成出来る為、検討での試行錯誤が抑制でき作業の迅速化を図る事が出来る。今回は製品モノマーA 製造プロセスに於ける製品分離操作(抽出蒸留)検討に於いて、プロセス合成手法を適用した事例を報告する。

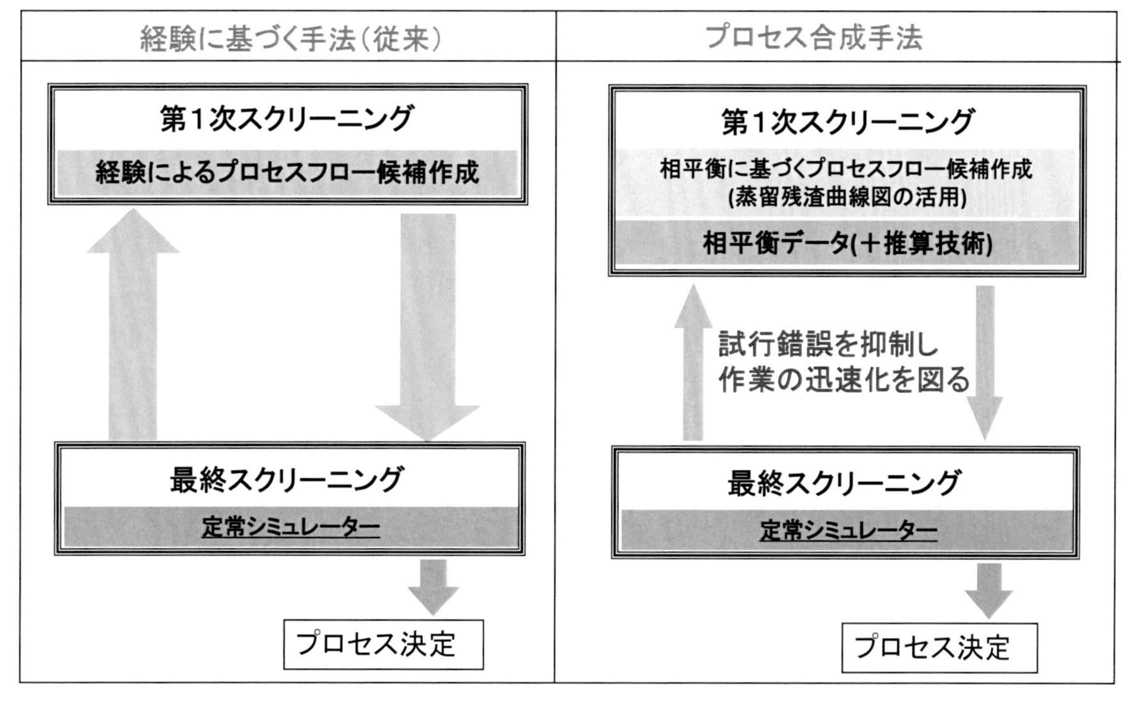

図1 プロセス合成手法の概念

<背景>

図2にモノマーA 製造プロセスの想定フローと検討課題を示した。想定フローでは、反応器出側組成(原料1/モノマーA≒4/1 molar)を分離して、原料1をリサイクルする必要があった。問題点は2つあった。一つ目は原料1とモノマーA は最低共沸が存在する事である (共沸組成　原料1/モノマーA≒9/1 molar) 。 直接蒸留の組み合わせでは原料1の蒸留分離負荷が高くなり、主反応等設備も大型化してしまう。二つ目は原料1及びモノマーA の分離プロセス構築が難しい事であった。モノマーA 絡みの2成分データが充分存在しないので抽剤の選定など机上検討が困難で

ある。またモノマーA と原料 1 は共に水に可溶である。そのため液液分離＋共沸蒸留の手法採用は難しいと予想された。

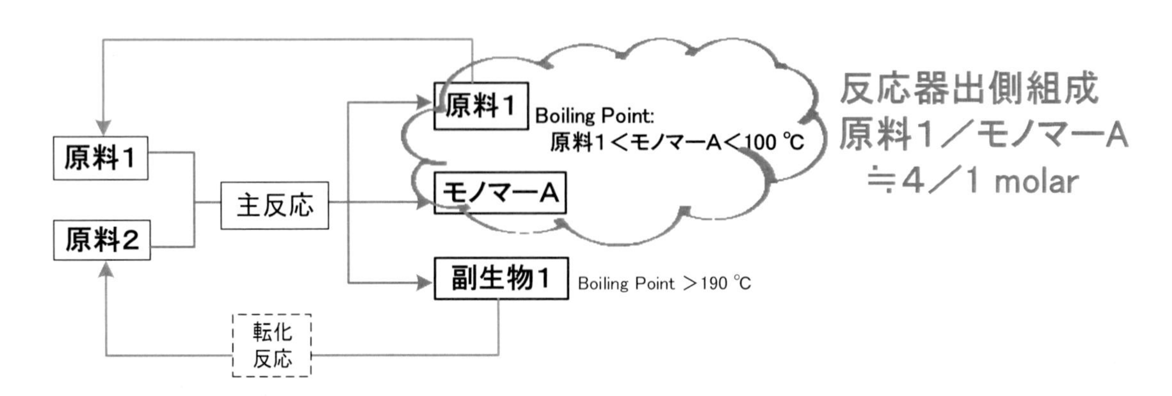

(モノマーA製造プロセス　想定フロー)

<問題点>

①原料1とモノマーAは最低共沸が存在する。
(共沸組成　原料1／モノマーA≒9／1 molar)
⇒直接蒸留の組み合わせでは
原料1の蒸留分離負荷が高く、主反応等全系設備が大型化する。

②原料1とモノマーA分離プロセス構築が難しい。
1/2)モノマーA絡みの2成分データが充分存在しない。
⇒机上検討が困難
2/2)原料1及びモノマーAは水に可溶
⇒液液分離＋共沸蒸留は採用困難

図 2　モノマーA 製造プロセスの検討課題

<検討当初の物性>

表 1 にモノマーA と分離用抽剤候補化合物 20 種について、定常シミュレーター当時内蔵の Binary Parameter 完備状況を示した。モノマーA 関連の気液平衡は完備されておらず、抽出剤選定には物性推算(UNIFAC)の駆使が必要と判断された。図 3 に定常シミュレーター内蔵 UNIFAC を用いた原料 1/モノマーA 気液平衡推算結果を示した。内蔵 UNIFAC の物性推算では共沸点を再現できなかった。共沸点の存在は抽出剤選定に関わる重要な情報である。モノマーA に関する物性情報を入手し、UNIFAC グループパラメーターの調整が必要と考えられた。

<データ採取と物性構築>

モノマーA に関する物性データ採取実験の過程で、抽剤候補 1 とモノマーA が 2 液相を形成する事が判った。そこで図 4 に示した測定法 2)により、白濁温度の精密測定を実施した。そして測定データを基にモノマーA 中のグループパラメーター調整を実施した。

表 1　Binary Parameter 配備状況

抽剤候補20種含めた、当時のBinary Parameter配備状況を確認した。

	原料1	モノマーA	候補1	候補2	候補3	候補4	候補5	候補6	候補7	候補8	候補9	候補10	候補11	候補12	候補13	候補14	候補15	候補16	候補17	候補18	候補19	候補20
原料1																						
モノマーA	(DDB)																					
候補1	有																					
候補2	有		有																			
候補3				有																		
候補4	有		有	有																		
候補5	有		有			有																
候補6	有		有			有	有															
候補7	有		有			有	有	有														
候補8	有		有	有			有	有	有													
候補9	有		有				有	有	有	有												
候補10	有		有			有	有	有	有	有	有											
候補11	有						有	有	有	有												
候補12	有			有		有	有	有	有	有	有											
候補13	有		有				有	有	有	有	有	有	有	有								
候補14	有					有	有	有	有	有	有			有	有							
候補15	有		有	有	有	有	有	有	有	有	有	有	有	有	有	有						
候補16	有		有	有	有	有	有	有	有	有	有	有	有	有	有	有	有					
候補17	有			有		有	有	有	有	有	有		有		有	有	有	有				
候補18						有	有		有						有		有		有			
候補19	有			有			有	有	有	有	有			有	有	有	有	有	有	有		
候補20	有						有	有	有	有	有				有		有	有			有	

有：定常シミュレーター内蔵のNRTLパラメータ有り
DDB：ドルトムントデータバンクのVLEデータ
空白：データ無し

モノマーAのVLEは配備されていない
⇒物性推算(UNIFAC等)を駆使する必要がある。

物性推算結果は原料1／モノマーAのVLEデータ(最低共沸点)を再現しなかった。

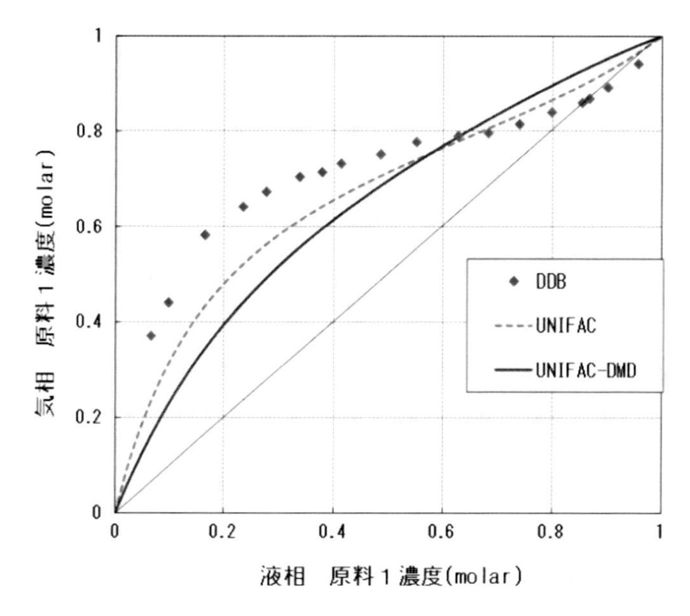

図 3　検討初期の原料 1/モノマーA　VLE 推算

実験中にモノマーAと抽剤候補１が2液相を形成する事が判った。
⇒モノマーA官能基Group Parameter改定を図る為、
液液平衡データを採取した。

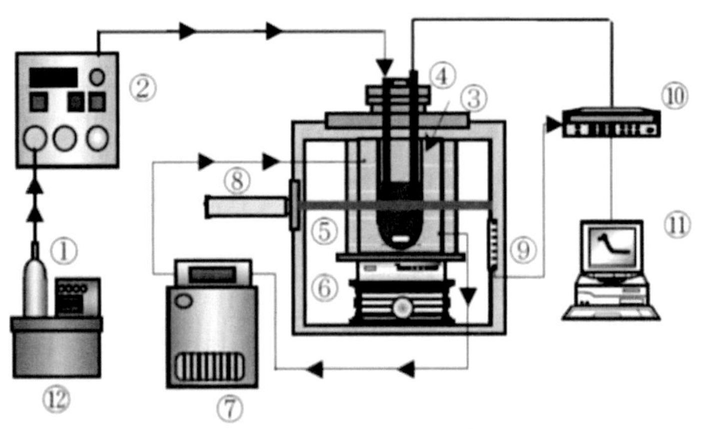

①sample supply　②mini chemical pump
③equilibrium vessel　④thermometer
⑤heating jacket　⑥magnetic stirrer
⑦water bath　⑧He-Ne laser
⑨light sensor　⑩digital multimeter
⑪personal computer　⑫water bath

図 4　白濁法[2]による液液平衡測定

図 5 にモノマーA/候補 1 の液液平衡データ及びグループパラメーター調整後の推算結果を示した。図 6 にモノマーA 中のグループパラメーター調整後の原料 1 との VLE 推算結果を示した。結果、UNIFAC 推算結果は DDB データの共沸点を再現する事が出来た。

<抽出蒸留フローの検討>

前述の背景から、原料 1 及びモノマーA の分離プロセスは抽出蒸留が効率的と判断した。そして表 1 の候補化合物についてモノマーA との VLE 推算を行い、抽剤候補を絞り込んだ。抽剤候補としての要件は

①原料 1 及びモノマーA と共沸点を形成しない。

②原料 1 及びモノマーA よりも高沸点である。

であった。絞り込んだ候補について、蒸留残渣曲線図を用いた評価を実施した。最終的に、図 2 想定フロー中の原料 2 が抽剤候補として適切である事が判った。図 7 に原料 1／モノマーA／抽剤(原料 2)の蒸留残渣曲線図と蒸留フローを示した。最低共沸点を起点とする Isovolatility Curve は原料 1 側(低沸点側)に伸びていた。この場合、第 1 塔(Extractive Column)塔頂から原料 1 留出及び第 2 塔(Entrainer Recovery Column)塔頂からモノマーA 留出のフローが実行可能となる[3]。

モノマーA／候補1　白濁温度測定データに基づき、
モノマーAの官能基Group Parameterを調整した。

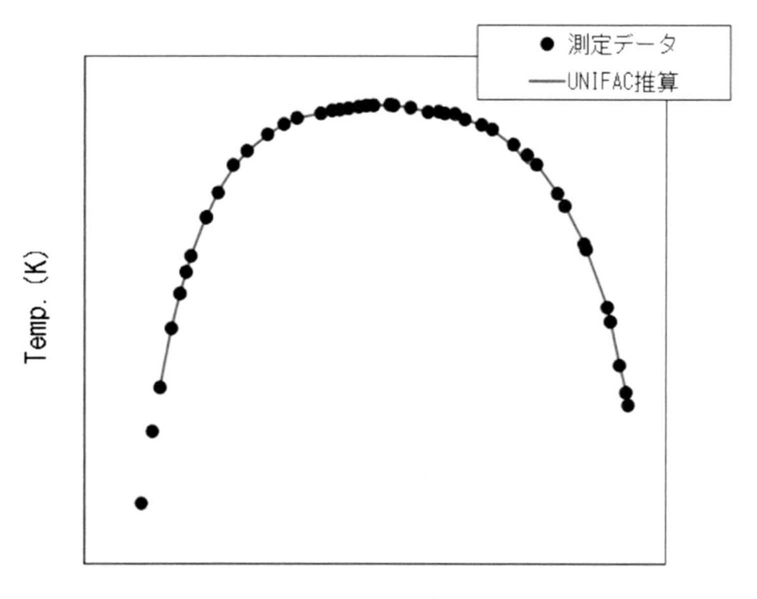

図5　白濁法による液液平衡データ採取

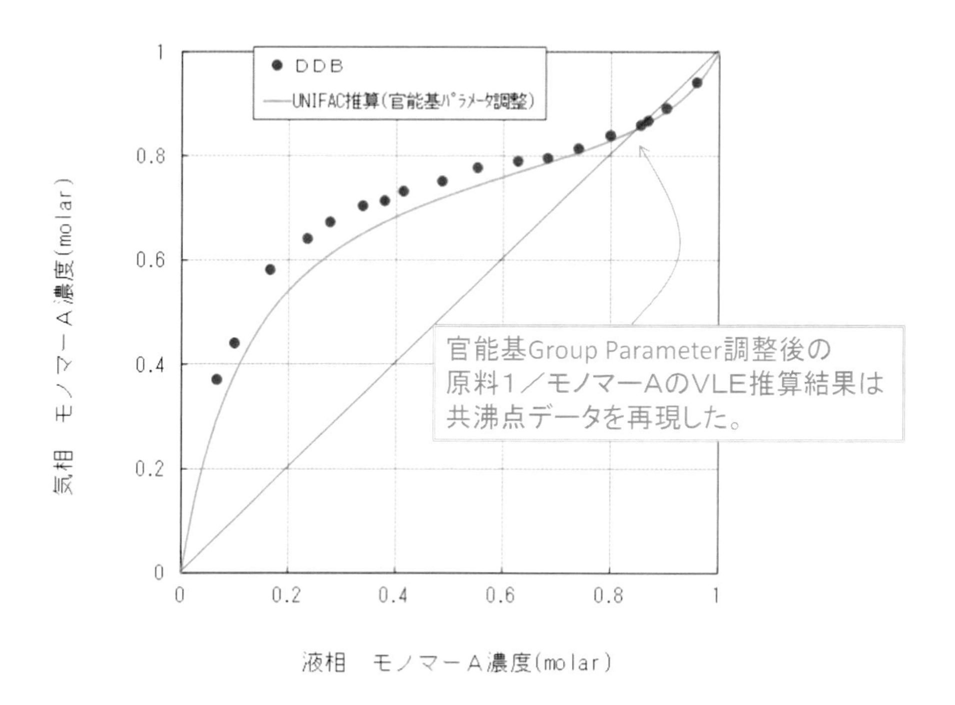

図6　官能基 Group Parameter 調整後の VLE 推算

この結果を受けて原料1/モノマーA/抽剤(原料2)の詳細定常モデルを作成し、直接分離に比べて蒸留熱負荷が削減できる事を確認した。参考までに図8に抽出蒸留フローが成立しない例（抽剤は候補1）を示した。この場合、Isovolatility Curveがモノマー A側(高沸点側)に伸びているので、第1塔(Extractive Column)塔頂から原料1留出の蒸留フローが成立しない。このように蒸留残渣曲線図と Isovolatility Curve の情報を活用すると、抽剤候補を目視で判断出来る。そして必要な化合物組み合わせについてのみ、定常モデルを作成するだけでよいので机上検討での試行錯誤を大幅に抑制できた。

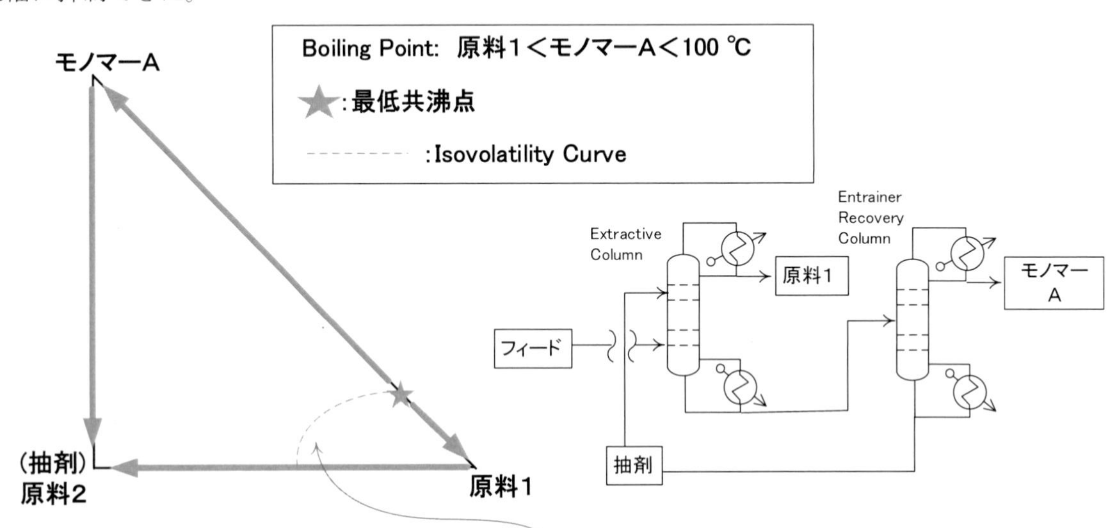

図7 蒸留残渣曲線と蒸留フロー

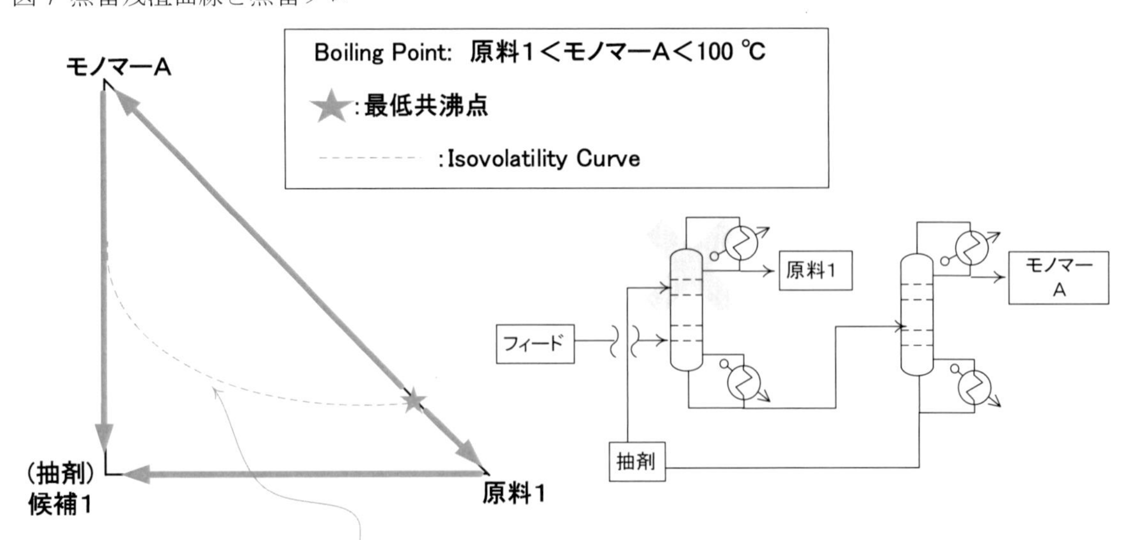

図8 蒸留フローが成立しない例

<後書き>

本検討は幾つかの僥倖があって恙無く終える事が出来た。幸運の一つ目は、当時の小試部隊が早い段階で物性検討を課題として捉え外部識者に相談していた事であった。2液相形成の事実把握、精緻な物性データ採取及び物性構築は全てここから始まった。二つ目は、プロセス合成手法とソフト（Aspen SPLIT）のレクチャー（当時の講師 Dr. Vivek Julka）を筆者が事前に（偶然に）受けていた事であった。非理想性の高い系に於ける蒸留操作の検討を鉛筆と定規と紙で進める説明は、高校数学（幾何学）の如く単純明快であった。周知ではあるが、抽出蒸留フローに於ける抽剤選定の検討は数多くの既報がある。参考文献[4]、[5]、[6]はそのごく一部である。 先人の慧眼を前に、改めて自身の無知を恥じるばかりである。

<参考文献>

[1] M. F. Doherty and M. F. Malone, Conceptual Design of Distillation Systems, McGraw-Hill, New-York, USA (2001)

[2] 橋本純一、松田弘幸、栗原清文、越智健二、レーザー光散乱を利用した白濁法による 3 成分液液平衡測定法の確立、第 37 回化学工学会秋季大会予稿集、H218 (2005)

[3] Vivek Julka, Madhura Chiplunkar, Lionel O’Young, Selecting Entrainers for Azeotropic Distillation, Chem. Eng. Progress, **105**, 3, 47-53 (2009)

[4] 小田昭昌、抽出蒸留における溶剤選定、蒸留フォーラム 2007 (2007)

[5] 栃木勝巳、分離プロセスの溶剤選定、分離技術、**26**, 6, 371-376 (1996)

[6] 平田光穂、 2 成分系気液平衡に対する第 3 成分の影響、化学工学、**25**, 9, 665-670 (1961)

3.3 セメント製造プロセスシミュレーションと熱力学物性

横田　守久
（宇部興産株式会社）

はじめに

セメント製造は歴史ある古い産業である。しかし最近はセメント製造に各種焼却灰、汚泥、廃プラ、廃油等大量の廃棄物を受け入れ処理するなどの動きが加速している[1),2),3)]。これら廃棄物の中には従来の原料には殆ど含まれていなかった物質や元素もあり、その挙動予測が重要になってきている。また石炭に関してもより安価な低品位炭への切り替えや、石炭代替燃料としての廃プラ等、廃棄物燃料の利用割合が高まってきており、その利用技術に関する技術開発も積極的に進められている。さらに最近の CO_2 削減要請からプラント運転状態の最適化により、その削減可能性を検討する動きもある[4)]。

セメント製造プロセスに関しては古くからの研究があるが、上述したような近年の状況から、その詳細をシミュレーション技術の適用により、検討しようとする試みが活発に行なわれている。その背後には 1) セメント鉱物相に関する熱力学データが整備されてきたこと、2) 従来、化学分野で使用されてきたプロセスシミュレータでセメント鉱物相に関する熱力学データを利用した解析ができるようになってきたこと、3) 燃焼解析を含む流体シミュレーション技術が実用的になってきたこと、4)上記 1)～3)を可能にしたコンピュータ処理能力の大幅な向上等があげられる。筆者はセメントプロセスへのシミュレーション技術に関わってきた。本稿では当社でのセメント製造シミュレーション技術の最新の状況を述べる。

セメント製造プロセスの概要

図 1 にセメント製造プロセスの概略を示す。図は NSP(New Suspension Pre-heater)キルンと呼ばれるプロセスの概略図である。炭酸カルシウム($CaCO_3$)の脱炭酸を行なう仮焼炉(Calciner)を有するプロセスである。この他に仮焼炉の無い SP(Suspension Pre-heater)キルンというプロセスも稼動している。原料は粉砕された後、最上段のサイクロン(C4)に供給されガスと接触、熱交換する。その後 C3,C2 サイクロンでガスと向流接触し更に加熱されて仮焼炉に入る。仮焼炉では燃料が供給され、大きな吸熱反応である脱炭酸反応の反応熱を燃料の燃焼にて供給している。仮焼炉を出た原料はボトムサイクロン(C1)を経てロータリーキルン

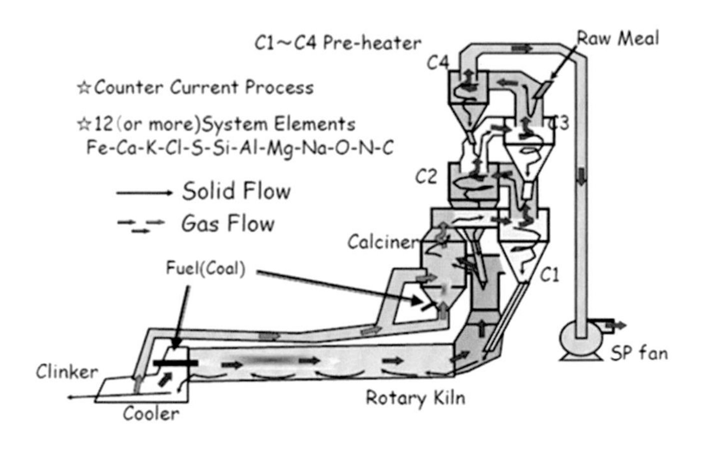

Figure 1　Schematic of NSP process

に入り主要なセメント鉱物が生成する。図は4段サイクロン(C1～C4)の例を示しているが、5段サイクロンのプロセスもある。ロータリーキルンでは微粉炭バーナーによる火炎が形成され、固体相温度は最高で 1,450℃に達するとされている。ここで C3S($3CaO \cdot SiO_2$：エーライト)やC2S($2CaO \cdot SiO_2$：ビーライト)等のセメント鉱物相や酸化物融液が生成する。その後、ロータリーキルンから出た焼成物はクリンカクーラーにて空気と直接接触・冷却され、融液からC4AF($4CaO \cdot Al_2O_3 \cdot Fe_2O_3$：フェライト)及び C3A($3CaO \cdot Al_2O_3$：アルミネート)が生成しセメントクリンカとなる。ロータリーキルンからの焼成物を冷却して温度が上がった空気の一部はロータリーキルン及び仮焼炉の燃焼用空気として有効に利用される。セメント製造ではプロセス全体を通してガスの流れが固体の流れとほぼ向流で接触しながら熱交換している。従って熱効率という意味では良く工夫されたプロセスであるが、向流接触操作であることから、一部の操作条件を変更すると、その影響が全体に及ぶというセメントプロセス特有の特徴を有している。この後クリンカの粉砕、他原料との混合仕上げ工程があるが、本稿ではクリンカ製造までを対象とする。

セメント製造プロセスのシミュレーション技術

セメント製造プロセスに関して実施されているシミュレーション技術として大きく2種類に分類できる。一つは燃焼解析を含む流体解析による各機器(ロータリーキルンや仮焼炉)の「流体シミュレーション技術」[5),6)]であり、もう一つはセメント鉱物相生成やプロセス全体の熱収支・物質収支を考慮する「プロセスシミュレーション技術」[7),8),9)10),11)]である。両シミュレーション技術にはそれぞれ特徴があり、検討対象により使い分けが行われている。

「流体シミュレーション技術」ではロータリーキルンで最も重要な機器である微粉炭バーナーの詳細な構造や石炭種固有の燃焼速度を考慮して、焼成に大きな影響を及ぼす微粉炭バーナーの先端に形成される火炎の構造(温度分布、広がり、CO 濃度分布)を定量的に予測できる。また仮焼炉解析では廃棄物燃料の燃焼に適した投入口の選定等にも利用できる。しかし「流体シミュレーション技術」は3次元の流体解析であり、燃焼反応や脱炭酸反応を考慮すると計算時間が非常に長く、ロータリーキルンや仮焼炉といった単体機器の解析には適用できるが、プロセス全体の物質・熱収支やセメント鉱物相の生成反応を取り扱うことは現実的には不可能である。

一方、「プロセスシミュレーション技術」ではロータリーキルン内での鉱物相生成過程やプロセス全体での微量物質挙動を推定する事が可能である。またプロセス全体の熱効率等も求める事ができる。しかし具体的に個々の機器の大きさや構造にまで踏み込んだ知見を得ることは難しい。従ってセメントのような複雑な内部現象を有するプロセスを理解するためには、「流体シミュレーション技術」と「プロセスシミュレーション技術」の両者によるアプーチが必要である。

当社は 2010 年度から経産省補助金事業「革新的セメント製造プロセス基盤技術開発」に主要セメントメーカー(太平洋社・住友大阪社・三菱マテリアル社)と共に参画し、シミュレーション技術開発を担当した。その中で「CFD によるキルン内の微粉炭燃焼解析」と「プロセスシミュレーション」の「連成解析技術の開発」を行った。また「ロータリーキルンでの造粒現象のモデル化」にも取り組んだ。本稿では当社での過去の検討経緯を含め、補助金事業による最新の成果までを解説する。

プロセスシミュレーション技術(汎用プロセスシミュレータによる解析)

セメントプロセスを特徴づける現象としてプロセス内での塩素化合物及び硫黄化合物の循環現象が上げられる。特に塩素に関しては廃棄物から持ち込まれる量が増加傾向にあり、その挙動が注目されている。図２にプロセスの各位置における固相の塩素及び硫黄濃度測定例を示す。図に見るようにプロセスの中間部に塩素及び硫黄が高濃度で濃縮されている事が分る。塩素は塩化カリウム・塩化ナトリウム、硫黄は硫酸カリウム、硫酸カルシウムとして存在している。これら化合物の混合物は融点が低く、装置の内壁に付着成長して閉塞を引き起こし、場合によっては運転停止を余儀なくされる場合もあり、運転上の大きな問題となっている。

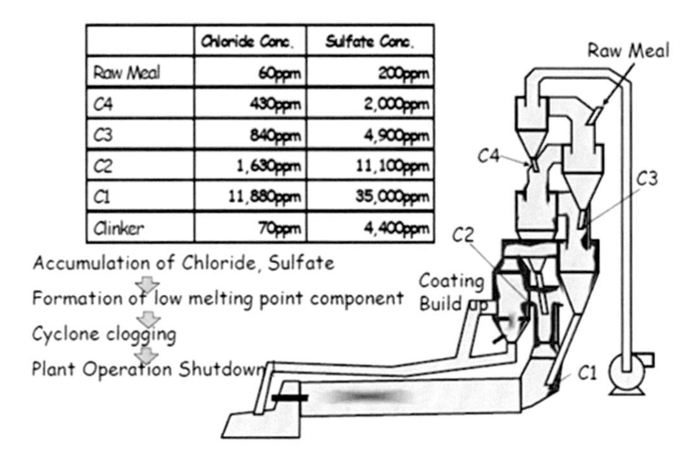

	Chloride Conc.	Sulfate Conc.
Raw Meal	60ppm	200ppm
C4	430ppm	2,000ppm
C3	840ppm	4,900ppm
C2	1,630ppm	11,100ppm
C1	11,880ppm	35,000ppm
Clinker	70ppm	4,400ppm

Figure 2　Chloride and sulfate accumulation

この現象の再現を主目的としてプロセスシミュレータによる解析を行なった。熱力学データベースとして FactSage[12]、プロセスシミュレータとして Aspen Plus[13]、熱力学データベースをプロセスシミュレータ内で使用するための平衡計算モジュール ChemApp[14]を使用してセメントプロセスのモデル化を検討した。プロセスシミュレーションの対象としてのセメントプロセスの特徴は、主な構成元素成分だけでも 12 成分以上あること、またそれを反映して非常に多くの化合物種を取り扱う必要がある事等が上げられる。近年の計算手法の発達、コンピュータ能力の向上によりこの複雑なプロセスの取り扱いが可能になってきている。

筆者はセメントプロセスにおいて存在の可能性がある固体成分 155 種、ガス成分 116 種、液体成分 3 種に加えて酸化物融液(スラグ)成分 28 種、固溶体 2 種を考慮した解析を行なった[15]。セメントでは固体と気体が向流接触しながら反応が進行するが、その接触割合を図３のように一部を平衡反応器からバイパスすることで擬似的に反応速度を考慮する工夫を行なっている。プロセス全体のモデルを図４に示す。図中、丸で示されたブロックが ChemApp を使用した平衡反応器である。このモデルではプロセス

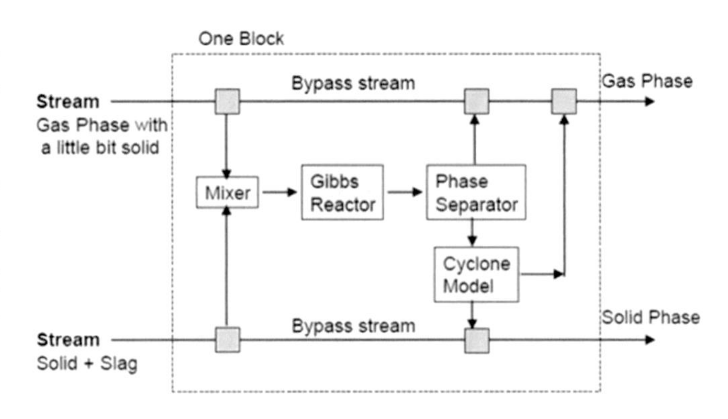

Figure 3　Non-equilibrium model
for gas/solid reaction.

全体を８個の平衡反応器で表現している。プロセス全体が向流操作になっているため収束計算が必要である事、酸化物融液を取り扱った平衡計算が含まれる事などにより、最終的な収束解を得るには汎用的なパソコンで数時間が必要である。

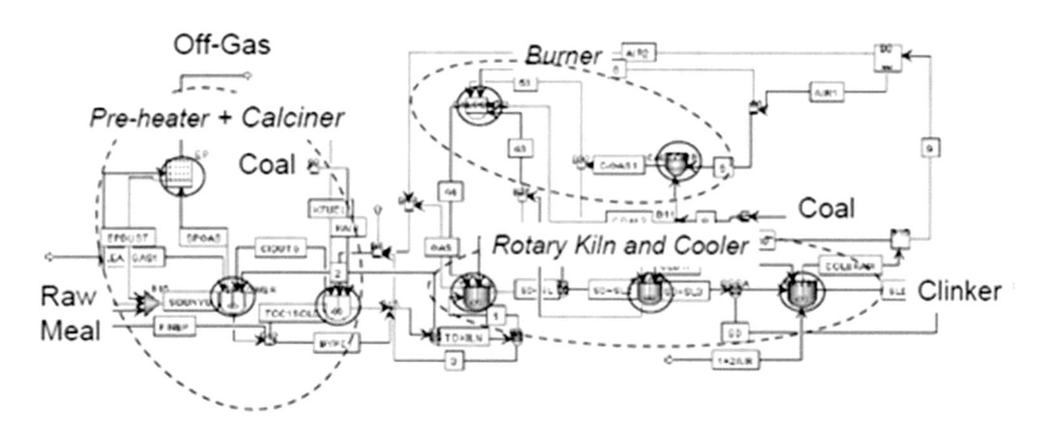

Figure 4　Aspen-Plus model for cement process

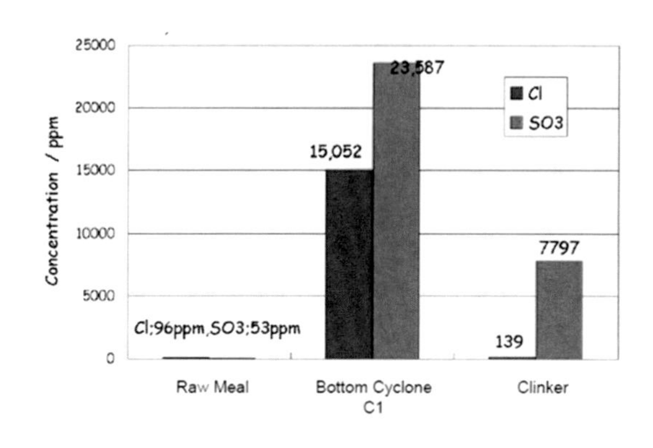

Figure 5　Calculated example of Cl, SO3 concentration in process.

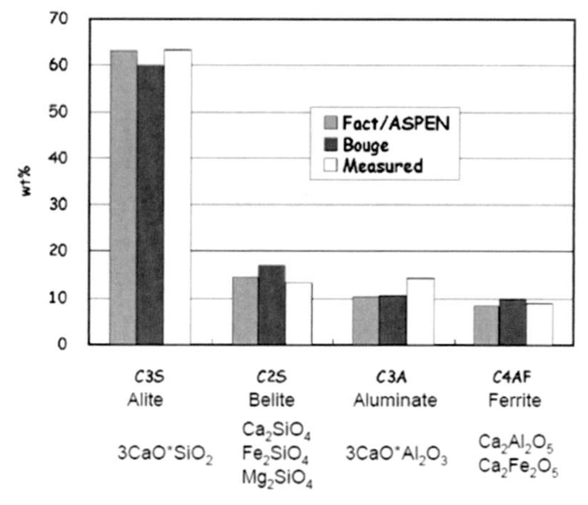

Figure 6　Calculated clinker phase.

塩素、硫黄に関する計算結果を図５示す。原料や製品クリンカに比較してプロセス中間部であるボトムサイクロン(C1)で塩素・硫黄濃度が高くなっており、塩素・硫黄がプロセス内で循環・濃縮される事がシミュレーションで再現できている。なおプロセス中間部への塩素蓄積を防ぐために、塩素濃度の高いプロセスガスの一部を抽気する対策も実用化されている（塩素バイパスプロセス）が、その効果も本シミュレーションでモデル化し予測している。図６にクリンカ組成の計算結果を示すが、測定値と良好に一致している。

プロセスシミュレーション技術(専用シミュレータの開発及び適用)

当社では前述の化学プロセス用シミュレータによる解析に加えて、ロータリーキルン専用のシミュレータ「KilnSimu」[16]を 2002 年度からフィンランド VTT(国立技術センター)から導入している。KilnSimu は FactSage 熱力学データを使用した平衡計算ベースの解析という面ではプロセスシミュレータと同じであるが、ロータリーキルン特有の構造(径・傾斜角度・回転数・保温材・レンガ厚み等)を反映させたキルン内の伝熱、滞留時間推定機能を有している。図 7 に KilnSimu のモデルを示す。キルンを軸方向に分割し、その分割部分ごとに熱収支を計算しながら気相・固相平衡計算を行なう 1 次元モデルである。また気相・固相間の物質移動も考慮する。更に経験的なモデル化ではあるが、キルン内でのダスティング(固相から気相への粉塵発生)も考慮できる。また大きな特徴は反応速度を考慮できる点である。RATEMIX[17]という手法で反応速度制限のある平衡計算を行なう。従って燃料の燃焼速度パラメータを調整する事で気相の温度プロファイルを調整する事や固相でのエーライト生成反応速度等をチューニング可能である。

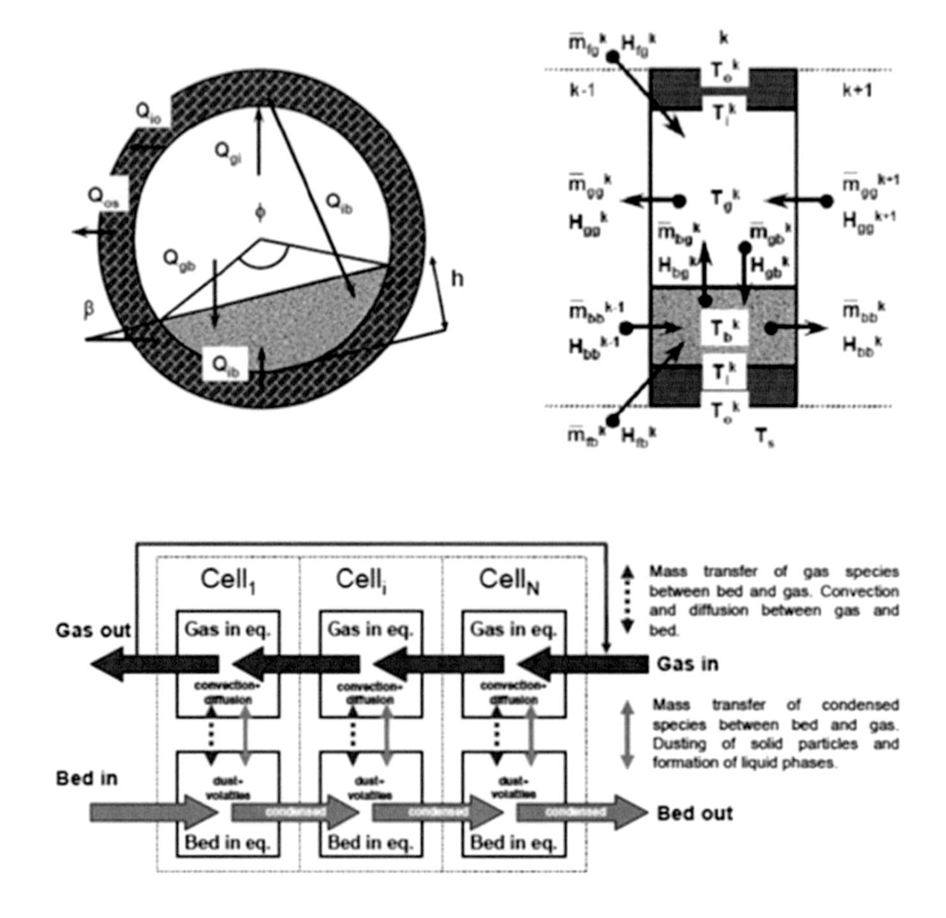

Figure 7　Geometry in rotary kiln, axial and radial flows in a control volume

なおクリンカクーラーではロータリーキルンで形成された生成物の急冷が行なわれ、その際に酸化物融液からの固相生成(凝固)があるが、その際の平衡計算として Scheil-Cooling 手法を採用している。Scheil-Cooling とは平衡計算にて融液の凝固のみを考慮し、凝固した固体は平衡計算から除外して順次残りの融液凝固を計算して行く手法である。

オリジナルの KilnSimu はロータリーキルン部だけであったが、セメントプロセスではクリンカクーラーからの熱空気がロータリーキルンに入り、その温度プロファイルに大きな影響を与えるため、クリンカクーラーを含めた解析ができるよう、次に予熱サイクロンを考慮できるように順次カスタマイズした[18,19,20]。更に 2010 年度～2015 年の経産省補助金事業にてプロセスシミュレータの様に GUI にてロータリーキルン、仮焼炉、クリンカクーラー、予熱サイクロン等、セメント特有の機器を自由にアレンジできるシミュレータを開発した。更にロータリーキルン部に関しては微粉炭バーナー形状・燃焼反応を考慮した CFD 解析(Fluent)と KilnSimu シミュレーションの連成解析技術を確立し、より精緻な検討が可能になっている[21,22,23,24,25,26,27,28](図８)。

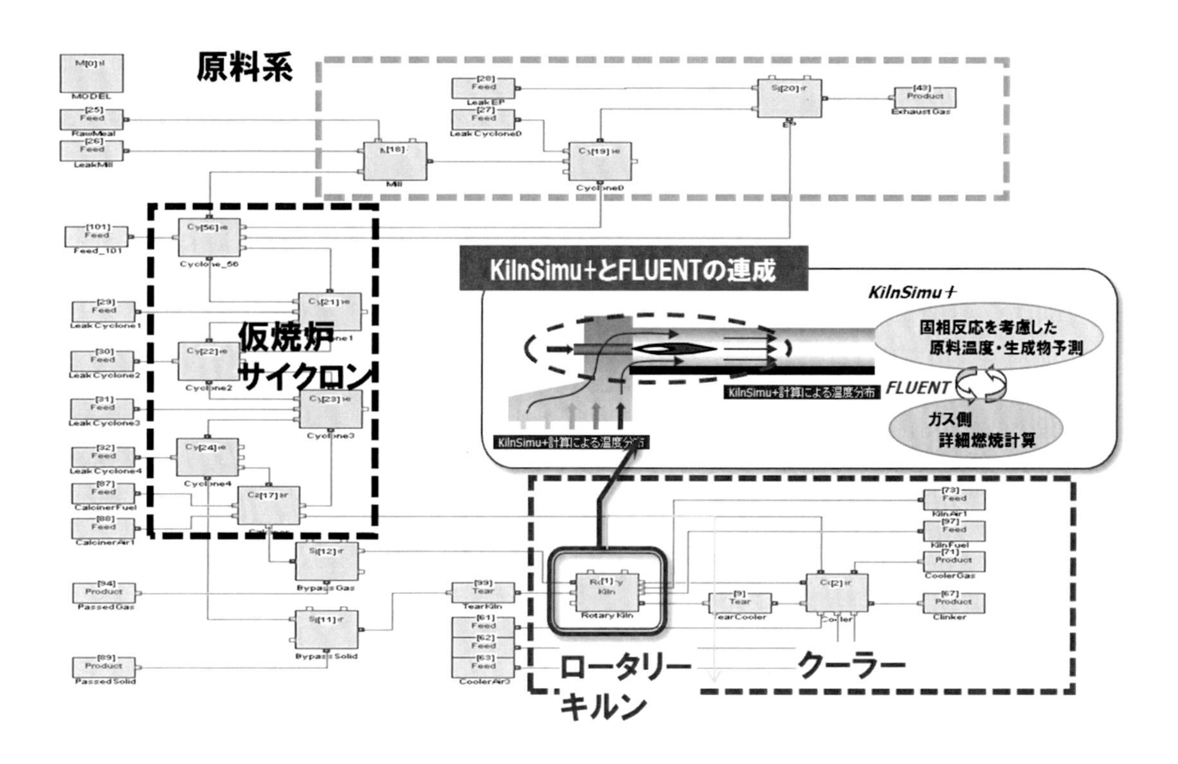

Figure 8　Developed process simulator

クリンカ生産量 187 ton/hr 、ロータリーキルン(直径 5m×長さ 87m)のプロセスを対象に解析を実施した。計算結果の例を図９(温度分布)、図１０(Bed 組成分布)を示す。解析ではロータリーキルンを 35 分割、クリンカクーラーを 20 分割している。図に見るように汎用プロセスシミュレータによる解析に比較して、ロータリーキルン内のより詳細な情報を得ることができる。図９

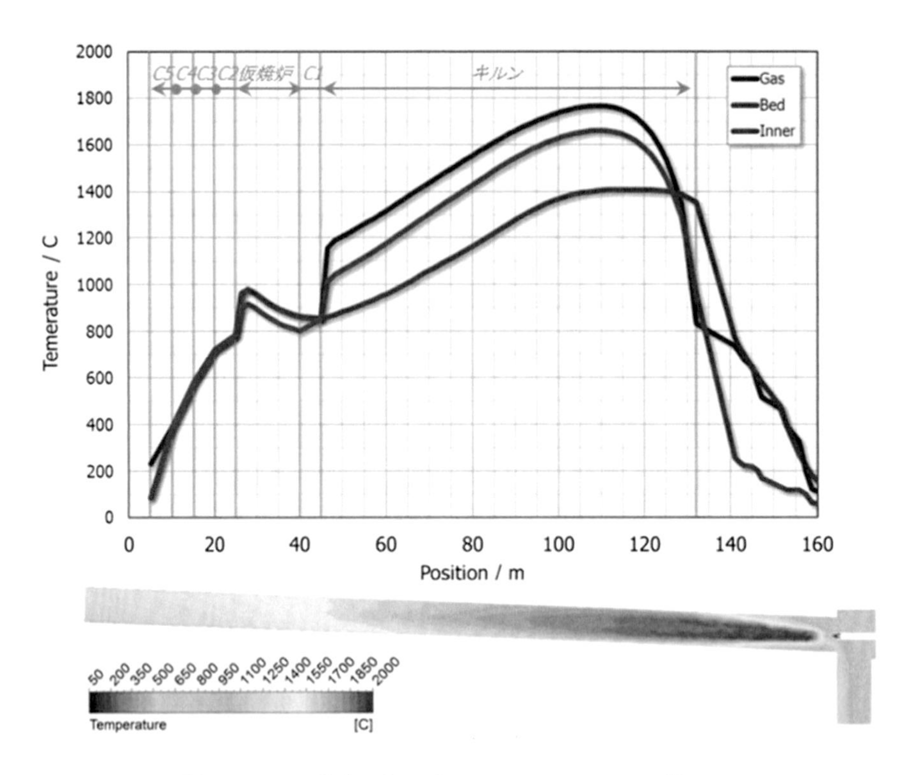

Figure 9　Calculated temperature profile

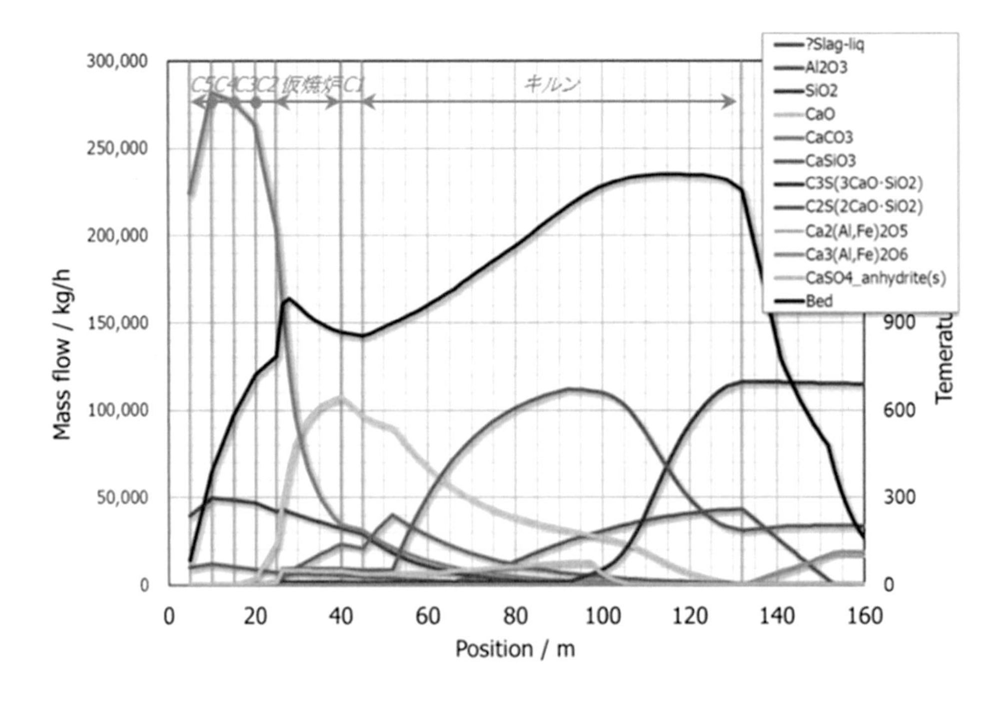

Figure 10　Calculated bed composition profile

から Bed の最高到達温度 1400℃強、ガス相の最高温度 1760℃(断面平均)と妥当な結果が得られている。また Bed 温度はキルン口元から約３０m 程度保持され、その中でエーライト($3CaO \cdot SiO_2$)が生成している。またキルンでの酸化物融液が最大で約 30wt%生成している事、またクリンカクーラーで酸化物融液から Scheil-Cooling による凝固により C3A や C4AF が生成しており、最終的にクリンカが出来ている事が判る。Bed 組成で $CaSO_4$ 濃度分布が上に凸の分布を示している事から、キルン内部でも硫黄循環が生じており、そのメカニズムは $CaSO_4$ の分解による SO_2 の発生によるものと推察される。

KilnSimu にインプットするパラメータを調整し、特定のプロセスの運転実績に合致するようにチューニングしておけば、各種の操作条件を変更した時のプロセスの予測を行なうことが可能になる。「革新的セメント製造プロセス基盤技術開発」では燃料の仮焼炉/ロータリーキルン分割割合の影響、ロータリーキルンのアスペクト比(径/長さ)、回転数の影響等を解析し、省エネの可能性を検討した。またクリンカ組成を変更した際の省エネ効果も推定した。

造粒のモデル化とクリンカクーラーの２次元モデル化

セメントキルン内でのクリンカ造粒挙動をシミュレーションする上でPetersen[29]らの論文を参考にして、凝集および層状化による造粒を考慮したシミュレーションモデルを作成した。また、シミュレーション用パラメータの決定には、テストキルンを用いた造粒実験で得られた造粒状態の知見も織り込んだ。本モデルを用いてキルン内でのクリンカ造粒（粒度分布）を推算するとともに、キルン内部での粒子挙動を計算し、クーラー落ち口での粒子偏析を予測した。この結果、キルン掻き上げ側には微粉、反掻き上げ側には粗粉が偏析してクーラーへ送入される状況を再現することが可能になった[30]（図１１）。

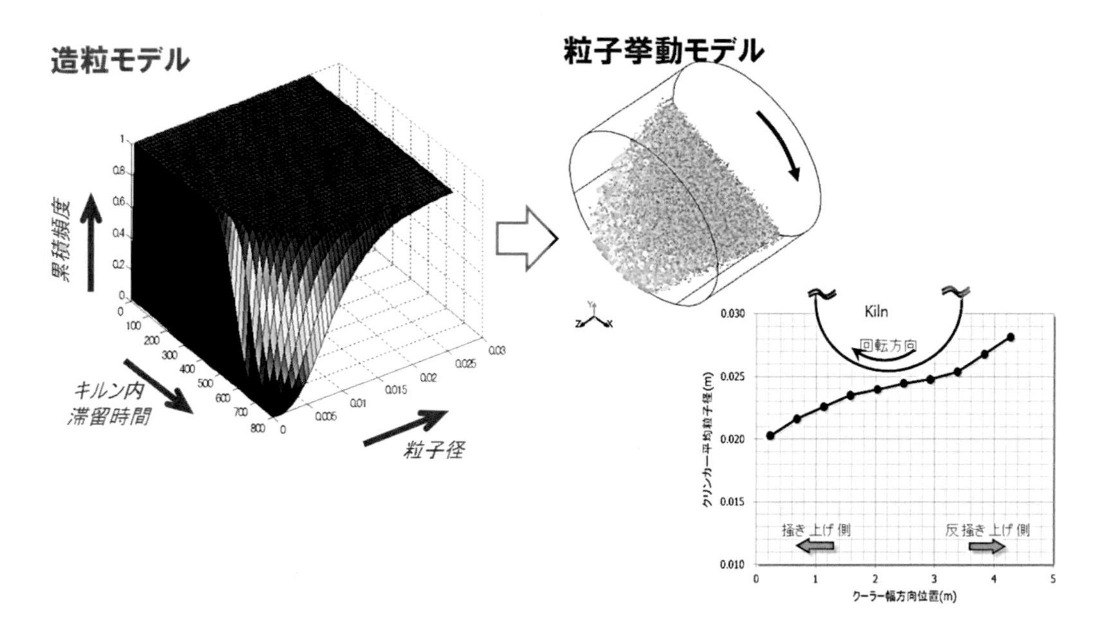

Figure 11　Granulation in rotary kiln

クリンカクーラーではクーラー内に偏析する粒子径の違いにより、通風量および熱交換効率が幅方向で変化すると考えられる。そこで、上記の粒子偏析を加味した上で、クーラー幅方向に対する冷却風量および温度分布を考慮して、クーラー熱回収効率の予測精度が向上するようにKilnSimu の改良を行った。クーラー幅方向に対する粒子径分布および二次空気温度の計算例を表 1 に示す。粒子径分布を考慮することで局所毎の層圧損が異なるため通風量が変化し、クーラー内のガス温度にも分布が生じる結果となった。これらを考慮することでキルン側へ流出する二次空気温度および仮焼炉側への抽気温度は、表 1 に示すようにクーラー長手方向の温度分布のみを考慮した一次元モデルより実測値を精度良く推算できる結果が得られている。

Table 1　2D cooler model

温度[℃]	二次空気	抽気
実測値	705	894
1Dモデル	865	1052
2Dモデル	778	897

まとめ

当社におけるセメント製造シミュレーション技術の最新状況を述べた。近年、セメント製造は高性能の廃棄物処理工場としての位置づけが高まっており、様々な廃棄物を受け入れるようになってきている。また燃料面でも低品位炭や廃プラ燃料の使用等の要請がある。

セメント製造は比較的古い産業ではあるが、そのプロセスで起こっている現象は極めて複雑であり、その現象を正確に理解・モデル化し、定量化・予測し、装置改造等へ反映させる事が従来以上に求められている。

幸いな事に近年のコンピュータ能力の飛躍的な発達により従来には考えられなかった複雑な装置内流動予測が可能になっていきている。また地道な努力により無機化合物系熱力学データの拡充も進みつつある。更にその熱力学データを使用したプロセスシミュレーションも一般的になってきた。筆者の研究はこれらの外部環境に大きく支えられていると考えている。

本稿でも述べたようにこの分野には「流体シミュレーション技術」と「プロセスシミュレーション技術」の二つがあるが両者間であまり接点が無く、課題に応じてそれぞれが別箇に対応してきた感があったが、2010 年度～2015 年度に渡る経産省補助金事業にて、両者のカップリング(連成)解析技術を確立することが出来た。今後はこの強力な解析技術を駆使してより一層のプロセスの省エネ化、合理化を推進していく予定である。

本研究の一部は、NEDO 助成事業(2010 年度)及び経済産業省補助事業(2011 年度～2015 年度)「革新的セメント製造プロセス基盤技術開発」の一環として行われた。ここに記し感謝の意を表します。

参考及び引用文献

1)　社団法人セメント協会, “廃棄物・副産物の受け入れ状況”,
http://www.jcassoc.or.jp/cement/1jpn/jg2a.html,
2)　社団法人セメント協会, “セメント産業における環境対策”,
http://www.jcassoc.or.jp/cement/1jpn/jg1.html

3)宇部興産株式会社,“CSR 報告書”, http://www.ube-ind.co.jp/japanese/eco/csr/csr2015.pdf
4)K.S.Mujumdar,, K.V.Ganesh, S.B.Kulkarni,, V.V.Ranade：Chemical Engineering Science, 62, 2590-2607 (2007).
5)村田光明, 氏川純一, 秋本光明, 佐藤昌弘：セメント製造技術シンポジウム報告集, 52, 44-51(1995).
6)T.Abbas, F.C.Lockwood, S.S.Akhtar：ZKG, 59[12], 49-60(2006).
7)島裕和, 本橋英一：セメント・コンクリート, 742, 53-58(2008).
8)矢野信, 田代克志, 持永忠, 山下暁正：東ソー研究・技術報告, 44, 23-30 (2000).
9)豊島正志, 河野武史：化学工学会山口下関大会講演集(2004), pp.SA07.
10)M.Modigell, D.Liebig, S.Muenstermann,, A.Witschen：ZKG, 55[7], 38-46 (2002).
11)U.Kaeaentee, R.Zevenhoven,, R.Backman, M.Hupam：Fuel Process Technol, 85[4], 293-301 (2004).
12)CRCT, “FactSage”, http://www.factsage.com/
13)AspenTech, “Aspen Plus”, http://www.aspentech.com/products/aspen-plus.cfm
14)GTT Technologies, “ChemApp”, http://gtt.mch.rwth-aachen.de/gtt-web/chemapp
15)M.Yokota, : 7th Annual GTT-Technologies Workshop, May 18-20, 2005,Aachen, Germany.
16)VTT, “KilnSimu”, http://gtt.mch.rwth-aachen.de/gtt-web/kilnsimu
17)P.Koukkari, I.Laukkanen, S.Liukkonen ：Fluid Phase Equilibria, 136, 345-362(1997).
18)横田守久：2005 年度 KilnSimu、ChemSheet ユーザー会資料(RCCM), 東京(2005).
19)P.Koukkari(ed),Advanced Gibbs Energy Method for Functional Materials and Processes(VTT Research Notes 2506), VTT(2010), pp.103-116.
20)横田守久：耐火物, 69, 512-520(2010)
21) M.Yokota, : 14th Annual GTT-Technologies Workshop, July 11-13, 2012,Aachen, Germany.
22) M.Yokota, : 15th Annual GTT-Technologies Workshop, July 3-5, 2013,Aachen, Germany.
23)高橋正之,横田守久.末益猛,高橋俊之：第 67 回セメント技術大会要旨, 2013
24)M.Yokota, S.Takahashi, T.Takahashi, Y.Hatori, T.Suemasu, 2nd International Symposium on Inorganic and Environmental Materials, 27-31 Oct 2013 Rennes, France
25)T.Izumi, : 16th Annual GTT-Technologies Workshop, July 2-4, 2014,Aachen, Germany
26)泉達郎：2014 年度 FactSage ユーザー会資料(RCCM), 東京(2014).
27)P.Koukkari, M.Yokota, E.Immonen, P.Karri：Chemical Engineering Research & Design, submitted
28)Process Flow Ltd Oy, “KilnSimu-FKS”, http://kilnsimu-fks.com/
29)F.Petersen： World cement technology, pp.435-439(1980)
30)末益猛, 高橋俊之, 伊藤貴康, 藤本昌樹, ：第 69 回セメント技術大会要旨, 2015

3.4　医薬品の物性　結晶多形の熱力学的安定性評価

南園　拓真
（エーザイ株式会社）

はじめに

医薬品開発では，ステージにより注目する物性が異なる．創薬初期段階，つまり医薬品原薬となる候補化合物を見出し，構造に修飾を加えて最適化するステージでは，**表 1** に挙げたような様々な化合物特性の評価を行い，Drug like な（医薬品として相応しい性質を持った）化合物を見出すためのスクリーニングを実施している．このステージでは，1 つのプロジェクトで，数百から数千個の化合物群が合成され，High Throughput Screening (HTS) により，種々の評価を実施している．物性評価としては，High Performance Liquid Chromatography (HPLC) を使用した溶解性, 及び脂溶性の評価, 人工膜や細胞膜を使用した膜透過性評価, Capillary Electrophoresis (CE) を使用した酸解離定数 (p*K*a) 測定など，化合物そのものの持つ物性を評価している．ここで溶解性と示しているのは，この段階で使用できる化合物量は数 mg 程度と非常に少なく，検体は Dimethylsulfoxide (DMSO) 溶液で提供される．そのため，評価できるのはあくまで Kinetic な中性，及び酸性溶液での溶解性である．しかしながら，この評価結果から化合物の安定性情報が得られたり，薬理評価や，代謝安定性評価などのスクリーニングにおいて，化合物が評価系に充分な溶解性があるかを評価できたり､評価中に分解が起きていないかを考察できたりと有用な情報を取得することができる．

表 1 医薬品開発で検討する化合物特性

Structural property	Physicochemical property	Biochemical property	Pharmacokinetics and toxicity
Hydrogen bonding Molecular weight p*K*a	Solubility Permeability Chemical stability	Metabolism Protein and tissue binding Transport (uptake, efflux)	Clearance Bioavailability Drug-drug interaction

もう少し具体的に，医薬品化合物の物性という観点から紹介する．まず，溶解度であるが，医薬品の多くは弱電解質であり，その溶解度は溶液の pH に依存して変化する[式(1)，及び(2)]．

$$S=S_0(1+10^{(pH-pKa)})$$ (1) 酸性化合物の溶解度

$$S=S_0(1+10^{(pKa-pH)})$$ (2) 塩基性化合物の溶解度

ここで S_0 は，pH によって変化しない分子形の溶解度を示している．溶液の pH が化合物の p*K*a と等しいとき分子形とイオン形が等量存在することを示し，酸性化合物では，p*K*a 以上 pH が 1 大きくなるごとにイオン型が 10 倍ずつ増えることを示し，塩基性化合物では，p*K*a 以下 pH が 1 小さくなるごとにイオン型が 10 倍ずつ増えることを示している．例として，**図 1** に p*K*a=4 の酸性化合物，及び p*K*a=5 塩基性化合物の pH と溶解度の関係を示した．次に，消化管吸収を考える際に，膜透過性が重要な要素であるが，膜透過機構には，膜の両側の濃度差を推進力とする受動拡散（Fick の法則）と，その他トランスポーターなどの特殊な輸送機構による能動拡散に分けられる．受動拡散では分子形が吸収され，イオン形はほとんど吸収されないことが知られている．これを pH 分配仮説により吸収されるという．消化管では部位により pH が変化し，一般的に胃では pH1〜3，腸では 5〜8 と言われている．経口医薬品を開発する際には，消化管内での化合物の状態も重要な要素である．さらに，中枢神経系薬を開発する場合には，血中に吸収されるのみではなく，Blood Brain Barrier (BBB) 透過性に必要な物性も考慮しなくてはならない．

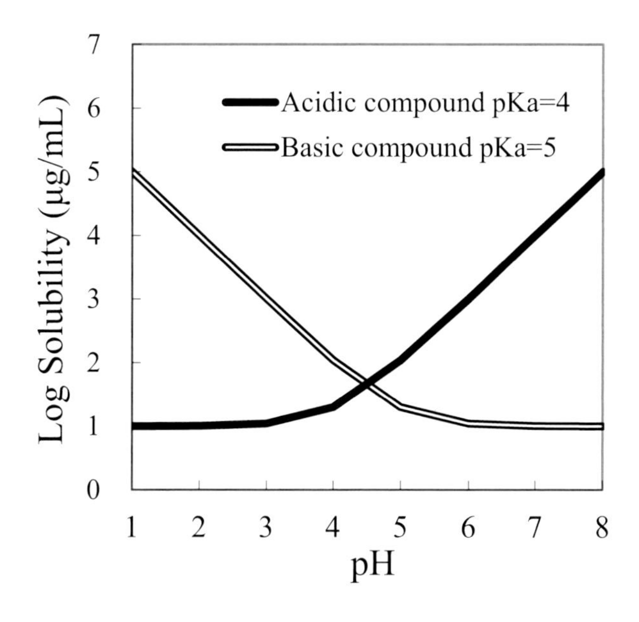

図 1　pH と溶解度の関係

近年の創薬研究では，より薬効が強い薬を創出するために，高脂溶性，難溶解性の化合物が開発候補に上がる事が少なくないが，医薬品が薬効を示すためには，まず体内に吸収されなくてはならない．溶解性，及び膜透過性が低いと，どんなに大量に投与しても有効性を示すレベルまで血中濃度が上げられない場合がある．薬物の最大吸収可能量（Maximum Absorbable Dose（MAD））は溶解度と膜透過性の関数であるため，吸収改善アプローチとして，近年盛んに溶解改善が行われている．溶解改善手法としては，塩化，Cocrystal，固体分散体，などの過飽和状態を活用したアプローチがある．このときに注目する物性値としては，過飽和状態を維持する性質であり，過飽和維持能から溶解改善による吸収改善性を議論する研究も行われている[1]．このような検討を踏まえて，化合物の開発可能性評価を行い，医薬品候補化合物を決定している．

次に，開発する化合物を決定した後には，開発塩形結晶形の最適化を行う．ここで注目する物性としては，溶解度，融点（または分解点），吸湿性，化学的，及び物理的安定性，光安定性などの固体物性である．また，固体分散体の開発をするのであれば，長期間非晶質状態を維持できることも一つの重要な評価項目となる．

原薬製造の最適化ステージでは，最終製品ばかりではなく，合成中間体の精製方法としての結晶化や，ろ過性の観点から結晶形状（多形，または晶癖）や粒径の制御など，粒子設計的観点からの物性にも注目する必要がある．言うまでもなく，医薬品原薬は高純度であることが求められ，不純物についても厳密に規格設定され，バリデーションされた製法により製造しなくてはならない．そのため，精製法としての晶析の担う役割は大きい．なお，所望の結晶粒子群を選択的に製造するためには，溶解度（相図），過飽和度，結晶成長速度，核化速度などの物性値を把握する事が重要である．また，原薬の粒子径が大きいと，溶解速度が経口吸収の律速となってしまう場合もある．このような場合には，溶出（溶解速度）に影響する粒径分布を調節するため，原薬の粉砕を行うこともある．この時，粉砕による結晶性の低下や，非晶化による安定性の低下などが無いかを確認したり，適切な粉砕方法を検討したりする必要がある．

錠剤やカプセルを作る製剤化工程では，賦形剤との接触安定性評価を行い，原薬に最適な処方を選択する．また，この検討は，開発塩形結晶形を決定する際にも有用な情報であり，製剤化の難易度も考慮して，開発塩形結晶形を決定している．また，造粒，乾燥，打錠，コーティングなどの製剤化工程，及び製剤の保存中での結晶形の転移の有無なども評価される．最終製剤としては，申請用安定性試験として，年単位の長期の安定性も評価される．

このように，医薬品製造では，ステージにより，様々な物性の評価が求められている．

本章では医薬品製造で課題となる事が多い固体物性の 1 つである，結晶多形について詳しく紹介する．

1．結晶多形

結晶多形現象とは，同一化合物が異なる結晶構造で結晶化することを言い，結晶多形間では融点，溶解度，吸湿性，安定性などの物理化学的性質が異なる．特に結晶多形による溶解度の差は，Bioavailability に影響を与えることが知られているため，ICH ガイドライン Q6A にも示されている通り，安全性や有効性に影響を及ぼす場合には，規格に適切な存在形を規定しなくてはならない．Bioavailability に影響を与える一例として，クロラムフェニコールパルミテートの多形による吸収の違いを比較した研究がある [2)]．この研究では，最大血中濃度を比較すると，多形間で約 7 倍も異なることが確認された．また，医薬品原薬は水和物や塩を形成していることがあり，これらの状態についても結晶多形は存在するため，その熱力学的安定性を評価することも重要である．

2. 製薬企業の開発結晶形最適化への取り組み

開発結晶形の最適化を始めるステージでは，使用可能な原薬量は数グラムと非常に少なく，また，結晶化していないこともある．まずは 96well プレートを用いて，少量（数 mg/well）のサンプルで実施可能な塩化結晶化 HTS を実施する．塩化とは，例えば塩基性原薬と酸を静電的に結合させることで物性を変える手法である．先にも述べたが，近年の医薬品化合物は，活性が強い半面，溶解度が低く，溶解改善が必要なことも少なくない．溶解改善の手法としては塩化，固体分散体，プロドラッグ，Cocrystal など様々なアプローチが行われているが，塩形成可能な官能基を有している化合物であれば，第1選択として用いられている手法は塩化である．塩化することで見かけの溶解度や溶解速度を高め，吸収改善が可能となる．また，溶解改善以外にも，製造工程で問題となるような低融点化合物を，操作性の良い高融点な塩にしたり，吸湿性を改善するために塩にしたりすることもある．なお， FDA orange book(医療用医薬品品質情報集)のデータをまとめた報告では，上市されている低分子化合物のうち半数ほどが塩である[3].

また，結晶多形の溶解度差が話題になることが多いが，無水物と水和物の溶解度差のほうが，多形間の溶解度差よりも大きいという報告[4]もあり，水和物形成の可能性を確認するためのスクリーニングを実施することもある[5].

これらの HTS で結晶化が確認できたものは，数十～数百 mg にスケールアップし，融点や吸湿性を評価する．さらに結晶多形の熱力学的安定性評価や，化学的な安定性を評価し，開発に最適と考えられる塩形，結晶形を選択する．医薬品開発では，溶解改善のために準安定形を開発することもあるが，製造再現性や保存中の転移抑制などのハードルがある．そのため最安定形を開発結晶形とすることが一般的である．最安定形の見落としは Ritonavir[6]の事例で知られるように，非常に大きな問題となる場合がある．また，結晶多形特許の観点からも，開発化合物の結晶多形は網羅的に抑えておきたいため，そのための HTS も実施している[7].

医薬品化合物の約 80%は多形を持つと報告されており[8]，また，近年の医薬品はその構造が複雑化しており，結晶多形が無いことは稀である．よって，開発初期段階からの結晶多形研究により，有望な結晶形，塩形の開発可能性を議論する事が重要となっている．

3. 結晶多形の熱力学的安定性評価

3.1　結晶多形の転移

多形には熱力学的に不安定な構造から安定な構造へと転移する性質がある．所望の結晶形を安定供給するためには，温度や湿度のような転移を進行させる要素を把握しておく必要がある．特に熱力学的転移点の把握は重要である．その理由は，転移点を把握していれば，原薬製造工程，製剤化工程，及び保存中に転移が起きる可能性を判断でき，操作領域の指針も得られるからである．

3.2　結晶多形の種類

結晶多形には全ての温度域で安定性順位が変わらない単変形（Monotropic）と，転移点を境に安定性順位が変化する互変形（Enantiotropic）がある（**図 3**）．さらに，互変系の中には転移点を境に結晶形が可逆的に変化する Kinetically reversible なものと，結晶形変化が有限の時間内では不可逆である Kinetically irreversible なものが存在する（**図 4**）．特に Kinetically irreversible な多形転移の場合，示差走査熱量測定（Differential Scanning Calorimetry: DSC）などの速度論的な熱分析では昇温速度の増加に伴い転移点も高くなることがあるので注意が必要である[9].

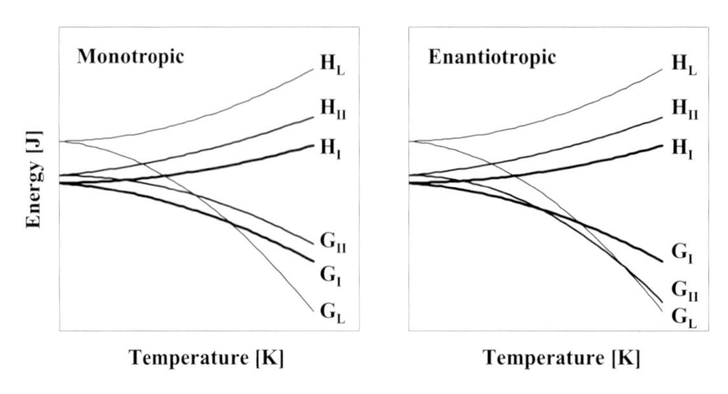

図 3 結晶多形のエネルギー温度図（概念図）
G:自由エネルギー, H:エンタルピー．下付き文字は，結晶形 I，結晶形 II，液体 L を表す．

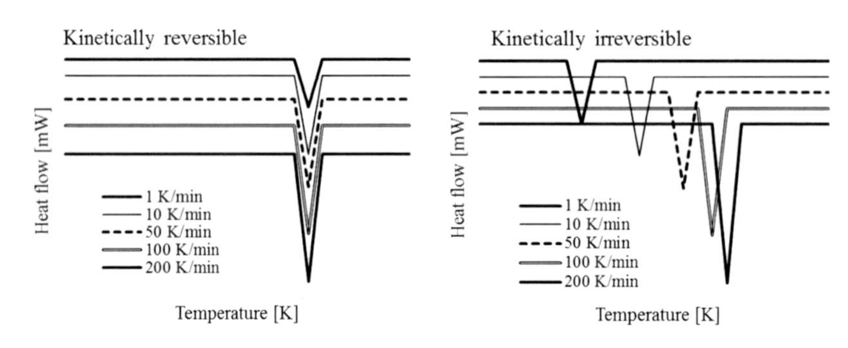

図 4 Kinetically reversible と Kinetically irreversible な転移の DSC 測定結果（概念図）

3.3 熱力学的安定性評価法（転移点の測定及び推算）

DSC で得られる転移熱や融解熱を用いて，結晶多形の熱力学的安定性を評価できる．対象とする化合物が単変系か互変系かを分類する方法として，結晶形が転移するときに発生する転移熱が発熱か吸熱かの違いから判断する転移熱則や，融解熱の大小関係から判断する融解熱則が知られている[10]．Kinetically reversible な転移であれば DSC で転移点が得られるが，DSC では転移が直接観察できない場合もある．このような場合には，各多形の融解熱と，融点から転移点を推算する方法も報告されている[11]．なお，融解と共に分解するタイプではこの方法が適応できないため，その他の手法により転移点を求めなくてはならない．

熱力学的転移点を求める手法として，各多形の溶解度の温度依存性を評価し（van't Hoff plot），その交点を求める方法が良く知られている．最安定形でない結晶形は溶解度測定中に，より安定な結晶形に転移することがあるため（溶媒媒介転移），経時的に溶液，及び懸濁結晶をサンプリングし，正確な溶解度が測定できている事を確認する．溶媒媒介転移により正確な溶解度が測定できない場合，推算する転移温度にも誤差が生じるため注意が必要である．一方で，溶媒媒介転移を利用し，想定する操作温度領域においての安定形を確認することも 1 つのアプローチである．また，水和物や溶媒和物は，溶媒の組成によって転移点が変化することも報告されている[12]．

このような場合には，実際に使用する混合溶媒系での溶解度測定が重要である．

もし充分なサンプル量があるのであれば，このように溶解度を測定し，結晶多形の相図を作成し転移点を明らかにすることが望ましいが，先にも述べたように，医薬品開発の初期段階では少量のサンプル量（数 g）で開発結晶形の最適化をしなくてはならず，また，開発期間短縮のために検討期間の短縮も求められていることもあり現実的ではない．このような場合には，少量（数 mg）のサンプルで評価可能な Solution calorimeter を用いた方法が有効な評価方法である．医薬品化合物を対象として，Solution calorimeter を用いた溶解熱測定と溶解度データから転移点を推算する手法が報告されている [13]．この手法は後に示すが，直接測定できない転移点や，塩に良く見られる融解と共に分解してしまう化合物にとっても非常に有用なアプローチである．

4. 熱力学的安定性評価の事例

4-1, 最安定結晶形の決定 [14]

化合物 A には 4 種の無水物結晶（Form A，Form B，Form B'， Form C）及び非晶質が存在し，Form C を加湿することで水和物が得られることが確認された．ここでは，相対的に安定な Form A と Form B のキャラクタライズに焦点を当てて，最安定形である Form A を開発結晶形と決定した事例を紹介する．

① DSC 測定による結晶多形のキャラクタリゼーション

Form A，及び Form B を昇温速度 10°C/min で測定した結果を**図 5** に示した．Form A は 250°C 付近に融点を持ち，融解まで吸熱，及び発熱は認められなかった．一方，Form B は加熱すると 95°C 付近に吸熱ピークを持ち，Form A とほぼ同じ温度で融解した．この結果からは，転移熱則により Form B が室温付近での安定形と考えられたが，室温付近での各種溶媒への溶解度は Form A の方が低く，溶媒媒介転移からも Form A が安定形であることが示唆された．

この矛盾を検証すべく，昇温速度を変化させた測定を実施した．昇温速度を変化させた理由は，微小なピークを検出することと，転移の種類を識別するためである．Form B の昇温速度を 1～200 °C/min と変化させたときの測定結果を**図 6(a)**に示し，1°C/min，及び 10°C/min での測定結果を拡大したものを**図 6(b)**に示した．いずれの昇温速度でも 95°C 付近に吸熱ピークを持ち，このピークは昇温速度によらず，ほぼ同じ温度で観察された．また，冷却することで発熱ピークが観察されることから，この転移が可逆であることを確認した．さらに昇温すると，**図 6** に示したように微小な発熱ピークが観察された．このような微小な熱挙動の捕捉には高速昇温が有効であり，100°C/min 及び 200°C/min の測定では明確な発熱ピークが検出できた．また，発熱の前に若干吸熱しているように見えたため融解再結晶の可能性も考えられたが，この発熱ピークは昇温速度に依存し 170～220°C と変化したことから，融解再結晶ではなく，発熱を伴う不可逆な固相転移である事を確認した．上述の矛盾の原因は，この微小な発熱転移を認識せず，Form B が吸熱転移した結晶形が Form A と考えていたことにある．昇温 X 線回折測定の結果から，実際には，Form B は吸熱を伴い Form B'に転移し，微小な発熱と共に Form A に転移し融解していることが確認された．

② まとめ

化合物 A は 4 つの無水物結晶と 1 つの水和物を持つ複雑な多形挙動を示した．Form A は昇温による結晶形の変化は観察されなかったが，Form B は Form B’を経由し Form A へと転移した．この Form B’から Form A への非常に小さな転移熱の見落としが，キャラクタライズを複雑化させた．また，データは示さないが，非晶質は加熱により Form C へと転移し，Form C は加熱により Form A に発熱転移した．また，このときの発熱量は Form B’が Form A に転移するときの 5 倍弱であることから，Form C は Form B’よりも不安定な結晶形で あると推察した．水和物は加熱により容易に水が脱離すること，及び乾燥により Form C に転移することから品質管理の観点から原薬としては不適と考えた．

これらの検討結果から化合物 A の結晶多形及び水和物の中で，Form A が最安定形であることが確認され，開発結晶形として Form A を選択した．

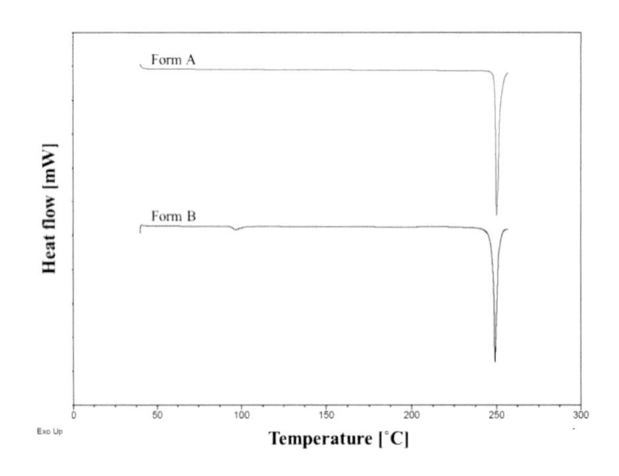

図 5　Form A，及び Form B の DSC 測定結果 (昇温速度 10°C/min)

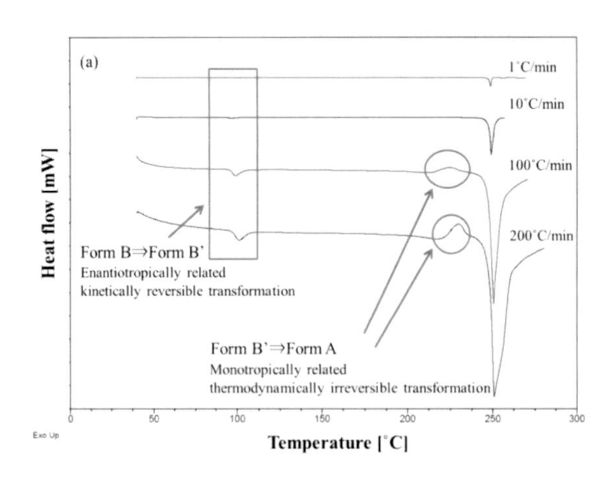

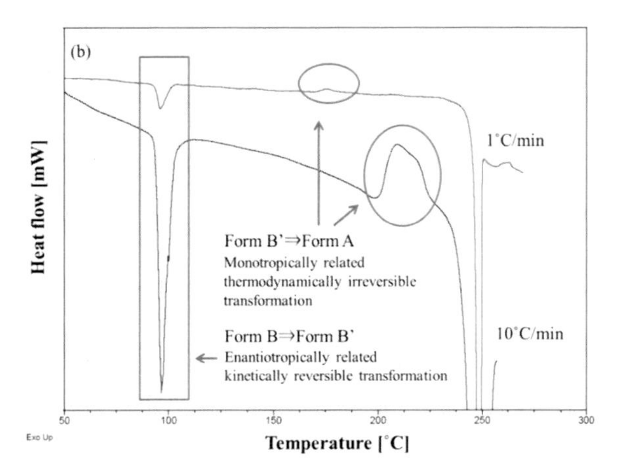

図 6　Form B の DSC 測定結果 (a) 昇温速度 1～200°C/min，(b) 昇温速度 1，及び 10°C/min の拡大図

4-2　溶解熱を用いた塩の安定性評価 [15)]

トロパン誘導体化合物の硝酸塩（TDN）には 3 つの多形が存在した．ここでは，塩の結晶多形を DSC，及び昇温 X 線回折（Kinetic approach）や，溶解度，及び溶解熱測定（Thermodynamic approach）で評価した結果を紹介する．

①　塩の DSC 測定の問題点

低分子有機化合物の塩は融解と共に分解するものが多く，DSC では正確な融解熱を測定できないものが多い．そのため融解熱から熱力学的安定性を議論すること（融解熱則の適応）は難しくなっている．このような場合には塩を分解させずに測定可能な溶解度測定や，少量(数 mg)のサンプルで測定可能な溶解熱を用いた手法が有力である．

②　DSC による測定結果

TDN の Form I を昇温すると 100°C 付近で吸熱転移し，冷却しても発熱ピークは観察されなかった．続けて 150°C まで昇温したところ融解と共に分解した．また，昇温速度を種々変更したところ，昇温速度とともに 100°C 付近の吸熱のオンセット温度も上昇した．

③　TDN の昇温粉末 X 線回折

TDN の Form I を昇温粉末 X 線回折測定したデータを**図 7** に示した．測定の結果，Form I は 100°C 付近で Form III に転移している事が確認された．また，この Form III は冷却により Form II となり，Form I には戻らなかった．また，Form II と Form III の転移は可逆であった．この結果から作成したエネルギー順位の概念図を**図 8** に示した．TDN の安定形は Form I で Form II が準安定形であることが示唆されたが Form I から Form II への転移は，DSC では直接観察できなかった．

④　TDN の溶解度測定

DSC では直接観察できなかった，Form I から Form II への転移点を確認するため，TDN Form I 及び Form II の溶解度を測定した（**図 9**）．この交点から，転移点は 55°C (328 K)であった．

⑤　溶解熱を用いた転移点の推算

サンプル量が充分にある場合は溶解度測定で転移点を求めれば良いが，開発初期段階のサンプル量が少ない時にも適応可能な転移点の推算方法として溶解熱を用いる方法がある．2つの多形の溶解度が van't Hoff plot に乗ることを前提として，Form I と Form II の溶解度を連立させ，式(3)を導出した．

$$\ln x_{\mathrm{I},T_1} - \ln x_{\mathrm{II},T_1} = (-\Delta H_{\mathrm{trans}} / R)(T_1^{-1} - T_{\mathrm{trans}}^{-1}) \quad (3)$$

ここで $\ln x$ はモル分率で表した各多形の温度 T_1 での溶解度，R は気体定数，$\Delta H_{\mathrm{trans}}$（転移熱）は各多形の溶解熱の差である．式(3)に④で測定した各多形の 30°C の溶解度と，Solution calorimeter を用いて測定した溶解熱から算出した転移熱を代入し転移点を推算した結果59°C (332 K)であった（**表 4**）．

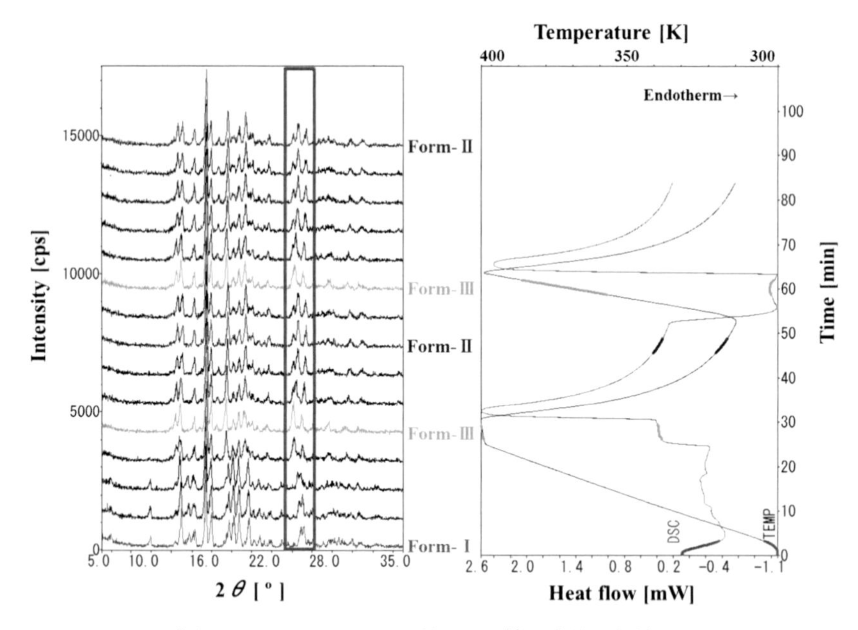

図 7　TDN Form I の昇温 X 線回折測定結果

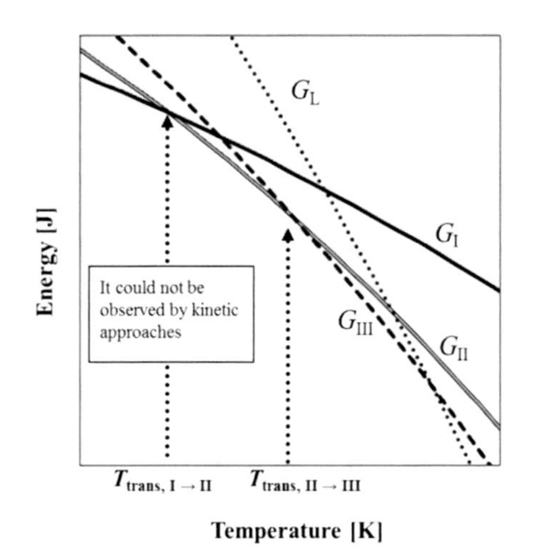

図 8　TDN のエネルギー温度図（概念図）
G:自由エネルギー．下付き文字は，結晶形 I，II，III 及び液体 L をそれぞれ表す．

表 4　転移点の算出に用いたパラメータ

$\ln x_{I}$ [-]	$\ln x_{II}$ [-]	$\Delta H_{soln,I}$ [kJ/mol]	$\Delta H_{soln,II}$ [kJ/mol]	ΔH_{trans} [kJ/mol]	$T_{trans,I \rightarrow II}$ [K]
-17.52	-17.31	18.35	12.23	6.12	332

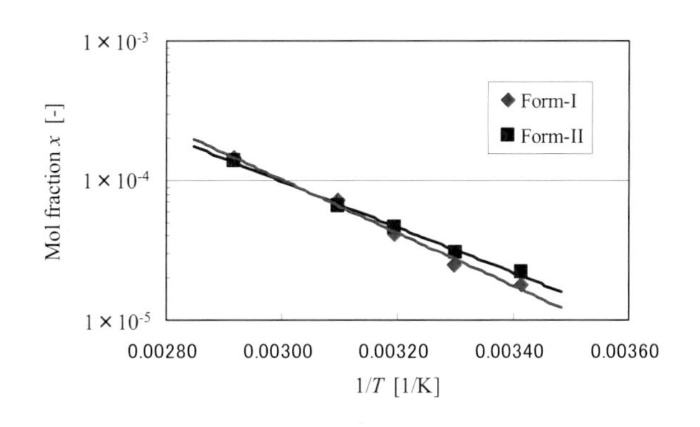

図 9　TDN Form I 及び Form II の溶解度の van't Hoff plot

⑥　まとめ

Kinetic approach では直接測定できない転移点を，Thermodynamic approach（溶解度測定と，溶解熱を用いた推算）から評価した．その結果，両手法による推算値がほぼ等しかった．このことから溶解熱を使用する手法が，開発初期段階における塩の評価方法として有効なことが確認された．

5.　おわりに

今回は，特に開発初期から開発塩形結晶形決定までについて紹介した．上述の通り，医薬品開発における物性研究は，ステージによって着目する物性が異なり，製造の観点だけではなく，

Drug like な化合物デザインの観点からも行われている．開発初期の物性研究は，一見，化学工学からは異なる分野に見えるかも知れないが，経口吸収を考察する際には，生体内での溶解度，溶解速度，吸収速度などの速度式を当てはめて考察している．創薬研究において，工学的観点からの考察が，医薬品開発に貢献できる余地は充分にある．また，今回は固体医薬品について紹介したが，近年の医薬品売り上げの世界ランキング上位ベスト 10 のうち，7 製品はバイオ医薬品である．今後は，バイオ医薬品における物性研究も重要性が増してくる．

参考文献

1) Shunsuke Ozaki, *et al*., J Pharm Sci, **101**, 4220-4230 (2012)
2) Aguiar AJ, *et al*., J Pharm Sci, **56**, 847-853 (1967)
3) G. Steffen Paulekuhn, *et al*., J Med Chem, **50,** 6665–6672 (2007)
4) Madhu Pudipeddi and Abu T.M. Serajuddin, J Pharm Sci, **94,** 929-939 (2005)
5) Anand Sistla, *et al*., Pharm Dev Tech, **16,** 102-109 (2011)
6) John Bauer, *et al*., Pharm Res, **18,** 859-866 (2001)
7) Jaakko Aaltonen, *et al*., Eur J Pharm Bio, **71,** 23-37 (2009)
8) Grunenberg, *et al*., Int J Pharm, **129,** 147-158 (1996)
9) Kohsaku Kawakami, J Pharm Sci, **96,** 982-989 (2007)
10) Burger A and Ramberger R, Microchimica Acta, **72,** 259-271 (1979)
11) Yu L, J Pharm Sci, **84,** 966-974 (1995)
12) Haiyan Qu, *et al*., Pharm Res, **28,** 364-373 (2011)
13) Chong-Hui Gu and David J. W. Grant, J Pharm Sci, **90,** 1277-1287 (2001)
14) Takuma Minamisono, *et al*., J Chem Eng Jpn, **45,** 223-238 (2012)
15) Takuma Minamisono, *et al*., J Chem Eng Jpn, **44,** 197-202 (2011)

3.5　シミュレーションのベンダ

3.5.1　アスペンテック社プロセスシミュレータの物性推算システム

鈴木　照彦
（株）アスペンテックジャパン

アスペンテック社には、化学プロセスのモデリングに適したAspen Plusと、原油・天然ガスの井戸元および石油精製・ガス産業設備のモデリングに適したAspen HYSYSという2つのシミュレータがある。物性推算にもそれぞれのプロセス用に特徴があるので、第1部：Aspen Plus、第2部：Aspen HYSYSとして解説する。

＜第1部：化学プロセス用シミュレータ　Aspen Plus＞

1. Aspen Plus物性システムの特徴

アスペンテック社のAspen Plusは、米国エネルギー省がマサチューセッツ工科大学（MIT）に依頼して1976年に開始したAspen(Advanced System for Process ENgineering)プロジェクトにより生まれたプロセス・シミュレータである。プロジェクトの目的は、当時のコマーシャル・シミュレータではモデル化できなかったプロセス、例えば非理想性が強い化学プロセス、電解質プロセス、バイオプロセス、石炭・バイオマス等の固体操作プロセス等に適用できるプロセス・シミュレータを開発することであった。それらすべてのプロセスを扱うことができる機能を持つべくAspen Plusには厳密な物性の扱いを行うための様々な特徴がある。ここでは主に化学プロセスのモデリングに重要な3点の特徴について述べる。

1.1 厳密な活量係数モデルをデフォルト

当時の他シミュレータは、理想状態物性モデルをデフォルトとし、非理想性が問題になる系のみ、その項を追加するという考え方であった。Aspen Plusではその考え方を180度変え、最も厳密な物性モデルをデフォルトとして、非理想性が無視できる場合のみ理想系とするモデルとした。この違いは些細なようで実は大きく、理想状態を仮定してよいと考えていた化学プロセスについて非理想性を考慮したモデルで検討した結果、長年の懸案であったプロセス上の疑問・問題点が解けたというケースが顧客から数多く報告されている。例えば蒸留塔内で2液相ができる系の場合、当時の他シミュレータでは2液相を扱うことが困難であったため、2液相ができないと仮定して無理やり収束させていることが多かった。それでは現実のプラントの状況を正しく表すことはできないのは当然で、Aspen Plusを使って2液相を厳密に扱うことにより正確な蒸留塔の運転状況が把握できるようになった。また単位操作モデル、特に蒸留塔モデルの収束について厳密な物性モデルによる物性計算を効率よく扱うために、インサイドーアウト・アルゴリズムをデフォルトで使うことにより非理想性の強い化学プロセスの蒸留塔において極めてロバストな収束が得られるようになった。現在ではほとんどすべてのコマーシャル・シミュレータにインサイドーアウト・アルゴリズムが標準装備されている事実からもその重要性がわかる。

1.2 蒸気圧推算の精度を上げるための拡張 Antoine 式

活量係数モデルでは正確な蒸気圧の計算が非常に重要である。当時は Dechema Databook でも採用している 3 パラメータによる Antoine 式を使うことが通常であった。従って広い温度範囲の場合、温度範囲によってパラメータを使い分ける必要があり、シミュレータで使用する際の大きな問題であった。Aspen Plus では、（図１）に示すような 7 パラメータによる拡張 Antoine 式を使うことによりこの問題を解決した。Aspen プロジェクトの中では、472 成分について蒸気圧データから拡張 Antoine 式のパラメータを回帰する作業に非常に多くの時間を費やした。これにより広い温度範囲でも安定した精度の良い計算が可能になった。

図１. Aspen Plus の拡張 Antoine 蒸気圧式

$$\ln p_i^{*,l} = C_{1i} + \frac{C_{2i}}{T + C_{3i}} + C_{4i}T + C_{5i}\ln T + C_{6i}\ T^{C_{7i}} \quad \text{for } C_{8i} \le T \le C_{9i}$$

1.3 強力でロバストなデータ回帰システム（DRS）

複雑な多成分系システムにおける成分間の挙動を 2 成分バイナリ・パラメータだけで表す必要がある。従って信頼できるシミュレーション結果を得るには、そのプロセスの条件、特に温度範囲にマッチしたバイナリ・パラメータを使うことが重要である。その作業をユーザーが容易にできるようにするために Aspen Plus では非常にパワフルでロバストなデータ回帰システム（DRS）を標準機能として装備し、その機能アップに力を入れてきた。このデータ回帰機能は多くの化学企業における実際のアプリケーションでの使用を通じてブラッシュアップされ、強い安定性を持つ真に使える機能となった。この機能があるため、Aspen Plus の顧客化学企業では自ら気液平衡データを測定し、データ回帰して得られたベターなバイナリ・パラメータを使ってより精度の高いシミュレーション結果を得ている例が多い。Aspen Plus が化学プロセスのシミュレーションでゆるぎない信頼を得ているのには、このロバストなデータ回帰システム（DRS）に拠るところが大きい。

2. データバンク

2.1 活量係数モデルのバイナリ・パラメータ・データバンク

Aspen Plus の当初のバージョンでは主として Dechema Databook に掲載されているバイナリパラメータのみを内蔵していた。バイナリ・パラメータ・データバンク VLE-LIT と LLE-LIT である。（VLE:Vapor-Liquid Equilibrium、LLE:Liquid-Liquid Equilibrium、LIT は Literature の略） VLE-LIT は気液平衡データから求めたバイナリ・パラメータであり、例えば NRTL 活量係数モデルについては 297 成分に対して 1075 ペアのバイナリ・パラメータが内蔵されている。LLE-LIT は 2 成分の液液平衡データから求めたバイナリ・パラメータだけでなく、Dechema の 3 成分系データの分冊に掲載されている 3 成分系液液平衡データから求めた UNIQUAC 活量係数モデルのバイナリ・パラメータを収めている。エントレーナを使った共沸蒸留のような 3 成分系では 3 成分系液液平衡データから求めたバイナリ・パラメータは重要である。例えば、エタノール脱水塔のエタノール、水、ベンゼンの 3 成分系について、蒸留塔内の計算にはエタノール-水、エタノール-ベンゼンはVLE-LITを用い、水-ベンゼンはLLE-LITを用いる。デカンター計算用には、2 成分系では 2 液相を形成しないエタノール-水、エタノール-ベンゼンのバイナリ・パラメータについては、上記の 3 成分系液液平衡データから求めた LLE-LIT のものを用いることにより、2 液相の予測も含めて最善の精度の計算が可能となる。LLE-LIT にはUNIQUAC活量係数モデルについて 340 成分に対して 1006 ペアのバイナリ・パラメータが内蔵されている。

アスペンテック社では 2005 年からスタートし、Dechema Databook を初めとする公知の文献で発表されている膨大な気液・液液平衡データを使い、多大な労力を使ってデータ回帰作業を行い独自の活量係数モデル用バイナリ・パラメータを内蔵した。NRTL、WILSON、UNIQUAC の 3 つの活量係数モデルのそれぞれにVLE-IG、VLE-RK、VLE-HOC、LLE-ASPENの 4 つのバイナリ・パラメータデータバンクがある。VLE-IGは気相を理想系と仮定したモデル。VLE-RKは気相の非理想性はRK の状態方程式モデルで計算する。VLE-HOC はギ酸や酢酸のようなカルボン酸が存在する場合に起こる気相の分子会合の影響を Hayden O'Connell の状態方程式モデルで計算する。LLE-ASPEN には 2 液相ができる系について液液平衡データだけを使って回帰したバイナリ・パラメータが内蔵されている。従ってWILSONにはLLE-ASPENはない。表 1 に Aspen Plus 内蔵の活量係数バイナリ・パラメータの概要を示す。

表 1. Aspen Plus 内蔵活量係数バイナリ・パラメータ・データバンク

	使用データ	使用データの圧力範囲	推奨する圧力範囲	気相フガシチー係数	NRTLでのペア数
VLE-IG	VLEデータのみ	P < 1atm	P < 3atm	理想状態（1.0）	3360
VLE-RK	VLEデータのみ	1atm < P < 10atm	3atm < P < 10atm	RK状態方程式	3426
VLE-HOC	VLEデータのみ	P < 10atm	P < 10atm	HOC状態方程式	3609
LLE-ASPEN	LLEデータのみ	特に範囲なし	P < 10atm	理想状態（1.0）	688

VLE（気液平衡）、LLE（液液平衡）

2.2 NIST Databank

アスペンテック社は 2006 年から米国 NIST（National Institute of Standards and Technology）と提携を開始した。NIST は世界の有力な物性関連雑誌 5 社と提携しており、その 5 社から新しく測定された物性データがオンラインで送られてくる。NIST には NIST Thermo Data Engine（TDE）というシステムがあり、新しいデータをダイナミックに評価し、精度の悪いデータを自動的にふるい落としている。この NIST TDE を Aspen Plus の中に組み込むことにより、純成分の物性定数だけでなく、温度依存性のある純成分物性の生データにも Aspen Plus からアクセスできるようになった。密度や粘度の計算精度を改善したい時には、運転温度に近い生データのみをNIST TDEからAspen Plusにインポートし、Aspen Plusのデータ回帰システムを使って温度相関式のパラメータを回帰し直すことができるようになった。Aspen Plus 最新バージョンの NIST データバンクには 25,804 成分の純成分物性定数が内蔵されている。しかも年間追加される新しい成分数は 4 桁を超えることもあり、他のデータバンクの追随を許さない。

さらに 2011 年には、気液平衡・液液平衡データを含む混合物性の生データにも NIST TDE を通して Aspen Plus からアクセス可能になった。これにより、運転条件に近い気液平衡・液液平衡データを NIST TDE から Aspen Plus にデータとしてインポートし、Aspen Plus の強力なデータ回帰システムを使ってバイナリ・パラメータを求め直すことにより、より精度の高い相平衡計算が行えるようになった。TDE に収められている混合物性は気液・液液平衡データの他に、共沸点、拡散係数、臨界密度、臨界圧力、臨界温度、密度、比熱、表面張力、熱伝導度、粘度、過剰エンタルピーと多岐に渡る。純成分・混合成分のすべてのデータタイプを含むデータ点数は 550 万を超えている。

ここで、混合物性データを使って、Aspen Plus のデータ回帰システムによりバイナリ・パラメータを回帰し良好なフィッティングができている例をいくつか示す。

図 2 は、酢酸ー水混合溶液の組成と粘度の関係を示す NIST の生データを使い Aspen Plus の DRS で混合粘度相関式のバイナリ・パラメータを回帰してフィッティングした結果を示す。

図 3 は、エタノールー水混合溶液の組成と密度の関係を示す NIST の生データを使い Aspen Plus の DRS で混合密度相関式のバイナリ・パラメータを回帰してフィッティングした結果を示す。

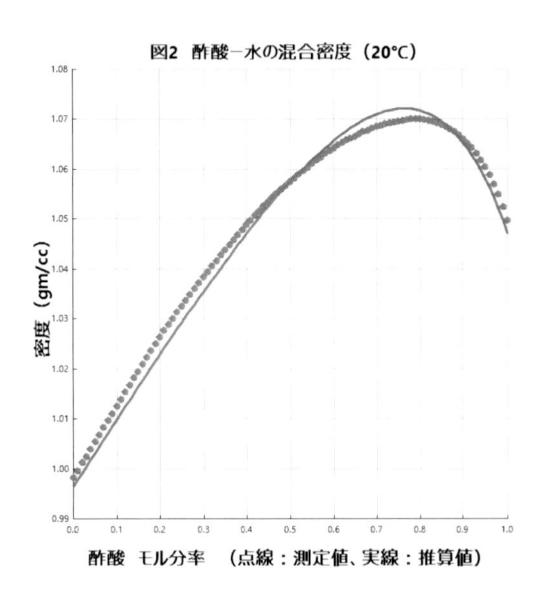

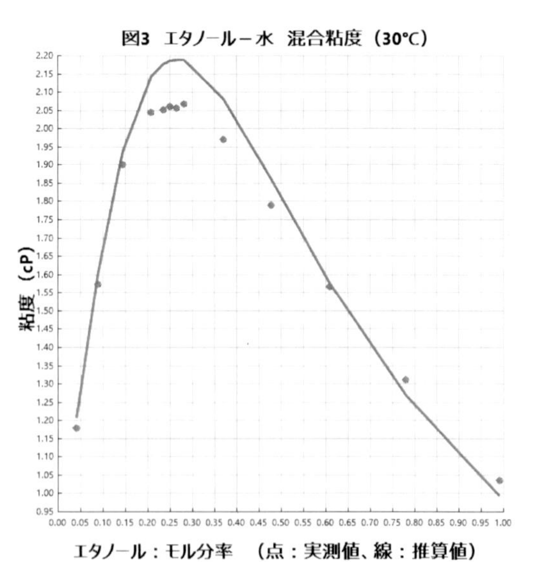

図 4 は、NIST TDE からエタノールー水混合物の比較的低圧（10bar 以下）の気液平衡データを Aspen Plus にインポートし、DRS でバイナリ・パラメータを回帰してフィッティングした結果を示す。気相の非理想性を RK 状態方程式で表し、液相の非理想性を NRTL 活量係数モデルで表した NRTL-RK モデルで回帰してフィッティングしている。共沸点も含め非常にきれいにフィッティングできていることがわかる。なお、後述の実際のユーザーの活用例の 3.3 として、さらに高圧になった場合のモデル例を示す。

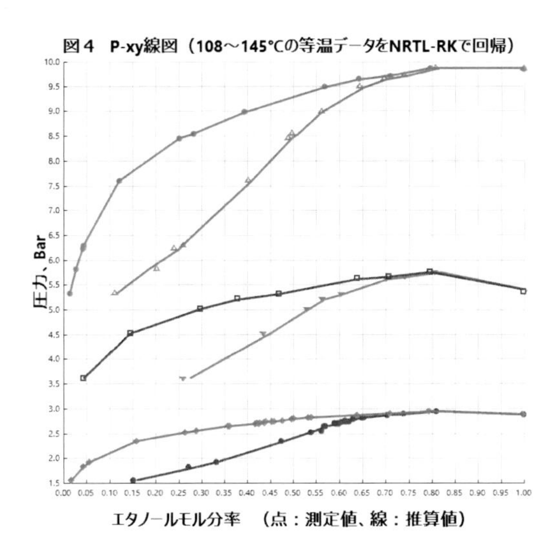

図4　P-xy線図（108～145℃の等温データをNRTL-RKで回帰）

なおNISTの過剰エンタルピー（混合熱）データは非常に有効であり、気液・液液平衡データが等温データしかなかった場合も、過剰エンタルピー・データと共に用いて回帰することにより、バイナリ・パラメータに温度依存性を持たせることが可能となる。すでに多くの Aspen Plusの顧客がこのメリットを活用し始めている。

3. 実際のユーザーの活用例

3.1 従来から広く使用されている物性モデルの活用による成功事例

これは米国の大手化学会社で実際にあった例である。図5に示すような蒸留塔でN-ヘキサンからTetrahydrofran（THF）を分離するのが目的である。当初の設計条件ではボトムの残留THFは数千PPMのスペックであり、低濃度までカバーしていない通常のTHF-ヘキサン気液平衡データから回帰したバイナリ・パラメータを使ったAspen Plusのシミュレーションで実績データとほぼ一致した。その後設計条件が変わり、THF 濃度のスペックを数百 PPM に下げる必要が生じた。まず当初と同じバイナリ・パラメータを使ったAspen Plusのシミュレーション結果をパイロットプラントで検証すると一致せず、設計の見直しが必要になった。表 2 の無限希釈活量係数の文献データを使い、NRTLのバイナリ・パラメータを求め、Aspen Plusでシミュレーションを行うと、パイロットプラントの結果と一致し、再設計した実プラントでのボトム THF 濃度実測値200PPMとも一致した。このように、PPMレベルの濃度の分離を検討する場合には、通常の気液平衡データから求めたバイナリ・パラメータでは求める条件は外挿となってしまうため、必要な精度が得られない。そのような場合にシミュレーションの精度を高めるためには無限希釈活量係数データが必要となる。Dechema Databook その他の文献にいくつかのペアについてのデータがある。Aspen Plus の顧客では自社で無限希釈活量係数を測定できる設備を備えている化学会社が多い。また図 6 に、無限希釈活量係数データを入力してバイナリ・パラメータを求めるAspen Plusの入力フォームを示す。

図 5.　N-ヘキサン－THF 分離蒸留塔

OVHD
FEED
SIDE
WATER
COLUMN
BOTM

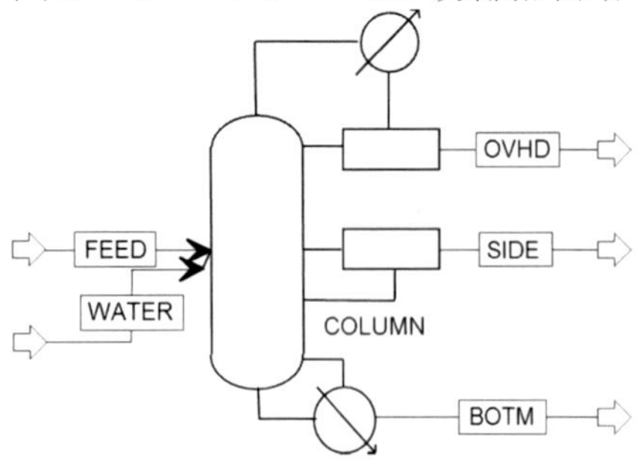

表 2.　無限希釈活量係数データ

温度 (° C)	ヘキサン中の THF の無限希釈活量係数
49.2	1.59
67	1.51

図 6.　無限希釈活量係数入力例

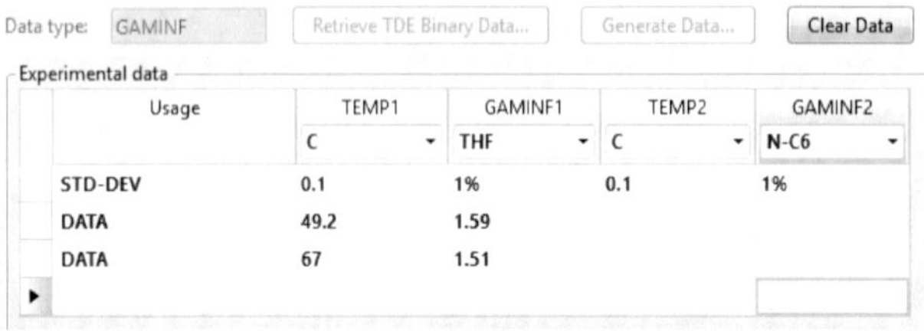

Data type: GAMINF
Retrieve TDE Binary Data...
Generate Data...
Clear Data
Experimental data
Usage
TEMP1
GAMINF1
TEMP2
GAMINF2
C
THF
C
N-C6
STD-DEV 0.1 1% 0.1 1%
DATA 49.2 1.59
DATA 67 1.51

3.2 新たな NIST データバンクの活用による物性計算精度向上とそれによるプロセス改善

DIPPR データバンクを主体とする Aspen Plus 固有の PURECOMP データバンクには、最新バージョンで 2297 成分の純成分データがある。最新バージョンの NIST データバンクには 25,804 成分のデータが内蔵されている。これまでデータバンクにないため、精度が確かでない分子寄与法による推算に頼っていた成分のうち、多くの成分について少なくとも部分的に物性定数が内蔵されたことによるシミュレーション結果の精度アップのメリットは非常に大きい。

3.3 新しい物性モデル利用による既存プロセス設計改善や新たな応用分野への適用等

高圧でかつ非理想性の強い系を表すことのできるモデルとして様々な状態方程式モデルが発表されている。Aspen Plus で推奨するモデルが PSRK と SR-POLAR である。これらのモデルの基本的なアイディアは、低圧での非理想性をうまく表現できる活量係数モデルの力を借りて、低圧でのバイナリ・パラメータを求め、状態方程式が本来持っている圧力・温度に対する外挿性の良さを利用して高圧の非理想性を表すことである。例えば SR-POLAR モデルでは、伝統的な状態方程式モデルでうまく表現できなかった液相の非理想性を表すために次のような改善がなされている。

- 従来の状態方程式では純成分の蒸気圧と相関のあるパラメータは Acentric Factor（偏心係数）だけであったが、SR-POLAR モデルではさらに 3 つのパラメータを導入し、計 4 つのパラメータで蒸気圧をうまく表現できるようにしている。さらに Aspen Plus では、内蔵されている Antoine 蒸気圧パラメータにより推算された蒸気圧データを使って、自動的にこれら 3 つのパラメータを回帰してくれる。
- 従来の状態方程式では混合則が単純すぎるので、進歩した混合則を導き出すために過剰自由エネルギーを状態方程式に組み入れ、SR-POLAR では最大 9 個のバイナリ・パラメータが使用できるようになっている。さらに Aspen Plus では、ユーザーがバイナリ・パラメータを入力しない場合は、UNIFAC や UNIFAC-LLE で推算された VLE/LLE を使って、自動的に SR-POLAR のバイナリ・パラメータを回帰してくれる。また高圧の VLE データがあれば、直接 SR-POLAR のバイナリ・パラメータを回帰してさらに精度を改善することが可能である。

SR-POLAR モデルの利点を示す実例を図 7～8 に示す。図 7 は、かなり高圧（40～160bar）のエタノールー水の気液平衡データを NRTL-RK モデルで回帰した結果を示す。高圧になるにつれて気相の Dew Point カーブのずれが大きくなる。すなわち RK 状態方程式では高圧の気相の非理想性を表すのは困難だからである。図 8 では同じデータを SR-POLAR モデルで回帰した結果を示す。非常によくフィッティングできているのがわかる。

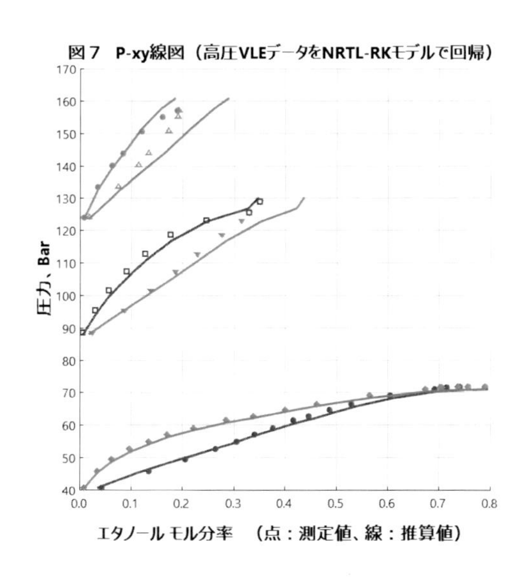

図７　P-xy線図（高圧VLEデータをNRTL-RKモデルで回帰）

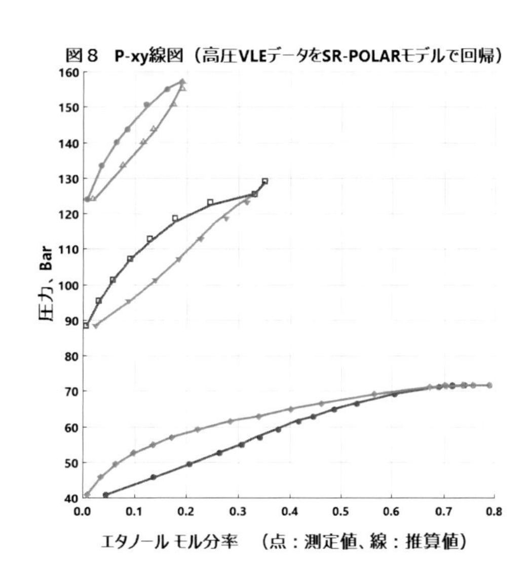

図８　P-xy線図（高圧VLEデータをSR-POLARモデルで回帰）

<第 2 部：ガス石油プロセス用シミュレータ　Aspen HYSYS>

アスペンテックでは、Aspen HYSYS ソフトウェアも提供しており、ガス業界、石油精製業界がメインユーザ層である。日本、アジアでは、ガス関係では、特に LNG 分野での活用が多く、石油精製でも利用されている。ここでは、二つの業界でどのような物性計算が活用されるかを紹介する。

1. 炭化水素系状態方程式

シミュレーションプログラムの登場時から、Peng Robinson 式や SRK 式に代表される状態方程式が、ガス処理、LNG の業界では長く利用されてきている。これらの式は、炭化水素系成分の挙動については、精度も十分実用的な範囲であり、ほとんどのユーザーに使用されているといえるだろう。エンタルピーなどでは、Lee Kesler の補正式なども併せて利用される。非常に多くの成分に対応できる万能式であり、ガスプロセスだけではなく、石油精製プロセスでも利用することができる。ただし、炭化水素系以外の成分、例えば水や二酸化炭素、硫化水素、水素、その他のプロセスで利用されるケミカル類などが入った場合は、非理想性が出て、精度が落ちることがわかっている。そういった場合には、特別に補正式を追加したり、別途特別に準備された物性パッケージを利用することがある。Aspen HYSYS には、アミンによる酸性ガス吸収プロセスに特化した、Acid Gas パッケージやトリエチレングリコールによる脱水プロセスに特化した、Glycol Package などが新たに開発されて、それらのプロセスの挙動をさらに厳密に表現できるようになっている。

また近年では、LNG プロセスの極低温領域や高圧領域での挙動の表現や、冷凍サイクルなどで、既存の物性パッケージでは、うまく表現できない運転条件があり、その対応として、特化した物性パッケージが開発されて実装されている。

まずは、NIST が開発した RefPROP がある。このパッケージは冷凍サイクルに非常に強いパッケージである。単一成分のみの対応ではあるが、極低温や高圧でも非常に高い精度が要求される冷凍サイクル熱バランス計算にも耐えうる物性推算が可能である。混合物が基本的に利用できないため、LNG プロセスではプロパン冷凍サイクルで用いることが推奨される。混合物では、GERG2008 モデルが存在する。GERG2008 は、メタン、エタン、プロパン、窒素、二酸化炭素など、ガス業界をカバーする 21 成分混合物に限定されるが、ヘルムホルツ自由エネルギーを密度や温度、組成の関数とすることで精度を上げた混合物用物性推算式を使用している。従来の状態方程式よりも、LNG の -160℃以下での領域や、10MPa 以上といった高圧での領域での挙動が実データとより良い整合が見られるとレポートされている。Aspen HYSYS の顧客からは、LNG ターミナルのタンクにおける蒸発量の推定などでより良い相関が得られると報告されている。

2. フローアシュアランス関連

ガスプロセス関連で、次に問題となるのは、パイプラインでのフローアシュアランス問題である。パイプラインでは、設計の主要素である圧力損失は最も大切な項目であるが、物性関連では、CO2 の Freeze Out とコロージョン、ハイドレートによるパイプラインでのフロー問題がある。ガスパイプラインは、数百 km 以上にわたる複雑に分布したラインが敷設されることが一般的で、コロージョンが発生したり、ハイドレートが発生したりして、閉塞や破壊が起きると大問題となることから、アップストリーム企業では非常に重要な検討項目である。 Aspen HYSYS 内では、作成したストリームに、ストリームアナリシスと呼ばれる検討を追加することが可能で、これを追加するとそのストリームの温度圧力条件で、ハイドレートの結晶が生成されるかが判定される。同時に、どのようなタイプのハイドレートが生成されるかも予測される。もし、ハイドレートが生成されないと判断される場合であっても、Performance 画面では、今のストリームの温度から、どの程度まで温度を下げたら、ハイドレートが生成するかと、現在の温度のままどの程度の圧力まで昇圧をすればハイドレートを生成するかをレポートする。その結果を参考にして、流体条件が多少ぶれた場合に、ハイドレートが生成してしまわないかも確認することができる。炭化水素ストリームに、ハイドレート生成のための水分が充分存在しない場合は、水分を追加したうえで、計算される。

図 9. Aspen HYSYS がハイドレート生成温度、ハイドレートのタイプをレポート

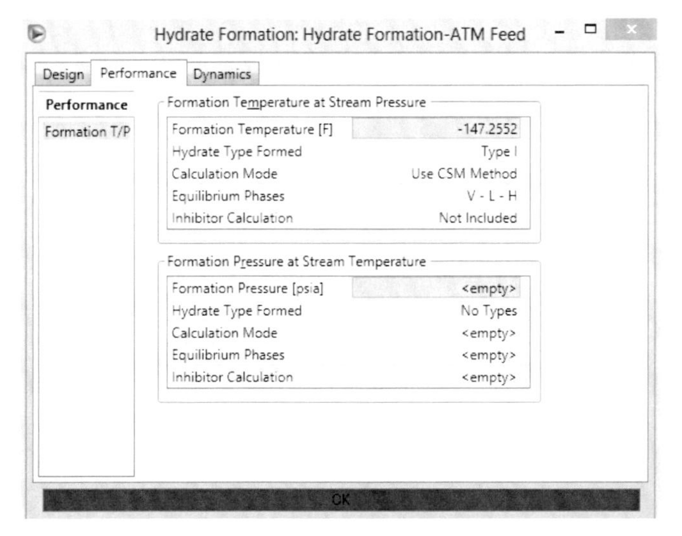

ハイドレート生成を予測するロジックとしては、Ng&Robinson 法が長年利用されてきたが、2012 年のリリースで CSM（Colorado School of Mines）のモデル式が追加され、より厳密にハイドレート生成が予測されるようになった。また、実際にハイドレートが発生する条件が予測された場合は、回避する必要がある。多くの場合、メタノールや、グリコール類といった、ハイドレート防止剤を添加する。どんな量の防止剤を入れればハイドレート生成が抑止されるかも合わせて考慮に入れて予測可能なため、ケーススタディを実施することで、ハイドレート生成をどのように抑止するか、またシミュレーション機能も活用すると経済性についても評価することが可能となる。最近のバージョンアップ V8.8 では、SRK 式に SAFT 拡張を施した、CPA（Cubic Plus Association）状態方程式が追加され、メタノールと炭化水素の挙動がより厳密に表現できるようになるとともに、ハイドレート防止剤の必要量の予測もさらに広範な運転条件で厳密に行うことができるようになった。

3. 石油精製分野での物性機能拡充

石油精製分野では、石油精製業界特有の物性値のハンドリング機能が最も重要な機能であろう。RON や PONA、硫黄分や金属分をはじめとする数多くの属性値が、蒸留計算だけでなく、反応器を計算するためには必要となる。

それらの物性値は、シミュレーションを実施する前に、ラボで測定を行い、あらかじめ入力しておかなければならない。これらの情報は、購入した原油であれば、測定データが手に入ると想定されるが、ケーススタディとして気軽に計算をしたいという場合には、データの準備が難しい場合もある。Aspen HYSYS の新バージョンでは、原油アッセイデータベースが整備され

た。データベースには様々なソースから集められた 800 超の原油データが集められており、それらを名前、産地、年代、などから検索を行い、選択することで石油精製シミュレーションのフィードとして導入することができる。

尚、Aspen HYSYS に整備されたデータベースはアスペンテック社の石油生産計画 LP ツール「AspenPIMS」と同一のデータベースである。したがって、生産計画中に検討した原油をすぐにシミュレーションで活用することも容易に可能となっている。

図 10.　原油をデータベースから選択している例

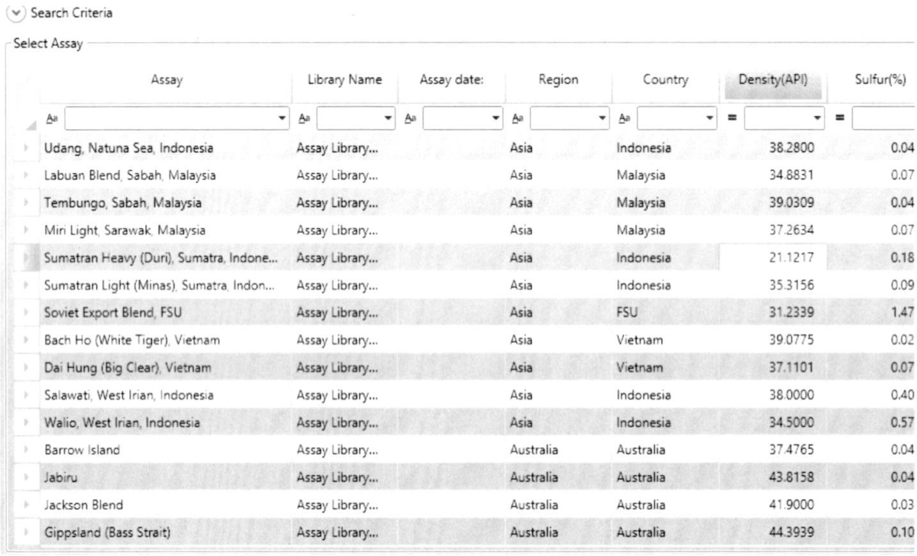

Search Criteria

Select Assay

Assay	Library Name	Assay date:	Region	Country	Density(API)	Sulfur(%)
Udang, Natuna Sea, Indonesia	Assay Library...		Asia	Indonesia	38.2800	0.04
Labuan Blend, Sabah, Malaysia	Assay Library...		Asia	Malaysia	34.8831	0.07
Tembungo, Sabah, Malaysia	Assay Library...		Asia	Malaysia	39.0309	0.04
Miri Light, Sarawak, Malaysia	Assay Library...		Asia	Malaysia	37.2634	0.07
Sumatran Heavy (Duri), Sumatra, Indone...	Assay Library...		Asia	Indonesia	21.1217	0.18
Sumatran Light (Minas), Sumatra, Indon...	Assay Library...		Asia	Indonesia	35.3156	0.09
Soviet Export Blend, FSU	Assay Library...		Asia	FSU	31.2339	1.47
Bach Ho (White Tiger), Vietnam	Assay Library...		Asia	Vietnam	39.0775	0.02
Dai Hung (Big Clear), Vietnam	Assay Library...		Asia	Vietnam	37.1101	0.07
Salawati, West Irian, Indonesia	Assay Library...		Asia	Indonesia	38.0000	0.40
Walio, West Irian, Indonesia	Assay Library...		Asia	Indonesia	34.5000	0.57
Barrow Island	Assay Library...		Australia	Australia	37.4765	0.04
Jabiru	Assay Library...		Australia	Australia	43.8158	0.04
Jackson Blend	Assay Library...		Australia	Australia	41.9000	0.03
Gippsland (Bass Strait)	Assay Library...		Australia	Australia	44.3939	0.10

3.5.2　プロセスシミュレーションにおける次世代物性推算法の活用状況

広浜誠也
(Schneider Electric)

1）本節の目的と背景

現在市販されているプロセスシミュレータの多くは物性データベースと数多くの物性推算法を装備し、これらを用いて主要な単位操作を含めたプロセスの物質収支・エネルギー収支を計算できる。複雑な物性推算法や単位操作のモデルであっても、一旦プロセスシミュレータに装備してしまえば画面上の簡単な操作で選択・利用可能となる。従って、新しい物性推算法を素早く幅広く産業に役立てるには、これをプロセスシミュレータに適切に搭載することが最良な方法の一つであると考えられる。実際、本書でも紹介されている新たな物性推算法の多くは既にプロセスシミュレータに搭載され、その適用範囲・対象の拡大や精度の向上を通して、エンジニアリングの各フェーズで活用されている。本節では、弊社（シュナーダー・エレクトリック）のソフトウェア製品を利用した最近の成功事例を交えながら、新しい物性推算法のプロセスシミュレーションでの活用について述べる。

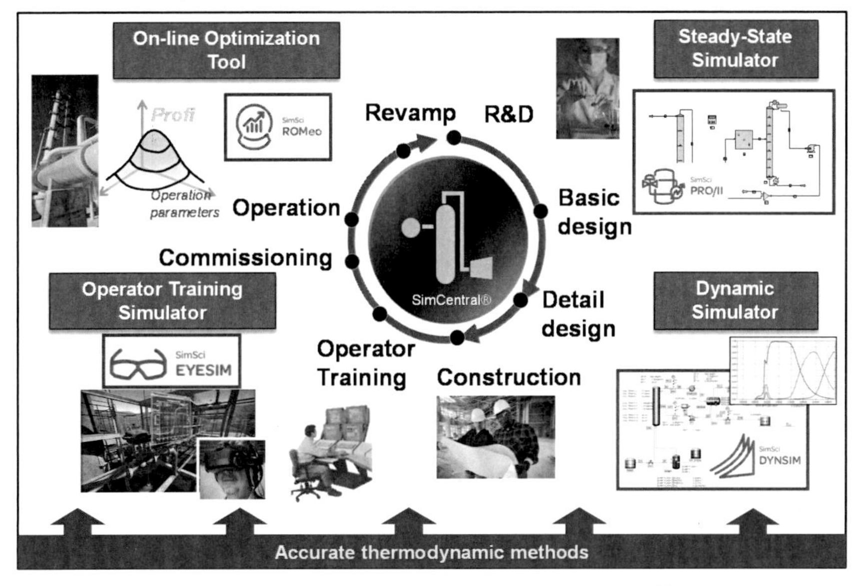

図―１　プラントライフサイクルにおける物性推算法の活用

2）適用範囲・対象の拡大と精度の向上の概況

新規プロセスの研究開発・概念設計から詳細設計、建設工事、試運転を経てプラントの操業、運転解析、リバンプに至る所謂プラントライフサイクルの各フェーズにおいて、プロセスシミュレータは図－1に示すように幅広く活用されている。基礎設計の段階では定常状態での物質収支・エネルギー収支の計算を PRO/II™ などの定常状態シミュレータを用いて行う。詳細設計ではこれに加えて、DYNSIM®などのダイナミック（非定常）シミュレータを利用した制御系解析や安全計装設備の最適化、運転手順の検討が行われる。ダイナミックシミュレーションモデルは運転員教育シミュレータ（OTS）でも広く活用されている。弊社ではこれに加えて、ダイナミックシミュレータと連動する三次元バーチャルリアリティ環境EYESIM®を開発し、フィールドオペレータを含めた運転チーム全体のトレーニングをリアルな臨場感を持って実施できるようにした。さらにプラントの運転中に制御システムのヒストリアンデータを自動的に取り込んでシミュレーションモデルのパラメータチューニングを行い、最適な運転条件を算出するROMeo®などのリアルタイム最適化(RTO)ツールが利用されている。これらのシミュレーションは全て物性推算法を高度に利用する。各フェーズにおけるシミュレーションの一貫性を保つために、物性推算法とそのパラメータ値の組み合わせに関しては、例外はあるものの、なるべく同一の組み合わせをプラントライフサイクル全体で利用できる仕組みが構築されている。なお、上述の全ての作業を将来は一元的に同じプラットフォームで実行可能とし、エンジニアリング業務における利便性を格段に高めるために、弊社は次世代のシミュレータであるSimCentral®の開発を進めている。

プロセスシミュレータで利用される物性推算法のこの１０年間における進歩の道筋は図－２に示すように大別することができる。プロセスシミュレータが普及し始めた1980年代には、適用対象となるプロセスはハイドロカーボン系またはバルクケミカルに限定され、その精度はエンタルピーや密度については５～10%の誤差を含むと言われていた。当時はプロセスの設計において十分に大きな安全係数が許されていたので、この誤差はあまり問題にならなかった。しかし、昨今の激しい競争市場においては、古くからあるハイドロカーボン系プロセスについても競争力のある設計が求められ、従来よりも高い精度が必要になってきた。これに対応するために、Wagner型の状態方程式[1]を搭載したアメリカ国立標準技術研究所(NIST)のREFPROPのようなモジュールがプロセスシミュレータ上で利用可能となり、成分を限定すれば極めて高い精度が得られるまでになった。また、従来の三次型状態方程式に対しても、実測値が存在しない二成分系に対して原子団寄与法を適用するPredictive Peng-Robison 78 (PPR78)が搭載され、正規油系擬似成分を含めて炭化水素類全般の相平衡を精度良く推算可能になった[2]。

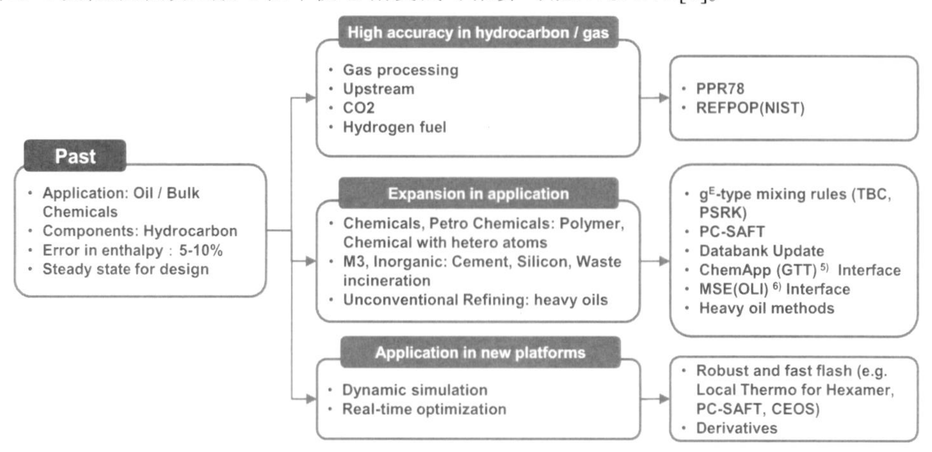

図－２　プロセスシミュレータへの物性推算法の装備概況（弊社）

また、適用対象となるプロセスも、最近は特殊な新規物質を含めた化学プロセスやセメント製造プロセスなどの無機分野にまでニーズが拡大している。これに対応するため、物性推算法の種類も、以前から広く用いられていた三次状態方程式や活量係数式に加えて、化学用途には過剰自由エネルギーに基づく混合則と三次状態方程式の組み合わせや、摂動理論や会合理論に基づいた新しい状態方程式などが普及しつつある。例えば弊社の製品の場合、Twu Bluck Coon 式[3]や、改良型 Huron-Vidal 混合則と UNIFAC の組み合わせである Predictive SRK[4]が装備され、前出の PRO/II™,DYNSIM®, ならびに ROMeo®で利用可能である。また、無機工業用途には GTT 社の ChemApp[5]や OLI 社の Mixed Solvent Electrolyte(MSE)モジュール[6]などとのインターフェースが PRO/II™ に装備されている。

３）高速且つ確実に解を求めるための工夫

新しい物性推算法をダイナミック（非定常）シミュレーションでも適用できれば、定常シミュレーションと物性面でも一貫性があるエンジニアリング検討を行うことができる。しかし、非定常計算では定常計算に比べ計算量が膨大となり、定常計算のアルゴリズムをそのまま用いたのでは実用的でない場合が多い。

このような非定常計算で高速にかつロバストに収束解を得る方法として、弊社は Local Thermo [7]ならびに Pseudo-density Root [8]という二つの方法を開発し、上記のうちの幾つかの物性推算法に適用済みである。Local Thermo では、各物性の厳密解に基づいて近似式のパラメータ値を自動的に決定し、図―３に示すように近似が有効な範囲ではこのパラメータ値を用いて計算を行う。シミュレータが近似式の誤差の大きさを自動的に判定し、誤差が大きくなると、パラメータ値を自動的に再調整する。この方法を適用することにより、平衡計算に要する計算時間は平均して約 90%節減され、極めて複雑な状態方程式を用いても実用的な速度でプラントの立ち上げなどのダイナミックシミュレーションを行うことが可能になっている。

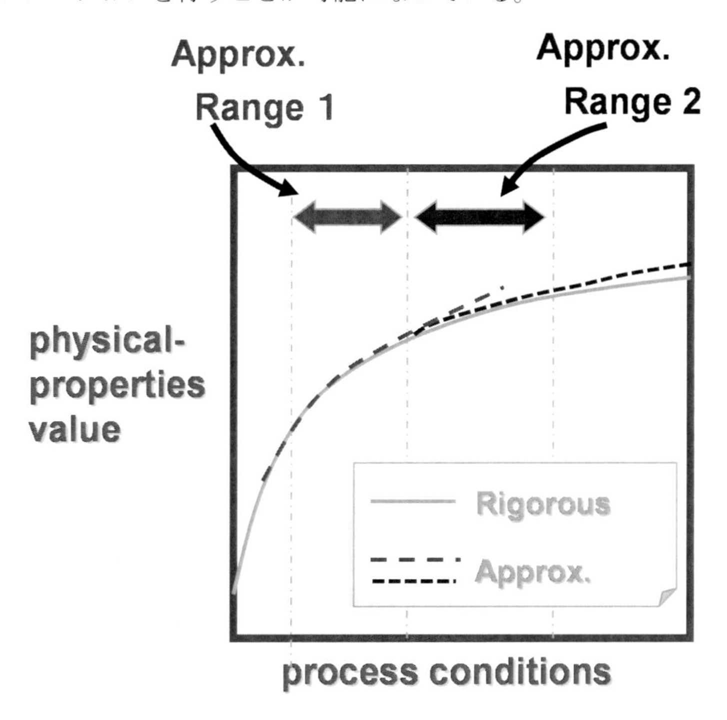

図―３　Local Thermo の概念図

一方、Pseudo-density Root は状態方程式による気液平衡の解を確実に得る方法である。任意の温度圧力において状態方程式の密度の解は気液両相に対して常に得られるとは限らない。条件によって解の数が変わるので、複雑な式形の状態方程式で素早く解を求めたい場合、一般に広く知られている方法では条件により計算が不安定となる場合がある。Pseudo-density Root では、気液のどちらかの解しかない領域でも、「仮想解」を含めれば常に安定して気液両相の密度解が得られるよう、図－４の破線のように状態方程式に「仮想部分」を連結して関数を組み立てる。これにより、両相のフガシチー係数が常に得られるようにする。無論、最終的に得られる平衡状態は自由エネルギーが最小になる条件として得られるので、密度の仮想解は収束計算の途中でのみ表れ、最終的に解として出現することは無い。

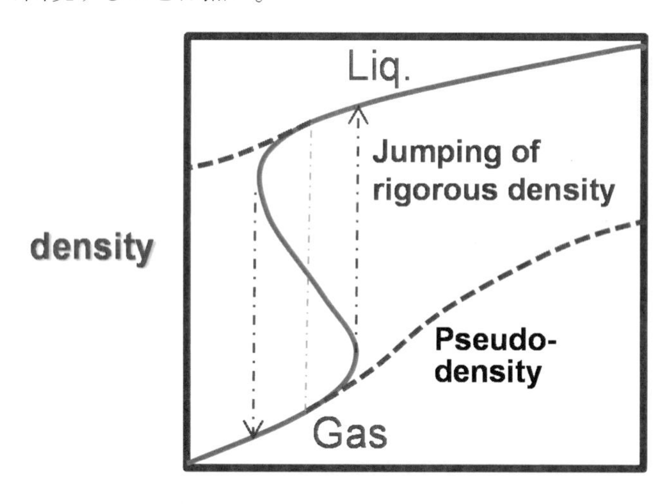

図―４　Pseudo density root の概念図

また、コンピュータのアーキテクチャの進歩により、並列計算による高速化が図られている。既に弊社の DYNSIM®ではフローシートを複数に分割して、それぞれに別の CPU(またはネットワークで接続されたコンピュータ)を割り当て、並列計算を行うことができる。前述の SimCentral®では、さらに進んで最新のマルチコア技術の広範な活用を図っている。

４）応用事例

応用例―１：PC-SAFT を用いたポリエチレンプロセスのダイナミックシミュレーション

一例として、Perturbed Chain - Statistical Associating Fluid Theory (PC-SAFT)[9]を用いて図―５に示すような典型的なポリエチレン製造プロセスのダイナミックシミュレーションを行った事例を示す。同プロセスにおいては、製品ポリマーとモノマーまたは溶剤との分離工程における相平衡関係が回収コンプレッサーの所要動力と溶剤またはモノマーの回収率に大きな影響を与える。この相平衡の計算に、PC-SAFT を適用した。

PC-SAFT は鎖状分子を基準として摂動理論と会合理論に基づいて導出された状態方程式であり、図―６に示すようにポリマーを含む系の相平衡関係を精度良く推算できる。PC-SAFT において主要なパラメータはセグメント間相互作用エネルギー(ε/k)と、セグメント径(σ)、分子中のセグメント数（m）ならびに水素結合による会合平衡のパラメータである。ポリエチレン-エチレン系の場合、水素結合による会合は考慮する必要がなく、セグメント間相互作用エネルギー(ε/k)の相互作用パラメータのみを調整することにより、実測値を精度良く相関することができる。[10] モノマーのポリマーへの溶解度の重要な性質の一つとして、ポリマーの分子量が変わっても重量ベースでのモノマーの溶解度は殆ど変わらないことが実験的に示されている。これは、図—7 に示すように溶解度がセグメントとモノマーの相互採用で決まるためと考えられる。PC-SAFT では、m の値が分子量に比例すると仮定すればこの実測の傾向を正確にかつ容易に再現することができる。

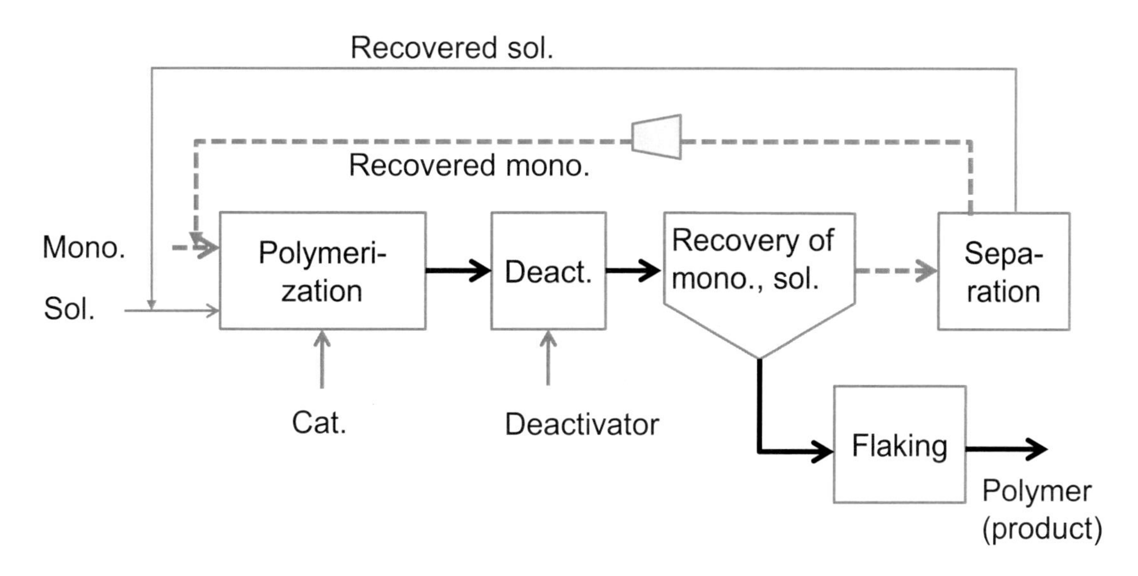

図—５　ポリエチレン製造プロセスの概念図

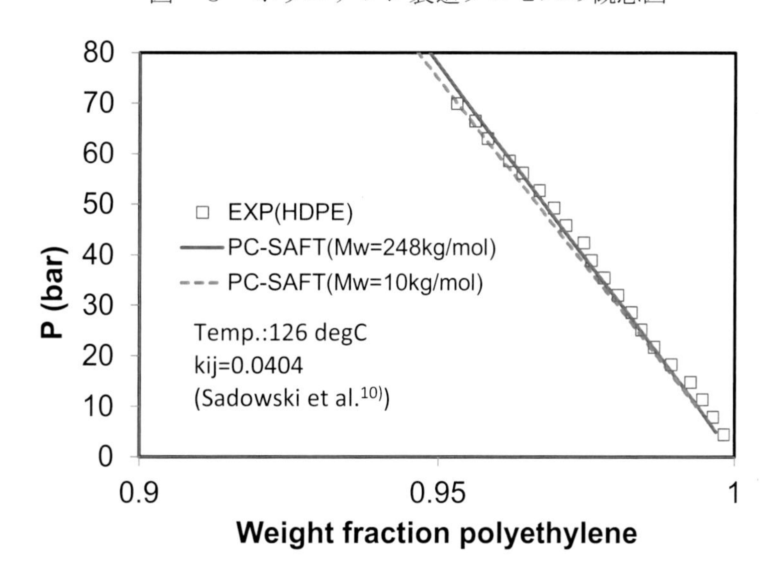

図—６　ポリエチレン中へのエチレンの溶解度 [11]

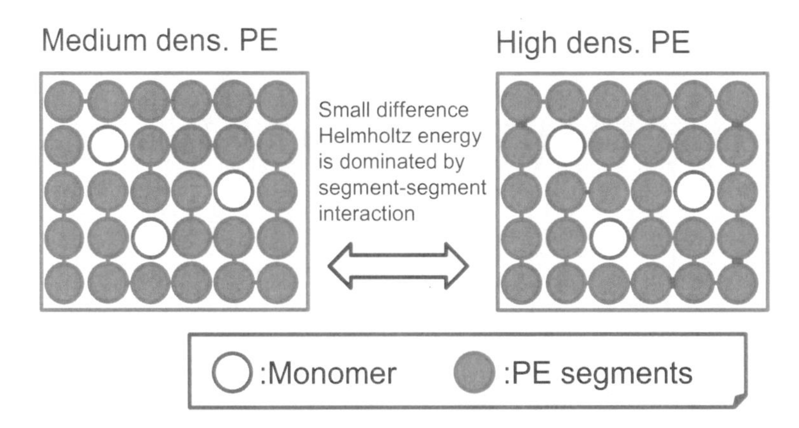

図―７　ポリエチレ・エチレン混合物におけるセグメント間相互作用の概念図

一方、SRK 式などの三次状態方程式と random mixing 混合則を組み合わせた従来法も原理的には Flory-Huggins 式と正則溶液論を組み合わせた場合と同程度の精度でポリマーを含む系の過剰 Gibbs 自由エネルギーを相関ができることが知られている。しかし、ポリマーの分子量に応じて純物質の全てのパラメータならびに異種分子間相互作用パラメータを変える必要があり、実際の業務における「分りやすさ」の点から実用的とは言いがたい。PC-SAFT は SRK 式よりも個々のパラメータの意味を理解しやすく、ポリマーに対しては精度的にも優れている点から実用的であると言える。

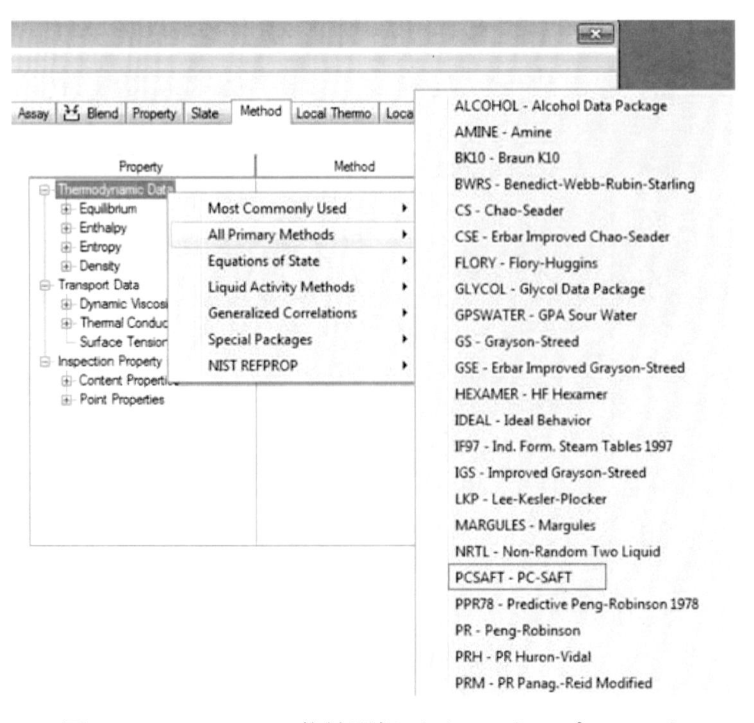

図―８　DYNSIM の物性選択画面のスナップショット

弊社の DYNSIM®において PC-SAFT を選択する際のグラフィカルユーザーインターフェース(GUI)は図－８のように構成される。[12]PC-SAFT などの理論的に導出された物性推算法では、SRK 式などに比べ式形は遥かに複雑になるになる場合が多いが、これは専らプロセスシミュレータを作成する側の作業を煩雑にするに過ぎない。一旦プロセスシミュレータに搭載されてしまえば、それを利用する際の操作は基本的に図—８に示すような GUI 上での方法の選択と、パラメータの吟味のみである。むしろ、PC-SAFT などの理論的方法はパラメータの物理的な意味が従来の経験的方法よりも明確なので、プロセスシミュレータでの利用に当たっては従来法よりも扱いが容易になる可能性が高い。

なお、DYNSIM®では上述の Local Thermo ならびに Pseudo-density Root を適用し、PC-SAFT による物性の計算速度を大幅に向上できることを確認している。[12]また、図中のモノマーならびに溶剤を準備する工程やモノマーと溶剤の分離工程ならびに圧縮機に関してはポリマーは殆ど存在しないので従来の物性推算法も適用可能である。弊社のシミュレータではフローシート上の場所によって適した物性推算法を使い分けることも可能である。

応用例—２：REFPROP を用いた冷凍機のダイナミックシミュレーション

近年、省エネルギーのためのヒートポンプの活用や未利用自然エネルギーの活用のために、冷凍サイクルや熱機関の精度の高いシミュレーションのニーズが高まっている。また、効率向上のために混合冷媒が利用されるケースも増えている。このような目的のために、上述の REFPROP に搭載されている GERG-2008 が極めて有用であることが知られている。GERG-2008 を用いると多くの主要な軽質炭化水素や主な冷媒のエンタルピー・密度などを極めて高精度で求めることができる。[13]

弊社は GERG-2008 を含む REFPROP 中の主要な状態方程式を、定常シミュレータだけでなくダイナミック（非定常）シミュレーションでも利用できるようにした。試みに、冷凍機の動的解析に GERG-2008 を適用した際の DYNSIM®の GUI のスナップショットを図-９に示す。図の事例では、エンタルピー、エントロピー、密度の計算に GERG-08 を用いて、OTS などの利用に十分な高速で非定常挙動を予測可能であることを確認した。

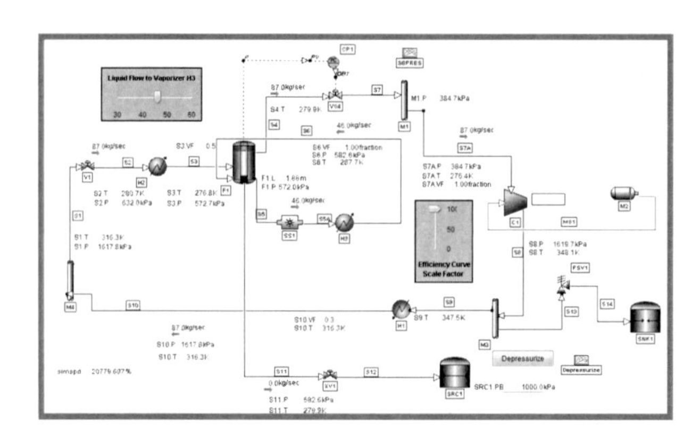

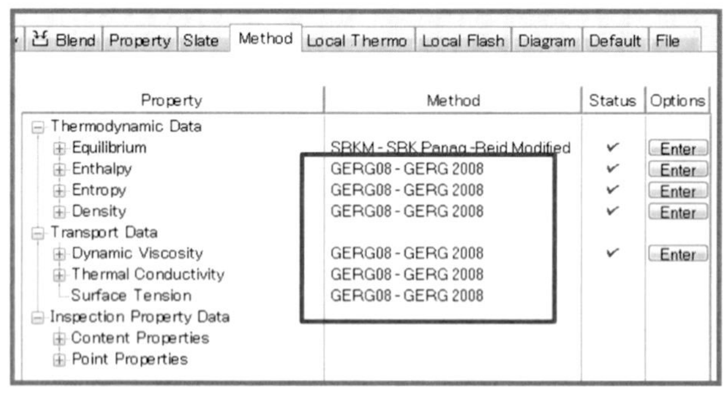

図―９　REFPROP を用いた冷凍機シミュレーションでの DYNSIM®の GUI

なお、DYNSIM®を含め多くのプロセスシミュレータでは気液平衡、エンタルピーなどの各物性ごとに異なる物性推算法を指定し、併用することができる。例えば、軽質炭化水素系の場合には、気液平衡関係は従来の三次状態方程式と改良型混合則の組み合わせで十分な精度が得られる場合が多いが、エンタルピー、エントロピーや密度に関しては GERG-2008 の利用によって著しく精度が向上する。上記のスナップショットでは気液平衡だけは従来法を用い、他は GERG-2008 を用いて、高い精度を維持しながら高速で計算を行っている。

応用例―３：Hexamer を用いたアルキレーションプロセスのダイナミックシミュレーション

海外ではフッ化水素酸(HF)触媒を用いたアルキレーションプロセスが広く用いられている。HF を用いたプロセスの所用熱量、熱交換器の出口温度を精度良く計算するためには、図―１０に示すように HF 六量体の生成を考慮する必要がある。このため、定常シミュレータでは古くから Hexamer [14]が用いられてきた。しかし、従来の計算手法を非定常シミュレーションにそのまま適用すると、計算速度の点から不十分であった。弊社では、前述の Local Thermo を Hexamer に適用し、DYNSIM®上でアルキレーションプロセスのシミュレーションを極めて高速に行うことが可能になった。現在、このシミュレーションモデルは主に運転員教育で活用されている。

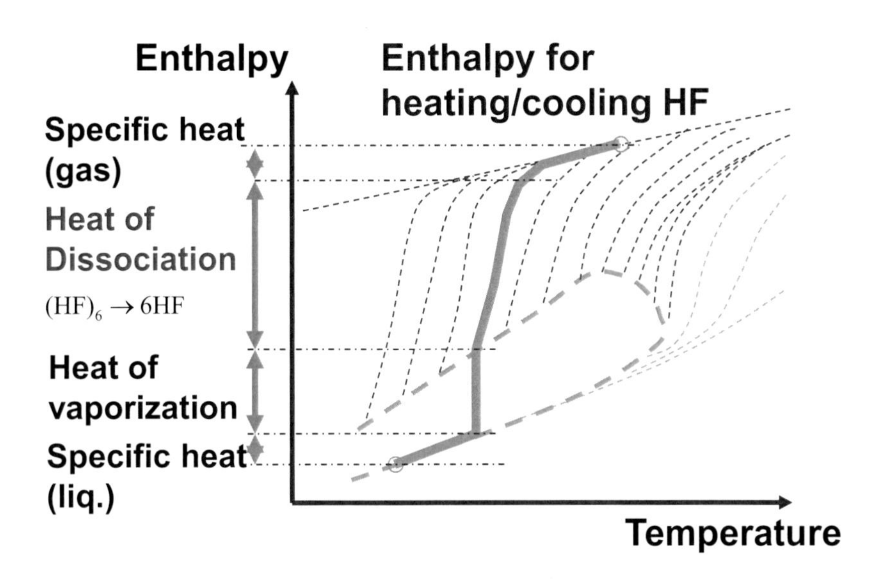

図—１０　HF６量体の生成熱の影響

応用事例—４　プラントの安全と物性推算

我が国においては高度成長期に建設されたプラントが老朽化し、熟練運転員の退職の影響もあってプラント事故は増加しつつある。これは、我が国に限らず多くの先進諸国にみられる現象である。プラントの安全を強化するためにも基盤として物性推算法は極めて重要である。上述の通り、設計・運転解析、運転教育の各フェーズにおいて物性推算法は安全にも大きく貢献している。この中でも、プラントの安全に関して直接的に重要な作業として、安全機器の最適化が挙げられる。万が一安全弁が吹いた場合に、プラント内の流体を安全に外部に放出するためにフレアスタックとそれに繋がる配管網が設置されている。この配管では、流体は音速または音速に近い速度で流れると想定されている。

この臨界流（音速流）は流路が狭い中を流体が等エントロピー膨張することによって起こる現象である。この場合、通常のプロセス配管とは異なり、流体のエンタルピーの一部が運動エネルギーに変換される。このため、広くシミュレータで配管やバルブの計算に利用される等エンタルピーフラッシュによる計算値に比べて、流体の温度は著しく低い値となる。従って、安全弁動作時におけるフレア配管中の流体の温度、圧力や各種の物性を求めるには、各所で等エントロピー膨張が起こると仮定してシミュレーションを行う必要がある。

弊社のフレア配管モデリングツールである Visual Flare®では各部のフラッシュ計算にこの等エントロピーフラッシュを適用可能であり、温度を正確に算出して、材料の選定などに役立てることができる。なお、Visual Flare®では、図—１１に示すようにフレア配管の鳥瞰図を描いきながら配管情報を入力することも可能であり、単にシミュレーションを行うだけでなく、アメリカ石油工業会(API)の規定に従って配管や安全弁のサイジジングを行い、その結果を官庁検査に必要なフォーマットで出力できる。

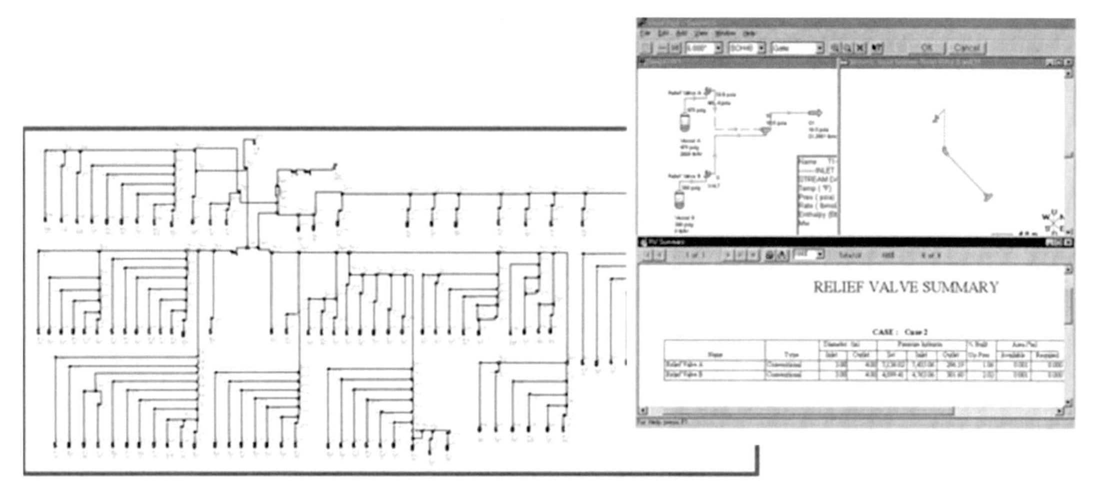

図－１１　弊社 Visual Flare の GUI

５）結論

プロセスシミュレータの精度の向上ならびに対象物質の拡大に向けて、この約 10 年間に弊社製品に搭載された物性推算法の概要を示した。また、プラントライフサイクル全体での活用を目指した利用形態の多様化の要請に応えるため、物性計算・利用の数学的枠組の拡充に関する弊社の取り組みを紹介した。

PC-SAFT や Hexamer などの方法を用いて極めて高速かつロバストなダイナミックシミュレーションを行う手法として、弊社が開発した Local Thermo、ならびに Pseudo Density Solution について述べ、その適用例として弊社製品である DYNSIM®を用いた成功事例を示した。PC-SAFT などの理論的に導出された物性推算法は、パラメータの物理的な意味が従来の経験的方法よりも明確な場合が多く、プロセスシミュレータの利用に当たっては従来法よりも使いやすくなる可能性が高い。また、プラントの安全強化のために物性推算法を活用するツールとして、等エントロピー計算によってフレアネットワークのシミュレーションを行う弊社 Visual Flare®を紹介した。

今後は、さらに新しく開発されつつある物性推算法を戦略的に取り入れ、なお一層機能の向上を図って行く。また、これらの方法に関連してパラメータの吟味等に関する各種の利便性をも向上し、プロセスシミュレータの改善を続けていく予定である。

参考文献

[1] Schmidt, R. and W.Wagner; Fluid Phase Equilibria,19, 175-200 (1985)

[2] Xu ,X., J-N Jaubert, R. Privat, P. Duchet-Suchaux, F. Braña-Mulero ; Ind. Eng. Chem. Res., 54, 2816−2824(2015)

[3] Twu,C.H., D.Bluck, J.R.Cunningham and J.E.Coon; Fluid Phase Equil.,69,33-50 (1991)

[4]Holderbaum T.; Fortschrittsber. VDI Reihe 3, 243, 1-154(1991)

[5] Petersen,S. and K.Hack; Int.J.Mat.Res. 98,10(2007)

[6] Wang,P., A.Anderko, R.D. Young; Fluid Phase Equilibria 203,141–176(2002)
[7] Gang,Xu et al; US Patent 7676352 B1
[8] Gang,Xu et al; US Patent 8165860 B2
[9] Gross J. and G. Sadowski; Ind. Eng. Chem. Res., 40 (4), 1244–1260 (2001)
[10] Joachim, G. and G. Sadowski; Ind. Eng. Chem. Res. 41, 1084-1093 (2002)
[11] Cheng, Y. L.; Bronner, D. C. J. Polym. Sci., Polym Phys. Ed, 15, 593 (1977), Data taken from: Hao, W.; Elbro, H. S.; Alessi, P. "Polymer Solution Data Collection; DECHEMA" Chemistry Data Series; DECHEMA, Frankfurt, 1992; Vol. XIV, Part 1.
[12] Gerek ,N.I., G.Xu, S.Hirohama, and P. Narasimhan; Proceedings for MTMS'15, Fukuoka, Japan, Invited Lecture 4 (2015)
[13] Kunz ,O and W. Wagner; J. Chem. Eng. Data 57 (11), 3032–3091 (2012)
[14] Twu, C. H., J. E. Coon, and R.Cunningham; Fluid Phase Equil., 86, 47-62 (1993)

最近の化学工学 65
物性推算とその応用

2016年1月21日　　初版発行

化学工学会　編
化学工学会基礎物性部会　著

定価（本体価格3,000円＋税）

発行所　化学工学会関東支部
〒112-0006　東京都文京区小日向4-6-19
共立会館5階
TEL 03(3943)3527
FAX 03(3943)3530

発　売　株式会社　三恵社
〒462-0056　愛知県名古屋市北区中丸町2-24-1
TEL 052(915)5211
FAX 052(915)5019
URL http://www.sankeisha.com

乱丁・落丁の場合はお取替えいたします。
ISBN978-4-86487-459-5 C3043 ¥3000E